KB099999

진화의 산증인, 화석 25

The Story of Life in 25 Fossils

Copyright © 2015 by Donald R. Prothero
Korean Translation Copyright © 2018 by PURIWA IPARI
All rights reserved.
Korean edition is published by arrangement
with Columbia UP
through Duran Kim Agency, Seoul.

이 책의 한국어판 저작권은 듀란킴 에이전시를 통한
Columbia UP와의 독점계약으로 도서출판 뿌리와이파리에 있습니다.
저작권법에 의하여 한국 내에서 보호를 받는 저작물이므로
무단전재와 무단복제를 금합니다.

진화의 산증인, 화석 25

잃어버린 고리? 경계, 전이, 다양성을 보여주는 화석의 매혹

도널드 R. 프로세로 지음 | 김정은 옮김

뿌리와
이파리

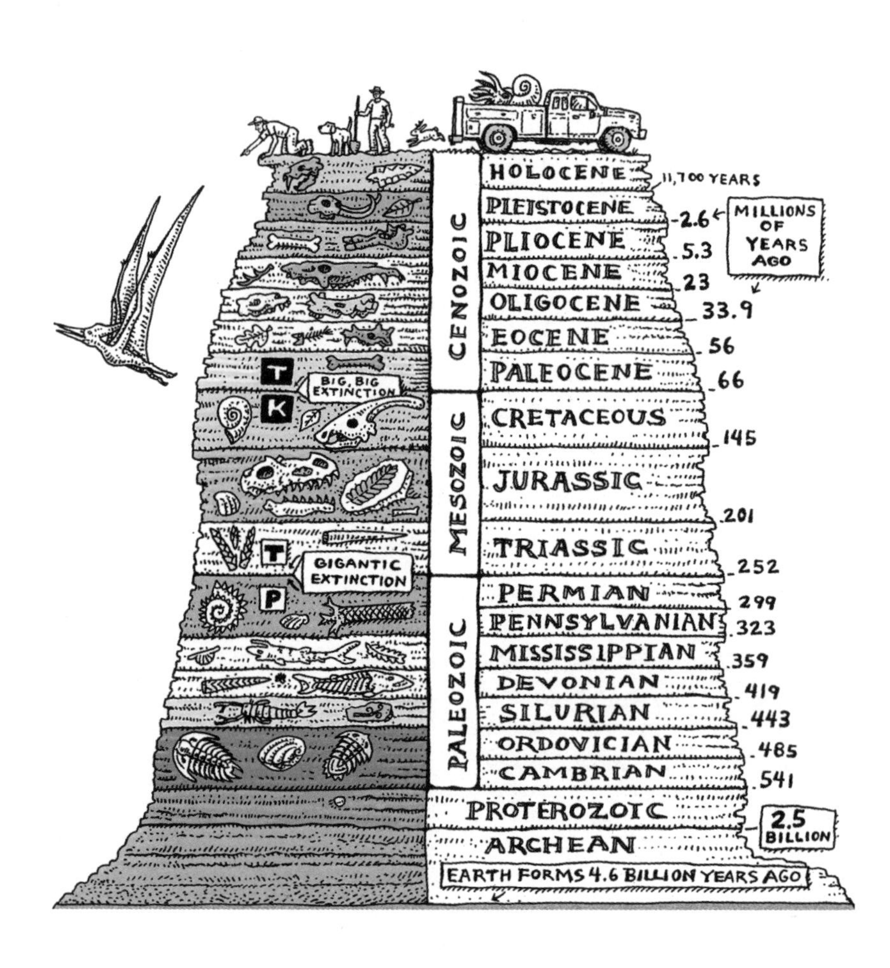

CENOZOIC
MESOZOIC
PALEOZOIC
HOLOCENE
11,700 YEARS
PLEISTOCENE
2.6
MILLIONS OF YEARS AGO
PLIOCENE
5.3
MIOCENE
23
OLIGOCENE
33.9
EOCENE
56
PALEOCENE
66
T
K
BIG, BIG EXTINCTION
CRETACEOUS
145
JURASSIC
201
TRIASSIC
T
GIGANTIC EXTINCTION
252
P
PERMIAN
299
PENNSYLVANIAN
323
MISSISSIPPIAN
359
DEVONIAN
419
SILURIAN
443
ORDOVICIAN
485
CAMBRIAN
541
PROTEROZOIC
2.5 BILLION
ARCHEAN
EARTH FORMS 4.6 BILLION YEARS AGO

과학 대중화에 앞장서고 과학을 위해 헌신한 위대한 이들에게
이 책을 바칩니다.

닐 슈빈
빌 나이
닐 디그래스 타이슨

그리고

고인이 된 칼 세이건과 스티븐 제이 굴드

차례

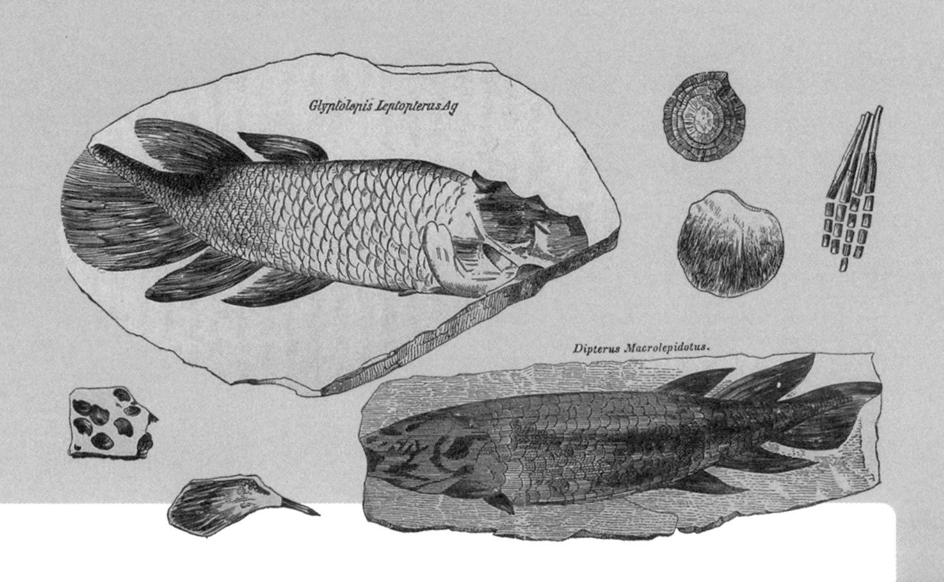
Glyptolepis Leptopterus Ag
Dipterus Macrolepidotus.

들어가는 글

지구 생명 역사에 관한 이야기는 상상할 수 없을 정도로 복잡하다. 지금 이 순간, 지구에는 500만~1500만 종의 생물이 살아가고 있다. 지금까지 지구에 살았던 모든 종의 99퍼센트 이상이 멸종했기 때문에, 지구상에는 35억 년 전, 혹은 그 이전에 처음 생명이 등장한 이래로 지금까지 수십억 종이, 어쩌면 그보다 훨씬 더 많은 생물이 살았을지도 모른다.

따라서 멸종된 수십억 종의 생물을 대표하는 스물다섯 종의 화석을 선정하는 일은 결코 쉽지 않았다. 나는 진화사에서 중요한 경계를 나타내는 화석에 초점을 맞추고자 했다. 이 화석들은 중요한 분류군이 처음에 어떻게 진화했는지에 관한 결정적 단계를 보여주거나, 한 생물군에서 다른 생물군으로 일어나는 진화적 전이를 증명한다. 생명에서는 단순히 새로운 분류군의 발생만 일어나는 것이 아니다. 크기, 생태적 틈새, 서식지에 대한 적응에서 놀라운 다양성이 나타나기도 한다. 그래서 나는 지구에 살았던 가장 큰 육상동물과 가장 큰 육상 포식자부터 대양을 누볐던 가장 큰 생명체에 이르기까지, 생명이 이룰 수 있었던 가장 극단적인 사례들도 선정했다.

수많은 생명체를 가리는 일은 당연히 어려운 선택이었고, 나는 무엇을 넣고 무엇을 빼야 할지를 깊이 고민했다. 비교적 완전하고 잘 알려진 화석의 사례에 집중하고, 너무 단편만 남아 있어 신뢰할 만한 분석을 하기 곤란한 화석은 배제하기로 했다. 과학자가 아닌 독자들의 흥미를 돋우기 위해 공룡과 척추동물을 좀 더 비중 있게 다뤘다. 고식물학과 고미생물학을 연구하는 내 모든 친구들에게는 그들의 연구 분야를 한 장章으로 간단히 처리한 점을 미안하게 생각한다.

모쪼록 이 글을 읽는 독자들이 내가 빠뜨리거나 덧붙여서 생긴 잘못을 너그러이 용서하고, 내가 선택한 생명체들의 이야기를 받아들여주었으면 한다. 화석이 당신의 삶을 빛나게 하기를!

그림 1.1 얕은 조수 웅덩이의 상상도. 35억~5억 5000만 년 전에는 생명 역사의 80퍼센트 이상이 이런 모습이었다. 눈에 보이는 생명 형태는 스트로마톨라이트라고 알려진 둥글둥글한 남세균 덩어리들뿐이었다.

1

더께가 앉은 행성
최초의 화석: 크립토존

만약 이 진화 학설이 옳다면, 가장 낮은 곳에 있는 캄브리아 지층이 쌓이기 전에 오랜 기간이 있었고… 세상에는 생명체가 가득 차 있었다는 것을 부인할 수 없다. 그러나 이런 오래된 퇴적층 속에서 왜 화석이 풍부한 지층이 발견되지 않는지에 대한 의문에는… 만족스러운 답을 내놓을 수 없다.

찰스 다윈, 『종의 기원』

다윈의 딜레마

찰스 다윈이 1859년에 『종의 기원』을 발표했을 때, 화석 증거의 부족은 그의 주장에서 취약한 부분이었다. 당시에는 만족스러운 전이화석transitional fossil이 거의 알려져 있지 않았고, 이 책에서 다룰 화석들 또한 하나도 없었다. 최초의 훌륭한 전이화석은 1861년에 발견된 아르카이옵테릭스*Archaeopteryx*였다(제18장). 더 큰 골칫거리는 고생대에서 가장 오래된 시기인 캄브리아기(약 5억 5000만 년 전에 시작되었다) 이전의 화석이 전혀 없다는 점이었다. 물론 19세기 중반에는 화석 기록이 빈약했고, 화석의 세세한 순서에 주목하기 시작한 지는 겨우 60년밖에 되지 않았다. 그래도 다윈은 가장 오래된 삼엽충이 나온 지층 아래에 있는 '선캄브리아대' 지층에 대해 의문을 가졌다. 그 지층에는 삼엽충이나 다른 캄브리아기의 유기체로 전이되는 과정을 보여주는 더 단순한 동물 화석이 전혀 없었다. 이 장의 첫머리에 소개된 인용문에는 다윈의 이런 의문이 매우 명확하게 드러난다.

다윈은 화석이 발견되지 않는 까닭을 "지층의 불완전함imperfection of the geological column"과 대부분의 유기체가 화석화될 가능성이 없었기 때문이라고 생각했다. 그는 대체로 옳았다. 다윈은 동료 과학자들에게 이런 의문을 제기했고, 다음 세기 동안 과학자들은 삼엽충보다 더 오래된 화석을 찾기 위해 필사적으로 노력했다.

많은 지질학자는 선캄브리아대 화석 발견에 관한 문제점들을 이미 알고 있었다. 선캄브리아대 암석 대부분은 너무 오래되어서 깊이 파묻혀 있는데다가, 오래전에 열과 압력을 받아 변성암으로 바뀌면서 화석이 파괴되었을 가능성이 컸다. 대부분의 오래된 암석은 다른 형태의 파괴인 풍화도 일어나기 쉽다. 상대적으로 보존이 잘된 곳이라도 가장 오래된 암석은 대개 훨씬 젊은 암석의 두꺼운 층 아래에 파묻혀 있기 때문에, 지구상 어디에서도 대단히 제한적으로만 노출되어 있다. 이런 모든 요인이 복합적으로 작용해서, 선캄브리아대의 암석은 캄브리아기의 암석을 찾듯이 쉽게 찾을 수 없었다.

게다가 다른 문제도 있었다. 선캄브리아대의 환경조건(특히, 산소가 거의 또는 전혀 없었고 따라서 오존층이 없었다)이 초기 유기체에서 껍데기나 다른 단단한 부분이 형성되는 것을 오랫동안 방해해온 것으로 밝혀졌다. 20억 년 동안, 지구에는 세균과 (훨씬 나중에는) 조류가 얕은 바닷가의 얕은 물에서 자라면서 바위를 뒤덮고 있었다(그림 1.1). 선캄브리아대의 암석에도 화석은 **있으며**, 다만 대부분의 화석이 미세하기 때문에 세심하게 연마해서 만든 암석 박편을 고배율 현미경으로 관찰하지 않으면 보이지 않을 뿐이다. 대부분의 선

그림 1.2 올다미아의 원래 그림.

캄브리아대 암석에는 현장 지질학자들이 눈으로 확인할 수 있는 화석은 없다.

그럼에도 이 암석들에는 오랜 기간 논쟁을 불러온 뚜렷한 특징이 많다. 이를테면, 캐나다의 선구적인 지질학자 존 윌리엄 도슨 경은 1848년에 방사형으로 파인 특이한 형태의 구조를 올다미아*Oldhamia*라고 기재했다(그림 1.2). 그는 이것이 고착생물 같은 종류의 화석이라고 생각했다. 아일랜드의 지질학자 존 졸리는 얼어 있는 진창길을 걷다가, 진흙 속에 있는 얼음 결정에 의해서 형성된 비슷한 무늬를 발견했다. 그는 1884년에 올다미아가 얼음 결정으로 형성된 특징일 뿐 화석이 아니라고 주장했다. 더 최근에 과학자들은 올다미아를 재평가했고 이제는 일종의 벌레 구멍이라는 결론이 내려졌다. 어찌 되었든 생명의 증거인 셈이다. 그러나 이 사례는 선캄브리아대에서 생명의 흔적을 간절히 찾고 있을 때에 사람들이 얼마나 쉽게 현혹될 수 있는지를 보여준다.

1868년에는 다른 '피조물'이 발견되었다. 전설적인 생물학자(이자 다윈의 대변인이기도 한) 토머스 헨리 헉슬리는 1857년에 심해에서 채취한 진흙이 들어 있는 병 속에 끈끈한 '유기체'가 있다는 것을 알아차렸다. 그는 이 '피조물'을 바티비우스 헤켈리*Bathybius haeckeli*라고 명명했다(속명은 그리스어로 '심해의 생명'이라는 뜻이고, 종명은 독일의 생물학자인 에른스트 헤켈Ernst Haeckel의 이름에서 땄다). 그러나 영국의 저명한 과학자 찰스 와이빌 톰슨은 이 발견에 시큰둥했다. 그는 표본을 보고 균류가 썩어서 생긴 것일 뿐이라고 생각했다. 조지 찰스 월리크라는 다른 생물학자는 이 '유기체'가 유기물이 화학적으로 분해되어 생긴 것이라는 의견을 내놓았다.

여러 이유로 와이빌 톰슨과 다른 여러 영국 과학자는 1872년부터 1876년까지 챌린저호HMS Challenger의 항해를 계획하고 기금을 마련했다. 증기기관이 달린 대형 범선 챌린저호는 사실상 거의 최초로 전 세계를 순항한 해양탐사선이었다. 당시 영국 과학계는 바다 밑바닥이 어떤 모양인지 전혀 알지 못했고, 심해에는 아직 삼엽충이 살고 있다고 생각했다. 또 바티비우스가 정말로 무엇인지도 알아내고자 했다. 챌린저호는 361개가 넘는 심해 진흙 표본을 채취했지만, 바티비우스는 하나도 발견되지 않았다. 그러던 중, 챌린저호에 탔던 화학자 존 영 뷰캐넌은 더 오래된 표본들을 살펴보다가 수수께끼의 '점액질slime'과 비슷한 무언가를 발견했다. 그는 분석을 통해 이 점액질이 표본을 보존하는 데에 쓰인 알코올과 황산칼슘 사이의 반응생성물reaction product에 불과하다는 것을 알게 되었다. 와이빌 톰슨은 헉슬리에게 정중한 편지를 보내서 뷰캐넌이 확인한 '유기체'에 관한 사실을 알렸다. 헉슬리는 자신의 평판을 유지하기 위해 실수를 인정하는 글을 『네이처』에 발표했다. 1879년에는 그해의 영국 과학진흥협회 회의에서도 전적으로 자신의 실수임을 밝혔다.

그러나 다윈의 『종의 기원』이 출간되기 1년 전인 1858년에 또 다른 헛소

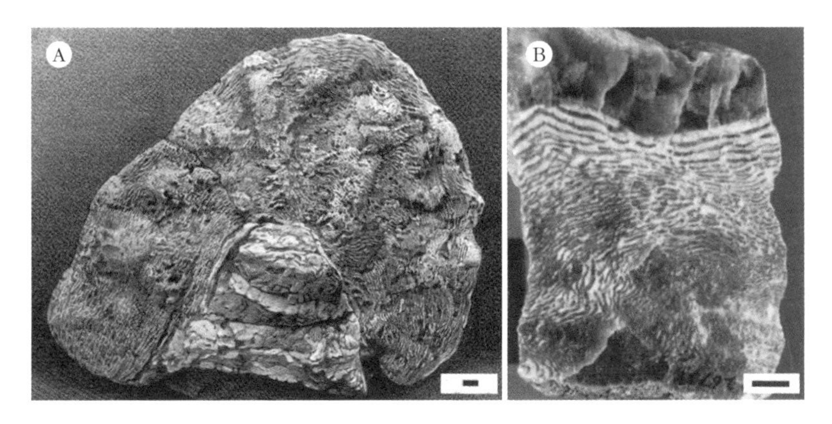

그림 1.3 에오존 카나덴세. (A) 도슨의 『생명의 새벽Dawn of Life』에 수록된 그림. (B) 스미스소니언협회에 있는 기준표본. 막대 = 1센티미터.

동이 일어났다. 캐나다의 저명한 지질학자 윌리엄 E. 로건 경(훗날의 캐나다 지질조사소 소장)은 몬트리올 근처에 있는 오타와강의 퇴적층에서 예사롭지 않은 바위들을 발견했다. 로건은 이 표본들을 몇 년 동안 과학자들에게 보여주었지만, 과학자 대다수는 이 표본들이 초기 생명의 증거라고 확신하지 못했다. 그러다 이 표본은 캐나다에서 가장 돋보이는 과학자 중 한 사람인 도슨의 주목을 받았다. 1865년에 도슨은 로건의 층상 구조를 에오존 카나덴세 *Eozoon canadense*(캐나다 최초의 동물)라고 명명했다(그림 1.3). 도슨은 이 구조가 거대한 유공충류(바다에 살며 석회질 껍데기를 만드는 아메바 같은 단세포 생물 무리)의 유해가 화석화된 것이라고 생각했다. 그는 이것이 "캐나다 지질조사소라는 왕관에서 가장 빛나는 보배 중 하나"라고 말했다. 그러나 그렇게 선언하고 얼마 지나지 않아서 다른 지질학자들이 그 표본들과 지질학적 환경을 더 면밀히 조사했고, 이들이 알아낸 바에 따르면 에오존은 화석이 아니라 광물인 방해석과 사문석이 변성암에서 층을 이룬 것에 불과했다. 결정적으로, 1894년에 이탈리아 베수비오산 근처에서 화산 활동의 열기로 인해 암석에서 비슷한 구조가 형성될 수 있다는 사실이 발견되었다.

크립토존: 또 다른 헛소동인가?

올다미아와 바티비우스와 에오존은 생명체의 조상으로 떠받들어지다가 폐기된 수많은 선캄브리아대 '생명'의 사례 중 일부다. 오늘날에는 지질학사 연구자들만이 이 화석들을 기억하고 있다.

돌이켜 생각해보면, 사람들이 왜 여기에 현혹되었는지는 쉽게 짐작이 간다. 대부분의 지질학자는 경력 초기에 지질 경관에 가짜 화석이 가득하다는 것을 배운다. 자세히 들여다보기 전에는 (그리고 무엇을 들여다보아야 하는지를 알기 전에는) 이런 가짜 화석들이 진짜 화석처럼 보인다. 거의 모든 아마추어 지질학자는 연망간광pyrolusite 모수석模樹石, dendrite의 무늬에 속아 넘어간다. 산화망간manganese oxide으로 이루어진 광물성 구조인 이 무늬는 마치 고사리가 여러 갈래로 가지를 친 모양처럼 보인다. 가장 흔한 가짜 화석은 모래 알갱이나 진흙이 다양한 형태로 굳어서 만들어지는 결핵체concretion다. 결핵체는 대부분 구형이나 특이한 방울 모양이지만, 많은 결핵체가 전문적인 훈련을 받지 않은 아마추어들이 보기에 '화석 뇌' 또는 '화석 음경'이라고 상상할 만한 괴상한 모양을 하고 있거나, 무의미한 것에서 어떤 '유형'을 보려는 습성이 있는 우리 인간이 깜박 속아 넘어갈 만한 모양을 하고 있다.

구름이 '성채'로 보이거나 별들 속에서 '동물'이 보이는 것처럼, 인간은 무작위적인 모양의 집합체에서 거의 항상 유형과 의미를 찾으려는 본능이 있는데, 이런 현상을 **파레이돌리아**pareidolia 또는 '유형화patternicity'라고 한다. 그래서 노련한 지질학자는 생김새가 기이한 바위를 화석으로 해석하는 것을 대단히 경계한다. 화석과 화석이 아닌 것을 구별하기 위해서는 오랜 경험이 필요하다. 아직 대부분의 퇴적 구조가 정의되지 않았고, 생명체가 구멍을 파서 생긴 구조와 진정한 체화석body fossil도 구별되지 않았던 지질학의 초창기에는 더더욱 그런 경계심이 필요했다.

이 이야기에서 중요한 또 다른 인물은 독학으로 지질학자가 된 미국 지질조사소의 찰스 둘리틀 월컷이다(그림 1.4). 그는 학교 교육을 10년밖에 받

그림 1.4 1912년에 버제스 셰일에서 연구를 하고 있는 찰스 둘리틀 월컷.

지 못했고 어떤 학위도 받은 적이 없지만, 만년에 여러 개의 명예 학위를 받았다. 그럼에도 월컷은 20세기 초반 미국에서 가장 중요한 과학자 중 한 사람이 되었다. 그는 뉴욕주에서 그랜드캐니언에 이르는 북아메리카 캄브리아기 전체의 기록을 거의 혼자서 남겼고, 선캄브리아대 화석 연구의 창시자가 되었다. 만년에 여러 가지 일을 도맡았던 그의 전설적인 업무 처리 능력은 오늘날에는 거의 상상도 하기 어려운 수준이었다. 그는 미국 지질조사소 소장(1894~1907)을 지냈고, 그 후에는 스미스소니언협회 간사(회장, 1907~1927)로 추대되었으며, 동시에 미국 국립과학학회 회장직(1917~1923)도 수행했다. 또 미국 철학협회와 (도슨처럼) 미국 과학진흥협회의 회장도 역임했다. 이렇게 행정 업무의 양이 엄청나게 많았음에도 그는 여름마다 간신히 몇 주의 시간을 내어 로키산맥과 콜로라도고원에서 고된 현장 연구를 계속하면서 캄브리아기 암석의 거대한 산맥을 기록했고, 언젠가 기재하고 발표할 시간이 생기기를 기대하면서 엄청난 양의 화석을 수집했다. 그가 중기 캄브리아기 연질 화석의 보고인 버제스 셰일Burgess Shale(제5장)을 우연히 발견한 것도 이런 현장 연구 여행을 하던 중이었다. 그는 이 화석들을 간단히 기재하기는 했지만, 과중한 업무량 때문에 깊이 연구할 시간을 얻지는 못했다.

월컷은 뉴욕주 최고의 지질학자이자 고생물학자인 제임스 홀 밑에서 연구를 하며 경력을 쌓기 시작했다. 새러토가에서 휴가를 보내던 월컷은 새러토가스프링스에서 서쪽으로 불과 5킬로미터 떨어져 있는 레스터 공원으로 짧은 현장 조사를 나갔다. 그곳에서 그는 자신이 연구하고 있던 오래된 선캄브리아대 암석에 나타난 층상 구조에 깊은 인상을 받았다(그림 1.5). 월컷은 스물여덟 살이었던 1878년 켜켜이 층을 이루거나 돔 모양이거나 양배추 같은 구조들을 기재하기 시작했고, 훗은 1883년에 이 구조를 크립토존 *Cryptozoon*(감춰진 생명)이라고 명명했다. 크립토존은 거의 모든 캄브리아기 암석에 공통적으로 나타났으므로, 월컷은 이것이 최초로 화석화된 생명의 증거라고 확신했다.

그러나 대부분의 다른 과학자는 대단히 회의적이었다. 층상 구조는 유기체와 관련 없이, 자연적으로도 아주 쉽게 만들어진다. 도슨이 에오존 '화석'으로 오인한 변성암에도 층상 구조가 있었고, 용액에서 결정이 형성될 때나 변성암의 엽리foliation에서도 층상 구조를 볼 수 있다. 저명한 식물학자이자 수년 동안 고생물학계에서 가장 영향력 있는 인물이었던 앨버트 찰스 수어드는 크립토존을 주도적으로 비판해왔다. 그는 식물이나 다른 유기체에 보존된 유기적 구조 가운데 크립토존처럼 구불구불한 경우가 전혀 없다는 점을 정확하게 지적했다.

그럼에도, 많은 지질학자는 대부분의 선캄브리아대 암석에서 맨눈으로 볼 수 있는 유일한 특징인 이런 돔 모양이나 양배추 모양의 층상 구조를 기재

그림 1.5 제임스 홀과 찰스 둘리틀 월컷이 크립토존이라고 명명한 레스터 공원의 스트로마톨라이트. 원래는 양배추 모양이었던 표본의 윗부분이 빙하에 의해 깎여 나가서 내부에 있던 동심원 모양의 층상 구조가 겉에 드러났다.

하고, 그 층상 구조에 이름을 붙였다. 크립토존 외에도, 층상 구조의 형태가 다른 콜레니아*Collenia*라는 이름의 속도 있었다. 또 돔 모양이 아닌 원뿔 모양의 층상 구조에는 코노피톤*Conophyton*이라는 이름이 붙었다. 시베리아에는 변성이 일어나지 않은 선캄브리아대 암석이 광활한 영역에 걸쳐 분포했는데, 이곳에서 연구를 했던 소련 지질학자들은 이런 층상 구조 하나하나에 이름을 붙이는 것을 특별히 좋아했다. 이런 모든 특징들은 통틀어서 스트로마톨라이트(stromatolite, 층 무늬가 있는 바위)라고 불렸지만, 대부분의 지질학자는 이것이 생물학적으로 만들어진 것인지 확신하지 못했다.

유레카!

20세기의 전반기 동안, 지질학계와 고생물학계는 스트로마톨라이트가 무엇인지를 놓고 첨예하게 대립했다. 연구에 연구를 거듭해도 층상 구조의 사이에서는 유기물이나 세포가 보존된 흔적이 나오지 않았다. 따라서 화석이라고 주장할 만한 근거가 약해보였다. 이 구조가 현재도 살아서 성장하고 있다는 사례가 나오지 않는 한, 의심을 잠재울 확실한 증거가 없었다.

1956년, 퍼스에 위치한 웨스턴오스트레일리아 대학의 지질학자 브라이언 W. 로건은 동료 지질학자들과 함께 오스트레일리아 서부 해안을 탐사하고 있었다. 로건과 그의 동료들은 퍼스에서 북쪽으로 약 800킬로미터 떨어진 곳에서 샤크만이라고 알려진 석호를 우연히 발견했다. 샤크만의 남쪽 가장자리에 있는 해멀린 풀에서 썰물이 빠져나가자, 그들의 눈앞에는 5억 년 된 풍경이 펼쳐졌다(그림 1.6). 지구상의 어떤 과학자도 본 적 없는 광경이었다. 꼭대기가 돔처럼 둥근 1~2미터 높이의 원통형 기둥이 만의 바닥을 뒤덮고 있었다. 이 기둥들은 크립토존과 다른 선캄브리아대의 스트로마톨라이트들을 쏙 빼닮았다. 하지만 살아 있었고 여전히 자라고 있었다! 더 자세한 연구를 통해 밝혀진 사실에 따르면, 이 기둥들은 고대의 스트로마톨라이트처

그림 1.6 오스트레일리아 샤크만에서 발견된 둥글둥글한 스트로마톨라이트.

럼 수 밀리미터 두께의 미세한 층이 퇴적되어 형성된 것이었다. 가장 바깥쪽 표면에는 이 신비로운 구조를 만들어낸 유기체가 살고 있었다. 남세균blue-green bacteria 또는 시아노박테리아cyanobacteria라고 불리는 세균이 끈끈한 더께bacterial mat를 이루고 있었다(남세균은 조류가 **아님**에도 남조류blue-green algae라는 잘못된 이름으로 불리기도 하는데, 조류는 핵이 있는 진핵세포로 이루어진 진짜 식물이다). 남세균은 지구상에서 가장 원시적이고 단순한 형태의 생명체일 뿐만 아니라, 최초의 광합성 생명체로도 추정된다. 대부분의 과학자는 남세균이 지구에서 대기 중의 산소를 처음 만들어냈고, 그래서 더 복잡한 동물이 진화할 수 있었다고 생각한다.

샤크만의 스트로마톨라이트에 대한 후속 연구에서는 스트로마톨라이트의 미세한 층상 구조가 어떻게 만들어졌는지가 드러났다. 이 끈끈한 남세균 더께는, 조수가 밀려 들어와 낮 동안 물에 잠겨 있을 때에는 태양이 있는 방향으로 매우 빠르게 성장했다. 새롭게 자란 더께의 끈끈한 표면은 퇴적물을 끌어모은다. 이 작용은 특히 밤이 되거나 조수가 빠지면서 남세균이 몇 시간 동안 성장을 멈췄을 때에 일어난다. 그러다가 다시 조수가 들어오고 해가 뜨면, 태양에 닿기 위해서 남세균에서 자란 새로운 섬유들이 간밤에 축적된 퇴적물층을 완전히 에워싼다. 이 과정은 아주 오랫동안 계속되므로, 조건이 맞는 곳에는 더께에 붙잡혀서 나날이 커지는 퇴적물 덩어리가 수백 개에 이른다. 결국 세균의 유기체는 썩어서 사라지고, 예전에 존재했던 유기체의 구조나 화학적 흔적이 전혀 없는 퇴적물의 층상 구조만 남는 것이다.

그런데 이 과정이 이렇게 쉽다면, 지금은 왜 스트로마톨라이트가 선캄브리아대처럼 지구상 어디에나 있지 않을까? 이 의문에 대한 해답도 샤크만에서 찾을 수 있다. 해멀린 풀의 얕은 바닷물은 대단히 짜다. 샤크만의 입구를 따라 길게 늘어선 모래톱이 물의 출입을 막고 있기 때문이다. 게다가 샤크만이 위치한 아열대 사막지대는 대단히 덥고 태양빛이 강하다. 물이 증발하는 동안 얕은 만의 퇴적물은 점점 더 짜진다. 사실 이 물은 너무 짜서 염도가 평균적인 바닷물의 두 배에 이르며(일반적으로는 3.5퍼센트이지만, 이곳은 7퍼센트가 넘는다), 이런 조건을 견딜 수 있는 것은 남세균뿐이다. 일반적으로 이런 세균 더께를 먹고 사는 초식성 고둥(오늘날 조수 웅덩이에서 볼 수 있는 삿갓조개limpet, 수수골뱅이periwinkle, 전복abalone 따위)은 이렇게 짠물에서는 살 수 없다. 그래서 세균 더께가 뜯어 먹히지 않고 계속 자라는 것이다. 이런 환경은 고둥 같은 해양 초식동물이 아직 진화되기 전인 캄브리아기 이전의 세계와 매우 흡사하다. 30억 년 동안, 가장 복잡한 형태의 생명체는 미생물 더께와 나중에는 조류 더께뿐이었고, 그들의 성장을 저지할 수 있는 것은 아무것도 없었다. 내 친구인 UCLA의 J. 윌리엄 스코프의 말처럼, 초기 지구는 "더께가 앉은 행성"이었다(그림 1.1을 보라).

1956년에 샤크만에서 발견된 이래로(처음 발표된 것은 1961년이었다), 살아 있는 스트로마톨라이트는 여러 곳에서 발견되었다. 대부분의 스트로마톨라이트에는 중요한 공통점이 있다. 스트로마톨라이트를 먹고 사는 (초식 고둥 같은) 더 발전된 형태의 생명체가 살 수 없을 정도로 지나치게 혹독한 환경에서 살아간다는 점이다. 나는 멕시코 바하칼리포르니아의 태평양 쪽 해안을 따라 늘어선 석호의 짠 바닷물에서 자라는 스트로마톨라이트를 자세히 관찰한 적이 있다. 페르시아만 서부 해안의 짠 바닷물 속에도 살고, 브라질 라고아 살가다Lagoa Salgada(포르투갈어로 '짠물의 석호'라는 뜻)의 짠 바닷물에서도 샤크만처럼 꼭대기가 돔처럼 생긴 기둥 모양의 스트로마톨라이트가 자란다. 드물게는 정상적인 염도의 물에서 살아남은 것도 있다. 바하마의 엑수마섬은 물의 흐름이 너무 강해서 삿갓조개와 수수골뱅이가 스트로마톨라이트에 매달려 있을 수조차 없다.

스트로마톨라이트 화석도 점점 더 많이 발견되었는데, 그중에는 생명 자체만큼이나 오래된 것도 있었다. 오스트레일리아 서부 와라우나 층군Warrawoona Group(샤크만에서 서쪽으로 수백 킬로미터 떨어진 곳에 있다)의 스트로마톨라이트는 35억 년 전에 형성된 것으로 추정되며, 현미경으로 볼 수 있는 가장 오래된 남세균 세포의 증거도 남아 있다. 남아프리카의 무화과 층군Fig Tree Group에는 34억 년 전의 스트로마톨라이트가 있다. 12억 5000만 년 전이 되자, 스트로마톨라이트는 형태와 크기의 다양성과 존재비(일정 구역 안에 그 대상이 얼마나 많은지를 나타내는 생태학적 개념—옮긴이)가 정점에 이르렀고, 여전히 당시 지구에서 육안으로 확인할 수 있는 유일한 생명의 증거였다. 그 후 이들은 50만 년에 걸쳐 서서히 쇠퇴하기 시작했고, 캄브리아기가 되자 원래 존재비의 20퍼센트만 남았다. 아마도 보통의 바닷물 속 어디에서나 스트로마톨라이트를 먹고 사는 고둥 같은 새로운 생명체가 엄청나게 증가했기 때문일 것이다. (그림 1.5의 레스터 공원 스트로마톨라이트는 캄브리아기 중기의 호이트 석회암Hoyt Limestone에서 나왔다. 따라서 이 스트로마톨라이트는 캄브리아기에도 살아남은 소수의 예외 중 하나다.) 무척추동물의 거대한 방산이 일어난 오르도비스기(약 5억 년 전)가 되자, 스트로마톨라이트는 지구상에서 거의 사라졌다.

미생물의 더께는 지난 5억 년 동안은 드물었지만, 포식자가 억제되면 언제라도 다시 튀어나와서 번성할 준비가 되어 있다. 지구에서 세 번의 대멸종

(오르도비스기 말, 데본기 후기, 가장 규모가 컸던 페름기 말)이 일어난 직후, 스트로마톨라이트는 멸종으로 인해서 살아남은 동물이 거의 없는 '이후' 세계에서 다시 번성했다. 그때마다 스트로마톨라이트는 잡초처럼 자랐다. 운 좋게 살아남은 몇몇 종과 함께 활짝 펼쳐진 경관에서 우위를 차지했고, 그들을 잡아먹는 생명체가 사라질 때마다 번성했다.

마지막으로, 여기에는 생각해야 할 것이 하나 더 있다. 생명 역사의 거의 85퍼센트에 해당하는 시기 동안(35억 년 전부터 6억 3000만 년 전까지), 지구에는 육안으로 볼 수 있는 화석이 만들어질 정도로 충분히 큰 생명체가 전혀 없었다. 현미경의 도움 없이 볼 수 있는 것은 스트로마톨라이트뿐이었다. 생명이 왜 좀 더 일찍 나타나지 않았는지에 관한 의문은 수없이 많다. 이런 의문들은 대부분 캄브리아기의 어느 시기에 이르기 전까지는 대기 중의 산소 농도가 다세포 생물을 지탱할 수 있을 만큼 충분히 높지 않다는 사실과 연관이 있다. 그 원인이 무엇이든지, 생명 역사에서 대부분의 기간 동안 지표면은 미생물의 더께와 둥그스름한 스트로마톨라이트에만 뒤덮여 있었고, 다른 것은 아무것도 없었다. 만약 외계 생명체가 지구에 착륙했다면, 그 광경을 보고 심드렁해서 지구를 떠났을 것이다.

다른 방식으로도 생각해보자. 남극의 앨런 구릉Allan Hills에서 발견된 운석인 ALH84001은 원래 화성에 있다가 지구로 떨어졌다. 1990년대에는 이 운석 내부에 있는 막대 모양과 구슬 모양의 작은 구조가 실제로 화성 생명체의 화석인지를 놓고 큰 논란이 일었다. 아직 이 문제에 대해 결론이 나지는 않았지만, 그것이 정말 화성의 생명체가 **맞는다면** 지금은 꽁꽁 얼어 있을 게 분명하다. 화성은 물이 액체 상태로 존재하기에는 너무 춥기 때문이다. 지구도 이와 사뭇 비슷해 보인다. 6억 년 전까지 지구상에는 단세포 생물보다 큰 유기체는 없었다. 따라서 지구의 암석 조각이나 지표면의 표본은 어느 것이나 꽁꽁 얼어붙기 전의 화성과 꼭 같았을 것이다.

가볼 만한 곳

제임스 홀과 찰스 둘리틀 월컷의 크립토존의 토대가 되었던 스트로마톨라이트는 뉴욕주 새러토가스프링스 동쪽에 위치한 레스터 공원에서 볼 수 있다. 새러토가스프링스에서 뉴욕주 9N 도로를 타고 서쪽으로 간다. 미들 글로브 로드에서 좌회전, 레스터 파크 로드(페트리파이드 가든스 로드라고도 한다)에서 다시 좌회전을 한 다음, 150미터쯤 더 간다. 공원에 진입한 뒤에는 페트리파이드 가든스로 가는 안내판을 따라간다.

스트로마톨라이트나 선캄브리아대의 스트로마톨라이트 모형이 전시된 박물관이 몇 곳 있다. 이런 박물관으로는 덴버 자연과학 박물관, 시카고의 필드 자연사 박물관, 매디슨에 위치한 위스콘신 대학 지질학 박물관, 워싱턴 D.C. 스미스소니언협회의 미국 국립 자연사 박물관, 솔트레이크시티에 위치한 유타 대학의 자연사 박물관, 캘리포니아 클레어몬트에 위치한 웹 스쿨의 레이몬드 알프고 생물학 박물관, 마틴즈빌에 위치한 버지니아 자연사 박물관, 퍼스에 위치한 웨스턴오스트레일리아 박물관이 있다.

2

에디아카라의 정원

최초의 다세포 생명체: 카르니아

야심만만한 고생물학자들의 마음을 사로잡는 표본은 대개 크고 화려한, 육식 공룡이나 플라이스토세의 포유류 같은 것들이다. 그러나 진짜 괴물—잃어버린 세계의 기이하고 경이로운 생명체를 찾고자 한다면, 무척추동물 고생물학으로 눈길을 돌려야 한다. 의심할 여지없이, 모든 화석 동물 가운데 가장 신기한 것들은 에디아카라에서 발견되었다.

마크 맥메나민, 『에디아카라의 정원The Garden of Ediacara』

단세포에서 다세포로

앞 장에서 보았듯이 선캄브리아대의 화석이 없다는 점은 진화생물학에서 오랫동안 문제로 여겨졌다. 찰스 다윈은 이 문제를 놓고 고심했으며, 1954년에 확실한 미화석이 발견되고 1950년대 후반에 스트로마톨라이트가 미생물 더께로 만들어졌다는 것이 확인되기 전까지는 다른 많은 과학자도 같은 고민을 했다. 이 발견을 통해서, 35억 년 전부터 6억 3000만 년 전까지는 모든 생명이 단세포 상태였다는 사실이 밝혀졌다. '캄브리아기 대폭발' 이전의 다세포 생물 화석은 아직 발견되지 않았다. 삼엽충처럼 단단한 껍데기가 있는 다세포 생물의 등장 이전 기록에서 보이는 이 곤혹스럽고 신비스러운 공백에서, 다세포 생물의 화석이 결코 발견되지 않을 것이라고 생각한 사람들이 많았다.

그런데 바위 속에서 흥미로운 화석들이 나타나기 시작했다. 대부분 꽤 컸고(어떤 것은 거의 1미터에 달했다), 아직 단단하게 진화하지 않은 부드러운 몸을 갖고 있었다. 모두 바다 밑바닥에 있는 사암砂巖이나 이암泥巖에 찍힌 형태로 화석화되었기 때문에 사실상 완전한 체화석은 없었다(껍데기나 다른 단단한 부분이 없을 때의 문제점이다). 이런 화석들은 1930년대에 나미비아(당시 남아프리카공화국의 식민지였던 남서아프리카)와 1940년대에 오스트레일리아의 에디아카라 구릉 지대에서 발견되었다. 그러나 당시에는 연대를 제대로 측정하지 못했고, 그래서 캄브리아기 초기의 화석일 것이라고 추측했다.

그러다가 1956년에 티나 네거스라는 15세 소녀가 잉글랜드 링컨셔의 그랜섬 근처에 있는 찬우드숲에서 화석 하나를 발견했다(그림 2.1). 네거스는 그 일을 다음과 같이 설명했다.

> 나는 10대 시절에 우연히 지역 도서관에서 찬우드숲의 지질학에 관한 논문을 보게 되었다. 우리는 찬우드를 자주 찾아갔었고, 그 논문에서 언급된 여러 곳이 내게는 친숙했다. 나는 그 논문에 있는 지도를 거의 다 베꼈고, 부모님은 틈만 나면 그곳에 가자고 조르는 나를 진득하게 참아주었다. 우리는 차를 주차하고 발굴지로 가는 길을 찾았다. 나는 화산재로 이루어진 그 퇴적층이 물속에서 쌓였다는 것을 독서를 통해서 알았다. 내게는 새로운 개념이었다. 당시에는 그 발굴지를 찾는 사람이 거의 없었던 탓에 그 길은 양떼가 다니는 좁은 오솔길에 불과했다. 나는 바닥에 서서 표면을 손가락으로 더듬다가, 머리 높이에 있는 그것을 보았다. … 화석이었다! 그것이 정말 화석이라는 것에는 조금의 의심도 없었다. 그러나

내가 보았던 모든 책에서는 선캄브리아대가 생명이 시작되기 이전이라고 정의하고 있었기 때문에 대단히 의아했다. 나는 그것이 양치식물이라고 생각했다. 확실히 양치류의 잎처럼 생겼다. 하지만 나는 '작은 잎leaflet'에 잎맥이 없고, 길게 교차되는 '잎'이 '잎자루'까지 뻗어 있는 모양에 주목했다.

다음날 학교에서 지리 선생님을 찾아갔다. 지질학과 가장 가까운 과목이 지리라고 생각했기 때문이다. 선생님에게 찬우드숲에 있는 선캄브리아대의 암석에서 화석을 발견했다고 말하자 선생님은 이렇게 대답했다. "선캄브리아대의 암석에는 화석이 없단다!" 그것은 나도 알고 있지만, 바로 그 '사실' 때문에 흥미롭고 당혹스럽다고 말했다. 선생님은 걸음을 멈추지도 않고 내게 눈길을 주지도 않은 채, "그렇다면 그것은 선캄브리아대의 암석이 **아니다**"라고 말했다. 나는 그것이 선캄브리아대의 암석이 확실하다고 말했고, 선생님은 선캄브리아대의 암석에는 화석이 없다는 처음의 이야기를 되풀이했다. 그것은 새로운 무언가에 마음을 열지 않는 진정한 순환논법이었다. 나는 선생님에 대한 설득은 포기하고 부모님에게 그곳에 다시 데려가줄 수 있는지를 물었다.

네거스는 그런 단단한 암석에서 화석을 발굴한 경험도 없었고, 발굴할 도구도 없었다. 그러나 1년 뒤, (훗날 지질학 교수가 되는) 로저 메이슨이라는 같은 지역 소년이 그 암석에서 화석을 발굴했다. 소년은 이 화석을 향토지리학자 트레버 포드에게 주었고, 포드는 1958년『요크셔 지질학회보』에 이 화석을 공식적으로 발표했다. 그는 이 표본을 카르니아 마소니*Charnia masoni*라고 명명했고(속명은 찬우드숲에서 딴 것이고, 종명은 로저 메이슨의 이름에서 땄다), 이것이 조류藻類의 일종이라고 생각했다. 훗날 지질학자들은 이 생물이 산호의 친척인 '바다조름sea pen'과 연관이 있다고 주장했다. 바다조름은 부드러운 깃털처럼 생겼으며, 바다 밑바닥에 산다. 그러나 카르니아의 중심에 있는 '줄기stem'는 양치식물, '바다조름', 깃털의 그것처럼 곧게 뻗어 있는 것이 아니라 지그재그 모양이다. 카르니아가 어떤 종류의 생물인지는 아직까

그림 2.1 카르니아의 복원도.

지도 확실하지 않다. 종류가 무엇으로 밝혀지든, 카르니아는 분명한 선캄브리아대의 암석에서 발견된 최초의 다세포 생물 화석이다(사실상 종류를 막론하고 최초의 화석이다). 네거스의 지리 교사 이야기에서 알 수 있듯이, 1950년대 후반이 되기 전까지는 '선캄브리아대의 화석'이 무엇으로 구성되는지에 대한 정의가 대체로 무척 순환적이었다. 선캄브리아대에는 육안으로 구별할 수 있는 화석이 없다고 확신했다. 따라서 그 표본은 캄브리아기의 암석에서 나온 것이거나, 화석이 아니어야 했다.

플린더스산맥의 화석

카르니아가 정식으로 기재되기 전에도, 지질학자들은 세계 각지에서 크고 몸이 연한 유기체의 화석을 발견하고 있었다. 그러나 그 화석들은 시대가 불분명한 지층에서 발견되었기 때문에 무조건 캄브리아기의 화석으로 지정되었다. 스코틀랜드의 지질학자인 알렉산더 머레이는 일찍이 1868년에 뉴펀들랜드의 미스테이큰 포인트에 있는 심해 사암에서 카르니아를 닮은 나뭇잎 모양의 화석을 발견했다. 그러나 당시에는 이 화석을 어떻게 해석하고 연대를 어떻게 정해야 하는지를 아는 사람이 아무도 없어서, 이 화석은 그대로 잊혔다. 독일의 지질학자 게오르크 귀리히는 1933년에 나미비아에서 지질을 조사하고 금광 탐사를 하던 중 연조직으로 된 흥미로운 생명체의 수많은 화석을 발견했다. 하지만 이번에도 아무도 연대를 몰랐기 때문에 캄브리아기의 화석으로 추정되었다.

이런 특이한 동물상이 나온 곳 중에서 화석이 가장 풍부하고 가장 연구가 많이 이루어진 곳은 사우스오스트레일리아의 애들레이드에서 북쪽으로 약 336킬로미터 떨어진 플린더스산맥에 위치한 에디아카라 구릉이다. 1946년, 오스트레일리아의 지질학자 레지널드 스프리그는 에디아카라 구릉에서 일을 하고 있었다. 그의 일은 지질 분포를 기록하고, 신기술로 폐광을 다시 여는 것이 타당한지에 대한 결정을 평가하는 것이었다. 그는 어느 날 점심을 먹으려고 자리에 앉다가 그 놀라운 화석들을 처음으로 보게 되었다. 그러나 그는 고생물학자도 아니었고 화석 수집을 위해 고용된 이도 아니었기 때문에, 애들레이드 대학의 고생물학자 마틴 글래스너에게 이 화석들에 관해 이야기했다.

글래스너는 대단한 인물이었다. 그는 1906년 성탄절에 오스트리아-헝가리 제국의 보헤미아 북서부(오늘날의 체코) 지방에서 태어났고, 25세에 빈 대학에서 법학과 지질학 박사학위를 받았다. 젊은 시절에는 모스크바로 파견되어 소련 과학아카데미의 국가 석유연구소를 위해 고미생물학을 연구했다. 그 덕분에 글래스너는 원유를 함유한 암석의 연대측정과 고대의 수심결정에 미화석을 이용한 선구자 중 한 사람이 되었다. 그는 모스크바에서 만난 러시아의 발레리나 티나 투피키나Tina Tupikina와 결혼했지만, 이 결혼으로 소련 시민이 되거나 소련을 떠나야만 했다. 1937년에 오스트리아로 돌아온 글래스너는 귀국하자마자 오스트리아를 침략한 히틀러의 군대에 쫓기는 신세가 되었다(그의 아버지가 유대계였다). 글래스너와 그의 아내는 결국 뉴기니섬의 포트모르즈비로 갔다. 그곳에서 글래스너는 새로 생긴 오스트레일리아 석유회사Australian Petroleum Company를 위해 고미생물학 부서를 조직해달라는 제안을 받았다. 그러다가 1942년에 뉴기니섬에 전쟁이 닥치면서 그와 그의 아내는 오스트레일리아로 피신했고, 그곳에서 글래스너는 1950년까지 원유 산업을 위한 연구에 계속 몸담았다. 그 뒤로는 교수가 되었고 애들레이드 대학에서 고생물학과 지질학과를 이끌었다.

스프리그가 보낸 신기한 화석의 연구를 이어받은 글래스너는 더 많은 표본을 수집하기 위해서 대규모 발굴단을 조직했다. 고된 연구 끝에 그는 해파리와 바다조름과 다양한 종류의 괴상한 '벌레worms'를 닮은 화석들을 기재했다(그림 2.2). 잉글랜드와 오스트레일리아에서 카르니아가 발견된 덕분에,

그림 2.2 크고 연하며 누빔 형태의 유기체로 이루어진 에디아카라의 화석들. 바다 밑바닥에 찍힌 인상화석의 형태로만 알려져 있다. (A) 가로로 길게 골이 파인 '벌레' 디킨소니아. (B) 체절이 있는 '벌레' 스프리기나*Spriggina*. (C) 삼엽충의 친척일 가능성이 있는 방패 모양의 파르반코리나*Parvancorina*.

그는 에디아카라 화석들의 연대가 선캄브리아대 최후기라는 것을 증명할 수 있었다. 따라서 여러 곳(아프리카, 오스트레일리아, 잉글랜드, 뉴펀들랜드, 백해 근처의 러시아 외 많은 지역)에서 발견되는 이런 흥미로운 큰 연조직 유기체가 세계적으로 다양하다는 것이 증명되었다. 글래스너가 1984년에 발표한『동물의 새벽The Dawn of Animal Life』에는 그의 모든 연구가 요약되어 있고, 이 책은 지금도 고전으로 여겨지고 있다. 말년에 글래스너는 초기 다세포 생물에 대한 선구적인 연구를 인정받으며 수많은 상을 받았다.

글래스너는 플린더스의 사암에서 발견된 이런 흥미로운 흔적과 자국을 오늘날의 유기체와 관련지어 해석하기 위해 최선을 다했다(그림 2.3). 둥그스름한 덩어리는 해파리와 비슷해 보였고, 나뭇잎처럼 생긴 형태는 바다조름을 닮았다. 어떤 것은 최초의 다세포 생물로 보기에는 유달리 컸다. 이를테면, 깃털 모양의 홈을 남긴 넓적한 잎 모양의 '벌레' 디킨소니아*Dickinsonia*

그림 2.3 바다조름, 해파리, '벌레'로 재현된 에디아카라 동물군의 상상도.

는 길이가 거의 1.5미터에 달했다!

쉽게 썩어서 없어지는 이런 생명체가 유달리 보존이 잘 되었다는 사실은 선캄브리아대 후기에는 청소동물의 역할을 하는 유기체가 얼마 없었다는 것을 암시한다. 아니면 에디아카라의 생물들이 남세균의 더께에 덮여 있어서 보존이 잘 되었을 수도 있고, 얕은 물에서 바다로 흘러들어온 진흙에 한꺼번에 산 채로 파묻혔을 수도 있다(특히 뉴펀들랜드의 미스테이큰 포인트가 그렇다).

에디아카라는 어디로?

후대의 과학자들은 에디아카라 화석을 벌레와 바다조름과 해파리 같은 현존하는 무리에 그렇게 쉽게 구겨 넣는 것에 동의하지 않았다. 그들이 주목한 것은 '해파리'의 구조와 대칭이 현존하는 어떤 해파리와도 일치하지 않는다는 점이었다. 마찬가지로, '바다조름'도 중심을 똑바로 관통하는 자루가 없고, (현존하는 모든 바나조름과 달리) 카르니아처럼 지그재그 형태였다. 대부분의 '벌레'는 대칭이 아니거나 오늘날의 어떤 벌레 무리와도 구조가 같지 않았다. 모든 벌레가 갖고 있는 소화관이나 다른 기관의 흔적은 말할 것도 없다.

이런 구조상의 기이한 특징 때문에 고생물학자들은 에디아카라 화석에 대해 논란이 덜한 다른 설명을 궁리하게 되었다. 예일 대학과 튀빙겐 대학의 아돌프 자일라허는 에디아카라의 화석이 오늘날의 동물과 전혀 연관이 없다고 주장해왔다. 오히려 자일라허는 이것이 초기 다세포 동물에서 오늘날의 그 어떤 동물과도 다른 체제body plan를 실험했던 것이라고 설명하면서, 이들을 벤도조아Vendozoa 또는 벤도비오타Vendobiota라고 불렀다(러시아에서는 이런 화석이 만들어진 선캄브리아대 최후기 전체를 '벤디아기Vendian'라고 부르지만, 오늘날 국제 지질학계에서는 이 시기를 에디아카라기라고 부른다). 자일라허의 지적에 따르면, 이 동물들은 "누빔 형태의quilted" 공기 매트리스에 물이 차 있는 형태에 가까우며, 가장 단순한 벌레도 갖추고 있는 중추신경이나 소화관의 증거가 전혀 없다. 이는 에디아카라기의 동물이 소화, 호흡, 신경을 담당하는 기관이 없는 종류의 생명체였다는 것을 암시한다. 그 대신, 이렇게 체액이 채워진 '매트리스'는 누빔으로 표면이 증가한 덕분에 부피에 비해 표면적이 넓었다. 이들은 이렇게 촘촘하게 주름진 '피부'를 통해서 먹이와 산소를 바로 흡수하고 노폐물도 같은 방식으로 배출했다.

마운트 홀리오크 대학의 마크 맥메나민은 "에디아카라의 정원Garden of Ediacara"이라는 가설을 제안했다. 그의 추측에 따르면, 부피에 비해 표면적이 아주 넓은 이 생명체들의 조직 속에는 수많은 남세균이나 진짜 조류가 공생체로 살았을지도 모른다. 이런 광합성 공생체들은 오늘날 초산호reef coral와 대왕조개giant clam와 다른 여러 해양 동물의 체내에 살고 있는 조류처럼 다량의 산소를 공급해주고 노폐물인 이산화탄소를 흡수했을 것이다. 화석 토양 전문가인 오레곤 대학의 그레고리 리탈랙은 그들이 동식물이 아니라 대체로 지의류나 균류였을 것이라고 주장했다. 더 최근에는 이 화석들 중 다수에 실제로 토양구조가 보존된 것이라고 제안했다.

따라서 이 신비로운 생명체들의 특성에 관한 의견은 아주 다양하다. 일부에서는 아직도 이들을 해파리·바다조름·벌레처럼 생각하지만, 대부분은 오늘날의 생물과는 전혀 달랐을 것이라고 주장한다. 이들이 벤도비오타라고 불리는 독특하고 실험적인 생명체의 집합체였는지, 아니면 큰 내부공생 유기체의 일종이었는지, 지의류나 토양이었는지는 아직 모른다. 어쨌든 이 화석들은 바다 밑바닥의 진흙이나 모래의 부드러운 표면에 찍힌 흔적일 뿐이다. 우리는 이들의 3차원적 구조와 전체적인 표면에 대해서 매우 한정된 생각만 할 수 있을 뿐이며, 더구나 내부 구조나 단단한 부분에 대해서는 말할 것도 없다. 문제는 단단한 부분이 없으면 이런 생명체가 화석 기록에서 보존되기 어려웠다는 점이다. 이들이 종종 접히거나 찌그러지거나 왜곡된 까닭은 이들이 오늘날의 해파리처럼 물이 빵빵하게 채워진 조직이었기 때문일 것이다.

이 생명체가 무엇이든, 우리가 기억해야 하는 중요한 것이 있다. 이 생명체는 단세포 생물이 6억 3000만 년 전에는 다세포 생물로 도약했다는 것을 확실하게 증명한다. 이들의 다양화가 촉발된 시기는 극지방에서 적도에 이르기까지 온 지구를 빙상이 뒤덮었던 '눈덩이 지구snowball Earth' 시기가 끝나고 지구가 따뜻해지던 때였다. 이후 9000만 년 동안, 사실상 이들은 지구상에서 유일한 생명 형태였다. 이들의 지배가 끝나갈 무렵이 되자 껍데기를 가진 작은 유기체들이 나타나기 시작했다(제3장). 이후 이들의 개체군이 붕괴하면서 껍데기가 있는 가장 단순한 유기체가 그 자리를 이어받았고, 삼엽충이 다시 그 뒤를 이었다. 에디아카라 생물들은 약 5억 년 전에 완전히 사라졌고, 그들의 생물학적 특징은 불가사의로 남았다.

가볼 만한 곳

진짜 카르니아 표본은 잉글랜드의 레스터에 위치한 뉴 워크 박물관에 전시되어 있다. 이곳에는 카르니아와 매우 비슷한 카르니오디스쿠스*Charniodiscus*라는 화석도 함께 전시되어 있는데, 이 화석도 트레버 포드가 1958년에 기재한 것이다.

에디아카라기의 화석이 전시된 박물관은 아주 드물다. 이 화석들은 공룡의 뼈대만큼 눈길을 사로잡지도, 화려하지도 않기 때문이다. 미국에서 에디아카라기의 화석이 전시된 곳으로는 덴버 자연과학 박물관, 시카고의 필드 자연사 박물관, 워싱턴 D.C. 스미스소니언협회의 미국 국립 자연사 박물관이 있다. 오스트레일리아에는 플린더스산맥에서 발굴된 표본이 전시되어 있는 박물관이 많다. 특히 애들레이드의 사우스오스트레일리아 박물관과 퍼스의 웨스턴오스트레일리아 박물관이 대표적이다. 그 밖에 뉴펀들랜드 아발론반도에 위치한 미스테이큰 포인트 생태 보호구역과 독일 프랑크푸르트에 있는 젠켄베르크 자연사 박물관도 있다.

3

“작은 껍데기”

최초의 껍데기: 클로우디나

캄브리아기 초기의 역사를 다시 쓰게 했던 발견의 물결은 제2차 세계대전이 끝난 후 구소련이 시베리아의 지질 자원 탐사를 위해 과학자들을 대규모로 동원하면서 시작되었다. 두껍게 퇴적된 선캄브리아대 지층 위에 캄브리아기 초기의 더 얇은 지층이 놓여 있었는데, 이 지층들은 (습곡이 일어난 웨일스의 캄브리아기 지층과 달리) 훗날 조산운동의 영향을 받지 않았다. 이 퇴적암들은 레나강과 알단강을 따라 아름답게 드러나 있고, 방대하고 인적이 드문 이 지역의 다른 곳에도 흩어져 있다. 모스크바 고생물학협회의 알렉시 로자노프Alexi Rozanov가 이끄는 탐사팀이 발견한 가장 오래된 캄브리아기의 석회암에는 작고 낯설게 생긴 뼈와 뼛조각이 한가득 들어 있었다. 이 뼈들은 매우 작아서 길이가 1센티미터를 넘는 것이 거의 없었다. 이 화석들을 부르는 라틴어 음절로 된 복잡한 이름이 있기는 하지만, 더 평범한 별명을 지어준다면 ‘작은 껍데기 화석small shelly fossil’(줄여서 SSF)이다.

J. 존 셉코스키 주니어J. John Sepkoski Jr.,
『토대: 대양의 생명Foundations: Life in the Oceans』

껍데기를 만든 동물

제1장에서 우리는 '캄브리아기 대폭발'에 관한 찰스 다윈의 의문에 대한 첫 번째 해답을 알아냈다. 스트로마톨라이트라고 하는 35억 년 전의 세균 더께를 발견했고, 마침내 같은 시대의 지층에서 남세균과 다른 세균의 미화석이 발견되었다. 제2장에서는 단세포인 생명체에서 어떻게 다세포의 연한 몸을 지닌 생물로 이루어진 에디아카라 동물상fauna이 나오게 되었는지를 확인했다. 하지만 껍데기가 있는 동물은 어떨까? 그런 동물은 언제 나타났을까?

단단한 껍데기가 형성되는 과정(**생광물화**biomineralization)은 생각처럼 그렇게 간단하지가 않다. 바닷물에서 칼슘, 탄산, 규소, 산소의 이온을 뽑아낸 다음에 그것을 분비해서 석회질이나 규산질 껍데기를 만드는 일은 대부분의 동물에게 대단히 버거운 일이다. 이런 방식으로 광물화가 일어나게 하려면 특별한 생화학적 경로가 필요하며, 이런 경로는 대개 에너지 면에서 비용이 아주 많이 든다.

이를테면 조개나 고둥의 두터운 껍데기는 외투막mantle이라고 하는 몸의 육질부에서 만들어진다. 외투막은 껍데기의 바로 안쪽에서 연체동물의 부드러운 조직을 둘러싸고 있다. 이 기관은 특화된 구조와 생리학적 메커니즘을 통해서 바닷물에서 칼슘과 탄산 이온을 추출해서 탄산칼슘 결정으로 바꾼다. 연체동물은 이 탄산칼슘을 두 가지 종류의 광물로 분비할 수 있다. 하나는 대부분의 석회암에서 발견되는 흔한 광물인 방해석calcite이고, 하나는 대부분의 조개껍데기 안쪽에 덧대어져 있는 부분인 '진주층mother of pearl'이다. 전복 같은 조개껍데기의 안쪽이 영롱한 무지개색을 띠는 이유도 바로 이런 '진주' 광택 때문이다. 또한 보석 수집가들에게 가치가 높은 진주가 자라는 메커니즘이기도 하다. 진주는 조개의 외투막에 갇힌 '중심핵central nucleus'(모래알 따위) 주위로 분비되는 아라고나이트aragonite의 층상 구조일 뿐이다. 분비되는 아라고나이트로 완전히 둘러싸인 모래알은 더 이상 외투막을 자극하지 않는다.

에디아카라 동물상의 오랜 지속 기간(1억 년)을 토대로 볼 때, 크고 연한 몸을 지닌 유기체는 단단한 껍질 없이도 아주 오래 잘 살아갈 수 있었을 것이다. 주요 동물군의 분기 시간을 나타낸 분자시계에서 나온 자료로 판단할 때, 주요 문(해면과 해파리와 말미잘, 벌레, 체절이 있는 절지동물, '조개사돈lamp shell'이라고도 불리는 완족류brachiopod, 연체동물)이 연한 몸을 가진 형태로 존재했던 시기는 에디아카라기까지 거슬러 올라간다. 껍데기를 추가하는 체제의 분화는 그로부터 한참 뒤에 이루어졌다.

그렇다면 이렇게 부담이 되는 껍데기는 도대체 왜 진화한 것일까? 대부분 껍데기는 포식자로부터 몸을 보호해주는 역할을 한다. 많은 고생물학자의 주장에 따르면, 껍데기는 새로운 포식자에 대한 적응반응adaptive response으로 등장하기 시작했다. 당시에 껍데기가 없는 연약한 생명체를 마구 잡아먹는 포식자들이 새롭게 등장하고 있었다는 것이다. 어떤 동물에게는 껍데기가 몸에서 필요한 화학물질의 저장소 역할을 했다. 일부 조개류는 다양한 물질대사 과정에서 만들어지는 노폐물을 분비하는 데에 껍데기를 이용한다.

무엇보다 중요한 것은 광물화된 껍데기가 체제의 분화를 가능하게 함으로써 더 큰 규모의 생태적 다양성과 유연성을 가져왔다는 점이다. 껍데기가 없는 연체동물 중에서 현존하는 소수(구복류Solenogasters 따위)는 대체로 벌레처럼 생겼지만, 껍데기가 추가되면서 연체동물은 딱지조개chiton, 대합clams, 굴oysters, 가리비scallops, 뿔조개tusk shell, 삿갓조개limpets, 전복abalones, 고둥snails, 갑오징어cuttlefish, 오징어squid, 앵무조개chambered nautilus 같은 다양한 무리로 진화할 수 있었다. 연체동물의 종류는 조수 웅덩이의 바위를 따라 천천히 기어다니며 조류를 뜯어 먹는 전복과 삿갓조개, 머리가 없고 여과 섭식을 하는 조개, 대단히 지능이 높고 잽싸게 움직이는 포식자인 문어와 오징어와 갑오징어까지 다양하다.

'작은 껍데기'가 나타나다

크고 연한 몸을 가진 동물이 진화한 지 1억 년 이상 지난 다음에야 뒤늦게 껍데기가 등장했다는 사실은 껍데기의 발달이 쉬운 과정이 아니었다는 점을 암시한다. 게다가 우리는 커다란 껍데기가 단번에 나타났을 것이라고 기대하지도 않았다. 실제로 그것은 화석 기록에서도 확인된다.

아주 오랫동안, 캄브리아기 초기에는 삼엽충보다 더 단순한 동물의 증거가 없었다(제4장). 복잡한 체절로 이루어진 삼엽충의 껍데기는 방해석이 보강된 키틴질로 만들어져 있었다. 어떤 사람들에게 이런 삼엽충의 '갑작스러운 형태'는 삼엽충이 (그리고 껍데기가 있는 다른 다세포 동물 무리가) 한때 '캄브리아기 대폭발'이라고 불렸던 사건의 전조도 없이 갑자기 나타났다는 것을 암시했다.

제2차 세계대전이 끝나고 얼마 지나지 않아, 소련은 시베리아 같은 외딴 지역의 지질 탐사에 많은 노력을 기울이기 시작했다. 주로 석탄, 원유, 우라늄, 금속과 같은 경제적 자원을 찾기 위한 것이었다. 이 과정에서 그 지역들의 기본적인 지질도가 작성되었고 화석이 수집되었다. 시베리아에서 북쪽으로 흘러서 북극해로 들어가는 레나강과 알단강을 따라, 이들이 찾아낸 캄브리아기와 에디아카라기 암석은 당시 알려진 그 어떤 곳보다 지층의 순서가 완벽했다. 이들은 곧바로 캄브리아기 최초기의 한 구간을 기재하기 시작했는데, 이 구간은 삼엽충이 나온 캄브리아기 제3조 지층(third stage, 소련 지질학자들은 아트다바니아조Atdabanian라고 부른다)보다 더 **앞선다**. 최초의 삼엽충이 나온 층보다 아래에 있는 캄브리아기 최초기의 두 층은 네마키트-달디니아조Nemakit-Daldynian와 톰모티아조Tommotian라고 한다.

이 암석층에는 삼엽충은 없지만, 해면(해면과 비슷하게 생긴 멸종생물인 고배류archaeocyathan, 일명 '조개사돈lamp shells'인 완족류)과 같은 캄브리아기에 흔했던 껍데기가 큰 동물들의 화석이 포함되어 있었다. 그러나 가장 흔히 발견되는 것은 '작은 껍데기little shelly' 또는 '작은 껍데기 화석'(SSF)이라는 별

그림 3.1 사진 가운데 검은 띠의 풍화된 표면 위로 전형적인 작은 껍데기 조각이 보인다. 네바다 리다 인근의 화이트산맥에 있는 우드 캐니언 지층에서 나왔다.

명이 붙은 소형(대부분 지름 5밀리미터 이하) 화석이다. 화석 채집가가 자신이 무엇을 찾고 있는지를 정확히 알고 있지 않는 한, 이런 작은 표본은 찾기 어렵다. 따라서 크고 화려한 삼엽충의 발견에 익숙한 지질학자들이 수십 년 동안 이 화석들을 못 보고 지나친 것도 당연한 일이다. 일반적으로 이런 작은 화석들은 한군데에 밀집되어 껍데기층을 이루고 있으므로(그림 3.1), 현장에서 완전한 표본의 형태로 채집하기는 불가능했다. 그보다는 화석이 들어 있는 암석을 덩어리째 실험실로 옮겨서 산성용액 속에 담가두고 천천히 용해시켜서 화석을 얻는 편이 훨씬 쉬웠다. 아니면 화석이 들어 있는 석회암 덩어리를 얇게 켜고 연마해서 30미크론 두께의 박편을 만든 다음, 현미경 슬라이드에 붙이는 방법도 있었다. 현미경으로 이 석회암 박편을 관찰하면 작고 복잡한 화석이 꽉 들어찬 모습을 볼 수 있다(그림 3.2).

발견되었을 당시에는 이 조그만 화석들이 우리에게 친숙한 동물군 중에

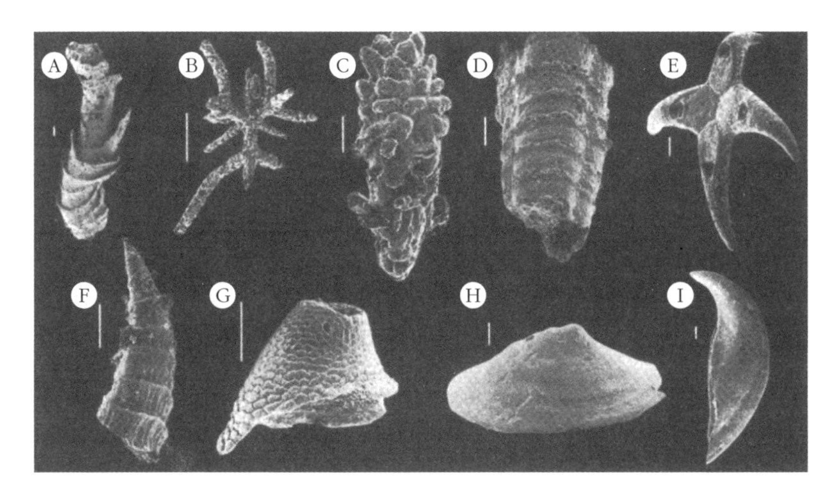

그림 3.2 캄브리아기 최초기(네마키트-달디니아조와 톰모티아조)의 암석에는 삼엽충이 없고, '작은 껍데기'라는 별명이 붙은 미세한 인산질 화석phosphatic fossils이 압도적으로 많다. 일부는 조개류의 껍데기일 가능성이 있지만(E · H · I), 해면의 침골spicules이나 벌레와 같은 더 큰 생명체의 '사슬 갑옷' 조각처럼 보이는 것들도 있다. (A) 클로우디나 하르트마나이*Cloudina hartmannae*. 알려진 골격 화석 중에서 가장 오래된 것 중 하나이며 중국에서 에디아카라기의 화석이 나온 지층과 같은 지층에서 발견되었다. (B) 석회해면류의 침골. (C) 산호로 추정되는 유기체의 침골. (D) 아나바리테스 섹살록스*Anabarites sexalox*. 관 속에 서식하며 몸이 Y자 형태로 대칭을 이루는 동물이다. (E) 초기 연체동물의 골편으로 추정되는 화석 유기체. (F) 라펙르텔라*Lapworthella*. 유연관계가 알려지지 않은 원뿔 형태의 유기체. (G) 유연관계가 알려지지 않은 유기체인 스토이보스트로무스 크레눌라투스*Stoibostromus crenulatus*의 골판skeletal plate. (H) 연체동물로 추정되는 모베르겔라*Mobergella*의 골판. (I) 연체동물로 추정되는 크리토키테스*Cyrtochites*의 모자 형태 껍데기.
축척 = 1밀리미터.

서 어디에 속하는지가 분명하지 않았다. 어떤 것은 확실히 조개나 고둥의 껍데기처럼 생겼고, 어떤 것은 훨씬 큰 생물의 '사슬 갑옷chain-mail amor' 조각처럼 보였다. 대부분 작은 바늘 모양 또는 가시 같은 성분인 침골spicule이었다. 서로 얽혀 있는 침골들은 해면에서 발견되는 유일하게 단단한 부분을 형성한다.

중요한 것은, 오늘날 대부분의 해양 동물이 탄산칼슘을 이용해서 껍데기를 만드는 데에 반해 이 껍데기들은 대부분 인산칼슘(인회석apatite)으로 만들어졌다는 점이다. 이 사실은 초기 완족류(개맛류lingulid)가 인산칼슘을 이용해서 껍데기를 만들었다는 점과 함께, 큰 껍데기를 가진 삼엽충 같은 동물이 진화하기까지 왜 그렇게 오랜 시간이 걸렸는지를 짐작할 수 있게 해준다. 이는 캄브리아기 초기에 껍데기의 광물화 과정이 시작되기 전에 극복해야 하는 걸림돌이 많았다는 것을 나타낸다. 무엇보다도 먼저, 이 생명체들이 분비해서 만든 것은 십여 개의 작은 조각에 불과했다. 따라서 삼엽충의 외골격처럼 큰 껍데기는 아직 만들지 못했다. 더 중요한 것은, (탄산칼슘이 아닌) 인산칼슘 조각이 풍부하다는 사실을 포함한 다양한 화학적 증거로 볼 때, 대기와 해양의 산소 농도가 아직 오늘날 지구와 같은 21퍼센트에 이르지 못했다는 것이다. 당시에는 산소 농도가 지금보다 훨씬 낮아서 연체동물이 껍데기를 만들 광물을 분비할 수 있는 지구화학적 메커니즘과 생리학적 메커니즘을 일으키기 어려웠을 것이다.

프레스톤 클라우드의 예측

선캄브리아대의 지질학과 고생물학 분야는 1954년에 스탠리 타일러와 엘소 바곤이 최초의 선캄브리아대 미화석 증거를 발견하고 발표하기 전까지는 사실상 존재하지 않았다. 특히 한 인물은 1950년대와 1960년대에 시작된 선캄브리아대 생물학과 지질학 연구의 선구자였는데, 그는 훗날 그 분야의 거두가 되었고 평생 그 자리를 지켰다. 바로 프레스톤 H. 클라우드이다. 나는 일을 하면서 몇 번 그를 만난 적이 있는데, 『생명의 요람Cradle of Life』에서 J. 윌리엄 쇼프J. William Schopf가 그랬던 것처럼, 나도 그가 이 분야의 위대한 인물이었다고 기억한다. 그는 키 168센티미터의 단신에 왜소한 체격이었고, 대머리에 빳빳한 턱수염을 기르고 있었다. 그러나 그는 (쇼프의 말을 빌리면) "대단히 강단 있고 늘 에너지와 생각이 넘치는 부지런한 거인이었다. 그리고 그는 아마도 지금까지 미국에서 배출된 가장 위대한 통합 생물지질학자biogeosynthesist일 것이다. … 클라우드는 한가하게 잡담을 하지도 않았고, 조금 고압적인 자세 때문에 일부 동료들과는 부딪히기도 했다(그를 '쩨쩨

한 대장little general'이라고 부른 사람도 있지만, 아무도 그의 면전에서는 그렇게 부르지 못했다). 그러나 클라우드에게는 그 모든 것을 상쇄하는 재주가 있었다. 그는 정말로 비범했다".

클라우드는 학계(특히 산타 바바라의 캘리포니아 대학)와 미국 지질조사소에서 오랜 경력을 쌓았고, 특히 미국 지질조사소에서는 고생물학 분과를 지질학 분야에서 가장 명성 있는 집단으로 만들었다. 혁신적이고 폭넓은 사고방식을 지닌 클라우드는 완족류와 보크사이트bauxite의 발굴부터 산호초에 관한 해양학과 탄산염 암석학까지 다양한 영역에서 전문가가 되었다. 그는 1974년에 지구의 미래에 대한 경고를 담은 책을 쓰기 시작했다. 책은 한정된 자원, 석유 생산량이 최고점에 이르는 시점, 인간이 지구 생태와 환경에 일으키고 있는 재앙에 관해 다루었다. 그는 이 주제를 다룬 두 권의 책 ―『우주, 지구, 인간: 간단한 우주의 역사Cosmos, Earth, and Man: A Short History of the Universe』(1978)와 『우주의 오아시스: 태초부터 지구의 역사Oasis in Space: Earth History from the Beginning』(1988)에서 45억 년에 걸친 지구 역사에 대한 해박한 이해를 통해 인간이 지구를 얼마나 파괴하기 쉬운지를 처음으로 예견했다.

초기 생명의 증거에 관한 연구가 이루어지기 오래전부터, 클라우드는 선캄브리아대의 미화석과 스트로마톨라이트를 연구하고 더 많은 에디아카라 화석을 탐색하기 위해 힘썼다. 더 중요한 것은, 30억 년 동안 산소 농도가 낮았고, 단세포 생물이 서서히 진화했고, 20억~18억 년 전에 '산소 대재앙oxygen holocaust'이 일어나 진핵생물이 폭발적으로 생성되었다는, 우리가 알고 있는 선캄브리아대 지구의 얼개를 그가 만들었다는 점이다. 또 그는 선캄브리아대의 지구화학과 대기와 대양이 어떻게 작용했는지에 대해서도 여러 혁신적인 생각을 내놓았다.「원시 지구의 작동 모형A Working Model of the Primitive Earth」(1972)이라는 그의 유명한 논문은 지난 40년 이상 거의 모든 선캄브리아대 연구의 토대가 되었다.

클로우디나

다른 여러 지질학자들과 마찬가지로, 클라우드 역시 크지만 껍데기가 없는 에디아카라 생물과 껍데기가 있는 삼엽충 사이의 큰 간극이 마음에 들지 않았다. 그는 만년에 이 간극을 매워주는 캄브리아기 초기의 '작은 껍데기'가 발견되고 기재된 것에 대해 크게 기뻐했다. 그래도 캄브리아기 이전에는 껍데기가 있는 화석이 왜 없었을까? 왜 에디아카라의 생물들과 SSF 사이에는 진화적 간극이 있는 것처럼 보일까?

그러던 1972년, 제라드 J. B. 제름스는 나미비아의 나마층군Nama Group에서 나온 화석을 기재했다. 이 화석의 연대는 선캄브리아대 후기였다. 그는 지름 6밀리미터, 길이 150밀리미터인 이상한 석회질 화석을 발표했다. 이 화석은 원뿔 모양의 껍데기들이 포개져 있는 구조를 하고 있으며, 내부는 비어 있는 관 모양이었다(그림 3.3). 이 화석이 오늘날의 동물군 중에 어떤 무리에 속하는지(이를테면 관 모양 골격을 분비하는 벌레 무리의 일종인지), 아니면 오늘날의 동물군과는 전혀 연관이 없는지에 대해서도 아직 합의에 이르지 못했다. 스트로마톨라이트와 연관이 있는 곳에서 주로 발견되는 것을 볼 때, 이 유기체는 물이 얕고 미생물 더께가 있는 서식지를 선호했을 것이다. 또, 다른 생명체에 갉아 먹힌 몇몇 증거는 이 시기에 진정한 포식이 시작되었다는 것을 보여준다.

이 신비로운 생명체가 무엇이었든, 이들은 (시노투불리테스*Sinotubulites*라는 중국의 관 모양 화석과 함께) 지구상에 처음 나타난 껍데기가 있는 동물이었다. 그리고 이들은 선캄브리아대 최후기에 세계 전역에 등장했다. 나미비아뿐 아니라 남극, 아르헨티나, 브라질, 캘리포니아, 캐나다, 중국, 멕시코, 네바다, 오만, 스페인, 우루과이, 러시아에도 나타난 것이다. 1972년, 제름스는 선캄브리아대 생물지리학biogeology에 기여한 프레스톤 클라우드의 수많은 업적을 기리는 뜻에서 그의 이름을 따서 이 생명체를 클로우디나*Cloudina*라고 명명했다. 이 단순하고 불완전한 화석에 대해서는 논쟁과 재해석이 계

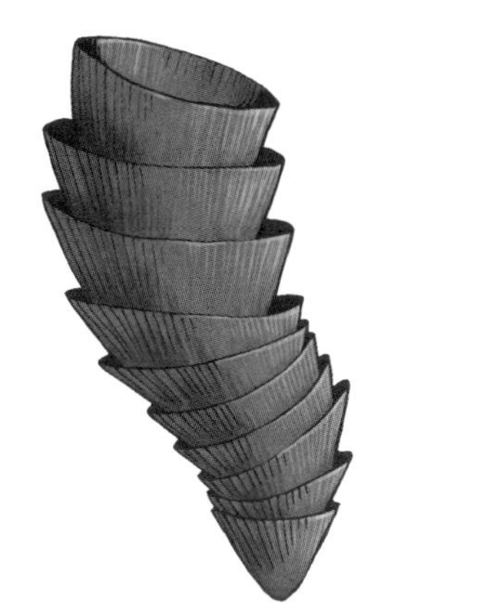
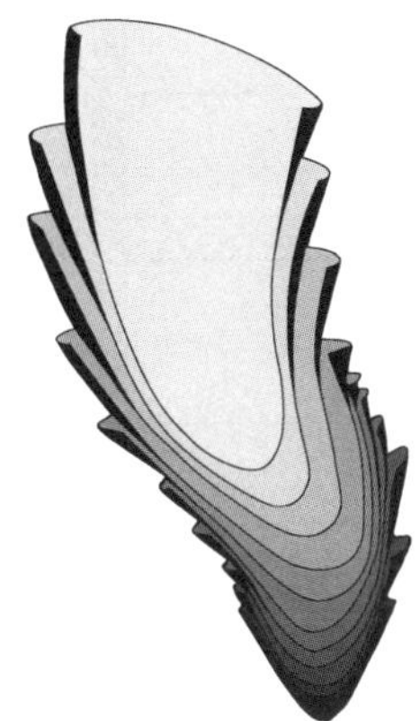

그림 3.3 클로우디나의 복원도. 포개져 있는 원뿔들의 외부 구조와 내부의 원통형 방을 보여준다. 이 원통형 내부에서 몸이 연한 생물이 껍데기를 만들었을 것으로 추정된다.

속 이어져왔지만, 지구에서 가장 오래된 껍데기를 가진 동물에 프레스톤 클라우드의 이름이 붙여진 것은 매우 적절해 보인다.

'천천히 타들어가는 도화선'

'캄브리아기 대폭발'은 전혀 폭발이 아니었다. 오히려 '천천히 타들어가는 도화선slow fuse'이었다(그림 3.4). 약 6억 년 전부터 5억 4500만 년 전 사이, 지구상의 다세포 생물은 껍데기가 없고 몸이 연한 에디아카라 동물들뿐이었다. 추측컨대, 지구화학적 조건(특히 낮은 산소 농도)이 큰 껍데기를 가진 동물의 진화를 허용하지 않았을 것이다. 신비에 싸인 에디아카라 동물들과 함께, '작은 껍데기'의 전조인 클로우디나와 시노투불리테스가 스트로마톨라이트의 더께와 함께 살았을 것이다.

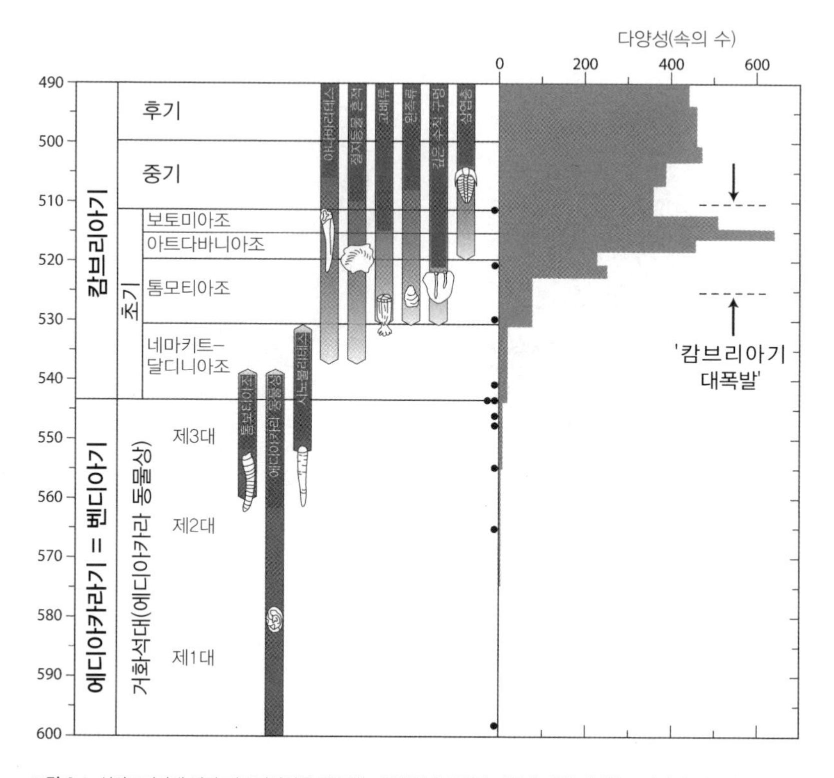

그림 3.4 선캄브리아대 말과 캄브리아기를 관통하는 화석의 층서학적 기록에 대한 세밀한 조사에서 밝혀진 바에 따르면, 생명은 캄브리아기에 '폭발'한 것이 아니라 약 1억 년 동안 여러 단계에 걸쳐서 등장했다. 크고 연한 몸을 가진 에디아카라 화석은 6억 년 전인 선캄브리아대 후기의 벤디아기에 처음 등장했다(그림 2.2를 보라). 그 시대가 끝나갈 무렵, 작은 껍데기가 있는 화석이 처음으로 등장했고, 단순한 원뿔 모양의 클로우디나와 시노투불리테스가 여기에 포함된다. 캄브리아기의 네마키트-달디니아조와 톰모티아조는 '작은 껍데기'들이 차지했다(그림 3.2를 보라). 이와 함께 초기 완족류, 원뿔형의 해면과 비슷한 고배류, 단단한 골격을 남기지 않은 벌레 같은 동물을 암시하는 구멍도 많았다. 마지막으로, 아트다바니아조인 5억 2000만 년 전의 지층에서는 삼엽충의 방사를 볼 수 있다. 삼엽충은 광물화된 껍데기 덕분에 모든 속屬에서 일어난 엄청나게 다양한 화석 증거가 특히 잘 보존되어 있다(표의 오른쪽에 있는 막대그래프). 따라서 '캄브리아기 대폭발'은 8000만 년 이상에 걸쳐 일어났으므로, 지질시대를 기준으로 봐도 '갑작스러운' 사건이 아니었다.

그 후 5억 4500만~5억 2000만 년 전(네마키트-달디니아조와 톰모티아조)에는 살 속에 작은 광물 조각의 갑옷을 품은 몸이 연한 동물, 즉 작은 골편들이 얽혀 있는 해면이 지구상에서 가장 큰 생명체였다. 이와 함께 껍데기가 있는 작은 연체동물과 완족류도 있었다. 5억 2000만 년 전, 더 큰 다세포 생물이 처음 나타난 지 최소 8000만 년이 흐른 후에야 **비로소** 석회질로 된 큰 껍데기를 가진 동물이 등장했다. 바로 삼엽충이었다. 따라서 8000만 년(에디아카라기의 시작부터 아트다바니아조까지) 또는 2500만 년(캄브리아기 초기 처음 두 조stage의 지층이 쌓인 기간)에 걸친 현상을 '폭발'이라고 여기지 않는 한, '캄브리아기 대폭발'은 없었다.

창조론자들은 의도적으로 이런 증거를 무시하고 화석 기록을 그들의 목적에 맞게 왜곡해서 가짜 '캄브리아기 대폭발'을 떠벌린다. 하버드 대학의 고생물학자인 앤드루 놀Andrew Knoll은 다음과 같이 말했다.

> 캄브리아기 대폭발은 실재했을까? 일부에서는 이 문제를 의미론적으로 다룬다. 수천만 년에 걸쳐 일어난 뭔가를 '폭발적'이라고 말할 수 없으며, 만약 '폭발'하지 않았다면 캄브리아기의 동물은 전혀 특이할 것이 없었다. 캄브리아기의 진화는 만화처럼 빠르게 일어난 일이 분명 아니었다.… 현존하는 동물의 등장을 설명하기 위해서 독특하지만 잘 이해되지 않은 모종의 진화 과정을 사실로 상정해야 할까? 나는 그렇게 생각하지 않는다. 캄브리아기는 엄청나게 길다. 원생대Proterozoic에는 집단유전학자들이 아직 알아내지 못한 미지의 과정을 들먹이지 않고서는 달성이 불가능한 일이 캄브리아기에는 충분히 가능하다. 한두 해 간격으로 새로운 세대를 만드는 유기체에게 2000만 년은 아주 긴 시간이다.

4

오, 삼엽충이 노닐 때 내게 집을 주오

큰 껍데기를 가진 최초의 동물: 올레넬루스

삼엽충은 싹트는 생명으로 활기가 넘치던 고대 해안가의 이야기를 들려준다. 당시에는 바람과 부서지는 파도와 천둥과 화산의 소리만이 고요를 가르고 울려 퍼졌다. 생존을 위한 투쟁은 이미 바다 속에서 그 시작을 알렸지만, 진화하고 있는 생명체의 운명을 결정짓는 것은 자연의 법칙과 사건뿐이었다. 해안에서는 어떤 발자국도 발견되지 않았다. 생명이 아직 육지를 정복하지 못했기 때문이었다. 대량 학살은 아직 발명되지 않았으므로, 지구상의 생명체를 위협하는 것은 혜성과 소행성뿐이었다. 모든 화석은 어떤 면에서 보면 타임캡슐이다. 억겁의 시간 속으로 사라져버린 본 적 없는 바닷가의 모습으로 우리를 안내한다. 삼엽충의 시대는 상상할 수 없을 정도로 아득한 옛날이지만, 우리는 비교적 적은 노력으로 이 과거의 전령들을 발굴해서 손에 넣을 수 있다. 그리고 그 언어를 배울 수만 있다면, 그들이 전하는 이야기도 읽을 수 있다.

리카르도 레비-세티Riccardo Levi-Setti, 『삼엽충Trilobites』

그림 4.1 살아 있는 삼엽충 두 마리의 복원도.

아득히 먼 과거에서 온 사절

삼엽충은 아마추어 수집가와 전문 고생물학자들에게 인기 있는 화석 중 하나이다. 삼엽충은 5억 5000만 년 전부터 2억 5000만 년 전까지 3억 년 넘게 살면서 5000속과 1만 5000종 이상으로 분화했고, 지금은 모두 멸종했다(그림 4.1). 아주 작은 아칸토플레우렐라*Acanthopleurella*(거의 1밀리미터 길이)에서 거대한 이소텔루스 렉스*Isotelus rex*(길이 70센티미터 이상)에 이르기까지 크기도 다양했다. 많은 곳에서 비교적 쉽게 수집할 수 있고 거의 모든 고생대 초기 지층에서 대단히 흔히 발견되기 때문에, 곧잘 많은 아마추어 화석 수집가들의 표적이 되곤 한다. 경이로울 정도로 복잡한 형태, 정교한 장식, 눈과 다른 여러 해부학적 요소의 기이한 구조, 놀라운 특징 들은 수많은 화석 수집가를 삼엽충의 매력에 푹 빠지게 만들었다.

삼엽충에 대한 매료는 오늘날에만 국한된 것은 아니다. 실루리아기의 삼엽충으로 만들어진 부적amulet이 1만 5000년 이상 지난 바위 은신처에서 발견되기도 했다. 오스트레일리아 원주민들은 규질암chert에 보존된 캄브리아기의 삼엽충을 오랫동안 지니고 있었고, 깎아서 장식을 만들었다. 우트족Ute 사람들은 유타주의 하우스레인지에서 산출되는 일반적인 삼엽충 엘라티아 킹기*Elrathia kingi*를 파내어서 부적으로 썼다. 이들은 삼엽충을 팀페 카니차 파차비*timpe khanitza pachavee*(돌집에 사는 작은 물벌레)라고 불렀다. 엘라티아 킹기는 이 지역에서 대단히 흔하기 때문에, 굴착기를 이용해 상업적으로 발굴된 것들이 전 세계 거의 모든 암석과 화석 판매점에서 엄청나게 많이 팔리고 있다.

무엇보다도 삼엽충은 큰 껍데기를 가진 최초의 유기체라는 점에서 중요하다. 캄브리아기 최초기에는 부드러운 껍데기를 갖고 살다가 캄브리아기 초기의 세 번째 조인 아트다바니아조(그림 3.4)에서 광물화된 껍데기를 발달시킨 삼엽충의 가까운 친척들 사이에서 유전적 분기가 일어났음을 보여주는 증거는 대단히 풍부하다. 아마 대기의 산소 농도가 마침내 충분히 높아져서 삼엽충의 껍데기에서 방해석이 결정화될 수 있었기 때문일 것이다. 삼엽충 이전의 동물들은 대부분 단단한 부분이나 껍데기가 없는 부드러운 몸이었거나, 눈에 띄지 않을 정도로 작은 껍데기를 갖고 있었다(제2장과 제3장). 따라서 이런 동물들은 보존이 잘 되고 분해가 잘 되지 않는 환경에서만 화석화되었다(제5장). 삼엽충은 키틴질로 이루어진 크고 복잡한 껍데기를 갖고 있었을 뿐만 아니라(게, 가재, 새우, 곤충, 거미, 전갈, 그 밖의 모든 절지동물도 키틴질 껍데기를 갖고 있다), 상대적으로 부드럽고 쉽게 분해되는 이런 껍데기를 방해석 광물층으로 강화하기도 했다. 그래서 삼엽충의 화석 흔적은 캄브리아기의 다른 동물들보다 훨씬 화석화되기 쉬웠다. 광물화된 껍데기를 갖고 있는 몇 안 되는 무리 중 하나였기 때문이다. 단단한 껍데기를 가진 삼엽충의 겉모습 덕분에 아트다바니아조의 화석 기록에는 삼엽충이 지나치게 많이 남아 있었고, 톰모티아조와 아트다바니아조 사이에 생명의 '캄브리아기 대폭발'이 있었다는 그릇된 인상을 심어주었다(그림 3.4를 보라). 굳이 따지자면, 이 시기에는 광물화된 골격을 가진 동물의 '폭발'이 있었을 뿐이다.

쉽게 화석화되는 삼엽충은 캄브리아기 후기의 퇴적층에 매우 풍부해서, 지금까지 확인된 것만 65과 300속이 넘는다. 동일한 시대에 알려져 있는 다른 모든 화석군을 완전히 압도하는 양이다. 캄브리아기의 어떤 퇴적층이라도 화석의 대부분은 삼엽충이다. 따라서 고생물학자들은 캄브리아기의 시대를 알아내기 위해서 삼엽충의 진화 단계를 활용한다.

삼엽충이란 무엇인가?

삼엽충은 가장 오래된 화석 절지동물로 알려져 있다. 절지동물은 곤충, 거미, 전갈, 갑각류, 그 외 다른 동물들(제5장)을 포함하는 문phylum이며, 삼엽충에는 절지동물문의 모든 특징이 또렷하게 나타난다. 다른 절지동물과 마찬가지로, 삼엽충도 탈피를 할 때 분리되는 외골격을 갖고 있었다. 그래서 완전한 삼엽충이 아닌 탈피된 껍데기의 불완전한 조각이 종종 화석으로 남기도 했다. 그러나 삼엽충의 키틴질 외골격은 대부분의 절지동물과는 달리 광물화된 방해석으로 강화되었기 때문에 곤충, 전갈, 거미 같은 대부분의 갑각류보다 훨씬 더 화석화가 잘 되었다.

대부분의 절지동물에서 '머리'에 해당하는 부분을 삼엽충에서는 머리부 *cephalon*(그리스어로 '머리')라고 부른다(그림 4.2A). 일반적으로 머리부는 두안 *glabella*이라고 불리는 중심엽central lobe('코')과 그 양쪽에 붙은 두 개의 '볼 부위cheek regions'로 이루어진 널찍한 구조다. 두안의 양쪽에는 보통 두 개의 눈이 있다. 어떤 삼엽충은 눈이 아주 작거나 아예 없어서, 시력이 나쁘거나 전혀 보이지 않았다. 어떤 삼엽충은 머리부를 완전히 둘러싸는 거대한 눈을 갖고 있어서, 360도 범위의 시야 안에 있는 어떤 포식자든지 찾을 수 있었다. 발달된 삼엽충 중 대다수는 두 개의 방해석 결정으로 만들어진 수정체를 지니고 있었다. 이렇게 형성된 이중 수정체 구조가 두꺼운 렌즈로 인한 구면수차spherical aberration를 교정했다. 이런 삼엽충의 특징은 그 진화가 일어난 지 약 4억 년 후인 16세기에 네덜란드의 위대한 과학자 크리스티안 하위헌스에 의해 망원경으로 재발명되었다. 더 나아가 삼엽충은 지구상 최초로 진정한 눈을 가진 생명체, 시각적 단서를 이용해 먹이를 찾고 포식자를 피한 생명체로 추정된다.

볼 부위는 삼엽충이 탈피를 하는 동안 머리부의 가운데 부분(두개*cranidium*)으로부터 떨어져 나갔다. 그래서 대부분의 삼엽충 화석은 머리부의 가운데 부분으로만 이루어져 있다. 노련한 삼엽충 전문가는 종종 두개만으로 종을 동정同定하기도 한다. 눈, 두안, 볼의 형태, 머리부 가장자리에 있는 볼침spine은 세부구조가 대단히 다양하기 때문이다. 잘 보존된 표본의 앞쪽에는 삼엽충이 탁한 진흙탕 속에서 먹이를 찾기 위해 돌아다닐 때에 이용하는 두 개의 더듬이가 있다. 아래쪽에 있는 판은 부분적으로 입을 덮고 있는데, 입을 이루는 구기부mouthpart는 먹이가 풍부한 진흙을 빨아들이고 그 속의 양분을 소화하는 데에 이용된다(그림 4.2B). 삼엽충은 대부분 진흙탕을 뒤지는 퇴적물 섭식동물deposit feeder이었다.

삼엽충 몸의 가운데 부분은 대부분의 절지동물과 마찬가지로 가슴부*thorax*라고 불린다. 삼엽충은 가슴부가 체절로 되어 있어서, 이동을 할 때 가운데 부분을 유연하게 구부릴 수 있었고 방어를 위해서 몸을 둥글게 말 수도 있었다. 각각의 체절은 바깥쪽의 두 엽lobe(늑막엽*pleural lobe*)과 중심축을 지나는 가운데 엽(축엽*axial lobe*)으로 이루어져 있다. 이렇게 세 개의 엽으로 나뉘어 있어서 '삼엽충'이라는 이름이 붙은 것이다. 어떤 삼엽충은 가슴부에 체절이 두세 개뿐이라 몸이 그다지 유연하지 않았고 거의 항상 납작한 상태로 있었을 것이다. 어떤 삼엽충은 체절이 많아서 오늘날 '쥐며느리sowbug'나 '공벌레roly-poly' 같은 등각류isopod가 하듯이 포식자가 자신을 먹지 못하도록

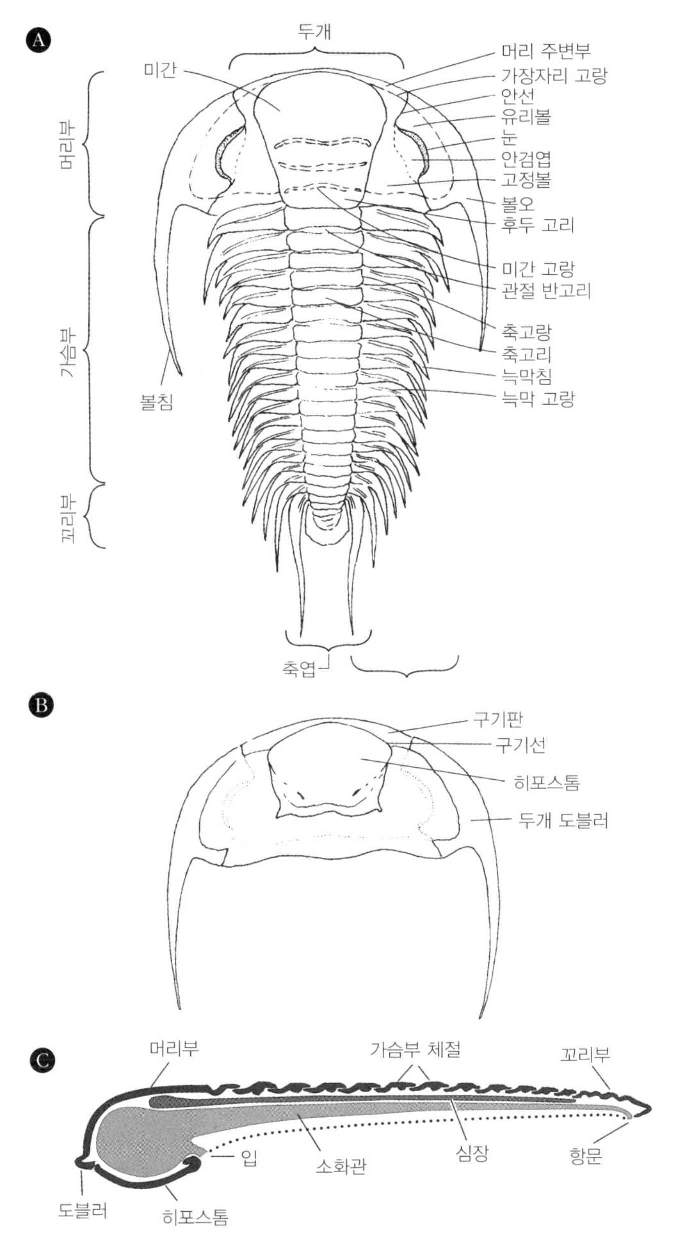

그림 4.2 삼엽충의 기본적인 해부학적 구조. (A) 위에서 본 완전한 외골격. (B) 아래에서 본 머리부. (C) 축을 따라서 나타낸 단면도. 외골격 부분은 검은색으로 나타냈다.

몸을 동그랗게 말았을 것이다. 잘 보존된 화석에는 각각의 가슴부 체절 아래에 걷는 다리가 한 쌍씩 달려 있고, 다리가 시작되는 부분의 옆에는 깃털처럼 생긴 아가미가 한 쌍씩 붙어 있다.

삼엽충의 꼬리 끝은 다른 많은 절지동물에서처럼 배abdomen라고 불리지 않고, 꼬리부*pygidium*(그리스어로 '작은 꼬리')라고 알려져 있다. 대부분의 삼엽충에서는 가슴부의 마지막 체절 몇 개가 융합되어 하나의 커다란 판 모양의 꼬리부를 이룬다. 그러나 올레넬루스류olenellid는 사뭇 달랐다.

올레넬루스와 최초의 삼엽충

일단 삼엽충을 구별할 수 있는 안목을 갖췄다면, 올레넬루스*Olenellus*는 확인할 수 있는 가장 쉬운 삼엽충 중 하나다(그림 4.3). 올레넬루스는 바로 선구적인 캄브리아기 전문가 찰스 둘리틀 월컷에 의해 1910년에 명명되고 자세히 연구되었다(제1장). 올레넬루스의 가장 뚜렷한 특징은 가슴부의 마지막 체절 몇 개가 하나의 꼬리부로 융합되지 않았다는 점이다. 그 대신 올레넬루스는 꼬리에 기다란 가시spike가 달려 있다. 올레넬루스 무리는 알려진 가장 오래된 삼엽충이기 때문에 당연히 매우 원시적인 모양을 하고 있다.

올레넬루스에는 꼬리부가 없다는 것과 함께, 다른 독특하거나 원시적인 특징들이 있다. 머리부는 크고 대문자 D와 모양이 비슷하다. 머리부의 끝에는 올레넬루스가 탈피를 할 때 두개에서 볼을 분리하는 분할선rupture(두개 봉합선*cranial suture*)이 없다. 초승달 모양인 두 개의 큰 눈은 주름진 미간의 양쪽을 감싸고 있고, 미간의 앞쪽으로는 동글납작한 혹이 있다. 삼엽충의 눈은 단순하다. 방해석 기둥으로 만들어진 수많은 작은 렌즈가 촘촘히 들어차 있어서, 대부분의 곤충이나 여러 절지동물의 전형적인 겹눈과 비슷한 모양이다. 삼엽충의 눈은 사진기처럼 명확하게 상을 형성할 수 없었지만, 넓은 지역의 명암과 근처의 움직임을 인식할 수 있었을 것이다. 캐나다의 버제스 셰일이나 중국의 마오톈산帽天山 셰일Maotianshan Shale에 보존된 삼엽충 화

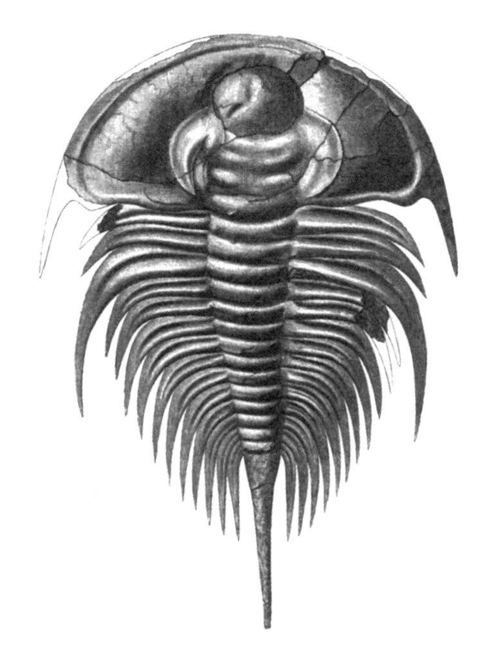

그림 4.3 올레넬루스의 표본. 특징적인 D자 형태의 머리부, 둥근 형태의 미간, 초승달 무양의 큰 겹눈, 머리부의 말단과 특정 가슴부 체절에 있는 침, 크고 융합된 꼬리부가 없는 모습 등을 볼 수 있다.

석들로부터 알게 된, 특별한 캄브리아기 동물상에 관한 연구에서 밝혀진 바에 따르면 당시에는 대형 포식자가 거의 없었다(제5장). 당시의 가장 큰 포식자는 1미터 길이의 아노말로카리스*Anomalocaris*였을 것이다. 아노말로카리스가 삼엽충을 잡아먹었다는 것은 캄브리아기 중기의 버제스 셰일에서 발견된 화석에서 확실히 드러난다. 그러나 고생대 후기에 비하면 포식의 압력이 크지 않았기 때문에, 캄브리아기에는 삼엽충이 상대적으로 단순했고 분화가 되지 않았다. 길이 6미터가 넘는 껍데기를 가진 앵무조개류nautiloid 같은 거대 포식자는 오르도비스기가 되어서야 등장했다. 그제야 삼엽충은 더 강해진 포식자에 대항하기 위해 굴을 파거나 헤엄을 치거나 몸을 공처럼 둥글게 마는 데에 특화된 독특한 껍데기들을 진화시키기 시작했다.

올레넬루스의 또 다른 뚜렷한 특징은 껍데기의 가장자리가 대단히 뾰족뾰족하다는 점이다. 일반적으로는 머리부의 가장자리에서 뒤쪽으로 곧게 뻗어 있는 침(**볼침**genal spine)이 있다. 가슴부 체절에 넓적한 침이 돋아 있는 삼엽충도 많은데, 대개 세 번째 체절에서 뒤쪽으로 뻗어 나온다. 어떤 삼엽충은 머리부의 앞쪽에도 침이 돌출되어 있다. 이런 침들은 고생물학자들이 올레넬루스류의 서로 다른 종과 속을 구분하는 데에 도움이 되곤 한다.

캄브리아기 초기의 아트다바니아조 지층(약 5억 2000만 년 전)에 처음 등장한 올레넬루스류는 다양한 속과 종으로 분화해 아트다바니아조 지층은 물론, 그 뒤를 잇는 캄브리아기 초기 보토미아조의 지층에서도 어디에서나 발견되었다. 그러다가 토요니아조Toyonian stage 지층 시기(약 5억 900만 년 전)가 끝나갈 무렵에 올레넬루스류는 사라졌다. 캔자스 대학의 브루스 리버먼은 올레넬루스류의 표본 수천 개를 분석해서 이들의 조상이 캄브리아기가 시작할 무렵에 오늘날의 러시아 서부, 즉 시베리아에서 기원했지만 아트다바니아조 지층 시기가 될 때까지 석회화되거나 화석화calcifed되지 않았다는 결론을 내렸다.

삼엽충에 무슨 일이 일어났을까?

고생대의 나머지 기간 내내 삼엽충의 집단 멸종 사건이 속출했다(그림 4.4). 여기에 포함된 다수의 소규모 멸종은 캄브리아기 후기에 일어났으며, 이 시기에는 몇 번의 재앙이 물결처럼 밀려와서 삼엽충의 다양성을 휩쓸어버렸다. 오르도비스기에 삼엽충은 처음으로 대형 포식자와 맞닥뜨리는 경험을 했다. 이 포식자는 아마 거대한 앵무조개류였을 것이다. 삼엽충은 포식자로부터 덜 취약해지기 위해 다양한 형태를 채택하고 생활 방식에 적응함으로써 빠르게 분화했고, 그 결과 구별이 더 쉬워졌다. 삼엽충의 적응에는 굴파기(아사피드목Asaphida 또는 일라이니드목Illaenida이라고 알려진 매끈한 '넉가래

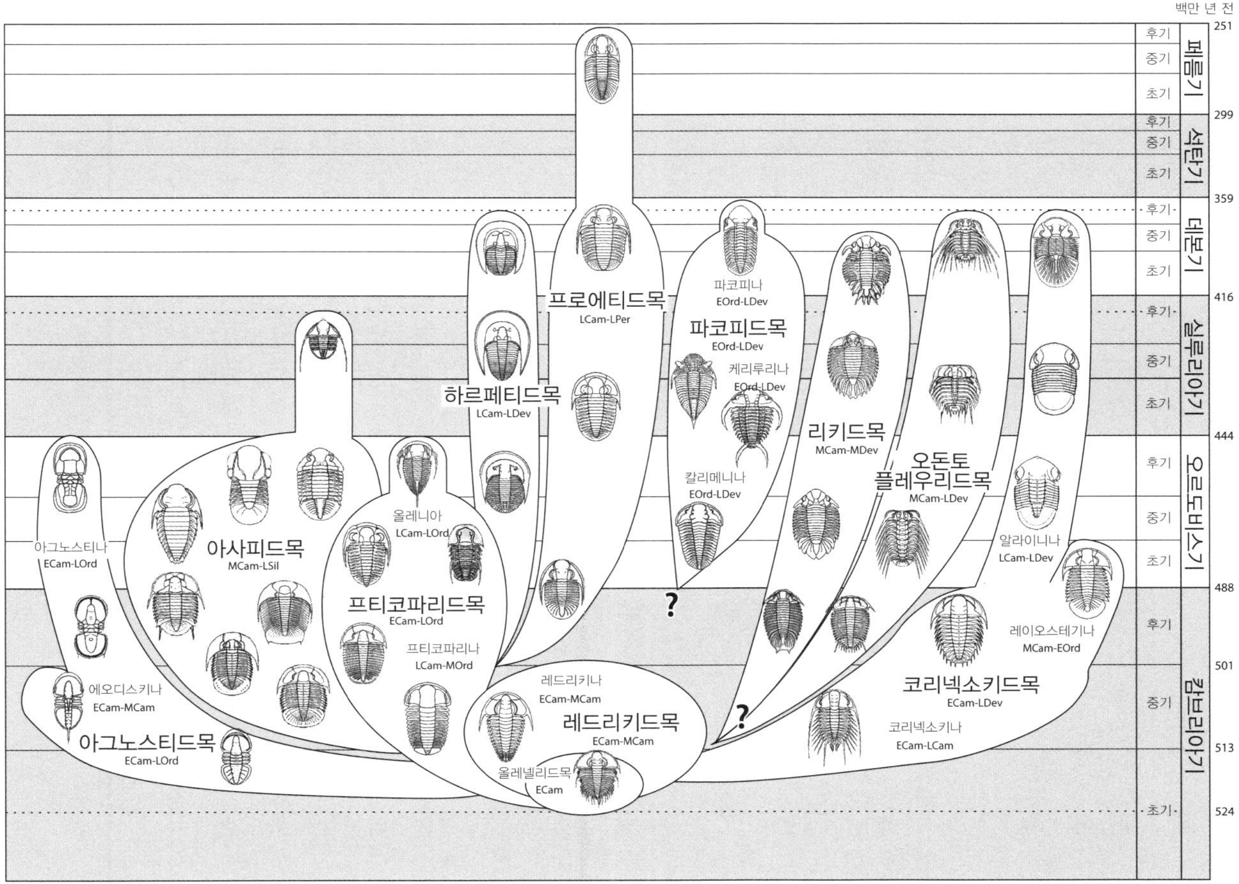

그림 4.4 삼엽충의 분화와 멸종.

snowplow' 모양 삼엽충), 몸을 공처럼 동그랗게 말기(칼리메니다목Calymenida), 몸집의 소형화('레이스 옷깃lace collar'을 두른 듯한 손톱만 한 크기의 삼엽충 크립톨리투스*Cryptolithus*와 같은 트리누클레이다목Trinucleida)가 포함된다. 그러다가 오르도비스기 후기의 멸종이 일어났고(약 4억 5000만 년 전), 실루리아기와 데본기에는 일부 계통만 살아남았다. 삼엽충이 마지막으로 번성한 시기는 데본기다. 이 시기에는 겹눈이 있는 파코피드목Phacopida이 흔했고, 테라타스피스*Terataspis* 같은 크고 가시가 많은 삼엽충(약 0.5미터)도 있었다. 3억 7500만~3억 5700만 년 전에 일어난 데본기 후기의 멸종에서는 프로에티드목Proetida이라는 단 하나의 목을 제외한 모든 삼엽충이 사라졌다. 비교적 크기가 작고 단순한 프로에티드목 삼엽충은 눈에 잘 띄지 않는 곳에서 조용히 1억 2500만 년을 더 살아남았다.

마침내 삼엽충은 약 2억 5000만 년 전에 일어난 페름기 대멸종 때 사라졌다. 지구 역사상 가장 규모가 큰 멸종이었던 페름기 대멸종에서는 전체 해양생물종의 95퍼센트가 사라졌다. 이 엄청난 사건으로 얼마 남지 않은 삼엽충들뿐 아니라 두 개의 중요한 고생대 산호 무리(상판산호tabulate와 사방산호rugosid), 바다능금류blastoid(바다나리crinoid의 친척), 방추충fusulinid foraminiferan(대단히 흔했던 원생동물이며 껍데기가 쌀알 모양이다)도 완전히 사라졌다. '모든 멸종의 어머니'라고 불리는 이 멸종의 원인에 관해서는 많은 논란이 있다. 오늘날의 자료에 암시된 바에 따르면, 지질 역사에서 가장 규모가 큰 화산 폭발이었던 시베리아 용암류Siberian lava flow에 의해 촉발된 대단히 급속한 온실 기후 때문이었을 가능성이 있다. 이 온실 기후로 인해 대양은 생명을 지탱할 수 없을 정도로 수온이 높아지고 산성화되었을 것이며, 대기는 이산화탄소 농도가 지나치게 높아지고 산소가 부족해졌을 것이다. 다른 파국적인 사건들과 마찬가지로, 페름기 대멸종에서도 지구상의 모든 생명체는 극히 일부만 남고 파괴되었다.

가볼 만한 곳

삼엽충 화석이 전시된 박물관은 많지만, 온전한 올레넬루스류의 화석을 볼 수 있는 곳은 많지 않다. 이런 박물관으로는 덴버 자연과학 박물관, 시카고의 필드 자연사 박물관, 매디슨의 위스콘신 대학 지질학 박물관, 워싱턴 D.C. 스미스소니언협회의 미국 국립 자연사 박물관이 있다.

일부 발굴지에서는 올레넬루스류가 대단히 흔해서 쉽게 수집할 수도 있다. 다음은 미국에서 쉽게 접근할 수 있는 유명 발굴지 세 곳이다. 더 자세한 정보는 화석 수집 안내서와 웹사이트를 참고하기 바란다.

⊙ 캘리포니아 마블산맥

40번 주간 고속도로(동부행이나 서부행)를 타고 78번 출구에서 켈베이커 로드로 빠져나온다. 고속도로를 벗어나서 남쪽으로 1.6킬로미터를 가면 T자 모양의 교차로가 나온다. 교차로에서 왼쪽(동쪽) 길을 따라서 미국 횡단 고속도로(구 66번 국도)를 타고 캠블리스 유령마을ghost town 쪽으로 가다가 카디즈 방향으로 가는 동남향 도로를 탄다. 이 포장도로가 정동쪽으로 돌아가다가 정남쪽으로 향하면, 기찻길을 통과한 후 곧바로 왼쪽에 있는 비포장도로로 들어서서 정북 방향으로 간다. 비포장도로를 따라서 1.6킬로미터쯤 가면 교통량이 많은 동-서 교차로가 나오는데, 여기서 동쪽으로 향한다. 이 길을 따라서 800미터쯤 가면 북서 방향으로 옛 채석장으로 가는 비포장도로가 보일 것이다. 이 길을 타고 차로 갈 수 있는 곳까지 간 다음, 회색 절벽을 이루는 캠블리스 석회암Chambless Limestone 아래에 있는 래섬 셰일Latham Shale(갈색 셰일 단위층)까지 걸어서 올라간다. 전문적인 화석 수집가들이 "영광의 구멍glory holes"이라고 부르는 곳을 찾아보고, 큰 셰일 조각들을 뒤집어본다. 온전한 삼엽충은 극히 드물겠지만 상태가 좋은 갖가지 크기의 머리부를 많이 볼 수 있을 것이다.

캘리포니아 모하비 사막 마블산맥의 삼엽충
inyo.coffeecup.com/site/latham/latham.html
캘리포니아 래섬 셰일의 삼엽충
trilobites.info/CA.htm

⊙ 캘리포니아 노파 레인지의 에미그런트 패스

캘리포니아 베이커행 40번 주간 고속도로를 타고, 캘리포니아 주 127번 지방도로(데스 밸리·로드)를 따라 77킬로미터 정도 북쪽으로 달려서 올드 스패니시 트레일로 향한다. 올드 스패니시 트레일에서 우회전한 다음, 테코파를 지나서 에미그런트 패스 쪽으로 간다. 노출된 발굴지는 도로의 남쪽으로 가는 길의 꼭대기에서 바로 서쪽에 있다(GPS 좌표 =35.8856N, 116.0603W).

캘리포니아 인요주 노파 레인지의 삼엽충
inyo.coffeecup.com/site/cf/carfieldtrip.html
캘리포니아 노파 레인지 에미그런트 패스의 올레넬루스류 삼엽충
donaldkenney.x10.mx/SITES/CANOPAH/CANOPAH.HTM

⊙ 네바다 링컨주의 오크 스프링 서미트

93번 국도를 타고 네바다주 칼리엔테에서 서쪽으로 16킬로미터를 가거나, 네바다주 375번과 318번 지방도로의 교차로(히코와 애시 스프링스 사이)에서 동쪽으로 53킬로미터를 간다. "오크 스프링스 삼엽충 발굴지Oak Springs Trilobite Site"라고 적힌 토지 관리국의 표지판이 보이는 도로 북쪽의 분기점을 찾는다. 북쪽으로 방향을 돌려서 흙길을 따라가다가 자갈밭으로 된 주차장에 차를 세우고, 삼엽충 탐방로를 따라 걸어간다. 산쑥sagebrush 덤불을 가로질러 가면 피오세 셰일Pioche Shale 조각으로 뒤덮인 평평한 지역에 도착한다. 셰일 조각을 뒤집어보면 시대별로 온갖 크기의 꽤 상태가 괜찮은 머리부를 발견할 수 있으며, 가끔은 더 좋은 표본이 나오기도 한다.

오크 스프링 정상
tyra-rex.com/collecting/oaksprings.html

5

꿈틀이 벌레인가, 절지동물인가

절지동물의 기원: 할루키게니아

무척추동물의 종류는 척추동물에 비해 엄청나게 많다. 최근의 추정에 따르면, 지구상에 있는 무척추동물은 99만 종(저자는 1000만 종으로 썼으나, 윌슨의 논문에는 99만 종으로 적혀 있다—옮긴이)에 이르며, 어쩌면 그보다 많을 수도 있다. … 무척추동물은 체질량 면에서도 척추동물을 압도한다. 이를테면, 브라질 마나우스 근처의 아마존 열대우림에 있는 조류와 포유류는 헥타르당 수십 마리에 불과하지만, 무척추동물은 10억 마리가 훌쩍 넘는다. 그중 대다수를 차지하는 것은 진드기mite와 톡토기springtail다. 1헥타르에 들어 있는 동물 조직의 무게는 건조 질량으로 약 200킬로그램인데, 그중 93퍼센트가 무척추동물의 것이다. 개미와 흰개미만 따져도 이 생물량의 3분의 1을 차지한다. 열대 숲이나 다른 육지 서식지를 거닐 때, 당신의 눈길을 사로잡는 것은 대부분 척추동물일 것이다. 그러나 당신이 둘러보고 있는 곳은 기본적으로 무척추동물의 세계다.

에드워드 O. 윌슨, 「세상을 움직이는 작은 것들 The Little Things That Run the World」

놀라운 버제스 셰일

브리티시컬럼비아 필드 근처의 로키산맥에 위치한 버제스 셰일은 세계에서 가장 놀라운 화석 발굴지 중 한 곳이다. 선구적인 캄브리아기 고생물학자 찰스 둘리틀 월컷(제1장)은 1909년 여름에 이 지역에서 캄브리아기 중기(약 5억 500만 년 전)의 암석을 연구하다가 우연히 버제스 셰일을 발견했다. 8월 30일, 월컷은 타고 있던 말의 발이 길에 떨어진 돌덩어리에 걸리자, 말에서 내려 바위를 밀어젖혔다. 그러자 섬세한 필름처럼 보존된 화석들로 뒤덮인 바위의 밑면이 드러났다. 월컷은 그 바위가 어떤 비탈에서 떨어졌는지를 추적해서 곧바로 발굴 작업을 시작했다(그림 1.4를 보라). 그는 1924년까지 여름마다 버제스 셰일을 찾았고, 마침내 스미스소니언협회에 소장될 6만 5000점의 놀라운 화석을 채집했다. 버제스 셰일에서 나온 화석들은 모두 캄브리아기 중기에 일어난 어느 해저 산사태에 몸이 연한 유기체들이 파묻혀서 형성되었다. 이 화석들은 급하게 파묻혔을 뿐만 아니라, 산소 농도가 낮은 해저에서는 일반적인 청소동물이나 분해자들의 활동에 제약이 있었을 것이다. 그 결과 버제스 셰일에는 화석 기록으로 남기 어려운 섬세하고 연한 조직들이 보존되어 있다.

그러나 월컷은 스미스소니언협회의 운영과 여러 다른 임무를 수행하느라 너무 바빠서 1927년에 사망하기 전까지 그 화석들의 겉모습만 겨우 기재할 수 있었다. 버제스 셰일에서 발굴된 많은 화석은 연구되지 못하고 그대로 캐비닛 서랍 속에 방치되어 있었다. 월컷이 연구하여 발표한 이 화석들은 적절한 표본 처리 과정을 거치거나 세부 구조를 조사할 새도 없이 기재된 다음, 절지동물이나 벌레 같은 친숙한 무리로 분류되었다.

이 화석들은 그렇게 수십 년 동안 방치되어 있었다. 1949년, 영국의 유명한 삼엽충 전문가인 해리 휘팅턴은 하버드 대학의 자리를 수락했다. 그는 곧 자신의 사무실 캐비닛 속에 한 번도 연구된 적 없는 엄청난 규모의 버제스 셰일 화석 소장품이 있다는 것을 알게 되었다. 1966년에 영국으로 돌아와 케임브리지 대학의 고생물학 우드워드 석좌교수가 된 휘팅턴은 버제스 셰일 화석 연구라는 대규모 계획에 착수했다. 월컷의 발굴지를 다시 찾은 휘팅턴과 그의 학생들은 수백 개의 새로운 표본을 발굴했다. 또한 그들은 월컷보다 훨씬 주의를 기울여서 화석의 세밀한 부분이 잘 드러나도록 표본을 준비했는데, 월컷이 놓친 아래쪽의 3차원 구조를 관찰하기 위해 표면의 아래쪽을 파내기도 했다. 이후 몇 년에 걸쳐, 휘팅턴과 그의 제자들(특히 데릭 브릭스는 절지동물처럼 생긴 동물에 초점을 맞추었고, 사이먼 콘웨이 모리스는 온갖 잡다한 '꿈틀이 벌레worm'를 하나로 뭉뚱그린 이상한 집단을 맡았다)은 월컷이 짐작조차 하지 못했던 놀라운 것을 발견했다.

일단 버제스 셰일 동물상과 3차원적으로 발굴된 화석을 더 자세히 들여다보면, 이들 중에는 지구상의 어떤 동물과도 다른 체제를 가진 종류가 많다는 것이 드러난다. 이를테면 오파비니아*Opabinia*는 이마 중앙에 있는 다섯 개의 눈, 체절로 이루어진 기다란 몸, 먹이 섭취를 위한 진공청소기 흡입구처럼 생긴 주둥이를 갖고 있었다(그림 5.1). 가장 큰 포식자인 아노말로카리스는 몸길이가 1미터가 넘었고, 몸은 길게 갈라진 먹이 섭취용 부속지appendage(동물의 몸통에 가지처럼 붙어 있는 기관이나 부분—옮긴이)들과 양쪽 가장자리에 붙은 지느러미 같은 것이 너풀거리는 체절로 이루어졌다. 또 입은 잘라놓은 파인애플 조각처럼 생겼지만 사진기의 조리개처럼 움직였다(월컷은 이 입을 해파리로 오인했다). 위왁시아*Wiwaxia*는 가시가 일렬로 솟아 있는 작고 둥그스름한 동물이었다. 디노미스쿠스*Dinomischus*는 단단한 껍데기를 가진 바다나리를 연조직 동물로 바꿔놓은 것처럼 생겼다. 휘팅턴과 브릭스와 콘웨이 모리스의 지적처럼, 이 동물들은 대부분 완전히 새로운 문에 속하는 것처럼 보였고 절지동물이나 지렁이류 같은 기존 분류군에 억지로 우겨넣을 수 없을 것 같았다.

이런 기이한 동물들 외에도, 새우나 다른 절지동물을 완벽하게 닮은 몸이 연한 생명체도 많았다. 게다가 다른 캄브리아기 지역과 마찬가지로 캄브

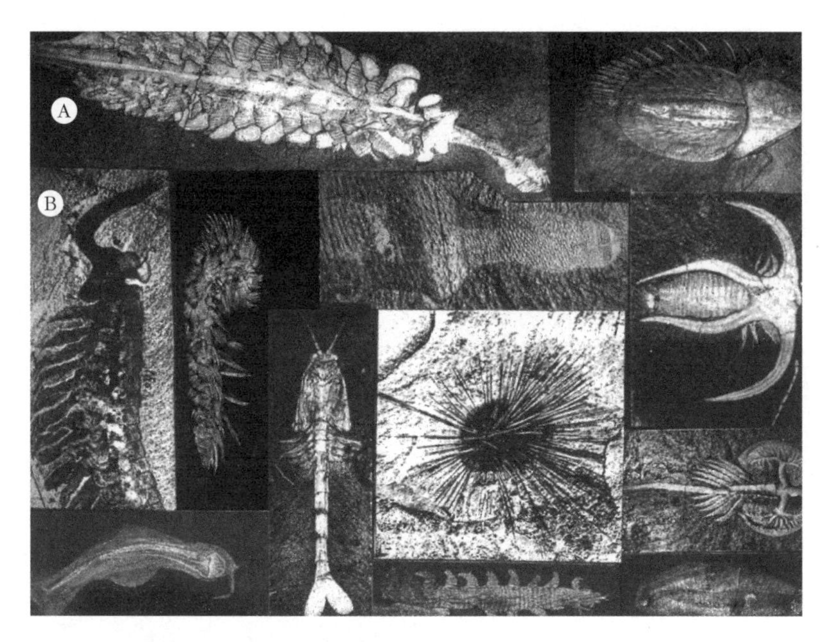

그림 5.1 진공청소기 흡입구처럼 생긴 코를 갖고 있는 오파비니아(A–B).

리아기 중기의 삼엽충도 많았다. 삼엽충은 버제스 셰일에서 유일하게 단단한 껍데기를 가진 동물의 화석이었다. 삼엽충의 존재는 대부분의 화석 발굴지가 이렇게 단단한 껍데기를 가진 동물에 얼마나 치우쳐 있는지를 잘 보여준다. 그래서 캄브리아기의 풍부한 화석 기록 중에서 삼엽충만 남아 있는 것이다. 버제스 셰일과 중국의 마오톈산 셰일과 그린란드의 시리우스 파셋 Sirius Passet 화석 발굴지 같은 특별한 보존 지역이 없었다면, 미지의 체제를 가진 예기치 못한 기이한 동물들이 가득했던 해저의 풍경은 결코 알 수 없었을 것이다. 연한 몸으로 이루어진 이 동물들은 화석화되는 경우가 극히 드물었기 때문이다.

1989년, 스티븐 제이 굴드는 그의 베스트셀러인『생명, 그 경이로움에 대하여Wonderful Life: The Burgess Shale and the Nature of History』를 발표했

다. 책 내용의 대부분은 버제스 셰일의 놀라운 화석에 대한 묘사와 휘팅턴, 브릭스, 콘웨이 모리스의 연구가 이 생명체들의 특성에 관한 우리의 생각을 얼마나 바꿔놓았는지에 대한 상세한 설명이었다(일반 대중을 대상으로 삼은 서술은 이게 처음이었다). 또 굴드는 월컷이 멸종동물들을 현존하는 문에 억지로 우겨넣으려는 실수를 어떻게 범했는지도 짚고 넘어갔다. 버제스 셰일을 통해서 우리가 알게 된 사실은 생명이 캄브리아기에 서서히 피어나면서 다양화되고 팽창한 것이 아니라, 캄브리아기 중기에 이미 체제의 수와 형태에서 최대 범위까지 도달했다가 데본기에 소수의 생존자들(절지동물, 연체동물, 그 외 다른 것들)만 남기고 절멸했다는 것이다.

그러나 굴드는 더 중요한 점도 강조했다. 그에게 버제스 셰일은 **우발성** contingency, 즉 생명체에 우연히 일어난 운 좋은 사건의 중요성을 분명하게 보여주는 곳이다. 이런 우발적 사건은 뒤따라 일어나는 모든 사건이 어떤 결과를 가져올지를 결정한다. 만약 우리가 이렇게 다양한 온갖 특이한 생물들이 헤엄치고 있는 캄브리아기 중기의 바다 속을 본다면, 이 놀라운 생물들 대부분이 캄브리아기가 끝날 때까지도 살아남지 못한 실험적 동물이었다는 것을 누가 짐작이나 할 수 있을까? 또 피카이아*Pikaia*(제8장)라는 작고 눈에 띄지 않는 화석이 훗날 우리와 같은 척추동물이 되어서 (절지동물과 함께) 지구를 지배하게 되리라는 것 역시 아무도 짐작하지 못할 것이다.

만약 무슨 일이 일어나서 척추동물도 수많은 실험적 동물과 함께 캄브리아기에 사라졌다면, 생명 역사는 어떻게 흘러갔을까? 확실히 공룡은 없었을 것이다. 포유류나 인간도 없었을 것이다. 생명 역사라는 영화는 테이프를 되돌릴 때마다 다른 영상이 나타난다. 만약 무작위적이고 예측 불가능한 결과를 가져온 멕시코 소행성 충돌과 엄청난 규모의 인도 용암 분출이 6500만 년 전에 공룡을 쓸어버리지 않았다면, 포유류는 1억 2000만 년 동안 이어져 온 공룡 시대 때의 모습에서 조금도 커지지 않았을 것이고 인간도 이 자리에 없을 것이다. 오늘날 우리가 사는 세상은 있을 법하지 않은, 운 좋게 우연히 일어난 사건이다. 생명이 만들어낼 수 있는 수백만 가지의 시나리오 중 하나였다. 살아 있는 모든 유기체는 오랜 진화의 필연적인 산물이 아니라, 여러 번의 대멸종과 다른 우연한 사건에서 우연히 살아남은 생물들의 후손이다.

그의 책에서 굴드는 이런 현상이 유명한 크리스마스 고전 영화 〈멋진 인생It's a Wonderful Life〉과 닮아 있다고 밝힌다. 프랭크 카프라 감독이 연출하고 지미 스튜어트와 도나 리드가 출연한 이 영화에서, 스튜어트가 맡은 역할인 조지 베일리는 우연히 자신의 존재가 아예 없는 세상의 모습을 보게 된다. 그리고 모든 사람의 삶과 사소한 모든 사건이 뜻밖의 결과로 나타난다는 것을 깨닫는다.

돌에 새겨진 환영

월컷은 가장 해석이 어렵고 가장 기이한 버제스 셰일의 화석 중에서 어떤 '꿈틀이 벌레' 하나를 다모류에 해당하는 속인 카나디아*Canadia*로 분류했다. 콘웨이 모리스가 월컷이 방치한 잡다한 '꿈틀이 벌레들'에 대한 연구를 시작했을 때, 두드러지게 눈에 띄는 몇 가지 표본이 있었다(그림 5.2A). 이 표본들은 기다란 몸통 같은 것으로 이루어져 있어서 뭔가 지렁이처럼 보였지만, 몸의 한쪽 면에는 쌍을 이뤄 곧게 뻗어 있는 돌기들이 있었고 몸의 다른 쪽 면에는 '다리'인지 '촉수'인지 모를 것들이 한 줄로 늘어서 있었다. 몸의 한쪽 끝에 있는 색이 다른 '방울blob'은 머리처럼 보였고, 더 이상 알아낼 만한 것이 별로 없었다. 확실히 이 생명체는 (멸종했거나 현존하는) 지구상의 어떤 벌레와도 비슷한 구석이 없었다. 콘웨이 모리스가 처음 복원한 모양에서는 곧게 뻗은 가시 같은 돌기 쌍들이 다리처럼 몸을 지탱했고 몸의 위쪽에는 '촉수들'이 늘어서 있었다(그림 5.2B). 그는 1977년에 이 화석을 할루키게니아*Hallucigenia*라고 다시 명명했는데, 악몽 속에서나 보일 법한 환영hallucination처럼 생겼기 때문이었다.

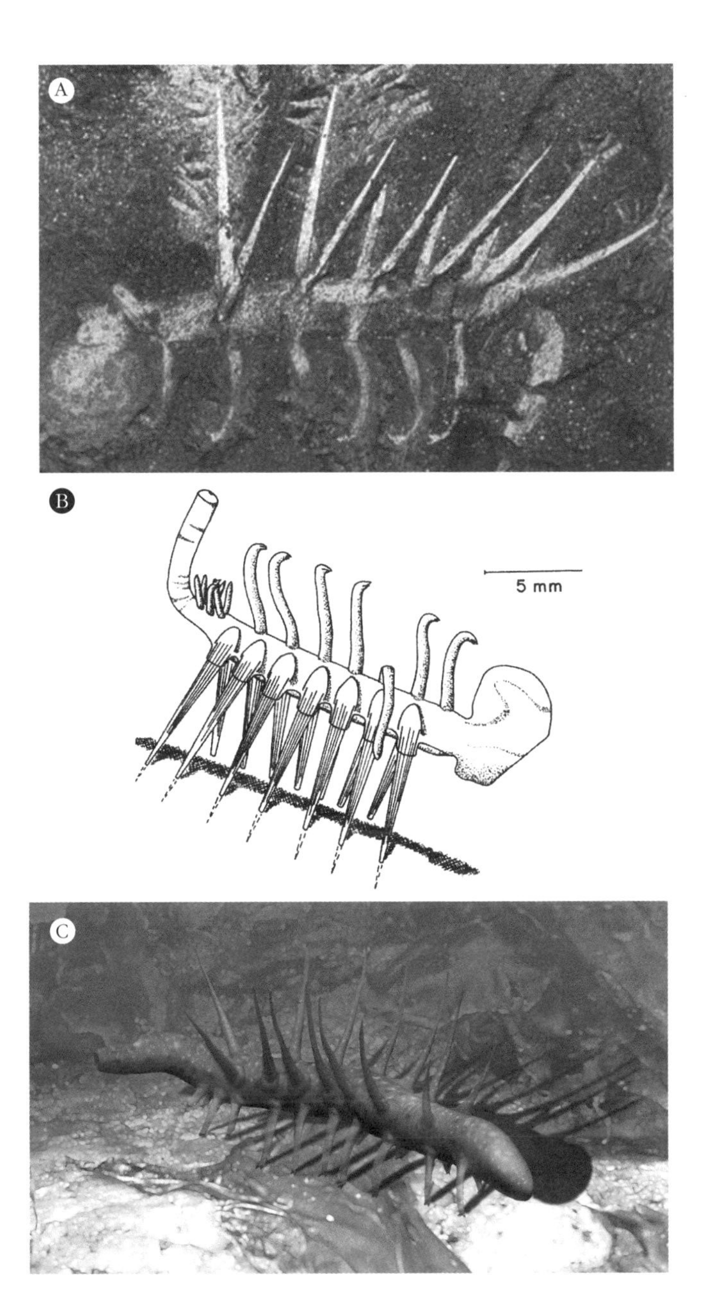

그림 5.2 "꿈틀이 벌레" 할루키게니아. (A) 버제스 셰일의 화석. (B) 가시를 '다리'로 나타낸 처음 복원도. (C) 현재의 복원도. 가시가 등에 있다.

다른 과학자들은 반신반의했다. 어떤 과학자들은 이 화석이 사실은 더 큰 동물의 부속지였을 것이라고 생각했다. 이런 일은 아노말로카리스에서 이미 일어난 적이 있었다. 아노말로카리스 입의 바로 앞에 있는 부속지를 새우처럼 생긴 생명체로 오인한 일이었다. 그러나 일반적으로는 할루키게니아가 엽족동물문Lobopodia에 속한다는 관측이 지배적이었다. 일종의 잡동사니 분류군wastebasket group인 엽족동물문은 전 세계 고생대 초기 암석에서 찾아낸 바다 속 '다리 달린 꿈틀이 벌레들'을 한데 모아놓은 무리다.

1991년, 라르스 람스켈드와 허우셴광侯先光은 중국 마오톈산 셰일의 캄브리아기 하부 지층에서 나온 또 다른 할루키게니아류인 미크로딕티온*Microdictyon*을 기재하고 발표했다(그림 5.3A). 이 표본은 다른 어떤 할루키게니아 화석보다도 보존이 잘되어 있었다. 보존 상태가 좋은 화석을 통해서 보니, 콘웨이 모리스가 복원한 할루키게니아는 뒤집혀 있었다(그림 5.2C)! 미크로딕티온은 몸의 위쪽을 따라 쌍을 이룬 가시들이 일렬로 늘어서 있었는데, 콘웨이 모리스가 복원한 할루키게니아의 '다리'는 사실은 등에 달린 가시였다. 콘웨이 모리스의 복원에서 할루키게니아의 등에 있었던 흐늘흐늘한 작은 '촉수들'은 진짜 다리였고, 다리답게 쌍을 이루고 있었다. 더 놀라운 것은 미크로딕티온에는 몸의 길이를 따라서 작은 각판armored plate들이 붙어 있다는 점이었다. 이 각판들은 오랫동안 캄브리아기 초기의 작은 껍데기(제3장)로 알려져 있었지만, 이것이 어떤 동물의 것이었는지는 아무도 알지 못했다.

미크로딕티온의 발견은 위아래가 뒤집힌 할루키게니아를 되돌려놓았을 뿐 아니라, 그들의 기원에 관한 다른 수수께끼도 풀어줬다. 제대로 위쪽을 찾아놓자, 두 동물 모두 엽족동물이었다는 것과 캄브리아기의 해저에는 이런 생명체가 흔했다는 것이 분명해졌다. 사실, 보존이 훨씬 더 잘된 의심할 여지없는 엽족동물은 버제스 셰일에서 이미 알려져 있었다. 바로 아이셰아이아*Aysheaia*다(그림 5.3B). 보존 상태가 더 좋은 표본들이 나오면서, 과학자들은 마침내 엽족동물이 무엇인지도 더 잘 이해할 수 있었다. 엽족동물은 오

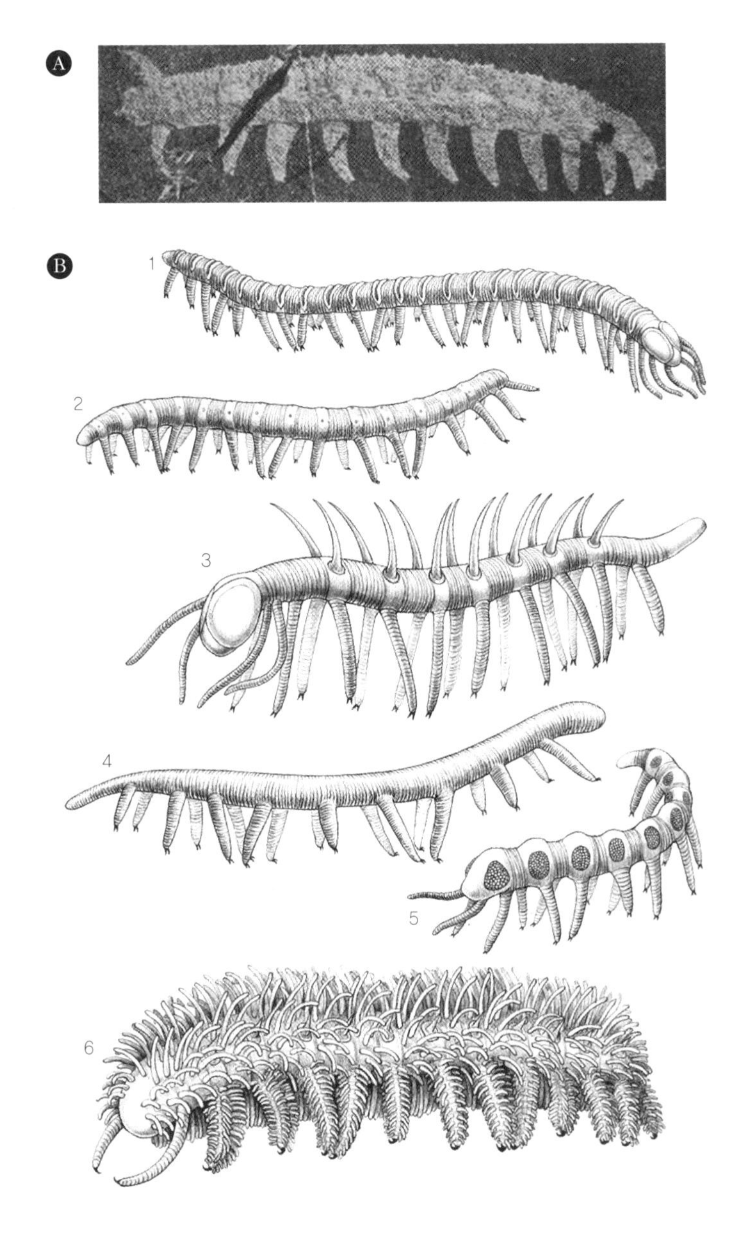

그림 5.3 유조동물과 엽족동물들. (A) 버제스 셰일의 화석인 아이셰아이아. 원시적인 유조동물. (B) 여러 엽족동물 화석의 복원도: [1] 카르디오딕티온*Cardiodictyon* [2] 루올리샤니아*Luolishania* [3] 할루키게니아 [4] 파우키포디아 *Paucipodia* [5] 미크로딕티온 [6] 오니코딕티온*Onychodictyon*

늘날 정글 속을 기어다니며 살아가는 우단벌레velvet worm라는 동물이 속한 유조동물문Onychophora의 고대 친척으로 드러났다.

절지동물이란 무엇인가?

곤충, 거미, 전갈, 갑각류, 만각류barnacle(거북손·따개비 따위가 포함된 무리 — 옮긴이), 투구게horseshoe crab, 삼엽충은 지구상에서 가장 큰 동물문인 절지동물문Arthropoda에 속한다. (그리스어로 arthros는 '관절', podos는 '발' 또는 '부속지'를 뜻한다.) 우리는 인간이 지구를 지배하고 있다고 생각하고 싶어 하지만, 어떤 식의 평가에서도 지구에서 우위를 차지하는 동물은 언제나 절지동물이었고 앞으로도 그럴 것이다. 지구 전체의 동물종 수는 약 140만으로 집계되고 있으며, 그중 85퍼센트 이상을 100만 종이 넘는 절지동물이 차지하고 있다(그림 5.4). 곤충은 거의 90만 종에 달하고, 그중에서도 딱정벌레만 34만 종이 넘는다. 위대한 생물학자인 J. B. S. 홀데인은 생물학 지식을 통해서 창조주에 대해 무엇을 배웠느냐는 질문에, "신은 딱정벌레를 유별나게 좋아했음이 분명하다"라고 답했다. 이와 대조적으로, 우리가 속한 척삭동물문Chordata은 약 4만 5000종에 불과하며, 그중 절반 이상이 어류다. 포유류는 4000종이 조금 넘을 뿐이다.

전체 종 다양성에 대해 그다지 대단한 인상을 받지 못했다면, 풍부도abundance를 보자. 절지동물은 번식이 빠르기로 유명하며, 조건만 맞으면 기하급수적으로 개체수가 불어난다. 메뚜기 떼의 창궐, 초목 한 그루를 순식간에 뒤덮는 진딧물, 엄청난 수의 개체들이 군집을 이루고 있는 개미집이나 흰개미집을 생각해보자. 방제를 하지 않으면 한 쌍의 바퀴벌레는 단 일곱 달 만에 1640억 마리로 불어날 수 있다! 열대 지방의 땅 몇 헥타르에 사는 조류나 포유류의 수는 수십 마리지만, 같은 면적의 땅에 사는 진드기·딱정벌레·말벌·나방·파리를 포함하는 절지동물의 수는 10억 마리가 넘는다.

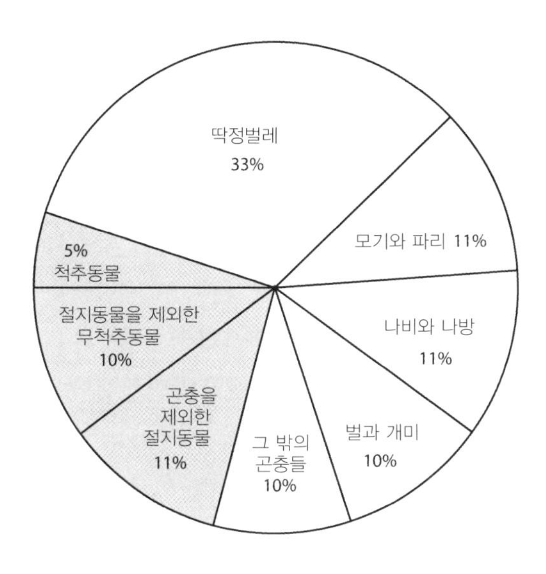

그림 5.4 동물 종의 다양성과 곤충을 위시한 절지동물의 우점도.

개미 집단 하나가 100만 마리의 개체로 이루어지기도 한다. 가장 풍요로운 바닷물 1세제곱미터 속에는 플랑크톤만 한 크기의 작은 절지동물(새우, 요각류copepod, 패충류ostracod, 크릴krill 따위)이 수백만 마리가 들어 있기도 하다.

또 절지동물은 대단히 적응력이 뛰어나서, 몸집이 큰 동물에게만 허용된 곳을 제외하고 지구의 거의 모든 틈새를 차지할 수 있다. 절지동물은 하늘을 나는 것도 있고, 민물에 사는 것도 있고 바닷물에 사는 것도 있다. 절지동물은 영하의 온도부터 물의 끓는점에 가까운 온도에 이르는 극한의 온도를 견딜 수도 있다. 절지동물은 다른 동물의 체내와 체외에 기생을 하기도 한다. 이런 적응성의 비결은 절지동물의 구조에 있다. 절지동물은 모듈module식 생명체다. 몸을 구성하는 수많은 체절은 추가나 제거가 쉽고, 형태를 변형할 수도 있다. 각각의 체절에는 관절이 있는 한 쌍의 부속지가 있는데, 부속지는 입틀·다리·집게발pincer·물갈퀴paddle·날개, 그 밖의 여러 다른 구조로 개조될 수 있다. 절지동물에서 가장 두드러진 특징은 몸의 바깥쪽을 단단한 껍데기인 외골격이 덮고 있으며 그 안에 부드러운 조직과 근육이 있다는 점이다. 이와 달리 척추동물은 체내의 골격을 근육이 둘러싸고 있다. 외골격을 갖추면 많은 이점이 있다. 포식자를 막아주고, 수분을 차단하는 외피를 형성한다. 그 덕분에 절지동물은 바다에서 육상으로 올라올 수 있었다. 그러나 단단한 껍데기는 자라지 않기 때문에 절지동물은 가끔씩 탈피를 해야 한다. 기존의 외골격을 빠져나와서 조금 더 큰 새 외골격을 형성하는 것이다. 절지동물은 탈피한 직후 잠깐 동안은 연한 몸이 드러나고 외골격의 도움을 받지 못한다.

절지동물에게 탈피는 중요한 제약이다. 대단히 큰 장점일 수도 있고 중대한 약점일 수도 있다. 이를테면, 많은 곤충이 탈피를 하는 사이에 몸의 형태가 완전히 뒤바뀌기도 한다. 애벌레에서 번데기로 변하고, 그다음에는 애벌레와는 완전히 모양이 다른 나비나 나방으로 탈바꿈을 한다.

탈피를 하려면 몸집도 작아야 한다. 절지동물은 어느 정도의 크기에 도달하면, 더 이상 크게 자랄 수 없다. 만약 몸집이 그렇게 더 커지면 중력이 당기는 힘이 증가해서 젤리처럼 녹아내릴 것이다. 그렇기 때문에 육상 절지동물은 날개를 폈을 때의 길이가 1미터인 거대 잠자리 메가네우라*Meganeura*나 길이 3미터인 지네 아르트로플레우라*Arthropleura*보다 결코 더 커질 수 없는 것이다. 해양 절지동물은 물의 부력 때문에 육상 절지동물보다 몸집이 약간 더 크지만, 왕게king crab나 길이 3미터에 이르는 실루리아기의 일부 거대한 '바다전갈sea scorpion'보다 더 큰 것은 없다. 만약 거대한 개미나 사마귀가 등장하는 저예산 공포 영화를 보게 된다면, 그런 괴물이 존재하는 것은 생물학적으로 불가능하기 때문에 웃으면서 봐도 된다. 안타깝게도 이런 사실을 알 정도로 충분한 과학적 소양을 갖춘 각본가는 많지 않다.

'우단벌레'와 절지동물

많은 사람은 살면서 '우단벌레'를 볼 일이 거의 없다. 남반구의 열대 정글에 살면서 한밤중에 썩은 낙엽 더미를 훑고 다니는 습성이 있는 사람이 아니라면 말이다(그림 5.5). 그래도 이 작은 생명체들을 한데 묶어서 유조동물문이라고 한다. 아프리카와 남아메리카와 서남아시아의 숲속에는 약 180종의 유조동물이 살고 있다. 대부분은 아주 작지만(0.5센티미터) 길이가 20센티미터에 이르는 것도 있다. 생김새는 애벌레와 조금 비슷하다. 긴 몸을 따라서 배 쪽으로 짧고 뭉툭한 다리가 두 줄로 늘어서 있고, 곤충과 다른 절지동물처럼 발끝에는 단단한 갈고리 발톱이 하나씩 달려 있다. 머리에 입틀이 있고, 한 쌍의 더듬이가 있는 것도 절지동물과 비슷하다(지렁이처럼 생긴 종류의 벌레는 더듬이가 없다). 이들의 단순한 눈은 절지동물의 얼굴 중심에 있는 홑눈medial ocellus과 비슷하며 어느 정도 상을 형성할 수는 있지만, 이 동물들은 어둡고 습한 환경에서 살아가기 때문에 뛰어난 시각이 필요하지는 않다.

'우단벌레'는 낙엽 더미 속에 있는 작은 곤충, 지네, 달팽이, 벌레들을 먹고 사는 매복 포식자ambush predator다. 대체로 이들은 미묘한 공기의 흐름

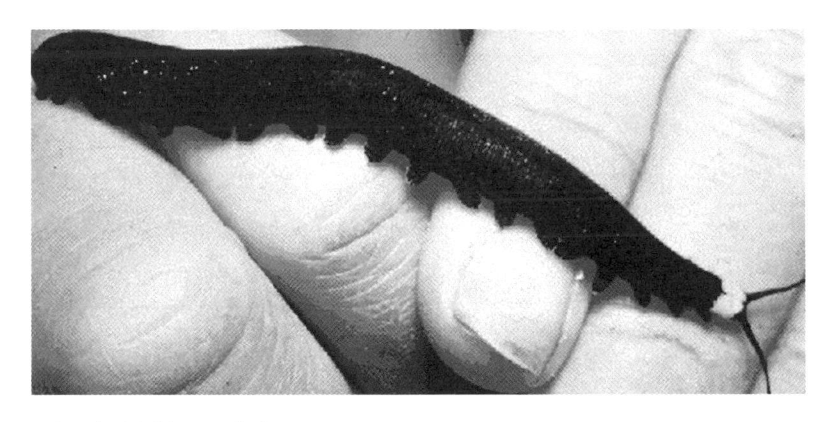

그림 5.5 '우단벌레'라고도 불리는 유조동물.

을 통해서 먹이를 감지한다. 우단벌레는 물 흐르듯 부드럽고 우아한 움직임으로 사냥감에 다가가서 사냥감을 몇 번 가볍게 건드려본다. 그런 다음 먹이로 삼을 수 있을 정도로 충분히 작은 동물인지, 아니면 포식자일 수도 있는 큰 동물인지를 판단한다. 먹이로 판정되면, 몸속의 분비샘에서 그것을 잡기 위한 역겨운 점액을 만든다. 이 점액은 우단벌레의 포식자에게 불쾌감을 주는 역할도 한다. 일단 공격을 시작하면, 우단벌레는 사냥감이 도망을 가더라도 포기하지 않고 찾아낸다. 사냥감을 잡자마자 강한 턱으로 한입에 물어 죽인 다음, 사냥감의 내부 장기가 점액 속 효소에 의해 액화되어서 소화할 수 있는 상태가 되기를 기다린다.

'우단벌레'는 절지동물처럼 단단한 키틴질의 껍데기가 없고 얇은 피부 조직과 표피로 이루어져 있다. 따라서 이들의 몸을 지탱하는 것은 (지렁이처럼 꿈틀거리는 대부분의 벌레와 마찬가지로) 체강에 들어 있는 체액의 정수압hydrostatic pressure이다. 이들은 유연한 피부 덕분에 좁은 틈새에 몸을 우겨넣어서 포식자를 피할 수 있다. 이런 은신 전략은 몸의 건조를 막아주며, 만약 흙이 있다면 흙을 파고 들어간다. 이들의 피부는 짧고 부드러운 섬유 같은 수백 개의 강모bristle로 뒤덮여 있어서, 모양과 촉감이 우단과 비슷하다. 우단벌레는 매우 작기 때문에 기체 교환은 대체로 피부를 통한 확산에 의해 일어난다. 피부에 있는 단순한 숨관trachea이 호흡기의 역할을 하고 있지만, (닫을 수 있는 절지동물의 숨관과 달리) 이들의 숨관은 항상 열려 있다. 그래서 이들의 서식지는 건조될 염려가 없는 다습한 열대 지방에 국한되어 있다.

'우단벌레'는 그다지 놀라울 것이 없어 보이지만, 그들의 생식에 대해 알면 생각이 달라질 것이다. 많은 종이 체내에서 알을 부화시켜서 새끼를 낳고, 드물게는 수컷이 머리에 있는 특별한 구조에 정자를 싣고 다니다가 암컷의 생식기에 머리를 집어넣어 정자를 전달하는 경우도 있다.

문 사이의 대진화

'우단벌레'가 그렇게 흥미롭고 중요한 이유는 무엇일까? 지렁이 같은 꿈틀이 벌레와 절지동물 사이의 완벽한 전이형transitional form이기 때문이다. 많은 꿈틀이 벌레처럼 길고 부드러운 몸을 갖고 있으며, 동시에 절지동물의 여러 발달된 특징도 갖고 있다. 몇 가지 해부학적 유사성을 예로 들면, 몸이 부분적으로 체절화되어 있고, 절지동물과 비슷한 눈과 더듬이가 있으며, 애벌레의 다리처럼 짤막한 다리 끝에는 갈고리 같은 '발'이 달려 있다.

더 중요한 것은, 몸이 자라기 위해서는 탈피를 해야 한다는 점이다. 이 특징을 갖고 있는 종류는 절지동물과 소수의 다른 무척추동물 무리뿐이다. 이런 무척추동물로는 '물곰water bear'이라고도 불리는 완보동물tardigrade, 회충roundworm(선형동물nematode), 그 외 몇 종류의 다른 꿈틀이 벌레가 있다. 탈피는 많은 동물의 배발생embryology과 체제에서 대단히 기본적인 특징이기 때문에 이들이 모두 밀접한 연관이 있다는 강력한 증거다. 실제로 탈피를 하는 동물들(절지동물, 유조동물, 선형동물, 완보동물 따위)의 문을 아우르는 하나의 큰 무리를 탈피동물Ecdysozoa이라고 한다. (ecdysis는 그리스어로 '겉껍데기를 벗는다'는 뜻이고, ecdysiast는 스트리퍼를 고상하게 이르는 말이다.) 동물의 DNA와 다른 분자 체계는 최근 몇 년 동안 면밀히 연구되어왔다. 과연, 탈피동물들 사이에는 독특한 DNA 서열이 공통적으로 나타났고, 그들의 가까운 유연관계를 확실하게 보여주는 다른 분자적 유사성도 있었다.

원시적인 절지동물과 엽족동물의 작은 각판은 캄브리아기 가장 초기의 두 지층인 네마키트-달디니아조와 톰보티아조의 지층에서 둘 다 알려져 있다. 아트다바니아조 지층에서 '캄브리아기 대폭발'이 일어나기 훨씬 전의 일이었다. 그러나 캄브리아기에는 삼엽충이, 그다음 실루리아기에는 최초로 육상에서 지네와 전갈과 곤충이 등장하면서 절지동물은 크게 번성한 반면, 엽족동물은 데본기에 자취를 감췄다. 그러나 그 전의 어느 시기에 그들의 후손인 '우단벌레'는 땅 위를 기어다니고 있었다. 연한 몸을 가진 엽족동물은 화석화될 기회가 별로 없었지만, 일리오데스*Ilyodes*라고 알려진 어느 '우단벌레'는 석탄기인 3억 6000만 년 전에 육상에 정착했다. 그 이후로 '우단벌레'는 이 행성의 정글 속에서 눈에 띄지 않고 조용히 살아왔다.

가볼 만한 곳

버제스 셰일 화석 지대는 브리티시컬럼비아의 요호 국립 공원 안에 있으며, 어떤 길로도 걸어서 가기는 어렵다. 따라서 연구자들에게만 개방이 된다. 그러나 버제스 셰일 화석이 전시된 박물관이 몇 곳 있다. 시카고의 필드 자연사 박물관에서는 캄브리아기 버제스 셰일의 동물상이 펼쳐지는 바다 속 풍경을 컴퓨터 애니메이션으로 재현한 영상을 3면의 스크린을 통해서 보여준다. 이 영상에는 헤엄치는 피카이아, 바다 밑바닥을 걸어다니는 할루키게니아와 위왁시아, 새예동물priapulid 오토이아*Ottoia*를 사냥하려는 오파비니아, 마렐라*Marrella* 떼, 삼엽충을 잡아먹는 아노말로카리스가 등장한다. 애니메이션 영상 아래에는 버제스 셰일에서 발굴된 화석 24점과 그 설명이 담긴 안내판이 있다.

미국에 있는 다른 박물관으로는 덴버 자연과학 박물관, 매디슨의 위스콘신 대학 지질학 박물관, 노먼에 위치한 오클라호마 대학의 샘 노블 오클라호마 자연사 박물관, 워싱턴 D.C.에 위치한 스미스소니언협회의 미국 국립 자연사 박물관이 있다. 캐나다에는 온타리오 오타와에 있는 캐나다 자연 박물관, 토론토에 위치한 왕립 온타리오 박물관, 앨버타 드럼헬러에 위치한 왕립 티렐 박물관에 버제스 셰일 화석이 소장되어 있다. 유럽에서는 영국 케임브리지에 위치한 케임브리지 대학의 세지윅 지구과학 박물관, 오스트리아 빈의 자연사 박물관에서 버제스 셰일 화석을 볼 수 있다.

6

꿈틀이 벌레인가, 연체동물인가?

연체동물의 기원: 필리나

무척추동물들 사이에 크기, 속도, 지능에 대한 경쟁이 있었다면, 금메달과 은메달은 대부분 오징어와 문어에게 돌아갔을 것이다. 그러나 기재된 종수가 10만이 넘는, 동물계에서 두 번째로 큰 문인 연체동물문Mollusca을 만든 것은 이 화려한 수상자들이 아니다. 그 영광은 대체로 묵묵하게 느릿느릿 움직이는 고둥에게 돌아가며, 더 느린 조개와 굴도 여기에 힘을 보탠다. 연체동물이라는 이름에는 '몸이 연하다'는 뜻이 담겨 있다. 그래서 인간은 다른 어떤 무척추동물의 것보다 연하고 탱글탱글한 연체동물의 살을 좋아한다. 그러나 연체동물은 단단한 껍데기를 갖고 있는 종류가 많은 것으로 더 유명하다. 단단한 껍데기는 이 느리고 취약한 동물이 포식자로부터 스스로를 보호하기 위해 분비한 결과물이다. 그러나 얄궂게도 아름답고 값비싼 이 껍데기 때문에 수많은 조개가 인간에게 남획되고 있으며, 그중 일부는 멸종 위기를 맞고 있다.

랠프 북스바움Ralph Buchsbaum과 밀드레드 북스바움Mildred Buchsbaum,
『등뼈가 없는 동물들Animals Without Backbones』

빠진 연결고리의 발견

화석 기록에는 놀라운 형태 변화를 보여주는 장면이 가득하다. 말은 네 발가락을 가진 조상으로부터 진화했고, 포유류는 포유류가 아닌 다른 종류의 동물에서 진화했다(제19장과 제22장). 그러나 이렇게 엄청나게 많은 증거에 만족하지 않고 다른 질문을 던지는 사람도 많다. 이 모든 각양각색의 동물문(연체동물, 환형동물環形動物, 절지동물, 극피동물棘皮動物 따위)은 어떻게 공통조상으로부터 진화했을까? 이와 같은 체제의 대규모 변화, 즉 대진화macroevolution의 증거는 어디에 있을까?

아주 오랫동안은 이런 일이 어떻게 일어났다는 것을 나타낼 만한 화석 증거가 전혀 없었고, 이들이 공통조상으로부터 진화했다는 것을 드러내는 뚜렷한 해부학적 특징만 있을 뿐이었다. 이를테면, 절지동물과 '우단벌레' 사이의 연관성은, 화석 기록을 통해 이들의 변화가 확인되기 오래전에, 현존하는 동물들의 유사성에 의해 확립되었으며, 최근의 분자생물학적 증거를 통해 밀접한 유연관계가 최종적으로 증명되었다(제5장).

다른 예를 들어보자. 오늘날 연체동물문에 기재되어 있는 종수는 절지동물을 제외하고는 그 어떤 문보다도 많아서 10만 종이 넘는다. 연체동물은 조수 웅덩이에 있는 바위에 붙어 기어다니면서 해조류를 먹고 살아가는 딱지조개와 삿갓조개류, 한 곳에 머물면서 아가미를 통해 여과 섭식을 하는 조개와 굴, 대단히 잽싸게 움직이며 지능이 높고 몸 색깔의 변화로 의사소통을 하고 꽤 어려운 문제도 해결할 수 있는 오징어와 문어에 이르기까지, 그 범위가 대단히 넓다. 절지동물과 마찬가지로 연체동물도 지구의 생태적 틈새를 대부분 정복했다. 플랑크톤들 틈에서 떠다니기도 하고, 바다 밑바닥은 물론 땅 위(달팽이와 민달팽이)에서도 살아간다. 연체동물은 대부분 몸집이 작지만 엄청나게 커질 수 있는 것도 있다. 대왕오징어giant squid는 길이가 18미터에 달하며, 대왕조개giant clam는 껍데기의 직경이 1미터가 넘는다. 또 거대한 바다고둥인 캄파닐레 기간테움*Campanile giganteum*은 길이 1미터가 넘

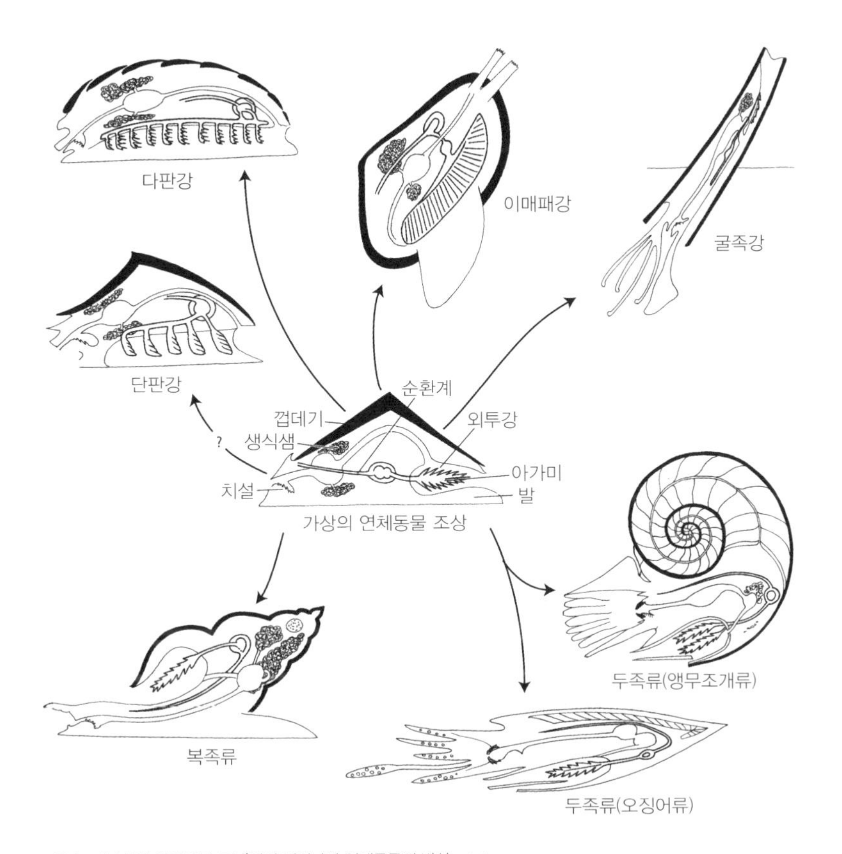

그림 6.1 '가상의 연체동물 조상'에서 뻗어나간 연체동물의 방산radiation.

는 거대한 나선형 껍데기를 갖고 있다.

그러나 이렇게 다양한 고둥과 조개와 오징어의 공통조상은 어떤 모습이었을까? 어떤 종류의 동물이 이 모든 체제의 기본 구성 요소를 갖고 있을까? 연체동물은 지구상 다른 모든 동물문 중 어떤 것에서 유래했을까?

대다수의 연체동물 전문가는 연체동물 공통조상의 체제가 연체동물문에 속하는 모든 동물에서 공통적으로 발견되는 요소를 토대로 이루어졌을 것이라고 추측하고 있다(그림 6.1). '가상의 연체동물 조상hypothetical ancestral mollusc'이라고 불리는 이 생명체는 서로 다른 연체동물의 체제를 결합한 단순한 구조를 기반으로 한다. 이 생명체의 몸은 외투막이라는 근육층으로 둘러싸여 있고, 외투막에서 분비되는 껍데기의 모양은 현존하는 연체동물 중에서 가장 원시적인 삿갓조개의 껍데기처럼 단순한 모자 형태였을 것이다. 이 생명체는 배를 따라 넓적하게 자리잡은 근육질의 '발'을 이용해서 바위에 단단히 들러붙어서 몸을 보호했고, 더 안전할 때에는 먹이를 먹기 위해 천천히 움직였을 것이다.

현존하는 모든 연체동물은 입에서 항문으로 이어지는 소화관과, 바닷물 속의 산소를 받아들이고 이산화탄소를 배출하기 위한 깃털 모양의 아가미를 포함하는 호흡기관을 갖추고 있다. 이런 기관들은 외투막 속에 있는 우묵한 공간인 외투강mantle cavity 속에서 볼 수 있다. 조상 연체동물은 이런 특징을 모두 갖추고 있었을 뿐 아니라, 일종의 배설기관과 생식기관도 있었을 것이다. 따라서 최초의 연체동물은 삿갓조개와 형태가 매우 비슷했을 것이다. 즉 외투막에서 분비되는 단순한 모자 형태의 껍데기, 바위에 붙어 기어다닐 수 있는 넓적한 발, 입에서 항문으로 이어지는 소화관, 호흡기관, 그 외 주요 연체동물 무리에서 발견되는 다른 기관들(배설기관과 생식기관 따위)이 있었을 것이다.

최초의 연체동물

해양생물학자들은 모두 살아 있는 연체동물을 연구하는 혜택을 누린다. 살아 움직이는 연체동물을 수족관이나 자연에서 관찰할 수도 있고, 모든 연한 조직을 해부하고 자세히 연구할 수도 있다. 분자생물학자들은 작은 조직 표본에서 DNA 서열을 얻어 연체동물과 가장 가까운 생물이 무엇인지를 알아낼 수 있다. 이 모든 연구에서 우리가 얻은 해답은 명백하다. 현존하는 동물 중에서 연체동물과 가장 가까운 친척은 흙 속에 사는 지렁이나 거의 모든 바다 밑바닥 서식지에서 아주 흔히 볼 수 있는 다모류polychaete와 같은 체절로 이루어진 동물이다. 그러나 이들 사이에는 여전히 거대한 간극이 존재한다. 어떻게 지렁이 같은 동물이 단단한 껍데기에 체절이 없는 몸을 가진 삿갓조개로 진화했을까?

이 문제를 더욱 복잡하게 만드는 것은 몸이 연한 대부분의 벌레가 구멍 외에는 화석을 남기지 않는다는 점이다. 이런 화석은 그 구멍을 만든 동물에 대해 알려주는 것이 별로 없다. 게다가 대부분의 연체동물에서 유일하게 단단한 부분인 껍데기는 연한 조직에 대한 정보를 극히 부분적으로만 제공한다. 그러나 고생물학자들은 초기 연체동물의 단순한 껍데기를 놀라울 정도로 능숙하게 연구해서 연한 조직이 남긴 온갖 종류의 단서를 찾아내고 있다.

고생물학자들은 1880년대부터 단순한 모자 형태의 껍데기를 가진 고생

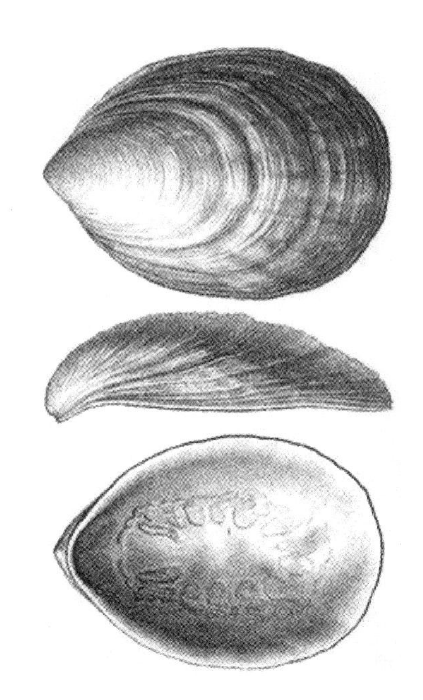

그림 6.2 삿갓조개를 닮은 단순한 모자 모양 화석 필리나. 껍질 안쪽(맨 아래 그림)에 두 줄의 근육 흔적이 보인다.

대 초기의 연체동물을 기재하기 시작했다(그림 6.2). 이 화석들은 보존 상태가 좋지 않아서, 껍데기가 오늘날의 삿갓조개와 비슷하니 살아가는 방식도 삿갓조개와 비슷했을 것이라는 추측 외에는 말할 수 있는 것이 별로 없었다. 1880년대에는 스웨덴의 고생물학자인 구스타프 린드스트룀이 고틀란드의 실루리아기 지층에서 나온 껍데기 화석을 기재하고 트리블리디움 웅귀스*Triblidium unguis*라고 명명했다(종명인 'unguis'는 라틴어로 '발굽' 또는 '손톱'이라는 뜻인데, 껍데기가 손톱처럼 생겼다고 해서 붙은 이름이다). 이 화석은 1925년에 필리나 웅귀스*Pilina unguis*로 다시 명명되었다. 초기 고생물학자들은 이 화석이 삿갓조개와 흡사하다는 설명 말고는 달리 덧붙일 말이 없었다. 그래서 이 화석은 아주 원시적인 삿갓조개일 것이라고 여겨졌다. 그런데 보존 상태가 좋은 껍데기의 내부에서 두 줄의 흔적이 발견되었는데, 이는 이 연체동물에 한 쌍의 근육이 있었다는 것을 암시하는 증거였다. 하지만 연한 조직이 없이 다 사라져버린 이 화석만으로는 더 이상의 연구를 진척하는 것은 불가능했다.

시간이 흐르자, 캄브리아기와 데본기 사이의 지층에서 발굴된 이런 단순한 모자 형태 생명체의 화석들이 어느 정도 축적되었다. 일부 고생물학자는 이 화석들이 가장 원시적인 최초의 연체동물일지도 모른다고 생각했지만, 단정을 내리기에는 아직 표본이 너무 불완전했다. 더 근래에 들어서는 캄브리아기 초기에도 연체동물의 선조들이 있었음을 암시하는 단순한 모자 모양, 바지락 모양, 나선 모양의 껍데기들이 '작은 껍데기들'(제3장) 속에서 발견되었다(그림 3.2를 보라). 그러나 당시 고생물학자들에게 이런 주장을 뒷받침할 만한 것이라고는 이와 같은 약간의 세부 구조와 껍데기의 형태뿐이었다.

갈라테아, 생물학을 바꿔놓다

1940년대 후반에는 해양학과 해양지질학이 큰 성장세를 보였다. 제2차 세계대전 시기에 잠수함 전투를 치르는 동안, 세계 각국은 바다가 지구 표면의 70퍼센트를 차지한다는 것 말고는 대양에 대해 아는 바가 거의 없다는 것을 깨달았다. 각국 정부(특히 미국, 영국, 덴마크 정부)는 전쟁이 끝나자마자 해저 지도를 작성하기 위한 대규모 과학 탐사에 투자하기 시작했고, 세계 전역의 바다에서 암석과 해양생물의 표본을 채집했다. 군용 구축함은 개조되어 다시 취역해 대양 탐사 임무를 맡았다. 이 탐사선들에는 원래 잠수함을 탐지하기 위해 설계되었던 양성자-세차운동 자력계proton-precession magnetometer가 실려 있었고, 결국 이 장비들이 해저 확장설과 판 구조론의 핵심 증거들을 찾아내게 되었다. 이 탐사선들은 일상적으로 해저의 거의 모든 부분에서 퇴적층 코어core(암석, 퇴적물, 얼음 따위를 원기둥 모양으로 잘라낸 표본—옮긴이)를 채취하고 음파의 반향을 이용해 깊이를 기록했다. 또 선미 돌출부에서 다이너마이트를 투하해서 해저 퇴적층의 상층부를 통해 음파를 반사시켜 퇴적층의 구조를 결정했다.

전후의 이런 선구적인 노력 중에는 1950~1952년에 덴마크에서 시행한 제2차 갈라테아호 탐사가 있다. 탐사선의 이름은 피그말리온과 갈라테아에 관한 그리스 신화에서 땄다. 신화에 따르면, 조각가인 피그말리온은 자신이 대리석으로 조각한 완벽한 여인인 갈라테아와 사랑에 빠졌다. 피그말리온은 자신의 조각품에 홀딱 반했고, 그의 기도에 응답한 신이 갈라테아를 진짜 사람으로 만들어주었다. 브로드웨이 뮤지컬 〈마이 페어 레이디〉에서도 이런 플롯 장치를 찾아볼 수 있다. 〈마이 페어 레이디〉에서 헨리 히긴스 교수(피그말리온)는 초라한 빈민가 소녀인 라이자 둘리틀(갈라테아)을 우아하고 품위 있는 여성으로 변화시킨다. 이 뮤지컬은 조지 버나드 쇼의 유명한 연극 〈피그말리온〉에서 유래했고, 이 연극은 그리스 신화의 피그말리온 이야기를 바탕으로 만들어졌다.

1845~1847년에 수행된 제1차 갈라테아호 탐사에서는 돛대 세 개짜리 범선으로 세계 전역의 주요 덴마크 식민지의 바다를 탐험했다. 1941년에 기

자 하콘 밀케와 해양학자이자 어류학자인 안톤 프레데릭 브룬은 덴마크의 과학과 상업을 발전시키고자 두 번째 탐사를 위한 기금 마련에 나섰다. 그러나 제2차 세계대전이 일어나고 나치가 덴마크를 침공하면서 이들의 계획은 보류되었다.

제2차 세계대전이 끝난 직후인 1945년, 덴마크 과학계는 기금 모집과 계획 수립을 재개했다. 이들은 퇴역한 영국 군함인 HMS 리스Leith호를 구입했다. 슬루프sloop 선(돛대가 하나인 배)인 리스호는 전쟁 동안 대서양을 누비면서 U-보트를 침몰시킨 이력을 지닌 백전노장 호위함이었다. 덴마크인들은 이 배를 해양학 연구에 맞게 개조하고, HMDS 갈라테아 2호라는 새 이름을 붙였다. 갈라테아 1호와 달리, 극한의 심해를 탐사하기 위해서 설계된 갈라테아 2호는 대양에서 가장 깊은 곳의 깊이를 측정하고 퇴적물을 채취했다. 19세기 원정 때 찾았던 곳을 다시 가기도 했지만, 20세기 중반 갈라테아 2호가 항해하며 거둔 성과 중 가장 압권은 필리핀 해구에 있는 1만 190미터 깊이의 해저(이전까지는 표본이 채취된 적 없는 가장 깊은 곳)와 다른 여러 심해저에서 채취한 퇴적물에서 어떤 과학자도 본 적 없는 생명체를 얻은 일이었다.

1952년에 코스타리카 해구의 수심 6000미터가 넘는 물속에서는 신기하고 기괴한 여러 심해어와 다른 해양생물들과 함께 흥미로운 생김새의 연체동물이 나왔다(그림 6.3). 탐사대의 동물학자인 헤니 렘케는 1957년에 이 연체동물 표본을 발표할 기회를 얻었을 때, 이것이 정말로 획기적인 표본이라는 것을 깨달았다. 그는 화석 필리나와 탐사선의 이름을 따서 이 표본에 네오필리나 갈라테아이*Neopilina galatheae*라는 이름을 붙였다. 그것은 모자 모양을 한 신비스러운 고생대 초기 화석의 진짜 친척이었고, 고생물학자들은 이 생물의 연조직을 통해서 화석의 신비스러운 흔적을 해석할 수 있게 되었다. 저명한 동물학자 엔리코 슈바베Enrico Schwabe는 "20세기의 가장 큰 돌풍을 일으킨 사건 중 하나"라고 말했다.

렘케는 네오필리나가 진정한 "살아 있는 화석"이라고 지적했다. 화석 기

그림 6.3 '살아 있는 화석' 네오필리나. 캄브리아기 초기의 잔존 동물이자, 체절이 있는 벌레와 연체동물 사이의 전이형이다. (A) 몸의 중심에 있는 발 양쪽으로 쌍을 이루고 있는 아가미들. 체절화된 수축근과 다른 기관계도 쌍을 이루고 있다. (B–C) 살아 있는 네오필리나.

록에서 데본기에 사라진 단판강Monoplacophora(그리스어로 '껍데기가 하나'라는 뜻)이라는 연체동물의 한 무리에서 지금까지 잔존된 속이라는 것이다. 게다가 이 표본을 연구하자 엄청나게 놀라운 정보가 드러났다! 화석에 두 줄의 근육 흔적이 나타났던 것처럼, 네오필리나에도 그런 흔적을 만드는 근육들이 짝을 이루고 있었다. 이것은 체절이 있는 벌레들처럼 이들의 근육이 체절로 되어 있다는 것을 암시했다. 이 조개는 체절로 된 근육뿐 아니라, 아가미·콩팥·심장 그리고 쌍을 이루는 신경삭nerve cord과 생식관도 모두 여러 개씩 갖고 있다. 간단히 말해서, 네오필리나는 반은 연체동물이고 반은 지렁이 같은 체절 동물이었던 신비스러운 단판류 화석의 모습을 보여준다. 이들은 지렁이 같은 그들의 조상처럼 모든 기관계가 체절화되어 있었지만, 삿갓조개와 딱지조개 같은 원시적인 연체동물에서 발견되는 외투막과 껍데기와 넓적한 발과 다른 특징들도 갖고 있었다.

1957년에 네오필리나가 기재된 이래로, 살아 있거나 화석 상태인 단판류는 더 많이 발견되었다. 현존하는 단판류는 23종이다. 이 '살아 있는 화석들'은 주로 1800~6500미터 깊이의 물속에 살지만, 수심 175미터에서만 나타나는 종류도 있다. 서식지에서의 생활에 관해서는 별로 알려진 바가 없는데, 워낙 심해에 사는 터라 채집해서 해수면 위로 가져오면 온도와 압력이 원래의 서식환경과 현격히 달라서 생존할 수 없기 때문이다. 단판류는 대부분 빛이 통과해서 광합성이 일어날 수 없는 심해에 살기 때문에, 해저의 진흙 속에서 유기물을 찾거나 가라앉은 플랑크톤을 걸러 먹으면서 살아가는 것으로 추정된다.

어떻게 이런 중요한 분류군이 그렇게 오랫동안 과학계의 주목을 피할 수 있었을까? 가장 큰 이유는 대양의 가장 깊은 곳의 생물을 채집하거나 연구할 수단이 거의 없었기 때문이었다. 제2차 갈라테아호 탐사는 거의 최초로 이 임무를 수행했다. 사실 1896년에 살아 있는 단판류인 벨레로필리나 조그라피*Veleropilina zografi*가 발견되었지만, 평범한 삿갓조개처럼 잘못 기재되고 잊혔다. 1983년에 이 표본에 대한 연구가 다시 시작되면서, 과학자들은 네오필리나가 발견되기 오래전에 그들의 선배들이 현존하는 단판류를 발견한 적이 있다는 것을 알았다.

단판강에서는 현생종이 23종 발견되었을 뿐 아니라, 화석 기록도 풍부해졌다. 초기 화석과 함께 연구되어야 하는 화석으로는 앵무조개처럼 격벽으로 나뉜 방을 갖고 있는 크니그토코누스*Knightoconus* 같은 화석이 있다. 일부 고생물학자들은 크니그토코누스가 앵무조개뿐 아니라 오징어와 문어까지 포함하는 무리인 두족류와 원시적인 단판류 사이를 잇는 전이화석이라고 주장한다.

네오필리나의 발견은 오랫동안 멸종되었다고 여겨졌던 신비스러운 화석 분류군이 심해에서 잘 살아가고 있음을 증명한 훌륭한 사례 중 하나로 평가된다. 더 중요한 것은, 현존하거나 멸종된 여러 단판류가 기재됨으로써 연체동물이 체절이 있는 벌레들과의 공통조상으로부터 어떻게 진화해왔는지, 그 다음에 연체동물이 고둥·이매패류·오징어류 같은 여러 다른 분류군으로 분화하는 동안 체절이 어떻게 사라졌는지 잘 밝혀졌다는 점이다. 따라서 이 화석 기록들은 해부학자들과 분자생물학자들의 연구 결과에서 나온 결론—다시 말해서 연체동물은 체절이 있는 벌레의 후손이고 단판강의 일원들은 하나의 문이 다른 문으로 바뀌는 대진화를 증명하는 '전이형'이라는 것을 확인해준 셈이다.

7

바다에서 자라서
육상식물의 기원: 쿡소니아

식물이 진화했다는 가장 확실한 증거는 화석식물의 기록이다. 지각의 깊은 곳에는 식물계의 다양한 분류군에서 수백만 년에 걸쳐 일어난 발전과 변형의 기록이 남아 있다. 해마다 화석식물을 연구하는 사람들은 새로운 표본을 발굴하고 있고, 고식물학자들은 이 표본들을 짜 맞춰서 10억 년 전부터 현재까지 매끄럽게 이어지는 식물계의 발달에 관한 이야기가 언젠가는 완성되기를 희망하고 있다. 그 오랜 시간 동안, 식물계에서는 중요한 변화가 일어났다. 여러 분류군이 나타나고 번성했으며 멸종했다. 화석 기록이 없었다면, 오늘날의 식물학자들은 이런 식물군들이 존재했다는 것조차도 알지 못했을 것이다.

시어도어 델레보리야스Theodore Delevoryas,
『화석식물의 형태와 진화Morphology and Evolution of Fossil Plants』

척박한 땅

우리는 지구의 숲과 초원을 바라보면서 온갖 다양한 동물의 생활을 지탱할 수 있는 엄청난 양의 식물질이 자라는 '초록빛 행성'을 찬양한다. 그러나 지구가 항상 그랬던 것은 아니다. 지구는 45억 년 역사의 대부분 동안 척박하고 황량한 곳이었다. 혹독한 지표면에서 살아갈 수 있는 육상식물은 없었다. 그래서 암석은 극심한 화학적 풍화에 그대로 노출되었고, 유기물을 흡수할 해양 유기체가 하나도 없는 바다로 모든 양분을 흘려보냈다. 생명 역사의 처음 15억 년 동안, 광합성 유기체는 남세균(시아노박테리아)뿐이었다. 남세균은 얕은 바닷물에 살면서 스트로마톨라이트를 형성했다(제1장). 그 후 약 18억 년 전, 진핵세포(DNA를 보관하기 위한 별개의 핵과 광합성을 하는 엽록체 같은 세포소기관들을 갖고 있는 세포)로 이루어진 진정한 식물인 조류의 증거가 처음으로 나타났다. 남세균과 조류는 끊임없이 성장해서 얕은 바다 밑바닥에 거대한 점액질 더께를 형성했다.

극단적인 더위와 추위, 땅을 덮어 보호하는 식물이 없는 대지에 퍼붓는 극심한 폭우와 거세게 흐르는 물살, (대기 중의 유리 산소free oxygen 부족으로 인한) 오존층의 부재. 이런 환경에서는 물 밖으로 나와서 뭍으로 올라오는 모험을 감행할 수 있는 식물이 거의 없었을 것이다. 오존층이 전혀 없으면, 식물세포와 동물세포에는 엄청난 양의 자외선이 그대로 내리쬐어서 유전자의 돌연변이가 일어나고 결국에는 세포가 죽게 될 것이다. 대부분의 생명체에게 오존층의 보호 없이 자외선을 차단하는 방법은 물속에 푹 잠겨 있는 것뿐이었다.

화학적 증거를 기반으로 볼 때, 최초의 유기체가 육상에 집단 서식하기 시작한 것은 약 12억 년 전으로 추측된다. 이 유기체들은 아마 민꽃식물 토양cryptogamic soil이라고 불리는 조류와 균류의 아주 단순한 군집이었을 것이다. 이런 민꽃식물 토양은 안정된 사막 표면에서 발견되는 단단한 유기물 덩어리crust와 비슷하다. 노출된 기반암을 풍화시키는 지의류lichen도 이런 사례 중 하나다. 지의류는 유기체는 아니지만, 조류와 균류의 공생 복합체이기 때문이다. 이 민꽃식물 토양은 지표면에서 유일한 생명체였을 것이며, 비바람에 침식되지 않도록 땅을 결속하고 안정화하는 데에 도움이 되었을 것이다. 심지어 해조류와 남세균이 대기 중에 점점 더 많은 산소를 내뿜는 데에도 도움을 주었다.

육상에 소비할 만한 식물 자원이 딱히 없었으므로 육상동물도 당연히 없었다. 동물이 살아가기 위해서는 먹이뿐 아니라 호흡에 필요한 유리 산소도 공기 중에 충분해야 했지만, 약 5억 3000만 년 전까지 대기 중에는 산소가 축적되지 않았던 것으로 보인다. 극단적인 더위와 추위, 먹이와 은신처의 부족, 걷잡을 수 없이 일어나는 침식이 결합되어 대부분의 생명체에게 육상은 아직 개척하기에는 위험한 서식지였다.

최초의 육상식물

따라서 으레 초록색 행성이라고 여겼던 지구는 아주 오랫동안 이런 상태로 있었다. 식물이 육상을 정복하기 위해서는 물속에 얇게 깔려서 자라는 조류 더께 이상의 것이 필요했다. 조류는 물속에 잠겨 있는 동안에는 잘 자라지만, 일단 육지로 올라온 후에는 계속 습기를 유지하지 못하면 죽어버린다.

조류는 번식을 위해서도 물속에 있어야 한다. 물속에 사는 조류의 정자는 물속에서 직접 헤엄을 쳐서 난자를 찾아간다. 녹조류와 다른 많은 원시적인 식물에서는 유성 세대(반수체haploid인 정자와 난자가 배출되는 시기)와 무성 세대(유성생식을 하지 않고 클론clon 번식을 하는 시기)가 번갈아 나타나는 세대교번이 일어난다(그림 7.1). 조류가 (두 꾸러미의 염색체를 갖고 있는) 이배체diploid 식물일 때를 **포자체**sporophyte라고 하는데, 포자체에서 감수분열이 일어나면 **포자낭**sporangium 속에서 포자spore가 만들어지고, 그 결과 유성생식이 일어난다. (감수분열이 일어나서 한 꾸러미의 염색체를 갖고 있는) 반수체 식물은 **배우체**gametophyte라고 부른다. 배우체는 별개의 개체에서 정자와 난자를 따로 만들거나, 한 개체 내의 서로 다른 특별한 구조에서 정자와 난

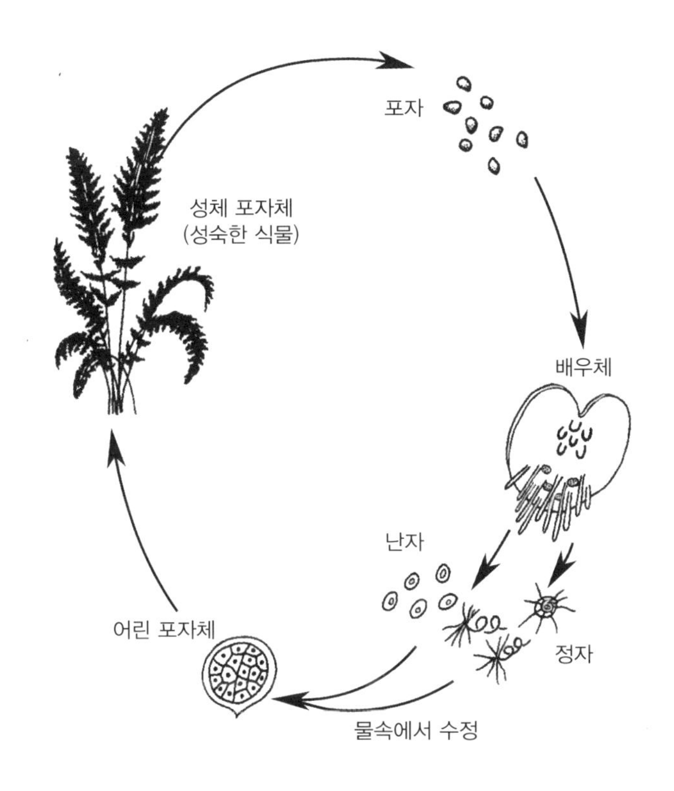

그림 7.1 씨를 만들지 않는 관다발식물의 일반적인 생활사. 성체 포자체는 포자를 생산하고 이 포자가 자라서 배우체가 된다. 배우체는 정자와 난자를 생산하고 정자와 난자가 결합해서 새로운 포자체를 형성한다.

자를 모두 만들기도 한다. 세대교번은 대부분의 산호·말미잘·해파리, 껍데기가 있는 해양 미생물인 유공충 같은 여러 원시적인 생물군에서 흔히 볼 수 있는 번식 메커니즘이다.

원시적인 육상식물(고사리 따위)의 포자체는 육안으로 볼 수 있다. 포자체는 감수분열로 만들어진 반수체 포자를 공기 중에 방출하는데, 포자는 축축한 곳에 떨어지면 발아해서 조그마한(1센티미터 이하 크기) 배우체 식물을 형성한다. 배우체는 정자와 난자를 따로 생성하고, 정자는 습기가 있을 때에만 헤엄을 쳐서 난자로 이동할 수 있다. 이런 생식 방법 때문에 대부분의 원시적인 육상식물은 선택할 수 있는 서식지가 한정된다. 이와 같은 번식의 '약점'은 원시적인 육상식물이 더 건조한 서식지를 개척하는 데에 걸림돌로 작용했다.

건조, 즉 물이 마를 가능성은 육상식물이 마주친 또 다른 어려움이다. 물에 잠겨 있지 않은 식물의 표면은 **큐티클**cuticle이 밀랍처럼 둘러싸서 수분의 증발을 막아주지 않는 한, 해변에 밀려온 조류처럼 바싹 말라버릴 것이다. 그러나 큐티클은 식물 표면을 통한 물의 교환도 감소시킨다. 그래서 이제 큐티클에 둘러싸인 식물은 수증기의 증산작용transpiration을 조절하는 것뿐만 아니라 이산화탄소를 받아들이고 산소를 방출하는 작용도 더 어려워졌다. **기공**stoma이라는 미세한 구멍은 큐티클에 통로를 제공한다. 기공은 큐티클을 통한 기체 교환과 수분 조절이 이루어지도록 열리거나 닫힐 수 있다. 그러나 기공이 열리는 과정에서도 수분은 소실된다.

그렇다면 식물이 어떻게 땅을 침공했는지에 관해 보여주는 화석 증거는 무엇일까? 최초의 화석 증거는 이끼의 포자에서 나온다. 이 이끼는 성장이 느리며 오늘날에도 대부분의 서식지에서 발견되는 일반적인 이끼moss와 우산이끼liverwort다(그림 7.2). 이 화석 포자는 연대가 오르도비스기(약 4억 5000만 년 전)이지만, 어떤 것은 캄브리아기 중기(5억 2000만 년 전)일 가능성도 있다. 가장 원시적인 육상식물인 이끼는 현재 900속 2만 5000종이 있다. 이끼는 육상의 거의 모든 생태적 틈새를 파고들었으며, 춥고 습한 남극 해안에서도 발견된다. 그러나 이끼는 짠물에서는 살 수 없다. 이끼는 여러 가지 중요한 적응의 도움으로 육상에서 살아남았다. 이런 적응에는 가뭄이나 극한의 온도 같은 불리한 환경에서 물질대사를 중단하는 능력, 무리지어 자라는 경향, 작은 조각으로 새로운 개체를 만드는 영양생식 능력, 토양이 거의 없는 노출된 바위 같은 불모의 영역에도 뿌리를 내리거나 나무 같은 다른 유기체의 표면에서도 자랄 수 있는 능력이 포함된다.

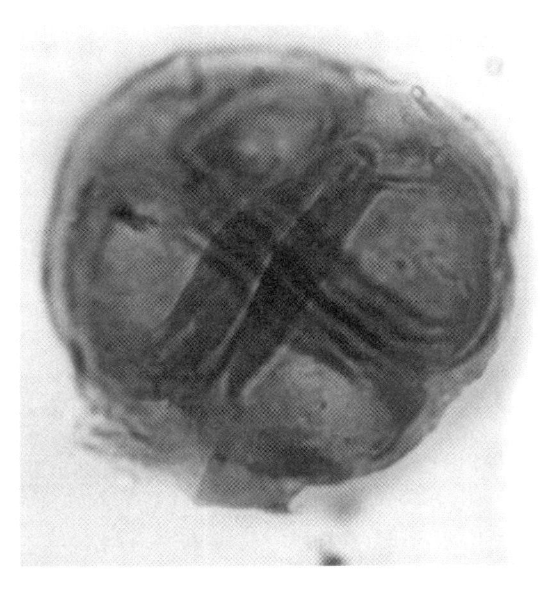

그림 7.2 리비아의 오르도비스기 후기 지층에서 나온 4분포자Four-part spore. 가장 오래된 육상식물의 증거다. 1500배 확대.

직립 개척자: 관다발식물

식물이 육상에 살면서 크게 자라기 위해서는 중력을 이기고 체액을 전달하고, 호흡을 돕고, 노폐물을 제거하고 수송할 수 있는 복잡한 기관계가 필요하다. 다시마 같은 해조류는 길이가 수 미터에 이르지만, 온전히 바닷물 속에 계속 잠겨 있기 때문에 한 끝에서 다른 끝으로 물을 운반하는 체계가 필요 없다.

이런 운반 체계를 갖고 있는 식물을 관다발식물vascular plant이라고 하는데, 관다발식물은 식물체 내부의 이곳저곳으로 양분과 체액을 전달하는 관들의 연결망을 갖추고 있다. 우리 몸과 비교하면, 온몸 구석구석까지 양분을 전달하고 노폐물을 제거하기 위해 체액(혈액)을 운반하는 심혈관계cardio-vascular system와 같다. 그러나 관다발식물은 '정해진 틀을 따라서 뻗어 나간다'. 물과 양분은 땅속에 있는 반면, 광합성에 필요한 햇빛은 위쪽에서 비춘다. 뿌리 끝은 흙 속에서 물과 양분을 받아들여서 잎까지 올려 보낸다. 잎에서는 광합성이 일어나고(이 과정에서 이산화탄소가 흡수되고 산소가 배출된다) 일정량의 물이 소비된다.

일단 뭍으로 올라와서 자라기 시작하자, 식물은 두 가지 문제에 봉착했다. 첫째, 수분과 양분을 식물의 더 높은 위치까지 전달해야 했다. 둘째, 식물은 자신을 끊임없이 잡아당기는 중력을 이기고 서 있어야 했다. 식물은 이 문제를 해결하기 위해 **헛물관**tracheid이라고 불리는 길쭉한 통도세포conducting cell를 진화시켰다. 헛물관의 안쪽 벽은 물질대사에서 생성된 물의 부산물인 리그닌lignin으로 이루어져 있다. 리그닌은 매우 단단해서 지지 작용에 이용된다. 또 물에 대한 친화력이 없어서 물을 흡수하기보다는 (밀랍처럼) 표면에서 물을 밀어낸다. 따라서 헛물관을 통해서 물이 빠르게 이동할 수 있다. 이런 통도 조직은 줄기 속에 한 줄로 늘어서 있다. 더 발달한 식물에서는 헛물관이 집단을 이뤄서 더 큰 나무줄기를 형성할 수 있다. 관다발식물은 전문용어로 유관속식물tracheophyte이라고 하는데, 이는 내부에 헛물관을 갖고 있다는 뜻이다.

이자벨 쿡슨의 발견

가장 오래된 유관속식물 화석은 매우 작으며 쉽게 보존되지 않는다. 부드러운 유기물로만 이루어져 있고 보존될 확률이 높은 목질 조직이 없기 때문이다. 오르도비스기까지는 아무것도 알려져 있지 않다가, (약 4억 3300만~3억 9300만 년 전인) 실루리아기가 되자 쿡소니아*Cooksonia*(그림 7.3A-B)라는 단순한 식물이 나타났다. 쿡소니아라는 이름은 고식물학자인 윌리엄 헨리 랭William Henry Lang이 1937년에 붙인 것으로, 웨일스의 퍼톤 발굴지에서 이 표본들을 처음 발견한 이자벨 쿡슨이라는 열혈 수집가를 기리기 위한 것이었다.

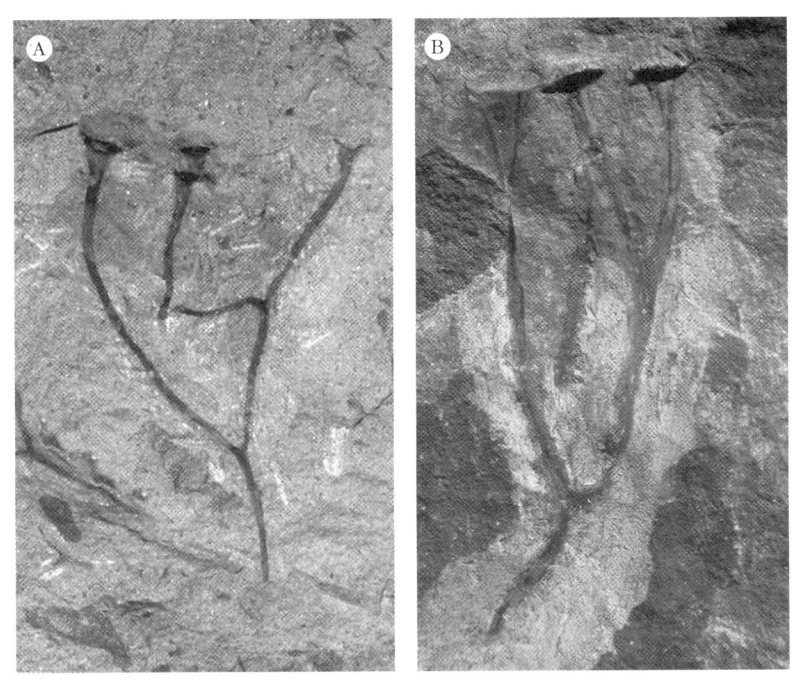

그림 7.3 쿡소니아. (A–B) 화석. (C) 살아 있는 쿡소니아의 복원도. 깔때기 모양의 포자낭이 있다.

쿡소니아는 더 없이 단순한 관다발식물이었다. 대부분의 표본이 납작하게 눌려 있고, (보통 직경이 3밀리미터 이하인) 단순한 줄기는 더 작은 두 개의 가지로 갈라진다. 쿡소니아는 대부분 길이가 10센티미터가 넘지 않았다. 납작하게 눌린 원래 화석에서 갈라진 줄기 끝에는 작은 구체처럼 보이는 것이 달려 있는데, 이 구체는 포자가 형성되는 포자낭으로 추측된다. 그러나 최근에 상태가 더 좋은 표본이 발견되고 더 자세한 연구가 이루어지면서, 포자낭이 작은 공 모양이 아니라 깔때기나 나팔 모양에 더 가깝다는 것과 그 중심에 있는 원뿔 모양의 입구에 달린 '뚜껑'이 분해되면서 포자가 방출된다는 것이 밝혀졌다(그림 7.3C).

쿡소니아는 잎이 없었다. 식물체의 표면 전체를 통해서 광합성을 했을 것으로 추정된다. 꽃과 씨앗 같은 더 진화한 구조도 확실히 없었다. 쿡소니아는 개별적인 뿌리 대신, 수평으로 짧게 연결되는 줄기인 **뿌리줄기**rhizome로 싹을 틔웠을 것으로 보인다. 오늘날 땅속줄기를 갖고 있는 많은 식물들처럼, 쿡소니아도 영양생식을 통해서 번식한 것이다. 납작하게 눌려 있고 보존 상태가 좋지 않은 표본들을 따라 진한 색으로 보이는 부분은 관다발 조직의 흔적으로 추측되지만, 충분히 확신할 수 있을 정도로 보존이 잘 되어 있지 않다. 게다가 적어도 일부 표본에는 기공도 있는 것처럼 보여서, 쿡소니아가 식물체 전체의 표면으로 광합성을 했다는 사실을 추가로 확인해준다. 반면 더 진화한 식물의 광합성은 잎 같은 기관에 집중된다.

현재 적어도 네 가지 유형의 포자가 쿡소니아라고 불리는 식물과 연관이 있다. 따라서 대부분의 고식물학자는 이 속을 대단히 원시적인 식물들의 여러 계통을 한데 묶은 잡동사니 분류군으로 생각하고 있다. 그러나 표본의 세부적인 구조와 보존 상태가 좋지 않아서, 쿡소니아를 분류학에서 요구하는 것처럼 여러 속으로 자신 있게 나눌 수는 없다. 그래도 대부분의 다른 잡동사니 분류군이 그랬듯이, 마침내 쿡소니아도 여러 속으로 분류될 날이 올 것이다.

지구를 푸르게

고식물학자들을 제외한 대부분의 사람은 이런 단순하고 보잘것없는 식물이 대수롭지 않을 수도 있을 것이다. 그러나 쿡소니아와 관다발식물의 기원은 생태적으로나 진화적으로나 기념비적인 대약진을 보여준다. 관다발이 있는 육상식물과 녹색 서식지가 지상에 생겨남으로써 더 많은 가능성이 있는 환경이 펼쳐졌다. 특히 동물에게 좋은 기회가 되었다. 오르도비스기 후기의 토양 속에는 구멍이 보이는데, 이 구멍을 팠을 것으로 추정되는 노래기millipede는 최초의 육상동물일 가능성이 매우 크다. 이후 실루리아기의 지층에는 전갈, 거미, 최초의 날개 없는 곤충을 포함한 다른 여러 육상 절지동물의 화석이 존재한다. 육상은 더 이상 황량하지 않았으며, 초식동물과 그 초식동물을 먹고 사는 다양한 절지동물 포식자들 사이의 복잡한 먹이그물이 발달하기 시작했다. 절지동물이 뭍으로 올라온 지 약 1억 년 후, 드디어 최초의 양서류도 물 밖으로 기어나왔다(제10장). 이제 땅은 완전한 불모의 상태로 결코 돌아가지 않았고 늘 녹색식물로 뒤덮여 있었다.

실루리아기 후기로 갈수록 단순한 관다발식물은 더욱 다양해졌다. 그러다 데본기에는 식물의 다양성이 폭발하면서 데본기 후기에 처음으로 숲이 등장했다. 각종 이끼 종류와 함께, 고사리 같은 훨씬 더 발달한 식물들도 진화했다. 실루리아기 후기와 데본기 사이에는 두 종류의 중요한 현생 식물의 분류군이 새롭게 나타났다. 한 종류는 땅바닥을 따라 기어가는 석송류lycophyte다. 살아 있는 화석인 오늘날의 석송은 작고 평범하지만, 고생대 후기에 살았던 그 조상들은 높이 36미터가 넘게 자라서 거대한 숲을 형성했다. 석송은 그 당시에 볼 수 있었던 가장 큰 육상식물이었을 것이다(그림 7.4A-B).

다른 중요한 무리는 속새류Sphenopsid다(그림 7.5A-B). 오늘날, 이 원시적인 식물(에퀴세툼*Equisetum*이라는 1속으로 이루어진 살아 있는 화석)은 모래와 자갈이 많은 물가에서 잘 자란다. 실 같은 줄기에는 작고 거칠거칠한 이산화규소silica 입자가 포함되어 있어서 동물들이 잘 먹지 않는다. 속새 한 줌

그림 7.4 석송. (A) 오늘날의 석송인 리코포디움*Lycopodium*. '곤봉 이끼club moss'라고도 불리는 오늘날의 석송은 주로 작고 낮게 자라는 식물이다. (B) 50미터 높이의 레피도덴드론*Lepidodendron*을 복원한 그림. 인목鱗木, lycophyte tree이라고도 불리는 레피도덴드론은 석탄기의 늪지에 자라던 나무다. 나무줄기, 나무껍질, 잎, 솔방울 모양의 열매, 포자, 종자는 각기 다른 곳에서 발견된 것을 재구성한 것이다.

을 뭉치면 훌륭한 냄비 닦이 수세미가 되었기 때문에, 초기 미국 개척자들은 속새를 "수세미 풀scouring rush"이라고 불렀다. 쇠뜨기horsetail는 대단히 독특하다. 길고 속이 빈 줄기를 따라 마디마다 홈이 있고, 마디와 마디 사이에 뚜렷한 경계를 이루는 접합부에는 잎이 돋아 있다. 쇠뜨기는 땅속줄기로 가지를 치며, 영양생식을 통해 번식한다. 에퀴세툼속의 식물은 질기기로 유명하며, 환경이 맞으면 빠르게 퍼진다. 만약 화분 밖으로 빠져나가는 것을 막지 못하면, 금방 마당의 습한 자리를 몽땅 차지해버린다. 게다가 땅속줄기는 완전히 제거하는 것이 거의 불가능하기 때문에 무슨 일이 있어도 다시 돋아난다. 석탄기에 멸종한 속새류 중에는 높이가 20미터가 넘는 쇠뜨기도 있다(그림 7.5B).

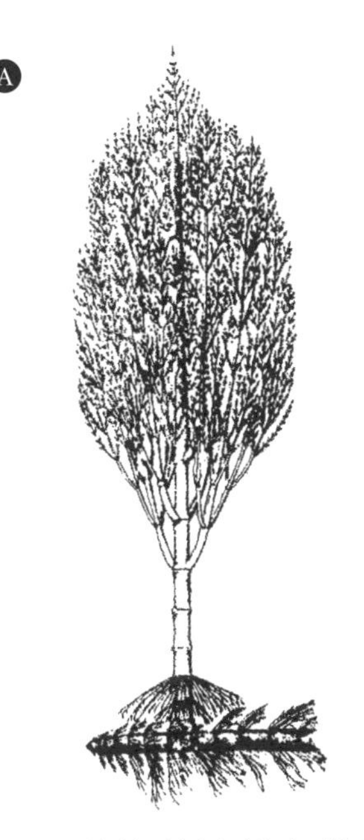

그림 7.5 속새강. (A) 석탄기의 거대 쇠뜨기인 칼라미테스*Calamites*. 높이가 20미터에 달했다. (B) 현존하는 에퀴세툼. 줄기의 접합부에서 방사상으로 잎이 돋아 있다.

이 모든 원시적인 포자식물과 함께, 데본기 후기에는 종자로 번식하는 식물이 처음으로 등장했다. 종자를 감싸고 있는 단단한 외피는 종자가 물에 잠겨 있지 않은 상태에서 싹이 트는 데에 도움이 된다. 지금은 멸종한 이런 '종자고사리seed fern'(진짜 고사리는 아니지만 더 발달한 고사리와 비슷한 식물로 종자를 만든다) 중 일부는 12미터 이상 자라는 최초의 큰 나무를 형성했다.

데본기의 '종자고사리' 숲에 이어서, 석탄기(3억 6000만~3억 300만 년 전)에는 다양성이 폭발적으로 증가하면서 고사리, 이끼, 쇠뜨기, '종자고사리'가 크게 번성했다. 이 식물들이 자라던 석탄기의 늪지대는 북아메리카, 유럽, 아시아 열대 지역의 드넓은 영역에 걸쳐 엄청난 부피의 식물을 생산했다. 죽어서 진창 속에 가라앉은 이 식물들은 오늘날 늪지대에서와 마찬가지로 빨리 분해되어 사라지지 않는다. 나무에서 만들어진 단단한 목질 조직인 리그닌을 소화하도록 진화된 (흰개미 같은) 동물이 늪 속에는 거의 없기 때문에 썩지 않고 그대로 쌓였다가 높은 온도와 압력을 받아서 석탄으로 바뀌었다.

이런 엄청난 양의 유기물이 석탄의 형태로 지각 속에 갇히자, 지구는 대기와 기후가 바뀌었다. 석탄이 축적된 만큼 대기 중의 이산화탄소도 지각 속에 봉인되었다. 석탄기 초기의 '온실greenhouse' 기후(극지방에 얼음이 없고 이산화탄소 농도가 높았으며, 해수면이 높아 대륙의 대부분이 물에 잠겨 있었다)는 석탄기 후기가 되자 이내 '냉실icehouse' 기후로 바뀌었다(남극에 빙모ice cap가 형성되고 이산화탄소 농도가 낮아졌으며, 극지방의 얼음이 해저의 물을 끌어들이는 동안 해수면의 높이가 낮아졌다). 지구는 거의 2억 년 동안 '냉실' 상태에 시달리다가, 쥐라기 중기(공룡 시대의 중간 시기)에 맨틀과 해저에서 일어난 엄청난 변화로 인해서 '냉실'은 갑자기 '온실'로 바뀌었다(제14장).

'온실'에서 '냉실'로 기후가 주기적으로 바뀌는 현상은 수십억 년에 이르는 지구 역사에서 여러 번 있었다. 사실 지구는 식물과 동물이 존재한 덕분에, 금성처럼 제어 불능 상태의 '온실'이나 화성처럼 꽁꽁 얼어붙은 '냉실'이 되지 않고 살 만한 곳이 된 것이다. 지구의 생물계는 석회암(주로 동물)과 석탄(식물)의 형태로 탄소 저장소를 만들어서 이산화탄소를 지각에 가둬둔다. 이것이 자동 온도 조절 장치처럼 작용해서, 지구가 극단적인 '온실'이나 극단적인 '냉실'이 되는 것을 방지하고 있다.

안타깝게도, 이런 자연스러운 주기는 우리가 지구에서 무심코 일으켜온 변화로 인해서 작동하지 않게 되었다. 우리는 산업혁명이 시작된 이래로 수백만 톤의 석탄을 태웠고, 그로 인해 석탄 속에 갇혀 있던 이산화탄소가 한꺼번에 방출되었다. 이제 이산화탄소의 양은 조절이 불가능해졌고, 인간은 지구 역사에서 유례가 없는 규모의 '초온실super-greenhouse' 상태를 유발했다. 우리는 이런 사실을 모르고 지구의 대기와 해양과 지각 속 탄소의 정교한 균형을 무너뜨려왔다. 이미 지구에서는 기후변화로 인한 극단적인 기상

현상들이 나타나고 있다. 우리의 위험한 실험으로 지구의 자동 온도 조절 장치가 망가졌다면, 그 대가는 우리의 아이들과 그 아이들의 아이들이 치르게 될 것이다.

가볼 만한 곳

최초의 식물을 전시하는 박물관은 매우 드물다. 시카고에 위치한 필드 자연사 박물관에는 쿡소니아의 가까운 친척인 리니아*Rhynia*의 표본과 함께, 석탄-늪지대 숲의 모형과 훌륭한 화석들이 전시되어 있다. 원시적인 식물과 석탄 습지의 모형은 덴버 자연과학 박물관과 워싱턴 D.C. 스미스소니언협회의 미국 국립 자연사 박물관에 전시되어 있다.

지구상에서 가장 오래된 숲은 데본기(3억 8000만 년 전) 동안 현재 뉴욕주 길보아에 해당하는 곳 근처에 번성했으며, 당시 나무들의 다양한 부분화석은 길보아 시청에 위치한 길보아 박물관(gilboafossils.org)과 올버니에 위치한 뉴욕 주립 박물관에 전시되어 있다.

8

수상한 꼬리

척추동물의 기원: 하이코우익티스

아가미구멍, 막대 모양 혀, 시냅티쿨라
내주, 척삭: 당신도 알다시피 이 모든 것은
바닷속 물고기에 새겨진 원삭동물의 흔적.
그리고 그들처럼 우리도 비천한 혈통임을 알려준다.
갑상선, 흉선, 척삭하체
칠성장어, 곱상어, 대구와 함께 우리도 물려받은 이것들은
우리의 이른 아침 식사를 차려준 먹이 덫의 유물,
그리고 태고의 물레방아를 발전시킨 막대 모양 혀의 유물.

월터 가스탱, 『유생 형태와 그 밖의 동물학적 시
Larval Forms with Other Zoological Verses』

휴 밀러와 올드레드 사암

우리를 포함한 모든 포유류는 조류, 파충류, 양서류, 어류와 함께 등뼈가 있

는 동물인 **척추동물**vertebrate에 속한다. 척추동물은 어디에서 유래했는가? 우리 문phylum의 기원에 관해서 가장 오래된 화석어류가 우리에게 보여주는 것은 무엇인가? 그 답을 찾기 위해서 우리는 18세기 말의 스코틀랜드로 거슬러 올라가야 한다.

18세기 말에 지질학이라는 신생 과학이 영국을 중심으로 등장하기 시작했다. 선구적인 스코틀랜드의 자연학자인 제임스 허턴은 스코틀랜드 전역을 여행하면서 근대 지질학의 토대를 최초로 다졌다. 『지구의 이론Theory of Earth』(1788)을 발표한 그는 지구의 탄생을 이해하기 위한 과학적 접근법을 내놓았다.

허턴이 연구한 영국의 암석 단위층rock unit 중에는 모래가 쌓여서 굳은 암석으로 이루어진 대단히 두터운 지층이 있다. 올드레드 사암Old Red Sandstone이라고 알려져 있는 이 지층은 스코틀랜드에 광범위하게 노출되어 있으며, 잉글랜드 동부와 중부의 많은 지역에서도 발견된다. 허턴은 자세히 들여다보면 볼수록, 거대한 산간지대의 풍화된 쇄설물이 시내와 강에 퇴석되어 올드레드의 사암과 역암이 형성되었다는 증거들을 더 많이 찾을 수 있었다. 많은 곳에서 올드레드 사암은 더 오래된 암석의 침식면과 거의 수평을 이루며 그 위에 쌓여 있었다. 올드레드 사암 아래의 더 오래된 암석은 처음에는 한쪽으로 기울어 있다가 방향이 수평에서 수직으로 바뀐 다음에 침식이 일어났다. 이런 부정합 사례를 본 허턴은 세상이 상상할 수 없을 만큼 오래되었다고 확신하고, "태초의 흔적은 조금도 남아 있지 않았다"라고 말했다. 당시 대부분의 사람은 지구의 나이가 성경에서 말하는 6000년 정도라고 생각했지만, 그렇지가 않았다.

허턴의 통찰력은 크게 틀리지 않았다. 오늘날 우리는 올드레드 사암의 연대가 데본기(약 4억~3억 6000만 년 전)라는 것을 알 수 있다. 부정합면 아래에 있는 기울어진 암석은 실루리아기(약 4억 2500만 년 전)에 형성되었다. 실루리아기의 암석을 기울어지게 만든 충돌은 칼레도니아 조산운동Caledonian

Orogeny(칼레도니아는 옛 로마인들이 스코틀랜드를 부르던 이름이다) 기간에 일어났다. 이 조산운동은 (발트 대지Baltic platform라고 알려진) 유럽의 중심부가 오늘날의 캐나다 북서부와 그린란드에 해당하는 부분과 충돌할 때 발생했다. 이 대규모 조산운동은 그 사건이 일어나기 직전에 만들어진 실루리아기 암석층을 모두 구겨놓았다. 그 결과로 만들어진 칼레도니아산맥이 나중에 침식되어서 만들어진 강모래가 훗날 올드레드 사암이 되었다. (뉴욕주에 있는 캐츠킬 사암Catskill Sandstone도 칼레도니아산맥과 이어져 있었던 아카디아산맥의 침식으로 형성되었다.)

허턴 이후 한 세대 동안, 올드레드 사암은 순전히 스코틀랜드의 겸손한 석공 휴 밀러의 관심 덕분에 유명해졌다. 밀러는 해군 대령의 아들이었지만 17세에 학업을 중단했다. 따라서 그는 진지하게 화석 연구를 할 만한 정식 교육은 받은 적이 없었다. 초상화를 보면, 그는 어깨가 떡 벌어지고(아마 수년 동안 암석을 다뤘기 때문일 것이다) 풍성한 곱슬머리와 구레나룻을 갖고 있는 건장한 사내였다(그림 8.1). 밀러는 젊은 시절에 올드레드 사암에 있는 채석장에서 일했다. 그는 채석장 일이 한산한 달에는 올드레드 사암이 노출되어 있는 해안을 뒤지면서 아름다운 물고기 화석을 하나씩 찾아냈다. 올드레드 사암에서 일하던 다른 석공들도 곧 많은 화석을 수집했고, 밀러는 그 화석들을 연구하기 시작했다. 1834년에 채석장의 실리카 가루로 인해서 폐가 망가지기 시작하자, 그는 석공 생활을 그만두고 은행원 겸 작가가 되기 위해 에든버러로 갔다.

밀러는 비록 배움은 짧았지만 고생물학 역사에서 최초의 대중작가로 손꼽힌다. 1834년에 그가 발표한 『스코틀랜드 북부의 풍경과 전설Scenes and Legends of North Scotland』은 스코틀랜드의 자연사와 지질학을 대중화시킨 베스트셀러였으며, 자연사를 다룬 당시의 어떤 책보다도 광범위한 독자를 위해 집필된 책이었다. 그는 1841년에 『올드레드 사암: 옛 땅에 있는 새로운 길The Old Red Sandstone: New Walks in an Old Field』을 출간하면서 연구를

그림 8.1 휴 밀러의 초상화.

계속해나갔다. 이 책에서 밀러는 암석 단위층과 거기서 나온 놀라운 물고기와 '바다전갈' 화석을 설명하면서 풍부한 삽화도 함께 곁들였다(그림 8.2). 다음 글귀에는 그의 문체가 잘 드러난다.

> 내 벽장의 절반은 올드레드 사암의 하부 지층에서 나온 특이한 화석들로 가득 채워져 있다. 확실히 한 무리로 묶이는 일이 드문 기이한 형태들의 조합이다. 같은 유형의 생명체들은 사라졌고, 환상적이며 기묘하다. 자연학자들은 어떤 과에 넣어야 할지를 몰라서 쩔쩔맨다. 어떤 동물은 배처럼 노와 방향타가 달려 있고, 거북처럼 몸체의 위와 아래가 단단한 뼈로 둘러싸인 물고기는 방향타 같은 지느러

미 하나만을 갖고 있다. 어떤 물고기는 형태는 덜 모호하지만 비늘이 촘촘하게 덮인 지느러미 막을 갖고 있다. 가시가 비쭉비쭉 돋아 있는 생물도 있고, 아름답게 옻칠을 한 것처럼 법랑질(이의 표면을 덮어 상아질을 보호하고 있는 단단한 물질—옮긴이)로 덮여 반짝이는 생물도 있다. 꼬리는 모든 형태 중에서 형태가 가장 덜 모호하다. 현생 물고기처럼 척추를 중심으로 양쪽이 똑같은 것이 아니라 아래쪽으로 좀 더 치우쳐 있으며, 척추가 꼬리지느러미의 끝까지 이어진다. 모든 형태는 까마득한 옛날, 그 시절의 '한물간 유행'을 보여준다.

이 책은 밀러를 자연사학자들 사이에서 유명인사로 만들어주었지만, 그는 정식 교육을 받은 고생물학자가 아니었다. 그는 영국 과학진흥협회의 한 회의에서 저명한 스위스의 어류 고생물학자인 루이 아가시를 만나는 행운을 얻었다. 밀러는 자신의 표본을 분석할 수 있는 이 중요한 사람에게 그것들을 주

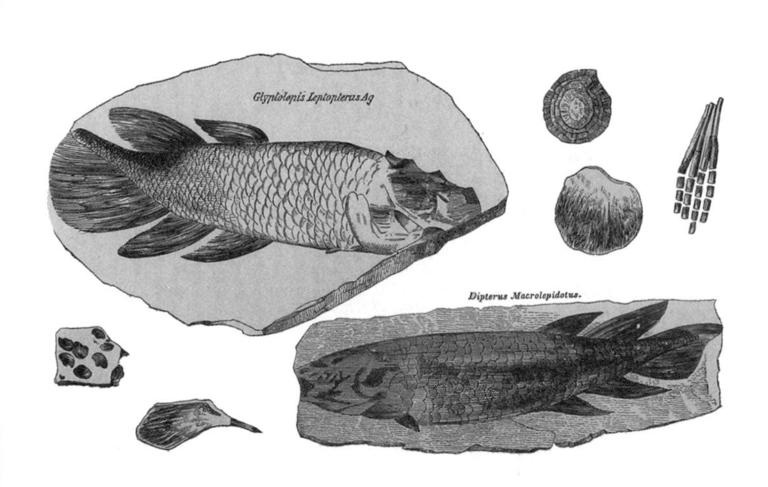

그림 8.2 육기어류인 글립톨레피스*Glyptolepis*(양서류의 먼 친척)와 폐어인 딥테루스*Dipterus*.

었고, 아가시는 곧 밀러의 놀라운 화석 모두를 기재하고 명명했다.

밀러는 책을 활용해서 자신의 종교적 관점을 강하게 주장했고, 영국에서 차츰 퍼져나가고 있던 프랑스의 진화 사상에 맞섰다. 1844년에 스코틀랜드의 출판업자인 로버트 체임버스는 『창조의 자연사적 흔적Vestiges of the Natural History of Creation』이라는 책을 발표했는데, 밀러는 이 책에 소개되어 세상을 깜짝 놀라게 한 진화 사상을 공격하기 위해 1849년에 『창조주의 발자취: 스트롬니스의 아스테롤레피스The Foot-prints of the Creator: or, The Asterolepis of Stromness』를 발표했다.

그러나 밀러는 성경을 곧이곧대로 해석하는 사람은 아니었다. 그는 당시 대부분의 영국 지질학자와 마찬가지로 노아의 홍수를 메소포타미아 지역에서만 일어난 사건으로 보았고, 화석 기록이 성경에는 언급되지 않은 연속적인 창조와 멸종을 나타내는 증거라고 생각했다. 그는 화석 기록이 시간에 따른 변화를 나타낸다는 것을 받아들이기는 했지만, 나중 시대의 생물이 앞선 시대 생물의 후손이라는 것은 인정하지 않았다.

안타깝게도 그는 54세이던 1856년에 원인을 알 수 없는 극심한 두통과 정신병에 시달리기 시작했고, 그의 마지막 책이 된 『암석의 증언The Testimony of the Rocks』의 교정본을 출판업자에게 보낸 직후에 자신의 가슴에 총을 겨누어 자살했다. 과학계는 그의 죽음을 애도했고, 그의 장례식은 에든버러 역사상 가장 큰 규모의 장례 행렬 중 하나로 꼽힌다. 데이비드 브루스터 경은 그에 대해 다음과 같이 썼다. "밀러는 스코틀랜드 과학 역사에서 보기 드물게, 천재성과 탁월한 품성의 힘으로 초라한 직업에서 비교적 높은 사회적 위치로 스스로 올라선 인물이다." 수많은 화석들이 그의 이름을 따서 명명되었는데, '바다전갈'인 휴밀레리아*Hughmilleria*와 원시적인 물고기인 밀레로스테우스*Millerosteus*를 비롯해서 여러 어류의 학명에 밀레리*milleri*라는 종명이 들어간다.

물고기의 시대

올드레드 사암이 퇴적된 데본기는 물고기의 시대Age of Fishes라고 불린다. 따라서 이 시기에는 다양한 유형의 물고기에서 일어난 거대한 방산이 기록되어 있다. 오늘날 우리가 볼 수 있는 상어류와 조기어류條鰭魚類, ray-finned fish뿐 아니라 폐어lungfish를 포함한 육기어류肉鰭魚類, lobe-finned fish도 있었다(그림 8.2). 머리와 가슴이 갑옷처럼 단단한 껍데기로 덮여 있고 원시적인 턱을 가진 물고기인 판피류placoderm의 완전한 방산도 이때 일어났다. 판피류는 데본기가 끝날 무렵에 멸종했다.

이 화석들은 갑옷 같은 껍데기로 덮여 있고, 턱이 없는 물고기의 거대한 방산에 관한 최초의 증거도 포함되어 있었다. 그중에서 루이 아가시는 1830년대와 1840년대에 그중에서 프테라스피스*Pteraspis*와 케팔라스피스*Cephalaspis*를 포함한 몇 가지를 기재했다(그림 8.3). 밀러는 자신의 물고기 화석에는 진화의 증거가 나타나지 않는다고 주장했지만, 그는 자신의 말을 뒷받침할 만한 충분한 해부학 지식을 갖추고 있지 않았다. 그럼에도 이렇게 턱이 없는 척추동물이 데본기에 존재했었다는 놀라운 사실은 턱이 있는 오늘날의 어류가 턱이 없는 무척추동물로부터 몇 단계에 걸쳐서 진화했다는

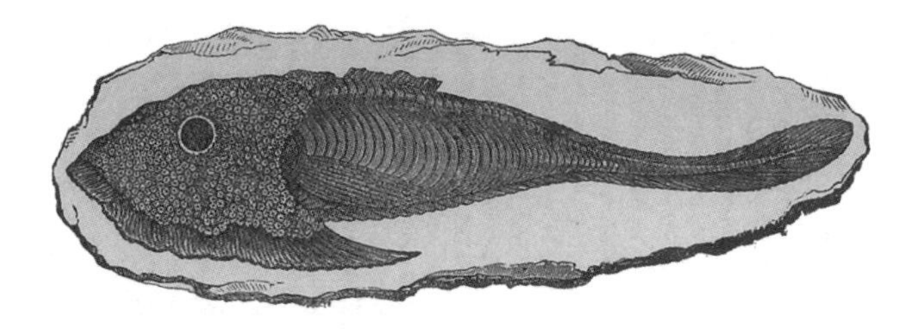

그림 8.3 턱이 없는 갑주어인 케팔라스피스.

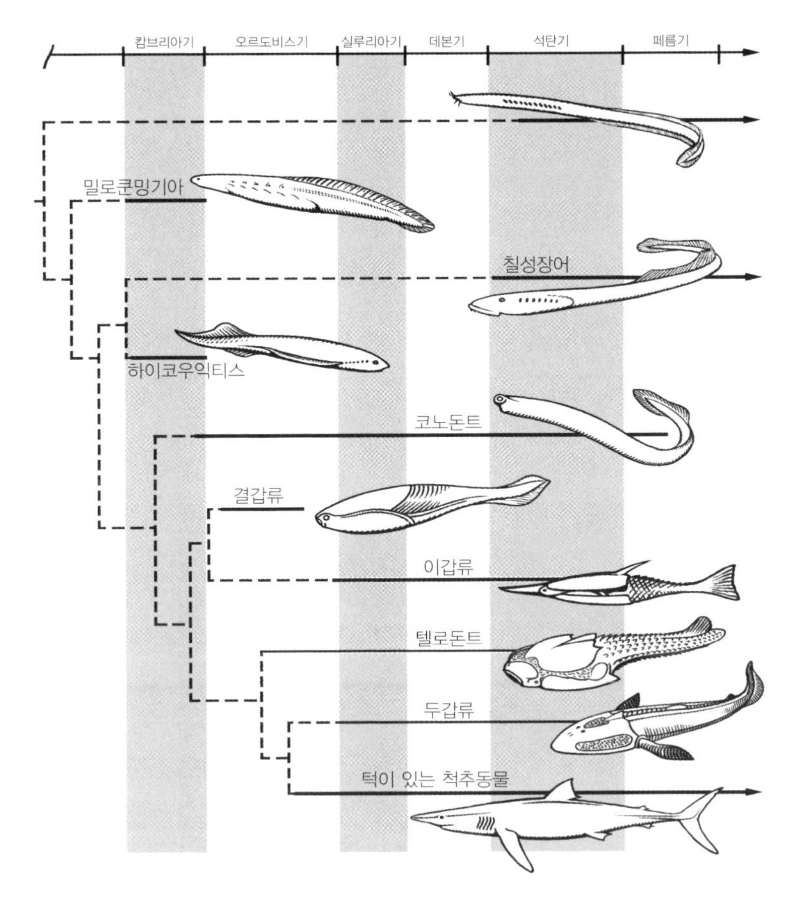

그림 8.4 다양한 무악어류 무리를 보여주는 계통수.

것을 암시했다.

곧 여러 다른 곳에서도 턱이 없는 갑주어의 화석이 발견되었고, 이 화석들은 턱이 있는 척추동물이 턱이 없는 조상들로부터 어떻게 진화했는지에 대한 후속 증거를 제공했다(그림 8.4). 프테라스피스와 그 친척들(이갑류異甲類, heterostracan)은 몸이 대개 유선형이었다. 어뢰 모양의 몸은 딱딱한 골판으로 덮여 있었고, 몸의 측면이나 후면에 종종 기다란 가시가 돌출되기도 했으며,

꼬리지느러미의 주엽main lobe은 아래쪽을 향했다(그림 8.5). 이갑류는 구멍처럼 생긴 작은 입만 있고 턱이 없다. 또 방향 조절을 하기 위한 튼튼한 근육질의 지느러미도 없다. 따라서 이갑류는 올챙이처럼 헤엄을 치면서 입으로 빨아들인 물이 아가미를 통해서 빠져나가는 동안 물속에 있는 입자들을 걸러 먹었을 것으로 추정된다. 이와 대조적으로, 케팔라스피스(그림 8.3과 8.4)와 그 친척들('갑주어甲冑魚, ostracoderm'라고 불리는 두갑류頭甲類, osteostracan)은 머리가 둥글고 아래쪽은 평평하며 꼬리지느러미의 주엽은 위쪽을 향하고 있었다(오늘날의 상어와 비슷했다). 이들은 바다 밑바닥을 따라서 천천히 헤

그림 8.5 턱이 없는 갑주어. 이갑류인 프테라스피스. (A) 머리의 갑피. (B) 살아 있는 프테라스피스의 복원도.

엄치면서 진흙 속을 파헤쳐 먹이를 찾아내 턱이 없는 입으로 빨아들였을 것으로 추측된다.

과거로의 낚시

시간이 흐를수록, 골판으로 덮여 있는 무악어류無顎魚類, jawless fish의 화석이 세계 전역의 데본기와 실루리아기 지층에서 점점 더 많이 발견되었다. 그러나 갑주어의 몸에서 쉽게 화석화가 되는 유일한 부분은 몸의 외부를 둘러싸고 있던 골판이었다. 상어를 비롯한 대부분의 원시적인 어류와 마찬가지로, 갑주어도 단단한 골격이 없고 화석화가 잘 되지 않는 연골로 뼈대가 이루어져 있었다. 만약 몸 표면의 단단한 골판이 없었다면, 갑주어는 화석 기록에 거의 나타나지 않았을 것이다.

아주 오랫동안, 실루리아기 이전에 무악어류(또는 다른 종류의 어류)가 살았다는 증거는 전혀 없었다. 오르도비스기의 바다는 5.5미터 길이의 앵무조개류 같은 큰 포식자들이 차지하고 있었다. 그러나 오르도비스기에는 해양 화석의 기록이 풍부하게 남아 있음에도, 뼈의 흔적은 나타나지 않았다. 콜로라도의 캐니언시티 근처에 있는 하딩 사암Harding Sandstone에서 거의 유일한 단서가 발견된 일은 매우 희귀한 사건이었다. 연대가 오르도비스기 중기인 이 지층에는 아스트라스피스*Astraspis*라고 하는 무악어류의 작은 골판 조각들이 가득하다. 그러나 1970년대와 1980년대가 되자, 이런 초기 척추동물들의 완전한 표본이 발견되기 시작했다. 그런 예로는 오스트레일리아에서 발견된 아란다스피스*Arandaspis*, 남아메리카에서 (그리고 오스트레일리아에서도) 발견된 사캄바스피스*Sacambaspis*가 있다.

이런 오르도비스기의 모든 무악어류는 작은 골판으로 뒤덮여 있는 단순한 흡입관 모양의 여과 섭식 어류로 묘사될 수 있을 것이다. 이들의 몸은 넓고 평평하고 지느러미의 돌출부나 어떤 종류의 가시도 없으며, 비대칭의 단순한 꼬리가 달려 있다. 이들은 프테라스피스에서 발견되는 판 모양의 갑주가 아니라 수백 개의 작은 조각으로 덮여 있는데, 그 생김새가 사슬 갑옷과 조금 비슷하다. 이들은 눈이 작았고, 몸 바깥쪽에 늘어서 있는 작은 홈들(옆줄)을 이용해 주변에서 일어나는 물의 움직임을 감지했다. 이런 모든 오르도비스기의 어류는 당시의 다른 동물 화석과 비교했을 때 극히 드물었다. 게다가 캄브리아기에는 전혀 알려져 있지 않았다.

1970년대, 고생물학자인 잭 레페츠키는 미국지질조사소와 함께 와이오밍의 데드우드 사암Deadwood Sandstone에서 발굴된 캄브리아기 후기의 미화석 코노돈트conodont(원뿔 모양 이빨이라는 뜻이며, 크기가 0.2~6밀리미터인 동물체의 부분화석—옮긴이)를 연구하고 있었다. 코노돈트(척추동물의 뼈처럼 인산칼슘으로 만들어졌다)를 찾기 위해 석회질인 화석을 용해시키자, 재미있는 형태의 조각들이 나왔다. 레페츠키는 이 조각들이 아나톨레피스*Anatolepis*라는 무악어류의 진피 갑주dermal armor라는 것을 알아냈다(그림 8.6). 이 표본이 정말로 척추동물의 것인지를 놓고 오랫동안 논란이 있었지만 현재는 이

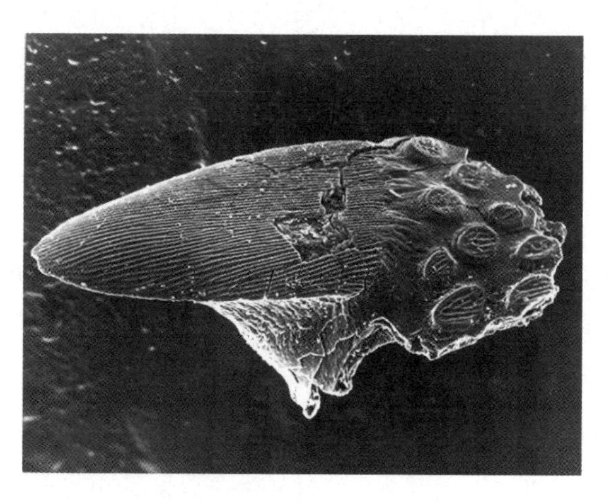

그림 8.6 캄브리아기의 무악어류인 아나톨레피스의 진피 갑주에서 분리된 작은 골판 조각(직경 약 1밀리미터). 뼈를 만든 최초의 척추동물 중 하나다.

문제가 해결되었고, 아나톨레피스는 골질 조직 화석이 발견되었기 때문에 지금까지 알려진 가장 오래된 척추동물이 되었다.

고리들의 연결

따라서 척추동물 화석의 흔적을 찾아서 점점 더 오래된 암석으로 들어가면, 뼈가 진화하기 전에 형성된 암석에 이르러서는 행방이 묘연해진다. 현재까지는 아나톨레피스의 진피 갑주 조각이 골질 표본에서 나온 가장 오래된 화석으로 알려져 있다. 더 오래된 동물들은 연골이나 더 연한 조직으로 만들어진 부드러운 몸을 하고 있었고, 그래서 특별히 조건이 좋았던 경우를 제외하고는 쉽게 화석화가 이루어지지 않았을 것이다.

골질 화석에서 더 이상 추가 증거가 나오지 않았기 때문에, 척추동물과 그 조상들 사이의 점들을 연결하고자 했던 생물학자들과 고생물학자들은 상향식 연구를 하기로 마음먹었다.

현재 우리에게는 풍부한 기록이 있다. 척추동물과 다른 동물계를 이어주는 수많은 전이형 동물의 화석이 남아 있고, 현재 살아 있는 종류도 있기 때문이다. 포유류, 조류, 파충류, 양서류, 어류는 척삭동물문Chordata에 속한다. 척삭동물이라는 이름이 붙여진 까닭은 배embryo 시기에 (그리고 경우에 따라서는 성체가 되어서도) 유연한 막대 모양의 연골(**척삭**notochord)이 등을 따라서 몸을 지탱하고 있기 때문이다. 척삭은 등뼈backbone가 되기 전 단계다.

척삭동물문과 가장 가까운 친척은 반삭동물문Hemichordata(절반의 척삭동물)이라는 다른 무리에서 유래한다(그림 8.7). 오늘날 반삭동물을 대표하는 종류는 별벌레아재비류acorn worm와 익새류pterobranch다. 별벌레아재비류(장새류enteropneust)는 모르는 사람이 보면 지렁이 종류와 다를 바 없어 보이지만, 척삭의 배 전구체embryonic precursor를 갖고 있으며 모든 척삭동물에 공통으로 나타나는 진정한 목구멍 부위(**인두**pharynx)가 있다. 그뿐이

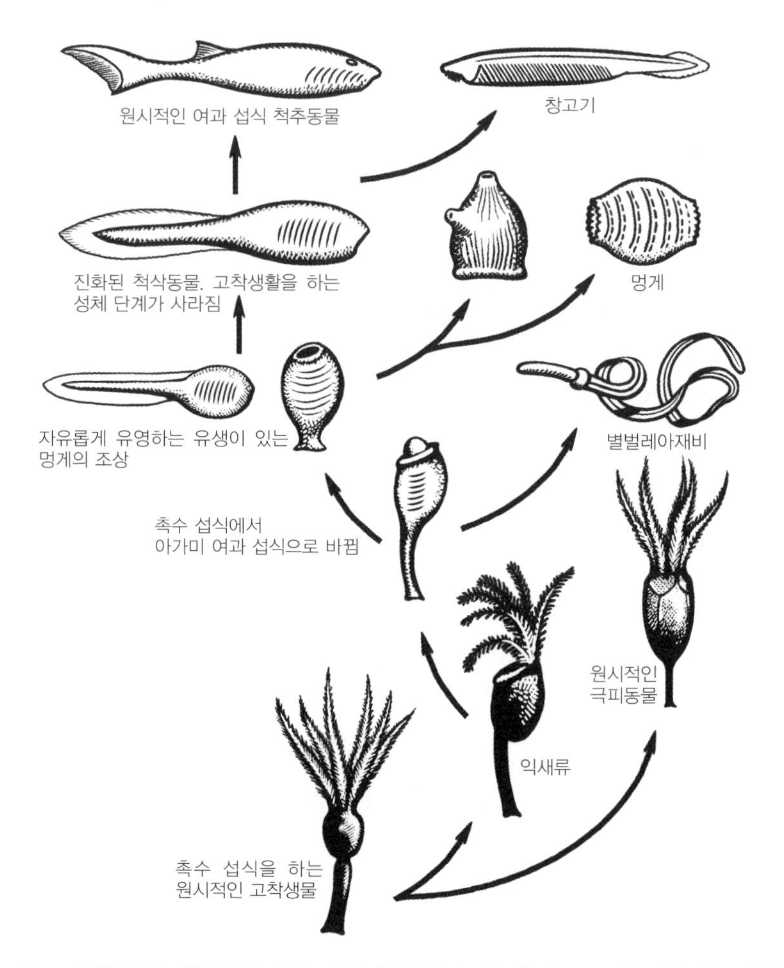

그림 8.7 무척추동물에서 척삭동물이 진화하는 과정은 원래 월터 가스탱과 앨프리드 S. 로머가 1세기 전에 구상했다. (멍게 성체 같은) 많은 성체의 형태가 진화적으로 막다른 길에 이르렀지만, 유생 멍게는 더 발달된 척삭동물로 이끌어줄 긴 꼬리와 다른 특징들을 유지하고 있었다.

아니다. 반삭동물의 기관 배치는 척삭동물과 마찬가지로 신경삭nerve cord이 등을 따라 지나가고 소화관이 배를 따라 지나가지만, 대부분의 무척추동물은 이것과 상반되는 기관 배치를 나타낸다(신경삭이 배 쪽으로 지나가고 소화관이 등 쪽으로 지나간다). 이런 해부학적 유사성을 뒷받침하듯이 반삭동물은 발생학적 특징도 척삭동물과 비슷하다. 마지막으로 DNA 분석을 통해서 밝혀진 바에 따르면, 반삭동물은 척추동물과 가장 가까운 무척추동물인 극피동물echinoderm(불가사리, 해삼, 성게 따위)과 척추동물 사이의 공통조상과도 매우 가깝다.

척추동물로 향하는 다음 단계를 대표하는 무리는 전 세계의 해양에 2000종 이상이 분포하는 멍게 또는 우렁쉥이라고 불리는 무리다(그림 8.7). 별벌레아재비와 마찬가지로, 멍게도 보통 사람들이 볼 때에는 물고기와 별로 비슷하지 않지만, 겉모습만으로 판단해서는 안 된다. 젤리로 만들어진 작은 자루처럼 생긴 몸으로 바닷물을 걸러 먹는 멍게의 성체는 딱히 인상적이지 않다. 그러나 멍게의 유생은 물고기나 올챙이와 아주 비슷하게 생겼다. 척삭도 잘 발달했고, 쌍을 이루는 근육으로 이루어진 기다란 근육질의 꼬리도 있으며, 머리 쪽 끝에 있는 큰 인두와 함께 다른 중요한 특징들도 많다. 이번에도 역시 발생학적 증거에서 그 과정이 드러난다. 또 분자생물학적 증거에 의해서도 확인되는데, 분자생물학적 증거는 멍게류가 바다 속에 있는 다른 어떤 무척추동물보다 척추동물과 연관성이 가깝다는 점을 명확하게 보여준다.

무척추동물과 척추동물 사이의 마지막 연결고리는 또 다른 눈에 띄지 않는 해양 동물인 창고기다. 활유어라고도 불리는 창고기는 영어로는 lancelet 또는 amphioxus(브란키오스토마*Branchiostoma*)라고 표기한다(그림 8.7). 길이가 몇 센티미터에 불과하고 특별할 것이 없어 보이는 이 은색 생물은 겉모습이 물고기와 아주 흡사하지만, 면밀한 조사를 통해서 물고기가 아니었다는 사실이 밝혀졌다. 창고기는 길고 유연한 척삭이 몸 전체를 지탱하고 있으며, 수많은 V자 형태의 근육이 몸의 길이를 따라 둘러싸고 있어서 헤엄을 아주 잘 친다. 모든 척삭동물과 마찬가지로 신경은 등을 따라서, 소화관은 배를 따라서 길게 이어진다. 턱이나 이빨은 없지만, 창고기의 입은 인두와 먹이 입자를 모아두는 '아가미 바구니gill basket'로 이어진다. 진정한 눈은 없지만 몸의 앞쪽에 빛에 민감한 색소점pigment spot이 있어서 명암을 감지하는 데에 도움을 준다. 창고기는 꼬리로 바다 밑바닥에 구멍을 파서 머리만 밖으로 내놓고 물속에 떠다니는 먹이 입자를 먹으며 살아간다.

마지막으로, 상태가 좋은 몇몇 창고기 화석을 통해서 밝혀진 바에 따르면, 창고기는 어류의 진화가 막 시작될 즈음인 캄브리아기 초기에 존재했었다. 이런 화석에는 캐나다 버제스 셰일에서 발견된 피카이아가 포함되며(제6장), 연대가 캄브리아기 초기(5억 1800만 년 전)인 중국의 청장澄江 동물상Chengjiang fauna에서 나온 윤나노존*Yunnanozoon*도 이와 비슷한 화석이다.

어류와의 연결고리

우리는 척추동물의 조상을 찾아 오르도비스기부터 데본기까지 무악어류를 추적했고 캄브리아기 후기의 가장 오래된 뼈의 증거를 확인했다. 그러나 가장 오래된 물고기는 몸이 연했기 때문에 골격 화석에서는 추가 증거를 얻을 수 없었다. 우리는 몸이 연한 척삭동물의 계통수를 가장 밑에서부터 올라가며 훑기 시작했다. 별벌레아재비 같은 반삭동물에서부터 멍게를 지나서 창고기에 이르렀다. 창고기는 거의 완전한 물고기 형태를 갖추고 있지만, 척추동물로 정의하기에는 중요한 해부학적 형질(뚜렷한 '머리', 두 개의 격실로 나뉜 심장, 신경능세포neural crest cell라고 불리는 중요한 발생학적 특징 따위)이 부족하다. 우리에게 필요한 것은 몸이 연하면서도 척추동물의 특징 대부분을 갖추었지만 아직은 어떤 종류의 골질 갑피도 없는 동물이다. 그러면 완벽한 연결이 이루어진다.

아니나 다를까, 1999년에 중국 과학자 한 무리가 사이먼 콘웨이 모리스와 함께 캄브리아기 초기(5억 1800만 년 전)인 중국 청장 동물상(화석 창고기인 윤나노존이 발견되기도 한 곳)에서 발견된 하이코우익티스*Haikouichthys*(하

그림 8.8 하이코우익티스. (A) 화석. (B) 살아 있는 모습을 복원한 그림.

이커우海口의 물고기)라는 화석을 보고했다. 이 작은 물고기는 길이가 2.5센티미터에 불과했지만, 몇 가지 놀라운 특징이 보존되어 있었다(그림 8.8). 하이코우익티스는 (여느 창고기와는 달리) 뚜렷한 머리가 확실하게 나타나며, 머리 뒤쪽으로 개별적인 아가미와 아가미구멍이 아홉 개까지 늘어서 있다. 짧은 척삭이 있고, 기다란 원통형 몸에는 널따란 등지느러미가 등 한가운데에서 꼬리까지 이어지며, 꼬리가 시작하는 부분에 배지느러미가 있다. 지느러미들은 방사상 연골에 의해서 지탱되는데, 칠성장어와 먹장어 같은 다른 무악어류도 마찬가지다.

같은 보고서에는 물고기와 비슷하며 더 원시적인 화석이 기재되어 있었는데, 이 화석도 중국 청장 동물상에서 나왔다. 밀로쿤밍기아*Myllokunmingia*라고 명명된 이 화석도 별개의 머리와 연골로 된 두개골이 있었던 것으로 보인다. 머리의 뒤편에는 대여섯 개의 아가미구멍이 있었고, 등을 따라 척삭이 뻗어 있었다. 기다란 돛처럼 생긴 등지느러미가 머리에서부터 꼬리 끝까지 이어져 있었고, 꼬리의 아래쪽에는 한 쌍의 배지느러미가 있었다. 이 표본은 한 점뿐이었고 보존 상태도 썩 좋지 않았기 때문에, 그것이 정확히

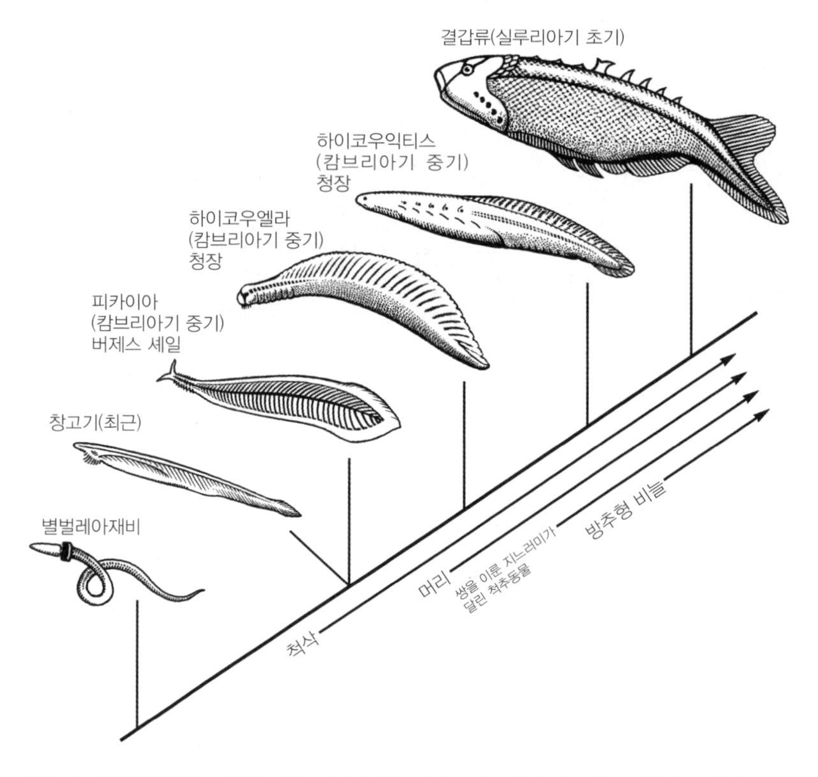

그림 8.9 별벌레아재비에서 창고기, 하이코우엘라, 하이코우익티스를 거쳐서 뼈가 있는 무악어류인 결갑류缺甲類 anaspid로 이어지는 진화 단계.

무엇인지는 확신하기 어려웠다. 그러나 드러난 특징들을 볼 때, 하이코우익티스보다 더 원시적인 척삭동물이었을 것으로 추정된다.

마지막으로, 캄브리아기 하부 지층에서 나온 세 번째 동물은 하이코우엘라*Haikouella*다. 하이코우엘라는 길이가 20~40밀리미터이며 300개 이상의 표본이 알려져 있다. 이 동물에는 머리·뇌·아가미·꼬리 끝까지 근육이 잘 발달한 몸통을 지탱하는 척삭, 순환계와 연결된 심장, 몸통에서 꼬리로 이어지는 기다란 등지느러미, 꼬리 끝 아래에 위치한 작은 배지느러미가 확실히 있었다. 일부 표본에서는 머리의 양 옆에 눈이 있었을 가능성도 발견되었는데, 만약 이것이 사실이라면 척삭동물 최초의 눈이 될 것이다.

요약하자면, 중국의 캄브리아기 초기 지층에서 풍부하게 발굴된 몸이 연한 척삭동물은 확실히 척추동물의 계통이며 창고기보다 더 발달했다(그림 8.9). 이들에게 필요한 것이라고는 골질의 작은 갑주뿐이었고, 이들은 약 200년 전에 휴 밀러가 발견한 턱이 없는 갑주어가 되었다. 별벌레아재비나 멍게 같은 무척추동물이 의심할 여지없는 최초의 물고기로 진이되는 과정은 빈틈이나 빠져 있는 화석 없이 깔끔하게 이어져 있다.

가볼 만한 곳

중국의 캄브리아기 초기 지층에서 나온 화석은 어떤 박물관에서도 전시되어 있지 않다. 그러나 훌륭한 초기 화석어류는 많은 박물관에 전시되어 있다. 이런 박물관으로는 뉴욕의 미국 자연사 박물관, 클리블랜드 자연사 박물관, 시카고의 필드 자연사 박물관, 워싱턴 D.C. 스미스소니언협회의 미국 국립 자연사 박물관이 있다. 스코틀랜드 엘긴의 엘긴 박물관은 가까운 올드레드 사암에서 발굴된 어류 화석 등 대규모 화석 소장품을 전시하고 있으며, 휴 밀러의 논문·저서·노트 들도 함께 보관하고 있다(elginmuseum.org.uk/museum/collections-fossils).

9

거대한 턱

가장 거대한 물고기: 카르카로클레스

상어에는 과학자가 꿈꾸는 모든 것이 있다. 상어는 아름답다. 아, 정말 뭐라 말할 수 없이 아름답다! 너무 완벽해서 비현실적인 기계 장치 같다. 상어는 그 어떤 새 못지않게 우아하고, 그 어떤 육상동물 못지않게 신비롭다. 상어가 얼마나 오래 사는지, 또는 배고픔 외에 어떤 자극에 반응하는지 확실히 아는 사람은 아무도 없다. 상어는 250종이 넘으며 제각각 다 다르다.

피터 벤츨리, 『조스』

샤크투스 힐

1950년대 후반과 1960년대에 캘리포니아 남부에서 어린 시절을 보낸 나는 공룡과 다른 화석에 푹 빠져 있었다. 당시 컵스카우트 단원이었던 나는 집에서 가까운 주요 화석 발굴지를 거의 다 다녀봤다. 그중에는 토팡가 캐니언의 조개껍데기층과 척추동물이 들어 있는 레드락 캐니언의 퇴적층도 있었는데 둘 다 마이오세의 지층이었다. 그러나 베이커즈필드 인근의 유명한 샤크투스 힐에 관해서는 수없이 이야기만 들었다. 그곳에 있는 상어 이빨과 해양생물의 화석은 1600만~1500만 년 전의 고대 캘리포니아 센트럴 밸리의 깊은 물속에서 퇴적된 것들이었다. 그러나 아무도 그곳에서는 화석을 채집할 수 없었다. 대부분의 화석층이 "출입금지"라고 적힌 담장 너머 사유지에 있었기 때문이다.

나는 그 후 30년 동안 다른 경력을 쌓다가, 1997년에 지역 목장주인 밥 언스트가 자신의 땅에서 학생과 비영리단체 연구자들의 화석 수집을 허락했다는 이야기를 들었다. 마침내 나는 언스트와 직접 연락이 닿았고, 곧 내가 맡고 있는 옥시덴탈 대학의 고생물학 수업(그리고 캘리포니아 공과대학의 고생물학 수업)에서는 샤크투스 힐 현장 연구가 기본 과정이 되었다. 2002년, 나는 샤크투스 힐에서 지금까지 이뤄진 연구보다 앞으로 해야 할 연구가 훨씬 더 많다는 것을 깨달았다. 내가 학생들과 함께 이용한 기술은 자기층서학magnetic stratigraphy이었다. 자기층서학은 암석에 기록된 지구자기장의 변화를 측정하는 기술로, 지층의 연대를 이진에 비해서 더 정확하게 결정해준다. 나는 로스앤젤레스 자연사 박물관의 래리 반스(1960년대 초반부터 활동한 샤크투스 힐의 전문가)를 비롯한 다른 사람들과의 공동 연구를 통해, 심해로 떠밀려가서 파묻혔다가 상어와 해양 포유류와 함께 화석화된 다양한 종류의 육상동물들을 확인했다. 이 모든 연구는 학생 공저자들의 이름도 함께 실려서 (주로 2008년에) 발표되었고, 이로써 샤크투스 힐 퇴적층에 대한 우리의 이해는 그 어느 때보다도 한결 높아졌다.

전설적인 뼈층에 방문하면 누구나 눈이 휘둥그레진다. 먼저, 베이커즈필드에서 북쪽으로 시에라네바다산맥의 기슭을 향해 차를 몰고 가다보면 거대한 유전들이 지나간다. 베이커즈필드의 유전들은 여전히 성업 중이고, 그중에는 캘리포니아에서 가장 큰 유전도 있다. 마침내 흙길이 끝나고 농장 입구에 다다르면, 갑자기 불도저로 까인 맨땅이 눈에 들어온다. 차에서 내려서 장비를 집어들고 평평한 곳에 털썩 주저앉으면 그 자리가 뼈층의 표면이다.

필요한 장비는 부드러운 모래땅을 찔러보기 위한 송곳 또는 그와 비슷한 것, 흙먼지를 털어낼 작은 솔이나 미술용 붓 정도. 밥 언스트는 이따금씩 불도저를 불러서 뼈가 들어 있는 층을 '짓누르는' 화석이 없는 바위를 치우고, 훗날의 작업을 위해 화석층을 겉으로 드러낸다. 방진 마스크를 쓰고 있는 사람도 많은데, 그 지역의 토양 속에는 산조아퀸계곡열San Joaquin Valley fever(콕시디오이데스진균증coccidioidomycosis)이라는 곰팡이성 질환을 일으키는 포자가 있어서 큰 고생을 할 수도 있기 때문이다. 타는 듯한 햇볕을 막기 위한 모자와 헐렁한 옷도 반드시 챙겨야 하며, 자외선 차단 크림도 듬뿍 발라야 한다. 또 단단한 바닥에 몇 시간 동안 앉아 있어야 하기 때문에 휴대용 방석이나 쿠션을 지니는 것도 좋다.

그러나 고생에 대한 보답은 놀랍다! 뼈층은 단단한 뼛조각과 이빨들로 이루어져 있으며(암석 1세제곱미터당 표본 200개 이상) 가끔씩 고래의 두개골이나 골격이 나오기도 하는데, 모두 푸석푸석한 모래 속에 파묻혀 있어서 붓질로 비교적 쉽게 털어낼 수 있다. 끌이나 돌망치로 암석을 쪼아낼 필요도 없다! 흙을 파낼 때마다 작은 상어 이빨이 점점 더 늘어난다. 장갑을 끼는 것도 좋다. 상어의 이빨 끝은 지금도 날카로워서 무심코 모래 속에 손을 집어넣었다가는 손가락이 베일 수 있기 때문이다. 샤크투스 힐의 상어는 오래전에 절멸했을지 몰라도, 여전히 우리의 손가락을 깨물고 있다!

이 이빨들 속에는 다양한 유형의 청상아리mako shark(이수루스*Isurus*) 이빨이 압도적으로 많으며, 그 외 30여 종의 다른 상어 이빨도 발견되는 것으로 알려져 있다(그림 9.1). 잘 알아보기 어려운 뼛조각과 심하게 마모된 고래의 척추뼈도 많이 발견되는데, 그런 것들은 동정이 불가능하기 때문에 아무도 가져가지 않는다. 심하게 석회화된 고래의 귀뼈(종에 따라 뚜렷한 차이가 있다)도 종종 나오며, 드물게는 다른 해양 포유류의 일부가 발견되기도 한다. 이런 것들은 확실히 보존할 가치가 있다. 이 뼈층에서는 수십 종류의 고래와 돌고래, 다양한 종류의 초기 바다표범seal과 바다사자sea lion, 데스모스

그림 9.1 샤크투스 힐에서 나온 전형적인 이빨들. 가장 흔한 종인 청상아리(이수루스)의 이빨들이 카르카로클레스 메갈로돈의 이빨을 둘러싸고 있다.

틸리아desmostylian라고 알려진 하마를 닮은 특이한 멸종 포유류에 이르는 광범위한 해양 포유류의 뼈가 발견되며, 매너티manatee의 멸종한 친척들도 풍부하다.

그러나 이곳의 가장 큰 수확은 단연 대형 상어인 카르카로클레스 메갈로돈*Carcharocles megalodon*의 거대한 삼각형 이빨이다. 밥은 언스트 목장의 방문객들이 찾아낸 다른 화석들은 모두 가질 수 있게 해주지만(훌륭한 고래 두개골들을 박물관들이 가져가는 것을 모두 허락했다), C. 메갈로돈의 이빨만은 그가 가졌다. C. 메갈로돈의 이빨은 수집가들에게 고가로 팔리는데, 이는 사람들이 그의 목장에서 화석을 수집할 수 있게 해주는 그의 넓은 아량에 지불하는 대가라고 할 수 있다. 내 훌륭한 벗인 밥 언스트는 2007년에 갑자기 세상을 떠났다. 예기치 못한 그의 죽음으로 인해서 언스트 목장의 상황도 이제는 바뀌고 있다.

샤크투스 힐의 뼈층은 오랫동안 의문투성이였다. 얼마나 오래되었을까? 어떻게 형성되었을까? 수심은 얼마였을까? 어떻게 한 층에 이렇게 많은 뼈와 이빨이 축적될 수 있었을까? 반스는 오래전부터 이런 의문들을 가졌고, 스미스소니언협회의 니컬러스 펜슨과 나의 최근 연구 덕분에 이 의문들은 대부분 해결되었다.

먼저 쉬운 답부터 알아보자. 우리가 고자기 연대측정법으로 밝혀낸 바에 따르면, 이 뼈층을 포함하는 라운드 마운틴 실트암Round Mountain Siltstone 구간의 연대는 1590만~1520만 년 전이므로 이 뼈층의 연대는 대략 1550만 년이다. 또 실트암 속의 미화석은 수심이 대단히 깊었다는 것(최소 1000미터 이상)을 암시했다.

하지만 뼈가 이렇게 많이 모여 있는 이유는 무엇일까? 마이오세에 이 지역을 차지하고 있던 심해 분지는 퇴적물이 축적되는 속도가 대단히 느렸던 것이 분명하다. 이 뼈층은 퇴적 작용이 거의 일어나지 않는 해저에 오랜 시간에 걸쳐서 뼈와 이빨이 쌓인 시차 퇴적물lag deposit로 여겨지기 때문이다.

확실히 국지적인 지질학적 특성이 육지에서 침식된 대부분의 모래나 진흙을 가두거나 다른 곳으로 우회시킴으로써 모래나 진흙은 해저의 이 바닥까지 흘러들어오지 못했을 것이다.

화석들은 거의 모두 부서지거나 탈골이 되어 있는데, 이것은 죽은 동물이 바닥에 가라앉기 전에 갈기갈기 찢겼다는 것을 나타낸다. 이런 화석들이 모두 상어 이빨들과 함께 쌓여 있다는 것은 이들이 끊임없이 상어의 먹이로 희생되었다는 뜻이다. 그러나 고래와 다른 해양 포유류 골격 중에 더러 뼈가 온전하게 연결된 상태로 발견되는 것이 있었다. 따라서 가끔은 사체가 아무 손상 없이 바닥에 가라앉았고('고래 침몰whalefall'이라고 한다), 청소동물에 의해 분해되지 않았다. 이 모든 뼈의 축적은 마이오세 중기 기후 최적기Middle Miocene Climatic Optimum라는 시기에 일어났다. 당시의 온난한 지구 기후는 플랑크톤과 해양생물, 특히 고래가 전 세계적으로 거대한 진화적 방산을 일으키는 원인이 되었다. 이런 조건은 거대한 몸집의 고래가 (그리고 상어도) 이 지역에서 살아갈 수 있게 해주었을 뿐만 아니라, 마이오세 초기와 후기에 비해서 퇴적 속도가 느려진 원인이기도 했다.

샤크투스 힐에서 발견되는 화석의 다양성은 경이롭다. 30가지가 넘는 상어 이빨을 포함해서 최소 150종 이상의 척추동물이 알려져 있지만, 청상아리가 월등하게 많다(그림 9.1을 보라). 이곳에는 오늘날 현존하는 가장 큰 파충류인 장수거북leatherback sea turtle보다 세 배나 더 큰 거대한 바다거북도 있었다. 라운드 마운틴 실트암의 다른 부분에는 온갖 종류의 조개와 고둥이 남아 있는데, 특히 라운드 마운틴 실트암의 아래에 놓여 있고 얕은 바다였던 올세스 사암Olcese Sand에 풍부하다. 이 지층에는 최소 30종 이상의 해양 포유류 화석이 있다.

그러나 나와 내 동료들이 발견한 가장 놀라운 점은 육상 포유동물의 다양성이다. 이런 육상 포유동물들은 죽어서 더 깊은 물속으로 흘러들어온 뒤에 바닥에 가라앉았을 것이다. 1세기 넘도록 채집한 결과 박물관에는 다양한 육상 포유동물의 화석이 있었고, 대부분 동정이 되어 있지 않았다. 래리 반스, 리처드 테드포드, 에드워드 미첼, 클레이튼 레이Clayton Ray, 새뮤얼 매클라우드Samuel MacLeod, 데이비드 휘슬러, 왕샤오밍王晓明, 매튜 리터, 그리고 나는 수십 년을 미루다가 드디어 2008년에 이 화석들을 공개했다. 이 화석들에는 마스토돈mastodont, 두 종류의 코뿔소, 맥tapir, 다양한 낙타와 말, 사슴처럼 생긴 드로모메리키드dromomerycid, 고양이, 개, 족제비, 멸종한 '곰개beardog'가 포함된다. 이 포유류들은 캘리포니아 바스토와 레드락 캐니언 같은 곳에 있는 마이오세 중기 근처의 지층과 미국 서부 전역(특히 네브래스카, 와이오밍, 사우스다코타)의 화석 발굴지에서 이미 알려져 있다. 이 프로젝트를 진행하는 동안, 나는 지역 박물관에서 그 화석들을 동정하기 위해서 최상의 표본 여러 개를 기내 반입 가방에 실은 채 비행기를 타고 이 도시 저 도시를 찾아다녔다.

상어가 우글거리는 마이오세의 바다

샤크투스 힐 지역에 있었던 것과 같은 거대 상어는 전 세계 바다를 헤엄쳤다. 거대 상어의 화석은 유명한 노스캘리포니아의 리 크릭 마인Lee Creek Mine과 플로리다 본 밸리Bone Valley의 지층, 체서피크만을 따라 형성된 캘버트 클리프Calvert Cliffs의 조개껍데기층, 그 외 미국 내 여러 다른 마이오세의 해양 지대에 아주 흔하다. 이것들은 유럽과 아프리카와 쿠바, 푸에르토리코, 자메이카를 포함한 카리브해의 여러 지역에서도 발견된다. 카르카로클레스 메갈로돈의 이빨은 카나리아 제도, 오스트레일리아, 뉴질랜드, 일본, 인도에 이르는 지구 전역에 걸쳐 존재한다. 심지어 필리핀과 가까운 태평양에 있는 마리아나해구의 깊은 바닷물 속에서 건져낸 적도 있다. 가장 오래된 표본은 약 2800만 년 전의 올리고세 지층에서 보고되었다. 이 이빨들은 마이오세 중기 초반의 온난한 조건에서 형성된 암석에 가장 풍부하지만, (500만~

그림 9.2 복원된 카르카로클레스 메갈로돈의 연골 '골격'. 길이가 10미터가 넘는다.

200만 년 된) 플라이오세의 지층에서도 발견된다. 가장 최근의 것으로 알려진 표본은 연대가 약 260만 년 전이다.

상어 연구의 문제점은 상어의 몸에서 단단한 뼈로 된 부분이 이빨뿐이라는 점이다. 그래서 상어 화석은 대부분 이빨 외에는 아무것도 알려져 있지 않다. 상어의 나머지 '골격'은 화석화가 거의 일어나지 않는 연골로 구성된다(그림 9.2). 가끔은 상어의 척추가 부분적으로 석회화되기도 한다. 그래서 상어의 등뼈는 어느 정도 알려져 있는데, 그중 몇 개는 C. 메갈로돈의 것이다. 그런 이유에서, 이빨의 세세한 특징들은 현존하는 친척이 없는 대부분의 화석 상어를 분류하는 토대가 된다. 그러나 다행히 우리에게는 오늘날 상어들의 아주 훌륭한 이빨 기록이 있으므로, 그 상어들의 유연관계는 풍부한 연조직을 통해서 해독할 수 있다. 대부분의 상어 이빨 화석은 잘 알려진 현생 종들과 연결될 수 있고, 그런 맥락에서 그들의 관계가 명확해진다.

그러나 이런 면에서 C. 메갈로돈에는 문제가 있다. 1835년에 표본을 처음 봤을 때, 루이 아가시는 C. 메갈로돈이 오늘날의 백상아리great white shark(카르카로돈 카르카리아스*Carcharodon carcharias*)가 속하는 카르카로돈 *Carcharodon*이라고 분류했다. 단순하고 넓은 삼각형의 이빨과 다른 몇 가지의 특징이 백상아리의 특징들과 잘 맞아떨어져서, C. 메갈로돈은 백상아리를 아주 크게 확대한 것처럼 보였다. 수십 년 동안 이것이 지배적인 시각이었고, 대부분의 전문가가 최근까지도 이런 시각을 따랐다. 그러나 지난 10년 동안, 한 무리의 상어 전문가들은 C. 메갈로돈이 백상아리가 아니라 멸종한 상어인 카르카로클레스와 연관이 있다고 주장해왔다. 카르카로클레스는 청상아리와 몇 가지 다른 상어를 포함하는 악상어lamniform shark 무리에 속한다. 어떤 사람은 이 거대 상어가 오토두스*Otodus*라는 화석 상어의 후손이므로 그 속屬에 포함되어야 한다고도 주장한다. 현재는 다수의 상어 고생물학자들 사이에서 카르카로클레스를 선호하는 쪽으로 합의가 이루어진 것으로 보이므로, 이 장에서 나는 그 합의를 따르려고 한다. 그러나 이 장의 제목을 그냥 '카르카로돈'이라고도 붙였더라도, 많은 고생물학자가 이의를 제기하지는 않았을 것이다.

물고기가 이렇게 크다니!

이름을 뭐라고 부르든지 C. 메갈로돈은 어마어마한 포식자였다. 아마 지금까지 대양에 살았던 물고기 중에서 가장 클 것이다. C. 메갈로돈은 현존하는 가장 큰 물고기인 고래상어whale shark(린코돈 티푸스*Rhincodon typus*)보다도 훨씬 더 컸다. 플랑크톤을 먹는 온순한 동물인 고래상어는 거대한 입을 벌리고 엄청난 양의 물을 들이켜서 먹이를 섭취한다(두 번째로 큰 상어인 돌묵상어basking shark[케토르히누스 막시무스*Cetorhinus maximus*]와 가장 큰 고래인 수염고래baleen whale 종류도 같은 방식으로 먹이를 섭취한다). 쥐라기에 살았던 리드식

그림 9.3 1세기 전에 미국 자연사 박물관에서 배시포드 딘이 가장 큰 이빨들만 이용해서 복원한 유명한 카르카로클레스 메갈로돈의 턱. 오늘날 이 턱은 더 작은 측면 이빨들을 포함시키지 않아서 너무 크게 만들어졌을 것이라는 평가를 받고 있다.

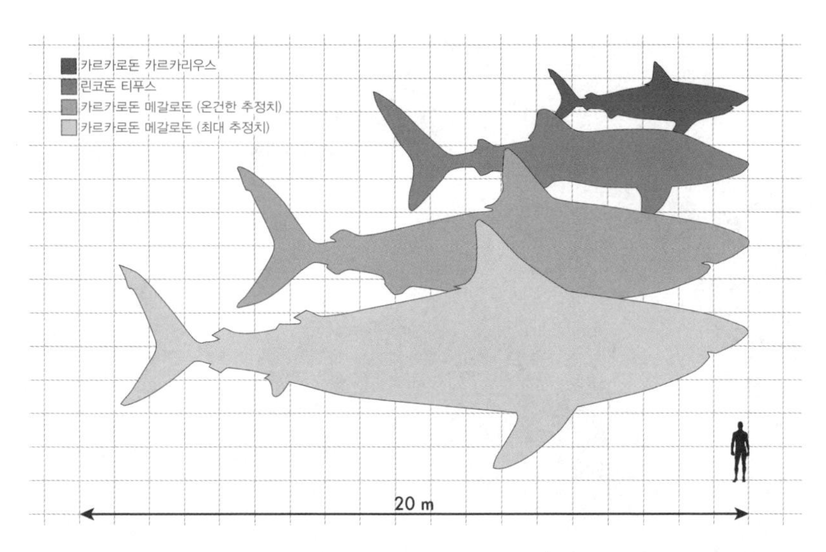

그림 9.4 백상아리(카르카로돈 카르카리아스), 현존하는 가장 큰 어류 고래상어(린코돈 티푸스), 서로 다른 두 추정치의 C. 메갈로돈의 크기 비교.

티스*Leedsichthys*라는 물고기가 더 컸다는 주장도 있지만, 리드식티스는 표본이 너무 불완전해서 길이를 확실히 알기 어렵다. 현재 리드식티스는 최대 길이가 약 16미터로 추정되고 있다.

그러나 우리는 다시 문제에 봉착한다. 우리가 갖고 있는 것은 이빨과 석회화된 척추뼈 몇 개뿐이기 때문이다. 그래서 C. 메갈로돈에 대한 모든 추정은 상어의 몸길이에 대한 이빨 크기의 비율을 통해서 추정해야만 한다. 이 추정을 더 복잡하게 만든 문제점은 C. 메갈로돈의 턱(연골이었기 때문에 보존이 되지 않았다)에 대한 초기 복원 방식에서 찾을 수 있다. 턱의 전면에 가장 큰 이빨을 두고 측면으로 갈수록 이빨이 점점 더 작아지게 배치해야 하지만, 초기에는 한 더미에 있는 가장 큰 이빨들을 모두 사용해서 턱을 복원했다. 따라서 한때 미국 자연사 박물관에 세워져 있던 가장 유명한 C. 메갈로돈의 턱은 아마 지나치게 컸을 것이다. 앞니만으로 복원되었기 때문이다(그림 9.3).

이런 문제가 있는 상황에서, 고생물학자들은 C. 메갈로돈의 크기를 추정하기 위해서 놀라울 정도로 영리한 방법을 고안했다(그림 9.4). 초기에는 미국 자연사 박물관의 배시포드 딘이 과도하게 부풀려진 턱(그림 9.3을 보라)을 토대로 C. 메갈로돈의 길이를 30미터로 추정했다. 새로운 방식은 알려져 있는 상어의 가장 큰 이빨의 법랑질 높이와 비교를 하는 것인데, 이 방법으로 추정하면 13미터라는 훨씬 짧은 길이가 나온다. 1996년에 미카엘 고트프리트와 몇 명의 다른 상어 전문가는 길이가 알려진 백상아리 표본 73개를 관찰해서 가장 큰 이빨을 토대로 몸길이를 구하는 공식을 만들었다. C. 메갈로돈의 가장 큰 이빨 길이는 168밀리미터이고, 이 공식을 이용해 계산하면 전체 몸길이가 16미터가 되었다. 그러나 현재는 194밀리미터가 넘는 이빨도 있어서 몸길이가 20미터에 가까웠을 것으로 추정된다. 2002년, 클리퍼드 제러마이아는 치아 뿌리에서 기부the base(잇몸 밖으로 보이는 치아가 시작되는, 가장 넓은 부분 — 옮긴이)의 비율을 계산하는 방식으로 가장 큰 이빨을 이용한 크기 추정을 시도했다. 그 결과, 그가 기준으로 삼은 이빨의 크기가 그렇게 크지 않았음에도 16.5미터라는 몸길이 추정치가 산출되었다. 같은 해인 2002년에 시마다 겐슈島田賢舟는 치관의 높이와 몸길이를 비교하는 다른 방식을 시도해서, 가장 큰 이빨을 기준으로 17.9미터라는 몸길이 추정치를 얻었다. 그러나 패트릭 스캠브리와 스테폰 팹슨은 가장 큰 표본들의 길이가 24~25미터에 달할 것이라고 주장했다. 이 값은 배시포드 딘이 1세기 전에 내놓았던 처음의 과장된 추정만큼 큰 값이다.

간단히 말해서, C. 메갈로돈의 길이를 추정하는 난제의 해결을 위해서 다양한 방법이 고안되었는데, 그 길이가 16미터에 달했을 것은 분명하며 어쩌면 25미터에 이르렀을 수 있다는 점에는 합의가 이루어진 것으로 보인다. 가장 작게 잡은 추정치도 크기가 12.7미터인 현존하는 가장 큰 고래상어와 16미터로 추정되는 리드식티스보다 더 크다. 따라서 어떤 방법을 이용하든지 C. 메갈로돈은 지금까지 바다에서 헤엄쳤던 물고기 중에서 가장

그림 9.5 카르카로클레스 메갈로돈의 실물 크기 모형. 샌디에이고 자연사 박물관에 전시되어 있다.

큰 물고기였다.

일단 길이 추정치를 얻게 되면, 그 크기의 물고기에 대한 체질량 계산을 시도할 수 있다. 고트프리드와 그의 동료 연구진은 다양한 성장 단계에 있는 백상아리 표본 175개의 길이 대 체질량 분포비length vs. body mass distribution를 살핌으로써 주어진 몸길이에 대한 체질량을 예측하는 공식을 이끌어냈다. 길이가 약 16미터였던 C. 메갈로돈은 무게가 약 48톤이었을 것이다. 길이가 17미터라면 약 59톤이었고, 20.3미터라면 103톤에 이르렀을 것이다.

C. 메갈로돈에서 발견된 것은 이빨과 부분적으로 석회화된 척추뼈 몇 개뿐이지만, 이 거대 동물의 연골 뼈대는 오늘날 백상아리 연골과의 비교를 통

해서 복원이 가능하다. 메릴랜드 솔로먼즈에 위치한 캘버트 해양 박물관에는 이렇게 복원된 모형이 만들어져서 전시되고 있다(그림 9.2를 보라). 이 박물관에는 체서피크만을 따라서 위치한 캘버트 클리프에서 발굴된 경이로운 마이오세의 화석들이 많이 보관되어 있다. 몇몇 기관에서는 C. 메갈로돈의 실물 크기 모형을 제작했는데, 샌디에이고 자연사 박물관도 그런 곳 중 하나다(그림 9.5).

바다의 괴물

카르카로클레스 메갈로돈의 엄청난 크기는 의문을 불러일으킨다. 이 상어가 그렇게 커진 까닭은 무엇이었을까? 가장 일반적인 해답은, 마이오세에는 대형 사냥감이 엄청나게 번성했고 상어가 그것에 대응하고 있었다는 것이다. 특히 마이오세 초기와 중기에 발달한 다양한 종류의 고래와 돌고래가 거대한 방산을 이뤘다. C. 메갈로돈은 같은 층에서 발견된 가장 거대한 고래를 제외한 다른 어떤 동물보다 컸다. 따라서 마이오세의 바다에서 헤엄치는 거의 모든 것을 죽이고 먹을 수 있었던 진정한 '초대형 포식자super-predator'였다.

이런 행동에 대한 화석 증거는 대단히 풍부하다. C. 메갈로돈의 거대한 이빨에 의해서만 만들어질 수 있는 깊은 홈과 긁힌 자국이 많은 화석 고래의 뼈에서 발견되는데, 이런 자국은 C. 메갈로돈이 고래의 사체에서 살을 찢는 동안 고래 뼈를 긁었다는 것을 암시한다. C. 메갈로돈에게 공격을 당한 흔적이 남아 있는 고래는 아주 많다. 여기에는 돌고래와 다른 작은 고래류, 케토테리움류cetothere, 스콸로돈류squalodontid, 향유고래sperm whale, 북극고래bowhead whale, 큰고래fin whale와 대왕고래blue whale 같은 수염고래류rorqual가 포함되며, 이와 함께 바다표범·바다사자·매너티·바다거북(sea turtle, 현존하는 가장 큰 바다거북보다 세 배 더 크다)에도 자국이 남아 있다. 어떤 C. 메갈로돈의 이빨은 바다사자의 귀뼈에 박힌 채로 발견되었다. 고래의 등뼈에 C. 메갈로돈의 이빨이 들어간 채로 발견된 경우도 몇 번 있었으며, 먹다 남은 고래 사체가 C. 메갈로돈의 이빨 주위에서 발견된 사례도 (특히 샤크투스 힐에서는) 숱하게 많다.

물론 이것이 다가 아니다. 대부분의 상어(특히 백상아리)는 무자비하고 충동적인 포식자다. 그래서 움직이는 것은 잡히는 대로 공격한다. 그렇기 때문에 오늘날 상어를 해부하면 뱃속에서 바다에 버려진 쓰레기들(도로표지판, 신발, 닻 따위)이 그렇게 많이 나오는 것이다. 따라서 C. 메갈로돈은 확실히 더 작은 물고기도 먹었을 것이며, 잡히기만 했다면 대부분의 다른 상어도 먹었을 것이다. 그러나 C. 메갈로돈의 몸집이 커진 이유는 기본적으로 고래 같은 큰 먹이를 공격하기 위한 적응 때문이었을 것이다. 고래 같은 동물에게는 C. 메갈로돈이 등장하기 전까지는 다른 어떤 해양 포식자도 위협이 되지 않았을 것이다.

길이가 약 9미터인 한 고래 표본에서 발견된 물린 자국은 C. 메갈로돈이 어떤 공격 방식을 선호했는지를 보여준다. 이 물린 자국은 오늘날의 백상아리가 표적으로 삼는 부드러운 배 부분보다는 뼈가 있는 단단한 부분(어깨, 지느러미발, 흉곽, 척추의 위쪽)에 집중되어 있는 것처럼 보인다. 이것은 C. 메갈로돈이 고래의 심장이나 폐를 짓뭉개거나 구멍을 내어서 고래를 빨리 죽이려고 했다는 것을 암시한다. 그러면 C. 메갈로돈의 이빨이 왜 그렇게 두껍고 단단한지도 설명이 된다. 이들의 이빨은 뼈를 물어뜯기 위해 적응된 것이다. 또 다른 일반적인 전략은 지느러미발을 집중적으로 공격하는 것이다. 이것은 다른 어떤 부위보다 손뼈 화석에 물린 자국이 많다는 점에서 알 수 있다. 심하게 물어서 한쪽 지느러미발을 망가뜨리거나 뜯어내면 먹이는 꼼짝 못할 것이므로, 몇 번 더 물면 죽일 수 있었을 것이다.

이 거대 상어의 포식 습성은 이들이 왜 마이오세 후기에서 플라이오세에 걸쳐 서서히 사라졌는지에 대한 추가적인 실마리를 제공한다. 마이오세 중기에는 C. 메갈로돈이 먹이사슬의 정점에 있었지만, 플라이오세 초기가 되자 C. 메갈로돈이 공격할 수 없는 더 큰 고래가 생겼고 심지어 향유고래와 스콸로돈 같은 더 큰 포식자 고래도 있었다. 마이오세 말기의 향유고래인 리비아탄 멜빌레이*Livyatan melvillei*는 진정한 거대생물(길이 18미터)이었다. 이 고래는 지금까지 대양을 누볐던 가장 거대한 포유류 포식자였다(속명은 '리바이어던Leviathan'의 동음이의어이며, 종명은 『모비딕』의 저자인 허먼 멜빌을 기리기 위한 이름이다). 이 괴물은 마음만 먹으면 C. 메갈로돈을 잡아먹을 수 있었다.

이후 플라이오세 동안(특히 400만~300만 년 전에 북극의 빙모가 형성된 이후) 지구 전체의 대양이 점점 더 차가워지면서, C. 메갈로돈의 이빨이 발견되는 경우가 점점 더 드물어지는 추세를 보인다. C. 메갈로돈의 이빨은 플라이오세 후기의 암석에서 마지막으로 나타났고, 그 수도 대단히 적었다. 아마 C. 메갈로돈은 대단히 큰 포식자 고래와의 경쟁과 점점 더 낮아지는 수온을 버티기가 버거웠을 것이다. 원인이 무엇이든지, 이제 그들은 진짜 멸종했다.

다큐-픽션

1980년대에 케이블 방송이 폭발적으로 증가했을 때, 수십 개의 채널은 저마다 틈새시장을 노리고 골프, 경찰 드라마, 역사 따위를 다루면서 특정 시청자층을 공략했다. 안타깝게도 1980년대 후반에 텔레비전 시장의 규제가 완화되면서 모두 상업 채널로 바뀐 이런 채널들은 앞다퉈 시청률 경쟁을 할 수밖에 없었다. 그 결과 원래 소임은 완전히 잊히고 말았다. 현재 디스커버리 채널(원래는 과학 다큐멘터리 방송을 위해 설립되었다)에서는 초자연 현상과 사이비 과학에 관한 페이크fake '다큐멘터리'를 방송한다. 자연히 과학적이고 교육적인 방송이 되겠다는 본래의 목적은 저버린 상태가 되었고, 이런 경향은 남아 있는 다른 과학 다큐멘터리도 예외가 아니다.

언젠가 디스커버리 채널에서는 진짜 상어와 그들의 생물학적 특징에 관한 다큐멘터리만 방영하는 '상어 주간Shark Week'을 특집으로 편성한 일이 있었다. 시간이 흘러 2013년에는 같은 채널에서 〈메갈로돈: 괴물 상어는 살아 있다Megalodon: The Monster Shark Lives〉라는 우스꽝스러운 가짜 다큐멘터리를 방송했고, 2014년에는 〈메갈로돈: 새로운 증거Megalodon: The New Evidence〉라는 후속 방송이 전파를 탔다. 두 프로그램 모두 모호하면서도 섬뜩하고 무시무시한 화면, 학문적으로 빈약한 장면들, 컴퓨터 그래픽을 이용한 재구성, 과학자 연기를 하는 배우들이 등장하며, 배를 타고 가다가 살아 있는 카르카로클레스 메갈로돈과 우연히 마주쳤다는 가족의 주장이 여러 차례 '재연'되었다.

두 방송은 소개 화면의 마지막 몇 초 동안만 이 프로그램이 완전히 허구라는 공지가 나온다. 이 프로그램들을 홍보할 때에도 제작자들은 줄곧 어쩌면 정말 **그럴 수도 있다**고 암시했다. 방송을 일부만 보거나 공지를 주의 깊게 보지 않은 대부분의 사람은 당연히 C. 메갈로돈이 지금도 심해 어딘가에 숨어 있다고 믿을 것이다.

과학자들과 과학기자들은 경악했고, 이런 '다큐-픽션' 또는 '페이크 다큐멘터리'를 방송해서 사실인 양 다룬 디스커버리 채널에 비난을 퍼부었다. 그러나 이런 행동은 아무 소용이 없었던 것 같다. 〈메갈로돈: 괴물 상어는 살아 있다〉는 480만 시청자를 매료시킨, 이 채널 역사상 가장 많이 본 프로그램으로 기록되었다. 디스커버리 채널에서는 해마다 '상어 주간'에 비슷한 프로그램을 내놓을 것이다. 어쨌든 디스커버리 채널은 PBS와 BBC와 같은 공영방송이 아니므로, 사실이나 현실을 다뤄야 할 의무는 없다. 규제 완화 덕분에 방송의 유일한 소임은 시청자들을 끌어들이고 시청률을 올려서 광고를 따는 것이 되었다. 그것을 위해 얼마나 치사한 짓을 해야 하는지는 중요하지 않다.

가볼 만한 곳

밥 언스트가 사망한 이래로, '언스트 발굴지Ernst Quarries'라는 단체는 대부분의 비영리 집단이 뼈층에 접근하는 것을 허용하고 있다(소액의 입장료를 내야 하는데, 정말 그럴 만한 가치가 있다). 캘리포니아 베이커즈필드에 위치한 부에나비스타 자연사 과학 박물관은 회원들에게 샤크투스 힐을 발굴할 수 있는 특별한 기회를 제공한다.

카르카로클레스 메갈로돈의 화석이나 복원 모형은 여러 박물관에 전시되어 있다. 뉴욕에 있는 미국 자연사 박물관의 '척추동물의 기원 전시실'의 천장에는 C. 메갈로돈의 턱이 매달려 있고, 다른 여러 화석어류와 상어들이 전시되어 있다. 부에나비스타 자연사 과학 박물관은 C. 메갈로돈의 턱뼈를 포함해서 최대 규모의 샤크투스 힐 화석 소장품을 보유하고 있다. 매릴랜드 솔로먼즈의 캘버트 해양 박물관에는 10.6미터로 복원된 C. 메갈로돈 골격과 여러 이빨이 전시되어 있다. 게인즈빌에 있는 플로리다 자연사 박물관에는 다양한 크기로 복원된 C. 메갈로돈의 턱이 여러 개 전시되어 있다. 샌디에이고 자연사 박물관에는 실물 크기의 C. 메갈로돈 모형이 회랑의 천장에 매달려 있고 다양한 이빨이 전시되어 있다.

언스트 발굴지
sharktoothhillproperty.com
부에나비스타 자연사 과학 박물관 '샤크투스 힐 구멍 파기'
sharktoothhill.org/index.cfm?fuseaction=page&page_id=11

10

물 밖으로 나온 물고기

양서류의 기원: 틱타알릭

물고기는 무엇에 홀려서 물 밖으로 나오거나 물가에 살기 시작했을까? 생각해보면, 3억 7500만 년 전의 시냇물 속에서 헤엄치던 물고기들은 사실상 모두 포식자였다. 어떤 것은 길이가 5미터에 가까웠고, 가장 큰 틱타알릭*Tiktaalik*보다 거의 두 배 크기였다. 우리가 틱타알릭과 함께 발견한 가장 흔한 물고기 종은 길이가 2미터이고 머리가 농구공만 하다. 미늘로 된 이빨은 크기가 선로용 대못만 하다. 이런 고대의 냇물 속에서 헤엄을 치고 싶은가?

닐 슈빈, 『내 안의 물고기Your Inner Fish』

물에서 뭍으로

찰스 다윈이 1859년에 『종의 기원』을 발표한 이래로, 과학자들은 결정적인 진화의 전이가 어떻게 일어났는지를 밝혀줄 화석을 찾아왔다. 물고기가 물 밖으로 기어 나와서 육상동물이 되는 과정도 이런 전이 중 하나다. 물론 척추동물의 한 강인 양서강Amphibia 전체는 여전히 이런 전이 과정 속에서 살아가고 있다. 양서류 중 어떤 것은 거의 일생을 물속에서만 보내고 육상으로는 거의 나오지 않는다. 어떤 것은 물속에는 전혀 들어가지 않지만, 습한 환경에서 살아야 한다.

다윈의『종의 기원』이 발표되기 전에도, 일부 과학자는 양서류와 폐어 사이의 유사점을 알고 있었다. 폐어는 양서류와 비슷한 특징을 많이 지니고 있지만(특히 폐가 있다), 여전히 지느러미를 갖고 있는 물고기다. 그러나 폐어와 다른 육기어류의 지느러미는 양서류의 사지에 있는 것과 같은 뼈로 이루어져 있다. 하지만 이조차도 그렇게 명확하지는 않았다. 남아메리카폐어South American lungfsh(레피도시렌 파라독사*Lepidosiren paradoxa*)는 작은 리본 형태의 지느러미만 있을 정도로 대단히 분화되었고 뱀장어처럼 헤엄친다. 1837년에 발견되었을 당시, 이 폐어는 퇴화된 양서류로 여겨졌다. 리처드 오언이 1839년에 아프리카폐어African lungfish(프로톱테루스*Protopterus*)를 기재했을 때에도 거의 비슷한 일이 벌어졌다. 확고한 진화론 반대자였던 오언은 폐어와 양서류 사이의 명백한 해부학적 연관성을 무시하고, 작은 리본 형태의 지느러미 같은 폐어의 특이한 분화만을 강조했다. 1870년에 오스트레일리아폐어Australian lungfish(네오케라토두스 포르스테리*Neoceratodus forsteri*)가 발견되고 나서야 비로소 현존하는 일부 폐어가 갖고 있는 강한 근육질의 지느러미가 양서류의 사지를 이루는 뼈와 모두 같다는 것을 알 수 있었다. 이 사실은 점점 더 많은 원시적인 폐어 화석이 발견되면서 추가적으로 확인되었는데, 대부분의 폐어는 아프리카폐어와 남아메리카폐어처럼 특이하게 분화하지 않았고 양서류의 여러 가지 특징을 나타냈다(그림 8.2를 보라).

그래도 화석 기록에 나타난 폐어와 초기 양서류 사이의 간극은 절망스러울 정도로 컸다. 1881년, 조지프 F. 위티브스는 최고의 전이화석 중 하나였을지도 모를 에우스테놉테론 포르디*Eusthenopteron foordi*를 기재했다. 안타깝게도, 단 두 단락에 불과했던 그의 기록에는 그림도 없었고, 이 물고기가 어떻게 양서류와 비슷한 특징을 나타냈는지에 대한 언급도 없었다. 에

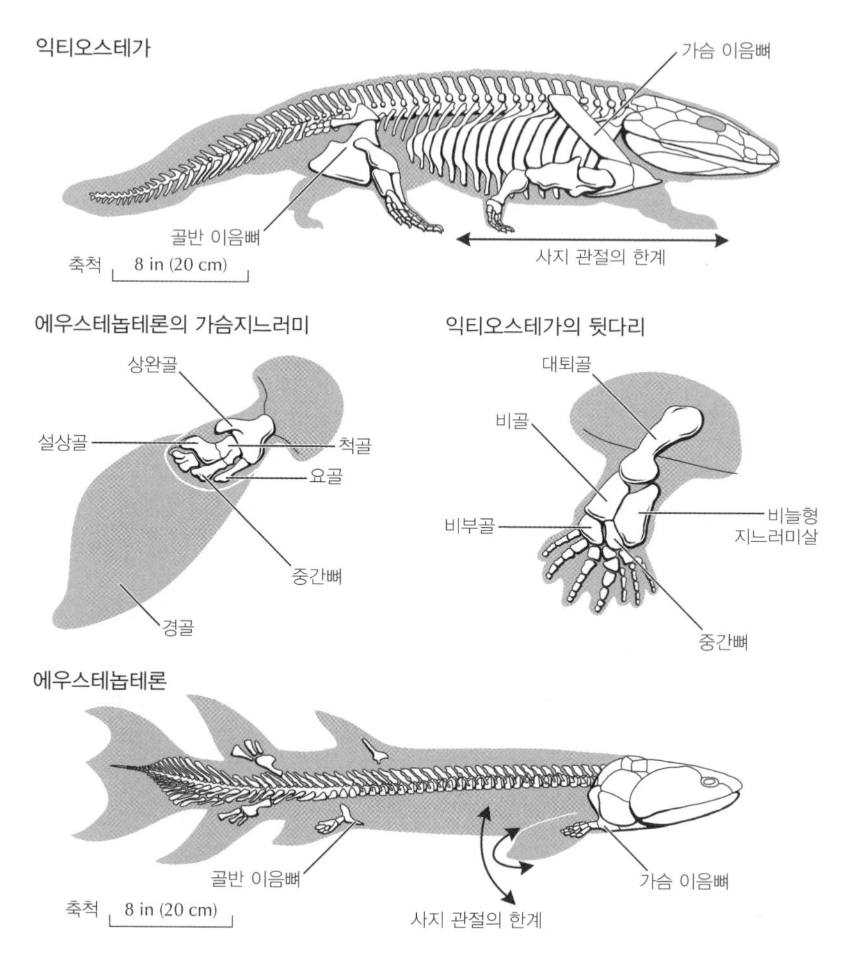

그림 10.1 익티오스테가와 에우스테놉테론의 골격 요소 비교.

우스테놉테론은 크기가 컸고(길이 1.8미터), 현존하는 폐어나 실러캔스coelacanth(그림 10.1)보다 훨씬 더 양서류와 비슷했던 육기어류였다. 에우스테놉테론은 퀘벡 스카우메낙만灣에 있는 미과샤 인근의 유명한 화석 발굴지에서 수백 점의 아름다운 표본이 발굴되며 알려졌다. 에우스테놉테론은 여전히 물고기와 비슷한 몸을 하고 있었지만, 근육질의 지느러미에 들어 있는 뼈는 양서류의 팔다리를 이루게 될 뼈와 모두 같았고, 두개골은 양서류 두개골의 조상이 될 뼈의 형태를 하고 있었다.

더 많은 화석이 발견되면서, 많은 폐어와 다른 육기어류가 데본기 후기(3억 8500만~3억 5500만 년 전)에도 살았다는 것이 밝혀졌다. 석탄기 초기(3억 5500만~3억 3100만 년 전)가 되자 의심할 여지없이 양서류임이 확실한 동물이 조금씩 나타났다(19세기에는 이제는 폐기된 이름인 '견두류堅頭類, stegocephalian'와 '미치류迷齒類, labyrinthodont'라고 불렸다). 그러나 이들의 화석은 석탄기 후기의 암석에서 훨씬 더 많이 발견된다. 그렇다면 전이화석은 어디에 있을까? 바닷물고기의 화석이 있는 데본기 후기의 화석 발굴지는 많이 발견되었지만, 민물에서 만들어진 것으로 보이는 곳과 어류와 양서류 사이의 접점에 있는 화석을 얻을 가능성이 높은 곳은 많지 않았다.

돌파구는 우연과 정치적 방편을 통해서 나왔다. 1920년대에 노르웨이와 덴마크는 동그린란드가 어느 나라 땅인지를 놓고 다투고 있었다. 칼스버그 양조(덴마크의 맥주 제조사)가 설립한 재단과 덴마크 정부는 3년간 동그린란드 탐사를 위한 자금을 지원했고, 1931~1933년 여름에 이 거대한 섬을 찾아갔다. 덴마크의 원정대 대원들은 동그린란드에서 충분한 과학 연구와 탐사를 수행함으로써, 노르웨이가 탐사한 적이 없는 그 지역에 대한 자국의 영토권을 인정받게 되기를 희망했다. 덴마크의 유명한 지질학자이자 탐험가인 라우게 코크를 주축으로 이루어진 이 탐사에는 덴마크와 스웨덴의 유명한 지질학자, 지리학자, 고고학자, 동물학자, 식물학자 들이 총출동했다.

동그린란드 탐사에 참여한 과학자 중에는 스웨덴의 고생물학자이자 지질학자인 군나르 세베-쇠데르베리도 있었다. 그는 웁살라 대학에서 수학했고, 결국 그 학교의 지리학 교수가 되었다. 첫 탐사에 합류했을 당시 세베-쇠데르베리의 나이는 21세에 불과했다. 그는 곧 놀라운 동물 화석들을 발견하고 익티오스테가*Ichthyostega*와 아칸토스테가*Acanthostega*라고 명명했다. 이와 함께, 에우스테놉테론과 매우 비슷한 오스테올레피스*Osteolepis* 같은 더 원시적인 육기어류와 많은 폐어도 발견했다. 모두 민물이나 약간 소금기가 있는 물에서 헤엄을 쳤던 종류였는데, 당시는 동그린란드가 열대기후에 가까웠고 물고기의 시대인 데본기가 끝나가고 있을 무렵이었다(제8장). 세베-쇠데르베리는 1920년대와 1930년대 초반에 걸쳐서 이 화석들에 대한 간단한 설명을 발표했고, 더 상세한 분석은 나중에 하려고 했다. 그러나 그럴 기회는 영영 오지 않았다. 그는 1948년에 38세라는 젊은 나이에 결핵으로 사망했다.

세베-쇠데르베리 외에도 스웨덴은 전통적으로 초기 화석어류 연구의 강국이었다. 그린란드, 스피츠베르겐, 그 외 다른 극지를 탐사하면서 수많은 화석어류를 발견해왔기 때문에, 화석어류는 곧 스웨덴의 전문 분야가 되었다. (주로 스웨덴 자연사 박물관을 기반으로 하는) 고생물학 '스톡홀름 학파 Stockholm school'의 창시자인 에리크 스텐셰는 데본기의 턱이 없는 갑주어에 대한 상세한 연구로 유명하다. 그는 마음대로 이용할 수 있는 훌륭한 표본이 많았기 때문에 표본 중 일부를 얇은 조각(연속 박편serial sectioning)으로 분할할 수 있었다. 그래서 일반적인 어류 화석의 기재에서는 드러나지 않는 신경, 혈관, 그 밖의 체내의 다른 해부학적 구조를 자세히 조사할 수 있었다. 오늘날에는 고해상도 X-선 컴퓨터 단층 촬영술 덕분에, 고생물학자들은 박편을 만들거나 파괴하지 않고도 'CAT-스캔'을 통해서 단단한 화석 내부를 훑어볼 수 있다.

세베-쇠데르베리가 죽은 후에 그의 그린란드 화석을 연구한 인물은 스텐셰의 후임자인 에리크 야르비크였다. 야르비크는 세베-쇠데르베리의 후기 그린란드 탐사 중 일부에 동행했고, 그 후에 더 많은 화석을 수집하기 위해서 다시 그린란드로 갔다. 꼼꼼하고 체계적인 연구를 했던 야르비크는 결코 발표를 서두르지 않았다. 그는 에우스테놉테론 두개골 내부의 세부적인 해부학적 구조를 알아내기 위해서 몇 년을 들여 화석 박편을 만들었다. 그는 세베-쇠데르베리의 익티오스테가 화석을 무려 **50년** 동안 연구했고, 마침내 1996년에 상세한 결과를 공개했다. 당시 그의 나이는 89세였다! 척추동물 고생물학계는 중요한 화석을 몇 년 동안 아무 발표도 하지 않고 뭉개고 있기로 과학자들 사이에서 유명하지만, 야르비크는 그중에서도 으뜸으로 느린 연구자다. 물론 야르비크의 연구는 중요했고 그의 묘사는 인상적이었지만, 다른 화석군에 대해서는 다른 고생물학자들이 납득할 수 없는 이상한 발상을 많이 내놓았다. 그는 1998년에 91세를 일기로 사망했다.

야르비크가 1996년에야 익티오스테가를 완전하게 기재하여 발표했기 때문에, 세베-쇠데르베리가 처음 복원했던 화석은 1920년대부터 1980년대까지 기록이 잘 되어 있는 유일한 '양서어류fishibian'로 남아 있었다. 따라서 익티오스테가는 에우스테놉테론과 초기 양서류 사이의 전형적인 전이화석이 되었다(그림 10.1을 보라). 익티오스테가는 근육질의 지느러미가 있는 조상들과 달리, 양서류처럼 발가락이 있는 사지를 갖고 있었다. 그러나 이크테오스테가의 앞다리는 별로 튼튼하지 않아서 많이 걸을 수 없었고, 가장 최근의 분석에서는 지느러미발에 더 가까운 뒷다리를 끌면서 짧은 거리를 뛰뛰기로 이동했을 것이라는 추측이 나왔다. 이크테오스테가는 사지를 이용해서 (영원newt과 도롱뇽salamander이 헤엄치듯이) 물속에서 앞으로 나아갔는데, 특히 뒷다리가 물속에서의 활동에 훨씬 잘 적응했다. 가장자리에 테두리flange가 있는 익티오스테가의 단단한 갈비뼈는 물 밖에 나왔을 때에 흉강과 폐를 지탱하는 데에 도움이 되었을 테지만, 많은 양서류에서 발견되는 늑골-보조 호흡rib-assisted breathing을 하지는 못했다. 그 밖에 양서류와 비슷한 다른 특징으로는 길고 납작한 주둥이, 위쪽을 향하는 눈, 짧은 두개braincase가 있었다. 에우스테놉테론은 물고기에 더 가까운 원통형 두개골을 갖고 있었다. 주둥이는 짧고, 두개는 길었으며, 눈은 양 옆을 향하고 있었고, 커다란 아가미뚜껑이 있었다. 익티오스테가는 사지가 있었고 어깨뼈와 엉덩이뼈가 있었지만, 이 점만 제외하면 정말로 물고기와 비슷했다. 여전히 커다란 꼬리지느러미가 있었고, 큼직한 아가미 뚜껑과 수중 생활에 적응한 청각 구조 등 물고기의 특징을 지닌 머리를 갖고 있었고, 옆줄계(물의 흐름과 움직임을 감지하는 표면의 구멍들)도 있었다.

1980년대에는 '양서어류' 연구의 본거지가 스웨덴에서 케임브리지 대학으로 옮겨갔다. 케임브리지 대학에서는 제니 클락, 페르 알베리, 마이클 코츠 등이 더 많은 화석을 적극적으로 수집했고, '스톡홀름 학파' 고생물학자들의 연구를 다시 수행했다. 클락은 다음과 같이 말했다.

> 1985년, 나는 동그린란드 탐사의 가능성에 관해서 생각하기 시작했다. 이런 생각을 부추긴 사람은 남편 롭이었다. 그 과정에서 나는 케임브리지 대학에서 길을 건너서 지구과학과의 피터 프렌드Peter Friend를 만났다. 그는 내가 관심을 가졌던 그린란드 지역에 대한 탐사를 여러 번 이끈 적이 있는 인물이었다. 그에게는 존 니컬슨John Nicholson이라는 학생이 있었는데, 그는 학위 논문을 쓰기 위해서 1968~1970년에 동그린란드의 데본기 상부 지층에서 화석 몇 개를 수집했다. 피터는 맨 밑에 있는 서랍에서 이 표본들을 찾아냈고, 1970년 탐사 때 존의 공책을 보여주기도 했다. 해발 800미터인 스텐셰 비에리산에 익티오스테가의 두개골이 흔했다는 존의 노트는 대단히 놀라웠고, 한편으로는 허풍 같았다. 그가 수집했던 화석은 세 조각으로 나뉜 작은 두개골 조각들과 어깨 이음뼈 조각들이었다. 그 화석들은 익티오스테가의 것이 아니라 당시에는 별로 알려지지 않았던 아칸토스테가의 일부였다. 피터는 내게 코펜하겐 지질학 박물관의 척추동물 고생물학 전시 책임자인 스벤 벤딕스-알름그렌Svend Bendix-Almgreen과 만나볼 것을 권했다. 덴마크에서는 여전히 지질학자들이 데본기 지층이 있는 동그린란드 국립 공원에 대한 탐사를 진행하고 있었다. 따라서 그는 그곳의 탐사에 참여하려는 내 시도의 출발점이 될 수도 있었다. 피터는 그린란드 지질조사소GGU의 닐스 헨릭센Niels Henricksen에게도 연락을 해보라고 말했다. 정말 우연히도 큰 행운이 따랐다. GGU는 내가 가려고 했던 바로 그곳에서 진행 중인 탐사가 있었고, 1987년 여름이 그곳에서 그들의 마지막 시즌이었다. 케임브리지 대학의 동물학

박물관과 한스 가도우 재단과 코펜하겐의 칼스버그 재단의 지원으로, 나와 내 남편인 롭은 당시 내 학생이었던 페르 알베리, 스벤 벤딕스-알름그렌과 남편의 학생이었던 비르게르 요르겐슨Birger Jorgenson과 함께 GGU의 감독하에 1987년 6월부터 8월까지 6주 동안 현장 조사를 진행했다. 우리는 존 니컬슨의 현장 기록을 활용해서 아칸토스테가의 표본을 얻은 곳을 마침내 찾아낸 다음, 정확히 그 표본이 발굴된 지층을 특정했다. 사실 그곳은 작은 규모였지만 대단히 풍부한 아칸토스테가 '발굴지'였다.

훨씬 완벽한 아칸토스테가 화석이 발견되자 우리의 연구는 크게 약진했다. 1952년에 야르비크는 거의 연구가 되지 않은 빈약한 자료를 토대로 아칸토스테가를 명명했다. 그러나 클락과 그녀의 연구진이 1980년대 후반과 1990년대에 수집한 새로운 화석들 덕분에 아칸토스테가에 관한 자료는 이전에 비해 훨씬 더 완벽하고 유용한 정보를 주었다(그림 10.2). 몸집이 더 작

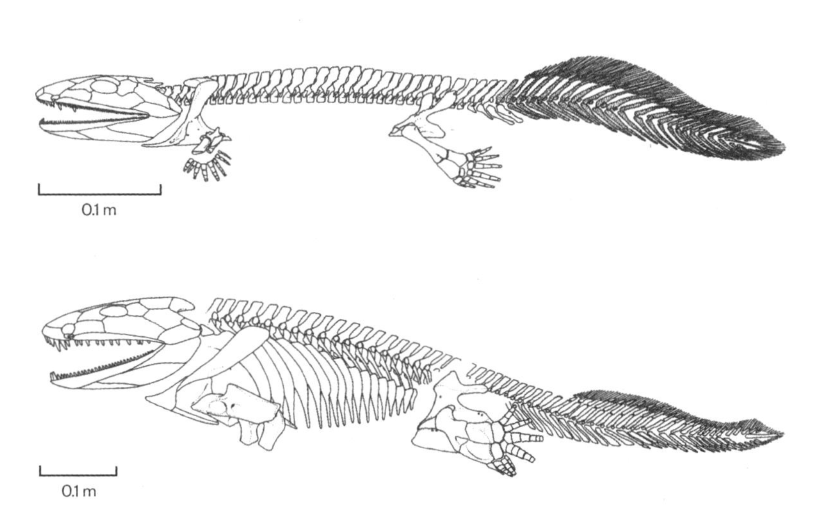

그림 10.2 익티오스테가(위)와 아칸토스테가(아래)의 골격 비교.

은 아칸토스테가는 거의 모든 면에서 익티오스테가보다 훨씬 더 물고기와 비슷하다. 익티오스테가와 달리, 아칸토스테가의 팔다리에는 손목, 발목, 팔꿈치, 무릎이 없었기 때문에 땅에서 기어다닐 수 없었다. 아칸토스테가의 팔다리는 물속에서 발을 휘젓거나 발에 걸리는 것을 끌어당기기만 할 수 있었다. 더 놀라운 것은 손가락의 개수가 대부분의 척추동물처럼 다섯 개가 아니라 일곱 개나 여덟 개였다는 점이다! 아칸토스테가는 익티오스테가보다 꼬리지느러미가 훨씬 더 컸다. 게다가 육상에서 몸을 지탱하고 물의 부력 없이 숨을 쉬기에는 갈비뼈가 너무 짧았다. 그래도 더 발전된 양서류 같은 특징도 몇 가지 있었다. 귀는 물속뿐 아니라 공기 중에서도 소리를 들을 수 있었고, 어깨와 골반 부위의 뼈가 단단했다. 발가락이 달린 사지가 있었고, 목뼈의 관절을 이용해서 머리를 돌릴 수 있었다. 이와 달리, 물고기는 이리저리 돌릴 수 있는 '목'이 없다. 물고기는 방향을 바꾸거나 먹이를 덮치려면 상반신 전체를 돌려야 한다.

내 안의 물고기

제니 클락의 연구는 어류-양서류 전이 연구에 새로운 활력을 불어넣었고, 곧 다른 많은 고생물학자가 이 분야에 뛰어들기 시작했다. 그중에는 열정적인 젊은 과학자가 한 사람 있었는데, 그의 이름은 닐 슈빈이다. 컬럼비아 대학 학부생이었던 슈빈은 뉴욕의 미국 자연사 박물관에서 고생물학을 연구하고 있었다. 당시 대학원생이었던 나도 그곳에 있었다. 1980년에 그곳에서 만난 우리는 함께 메소히푸스*Mesohippus* 말의 진화를 연구했고, 이것은 처음으로 발표된 그의 연구가 되었다. 뒤이어 그는 양서류의 사지와 발가락 형성에 영향을 주는 진화적 메커니즘과 발생학적 메커니즘에 대한 연구로 하버드 대학에서 박사학위를 받았다. 그의 첫 직업은 필라델피아의 펜실베이니아 대학에서 의대생들에게 해부학을 가르치는 일이었다. 그곳에서 그는 자연과학

아카데미의 테드 대슐러와 자주 어울렸다. 두 사람은 함께 펜실베이니아 전역의 도로 절개면에 있는 데본기의 붉은 지층을 찾아다니다가 어류와 '양서어류'의 불완전한 화석 몇 개를 발견했다.

그러나 슈빈은 더 재미난 것을 찾고 있었다. 그가 『내 안의 물고기』에서 설명한 것처럼, 그와 대슐러는 (익티오스테가와 아칸토스테가가 나온 동그린란드의 암석과 같은) 3억 6300만 년 전보다는 오래되었지만 (양서류의 조상인 육기어류가 대부분 발견된) 3억 9000만~3억 8000만 년 전까지는 되지 않은 암석을 찾아야 한다는 것을 알고 있었다. 슈빈과 대슐러의 예측에 따르면, 3억 8000만 년 전부터 3억 6300만 년 전까지의 간극을 메워줄 데본기 상부의 민물 퇴적층에는 아칸토스테가보다는 원시적이지만 에우스테놉테론보다는 진화한 전이화석이 있어야만 했다. 그들은 로버트 H. 도트 주니어Robert H. Dott Jr.와 로저 배튼Roger Batten의 유명한 지질학 교과서인 『지구의 진화Evolution of the Earth』(1971) 초판에 있는 지도를 찾아보았다. 데본기 상부 지층의 노두露頭, outcrop(암석이나 지층이 흙이나 식물 따위로 덮이지 않고 지표에 그대로 드러나 있는 곳—옮긴이)에 관한 지도를 연구하면서 그들은 세 곳의 후보지를 골랐다. 그 세 곳은 펜실베이니아 동부(그들이 이미 조사한 곳이다), 동그린란드(덴마크와 스웨덴과 클락의 연구진이 이미 채집했다) 캐나다 북극권에 있는 엘즈미어섬(아무도 연구하지 않았다)이었다. 공개된 지질 조사 보고서에 대한 후속 연구에서는 이 노두들의 연대가 데본기 상부인 3억 8000만~3억 6300만 년 전이고, 민물어류와 양서류 화석이 보존되기에 알맞은 유형의 암석이라는 것이 밝혀졌다. 이 암석들은 연대가 약 3억 7500만 년 전으로 드러났다.

1990년대 후반이 되자, 슈빈과 대슐러 일행은 그 지역에 출입하기 위한 장비와 허가증을 모두 준비했고, 헬리콥터와 보급품을 위한 기금도 마련했다. 이런 혹독한 지역에서 중요한 탐사를 진행하는 일은 소풍이 아니다! 연구자들은 극지 장비를 완벽하게 갖추어야 하며, 특히 영하의 여름 날씨를 막

아주는 방한 의류와 허리케인 급의 바람을 버틸 수 있고 잦은 폭풍이 부는 동안 피신처와 온기를 제공할 수 있는 튼튼한 텐트가 필요하다. 또 암석 망치, 삽, 그 외 화석 채집을 위한 기본 도구들과 함께, 북극곰이 심각한 위협을 줄 수도 있기 때문에 총도 가지고 갔다.

2000년부터 이들은 엘즈미어섬의 여름이 한창일 때에 몇 주간의 단기 탐사를 했지만, 처음 몇 해 동안은 변변한 결과를 얻지 못했다. 그곳의 암석은 민물이 아닌 바닷물에서 형성된 것이었기 때문이다. 드디어 그들이 찾고 있던 민물 화석이 들어 있을 만한 암석이 발견되었다. 2000년에 그들은 버드 발굴지Bird Quarry라고 이름 붙인 곳을 발견했는데, 2003년이 되자 이곳에서 수많은 물고기 화석 조각이 나오기 시작했다. 2004년, 버드 발굴지의 수준면에서 지하로 3미터를 파고들어간 곳에서 틱타알릭이 발견되었다. 그동안의 수고를 모두 보상해주는 엄청난 화석이었다. 슈빈과 그의 동료들이 선택한 틱타알릭이라는 이름은, 이누이트족의 언어 중 하나인 이눅티투트어Inuktitut로 '모캐burbot'라는 그 지역 민물고기를 뜻한다. 이 화석들을 연구하기 위한 적절한 보존 처리와 기재와 분석을 위한 모든 준비가 끝나기까지는 2년의 시간이 걸렸다. 그래서 틱타알릭은 2006년에 두 개의 논문을 통해 알려졌고, 뒷다리의 묘사에 대한 논문은 2012년에 발표되었다.

10개체 이상의 틱타알릭이 발견되었고, 몸길이는 1~3미터 범위였다(그림 10.3). 게다가 가장 좋은 표본은 뒷다리와 꼬리의 일부분만 없을 뿐 거의 완벽했다. 그러나 뒷다리는 다른 표본을 통해서 알려져 있었다. 익티오스테가나 아칸토스테가보다 1200만 년이 더 앞서는 표본에 대해 누구나 예상할 수 있듯이, 틱타알릭은 여러 면에서 물고기와 더 비슷하다. 근육질의 지느러미는 양서류 팔다리의 원형으로서의 요소를 모두 갖추고 있었지만, 아직은 발가락보다는 지느러미살fin ray을 갖고 있었다. 틱타알릭은 (대부분의 '양서어류'처럼) 물고기의 비늘이 있었고, (아가미궁을 이루는 뼈들을 통해서 확인되는) 아가미와 (머리에 있는 공기구멍을 통해서 확인되는) 허파를 둘 다 지니고 있

그림 10.3 틱타알릭. (A) 골격. (B) 살아 있는 모습을 복원한 모형.

었으며, 물고기처럼 입천장palate과 턱의 위치가 낮았다. 그러나 여느 물고기와는 달리, 양서류의 특징도 지니고 있었다. 짧고 납작한 두개골이 움직일 수 있는 목과 연결되어 있었고, 두개골의 뒤쪽 끝에는 고막을 위한 홈이 있었으며, 튼튼한 갈비뼈와 사지와 어깨뼈와 엉덩이뼈가 있었다. 아칸토스테가와 마찬가지로, 틱타알릭의 지느러미는 육지로 멀리 몸을 끌고 가거나 땅 위에서 배를 들고 걸을 수 있을 정도로 유연하거나 강하지 않다. 그 대신 얕은 물에서 노를 젓듯이 휘젓거나 수면 위를 볼 수 있도록 몸을 지탱하는 일을 했을 것이다. 다른 '양서어류'와 마찬가지로, (그리고 오늘날의 다른 양서류, 특히 영원과 도롱뇽처럼) 틱타알릭은 대부분의 시간을 물에서 보내면서 그들이 살던 물가에 있는 것들을 사냥했을 것이다.

로버트 홈스Robert Holmes는 『뉴 사이언티스트New Scientist』에 다음과 같이 썼다.

> 5년 동안 엘즈미어섬을 발굴하던 그들은 누나부트에서 북쪽으로 멀리 떨어진 곳에서 월척을 낚았다. 골격이 고스란히 보존된 아름다운 물고기 화석을 여러 점 수집한 것이다. 화석을 연구한 슈빈의 연구팀은 정확히 그들이 찾고 있던 빠진 중간 단계라는 것을 확인하고 흥분을 감추지 못했다. 대슐러는 "우리는 정말로 딱 중간을 가르는 것을 발견했다"라고 말했다.

그리고 클락은 이렇게 언급했다. "그것은 손가락으로 가리키면서 '거봐, 내가 있을 거라고 했잖아' 하고 말할 수 있는 것이었고, 정말로 거기에 있다."

더 많은 전이화석을 찾는 작업은 그래도 계속되고 있다. 그러나 한 가지는 분명하다. 물에서 뭍으로의 전이 과정은 고생물학자들과 생물학자들이 1세기 넘게 생각했던 것처럼 엄청난 도약이 아니었다. 어항과 수산물 시장과 큰 수족관에 있는 물고기의 99퍼센트를 차지하는 지느러미살이 있는 물고기(조기아강Actinopterygii)의 거대한 방산만 살펴봐도 된다. 칠성장어, 먹장어, 상어, 가오리, 폐어, 실러캔스를 제외하고 현존하는 모든 물고기가 지느러미살이 있는 물고기다. 조기어류는 육기어류처럼 지느러미에 단단한 뼈가 없고, 길고 가느다란 뼈나 연골 가닥으로 지느러미를 지탱한다.

조기어류는 얇은 지느러미를 이용해 땅 위에서 움직일 수 있는 여러 가지 방법을 찾아냈다. 이를테면, 반수생동물인 말뚝망둥이mudskipper는 갯벌이나 맹그로브나무의 뿌리에 가슴지느러미로 버티고 서서 공기와 물이 맞닿는 경계면에서 천천히 기어다닌다(그림 10.4). 이 '걸어다니는 메기walking catfish'는 미국 동남부의 중요한 골칫거리다. 먹이를 찾거나 말라가고 있는 웅덩이를 벗어나기 위해서 땅 위를 꿈틀꿈틀 기어서 다른 웅덩이로 갈 수 있기 때문이다. 등목어climbing perch도 더 좋은 물웅덩이를 찾기 위해 몸을 끌면서 육지로 올라올 수 있으며, 심지어 나무 위를 기어 올라갈 수도 있다. 망둥이goby와 꺽정이sculpin같이 조수 웅덩이의 생활에 적응한 많은 물고기는 썰물 때에는 공기 중에서 산다. 이런 물고기들은 가슴지느러미가 바위에서 몸을 밀거나 기어다닐 수 있도록 변형되어 있다. 주로 물속 생활을 하는 다른 물고기들은 가슴지느러미의 지느러미살이 '손가락'으로 변형되어서 물속에서 땅바닥을 파거나 몸을 앞으로 끌어당길 수 있다.

이런 조기어류 무리들 가운데에는 서로 유연관계가 가까운 종류가 없다. 따라서 육상 생활에서의 이런 모든 적응은 완전히 독립적으로 진화했다. 물고기가 (다만 몇 분에서 몇 시간이라도) 육상 서식지를 이용하는 것에는 분명히 큰 이점이 있었고 강한 선택압이 작용했을 것이다. 그리고 이들은 한때 해결

그림 10.4 일본의 갯벌에서 벌레를 잡아먹고 있는 말뚝망둥이.

불가능하다고 생각했던 문제에 대해서 저마다 다른 방식으로 해결책을 찾았다. 따라서 육기어류가 최초의 반수생동물을 거쳐서 완전한 육상동물로 나아가는 점진적인 변화는 한때 과학자들이 상상했던 것처럼 아예 있을 수 없는 일이 아니다.

최근에 에밀리 스탠든이 이끄는 연구팀이 발표한 연구는 물고기가 물 밖으로 나오는 일이 얼마나 쉽게 일어날 수 있는지를 보여주었다. 이들이 실험한 동물은 대단히 원시적인 경골어류硬骨魚類인 아프리카의 비처bichir(폴립테루스*Polypterus*)였다. 비처는 철갑상어sturgeon와 주걱철갑상어paddlefish 같은 원시적인 조기어류의 먼 친척이다. 비처의 지느러미는 초기 육기어류의 지느러미와 다르지 않았고, 따라서 비처는 육기어류와 조기어류 사이의 연결고리에 가깝다고 말할 수 있다. 연구자들은 이 물고기를 정상적인 물속 서식지가 아닌 땅 위에서 키웠다(비처는 공기 호흡을 잘한다). 아니나 다를까, 그렇게 몇 세대를 거치자 비처의 지느러미는 발생 가소성developmental plasticity이라는 메커니즘을 통해서 더 강해지고 땅 위를 기어다니기에 더 적합해졌다. 발생 가소성 덕분에 동물은 배 발생embryonic development이 일어나는 동안 스스로 몸을 변형해서 새로운 도전에 적응할 수 있다. 스탠든의 지적처럼, 발생 가소성은 왜 그렇게 많은 종류의 조기어류가 물속이나 땅 위를 기어다니는 것에 적응했는지를 설명해줄 뿐만 아니라, 어쩌면 육기어류가 같은 일을 할 수 있었던 메커니즘도 설명해줄지 모른다.

이제 '양서어류'는 (육기어류처럼) 의심할 여지없는 물고기부터 틱타알릭과 아칸토스테가와 익티오스테가 같은 중간 단계를 거쳐서 훨씬 양서류 같은 동물까지 연속적으로 이어진다(그림 10.5). 물고기가 물 밖으로 기어 나와서 육상동물이 된 과정이 잘 상상이 되지 않는 사람이 있다면 이 놀라운 화석들을 보는 것만으로 답을 찾을 수 있을 것이다.

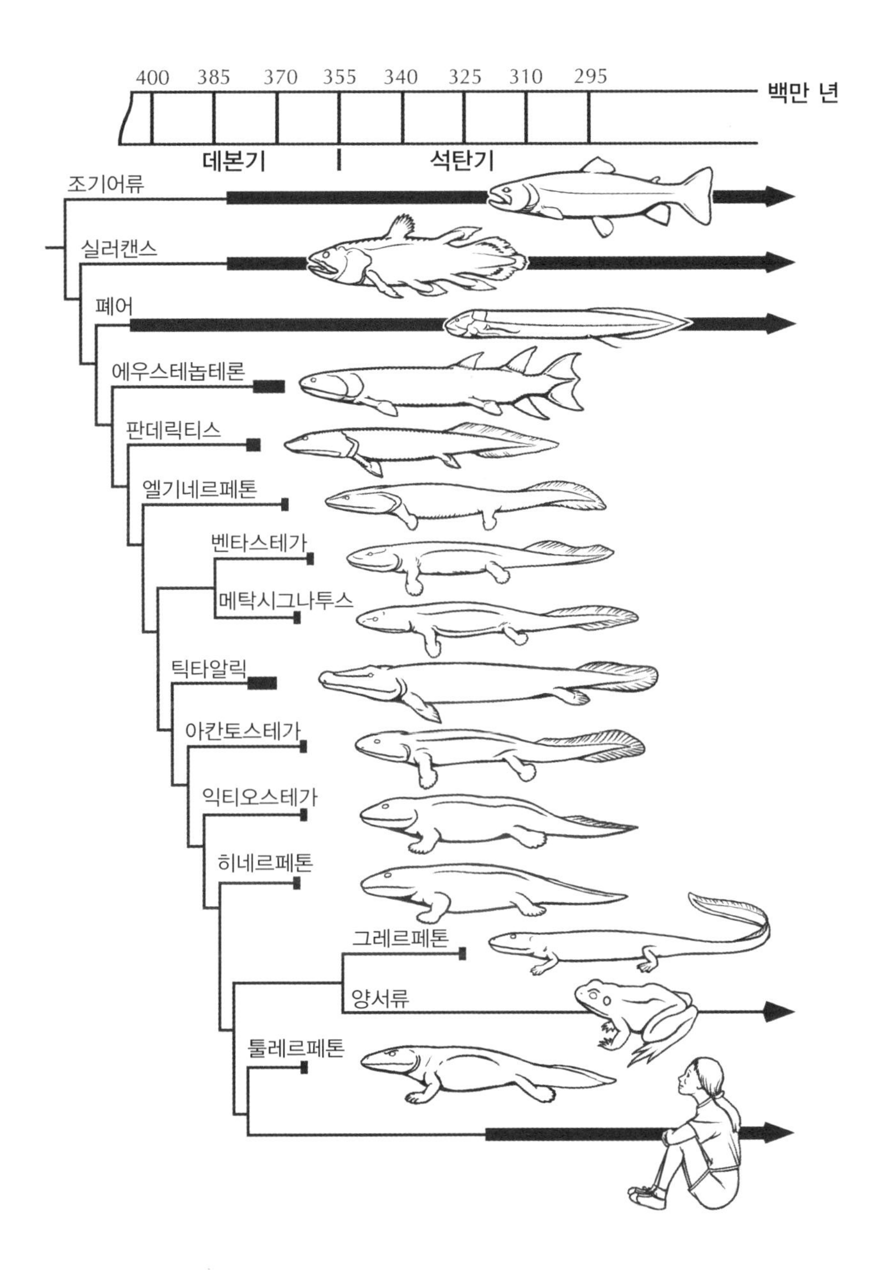

그림 10.5 어류에서 양서류로 진화하는 과정.

가볼 만한 곳

내가 알기로는 익티오스테가와 아칸토스테가 화석은 케임브리지 대학의 동물학 박물관에만 있고, 스톡홀름의 자연사 박물관에는 몇 점의 표본이 전시되어 있다.

미국에서 복제 골격과 복원 모형이 전시된 박물관은 필라델피아의 드렉셀 대학 자연과학 아카데미, 시카고의 필드 자연사 박물관, 매사추세츠 케임브리지에 위치한 하버드 대학의 비교동물학 박물관, 신시내티 자연사 과학 박물관이다. 몇 가지 최고의 육기어류 화석과 초기 양서류는 뉴욕의 미국 자연사 박물관에 있다.

11

"개구롱뇽"
개구리의 기원: 게로바트라쿠스

학설들은 지나간다. 개구리는 남는다.

장 로스탕Jean Rostand, 『생물학자의 관심사Inquiétudes d'un Biologiste』

"인간, 대홍수의 증인"

18세기 초반의 학자들은 화석의 특성과 기원을 놓고 의견이 분분했다. 그들은 암석 속에서 이런 특이한 형체가 발견되는 까닭에 대해 여러 가지 설명을 내놓았다. 화석을 뜻하는 'fossil'이라는 단어는 라틴어인 *fossilis*(발굴로 얻은 것)에서 유래했다. 따라서 원래는 암석을 파내서 나온 것(결정, 결핵체concretion, 그 밖의 다른 비생물학적 물체도 포함된다)은 모두 화석이라고 불렸다. 어떤 과학자들은 화석이 악마의 작품이라고 생각했다. 악마가 신실한 사람들에게 혼란을 일으키고 의심을 퍼뜨리기 위해서 화석을 암석 속에 넣었다는 것이다. 어떤 과학자들은 화석이 신비한 '형성력plastic force(비스 플라스티카 vis plastica)'의 영향을 받아서 암석 속에서 자란다고 주장했고, 어떤 과학자들은 생명체가 암석의 틈새에 비집고 들어갔다가 납작하게 눌려 죽은 후에 그 골격이 돌 속에 남은 것이라고 주장했다. 소수의 학자들만 화석화된 조개와 고둥의 껍데기를 그 후손들과 연결시켰다.

당시에는 전혀 알아보지 못한 화석이 많았는데, 현존하는 어떤 동물과도 닮지 않았기 때문이다. '설석tongue stone(글로소페트라이glossopetrae)'이라고 알려진 특이한 삼각형 물체는 하늘에서 떨어졌다고 여겨졌다. 그래서 사람들은 이 물체가 뱀에 물린 상처를 낫게 해주거나 독성을 제거하는 능력과 같은 신묘한 특성을 지니고 있다고 믿었다. 그러나 1669년에 덴마크의 의사 닐스 스텐센(우리에게는 라틴어 이름인 니컬러스 스테노로 알려져 있다)은 상어의 입 속에서 '설석'을 보았고, 그것이 이빨이라는 것을 깨달았다. 대부분의 사람은 암모나이트가 똬리를 튼 뱀의 유해라고 생각했는데, 19세기 초반이 되기 전까지는 격실로 나뉜 앵무조개의 껍데기가 발견되지 않았기 때문이다. 바다나리의 기둥 또는 줄기 조각은 하늘에서 떨어진 별이라고 여겨졌다.

특히 성경은 화석에 관한 생각에 계속해서 영향을 끼쳤다. 이를테면 1726년에 스위스의 자연학자 요한 쇼이처는 화석이 "대홍수라는 엄청난 비극을 세상에 가져온 죄를 지은 악명 높은 사람들 중 하나의 골격"이라고 설명했다. 머리에서 엉덩이뼈까지의 길이가 약 1미터에 이르는 큰 골격이었던 그 화석은 두개골과 팔과 등뼈가 달려 있었으며 암석 속에서 발견되었다. 그래서 노아의 홍수 때 죽은 사람이 틀림없다고 생각했다. 쇼이처는 이 화석을 호모 딜루비이 테스티스*Homo diluvii testis*(대홍수를 목격한 사람)라고 명명했다(그림 11.1). 그러나 1758년, 선구적인 자연학자 요하네스 게스너는 이 주장에 동의하지 않았고, 그것이 메기catfish라고 믿었다! 그러다가 1777년에 페트루스 캄퍼르는 도마뱀이라고 주장했다. 1802년에 마르틴 반 마우어는 이 표본을 하를렘에 위치한 테일러스 박물관으로 가져갔고, 현재까지도 그곳에 있다. 1836년에 이 표본에는 안드리아스 쇼이체리*Andrias scheuchzeri*라는 이름이 정식으로 붙여졌는데, 이것은 '쇼이처가 상상한 사람의 모습'이

그림 11.1 요한 쇼이처의 '호모 딜루비이 테스티스'. 네덜란드 하를렘의 테일러스 박물관에 전시되어 있다.

라는 뜻이다.

이 실수는 쇼이처가 처음 기재를 한 이래로 거의 1세기 동안 바로잡히지 않았다. 나폴레옹에게 네덜란드가 함락된 후, 파리로 가게 된 이 표본은 척추동물 고생물학과 비교해부학의 창시자인 위대한 조르주 퀴비에 남작의 손에 닿게 되었다. 그는 뼈가 더 잘 드러나도록 표본을 납작한 석판 형태로 만들었고, 특히 팔에서 원래 보였던 것보다 세부적인 형태를 더 많이 찾아냈다. 그뿐이 아니었다. 평생 비교해부학 연구에 몰두했던 퀴비에는 그것이 인간의 뼈가 아님을 단번에 알아차렸다. 약간의 비교를 통해서 퀴비에는 그것이 영장류도, 포유류도 아니라는 것을 알아냈다. 그것은 거대한 도롱뇽이었다!

그런 거대한 도롱뇽은 사라지지 않았다. 일본과 중국에 있는 두 종의 도롱뇽은 쇼이처의 화석보다도 더 크다(그림 11.2). 중국장수도롱뇽Chinese giant salamander은 길이가 거의 2미터에 이르며, 무게는 무려 36킬로그램까지 나가기도 한다! 이 도롱뇽은 쇼이처의 화석과 같은 속으로 분류되며, 학명은 안드리아스 다비디아누스*Andrias davidianus*다. 또 고도가 100~1500미터인 바위산의 물이 맑은 개울이나 연못에 살며, 대개 숲이 우거진 곳에서 발견된

그림 11.2 중국장수도롱뇽.

다. 안드리아스 야포니카*Andrias japonica*라고 명명된 일본장수도롱뇽은 중국장수도롱뇽보다 조금 작고, 비슷한 환경에서 서식한다. 두 종 모두 서식지 파괴로 인해서 멸종 위기에 처해 있으며, 이런 큰 수생동물이 살아남기 위해서는 무척 넓은 영역이 필요하다. 설상가상으로, 장수도롱뇽은 중국 전통 약재로 쓰일 목적으로 밀렵이 되고 있다. 같은 이유에서 코뿔소, 호랑이, 천산갑, 그 밖의 많은 다른 동물도 이미 멸종 위협을 받고 있다.

양쪽에서의 생활

제10장에서 우리는 데본기 후기에 양서류가 어떻게 육기어류에서 생겨났는

지를 알아보았다. 그런데 이 양서류는 우리에게 친숙한 개구리, 두꺼비, 도롱뇽 같은 오늘날의 양서류로 어떻게 진화했을까? 여기서 다시, 화석 기록은 이런 진화 역사의 단계들을 보여주는 놀라운 표본들을 생산해왔다.

양서류를 뜻하는 'amphibian'이라는 단어는 amphibion(양쪽에서의 생활)이라는 그리스어에서 유래했다. 여기서 '양쪽'이란 물속과 땅 위를 뜻하며, '양쪽에서의 생활'은 양서류의 가장 뚜렷한 특징 중 하나다. 대부분의 양서류는 습기만 있으면 두 환경 모두에서 번성할 수 있다. 콜로라도두꺼비desert toad는 물이 거의 없는 환경에 맞추기 위해서 적응해왔고, 몸을 차갑게 하고 습기를 유지하기 위해서 땅속에서 겨우겨우 살아가고 있다. 그러나 대부분의 양서류는 알을 낳고 생활 주기를 완성하기 위해서 여전히 습한 환경이 필요하다(그러나 아주 드물게는 알 단계를 완전히 뛰어넘고 실제로 새끼를 낳는 양서류도 있다).

현존하는 양서류는 엄청나게 다양해서 5700종이 넘게 알려져 있다. 그중 4800종 이상은 개구리와 두꺼비이고, 도롱뇽과 영원은 655종에 불과하다. 게다가 무족영원류caecilian(아포단apodan이라고도 불린다)라는 제3의 양서류 무리도 약 200종이 있다. 다리가 없는 무족영원류는 주로 남아메리카, 아프리카, 아시아의 열대 토양 속에서 굴을 파고 살아간다. 무족영원류는 명암을 감지할 수 있는 작은 눈을 갖고 있다. 일부는 감각촉수의 끝에 눈이 달려 있는 종류도 있지만 대부분은 앞을 보지 못한다. 전문가가 아니라면 무족영원류는 거의 거대한 지렁이처럼 보인다.

양서류는 길이가 7.7밀리미터에 불과한 뉴기니섬의 아주 작은 개구리인 파이돕리네 아마누엔시스*Paedophryne amanuensis*에서부터 매우 거대한 중국장수도롱뇽에 이르기까지, 크기의 범위가 엄청나게 넓다. 단순하고 길쭉한 몸에 단순한 팔다리와 기다란 꼬리를 갖고 있는 도롱뇽과 영원은 가장 원시적인 양서류(이를테면 틱타알릭, 익티오스테가, 아칸토스테가[제10장])와 비슷한 몸의 형태를 유지하고 있다.

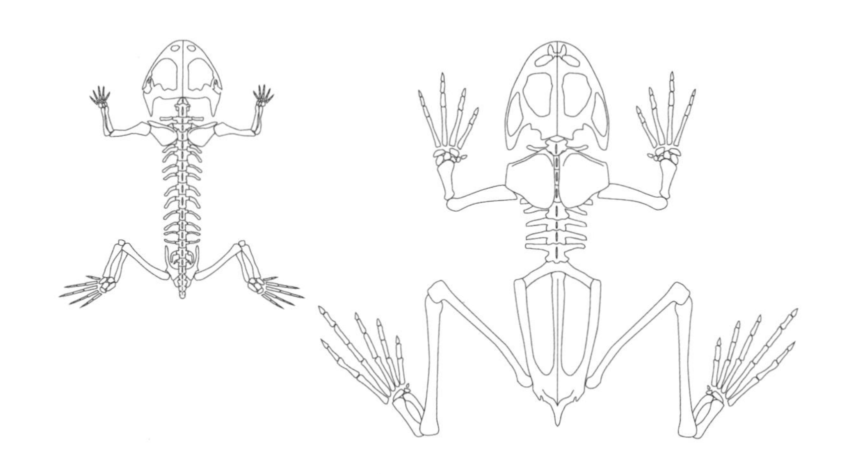

그림 11.3 트리아도바트라쿠스*Triadobatrachus*(왼쪽)와 현생 개구리(오른쪽)의 비교. 얼핏 보면 비슷하게 보이지만, 트리아도바트라쿠스는 오늘날의 개구리보다 훨씬 원시적이다. 몸통을 이루는 척추뼈의 수가 더 많고, 골반도 오늘날의 개구리처럼 길게 발달하지 않고 작고 단순하다. 앞다리와 뒷다리가 짧아서 도약을 할 수 없었으며, 꼬리는 약간 더 길었고, 훨씬 더 원시적인 두개골을 갖고 있었다.

개구리는 현존하는 모든 양서류 중에서 이런 조상의 체제로부터 가장 극적으로 분기한 종류다. 고등학교 생물 시간에 개구리를 해부해본 적이 있는 사람이라면 누구나 알고 있듯이, 개구리의 몸 설계는 정말로 독특하다(그림 11.3). 성체 개구리와 두꺼비는 꼬리가 없지만 알에서 나온 유생(올챙이)은 꼬리를 갖고 있다가 성숙하는 동안 체내에 흡수된다. 개구리는 머리가 짧고 주둥이가 넓고 뭉툭해서 먹이를 잡을 때(대체로 길고 끈끈한 혀를 사용한다) 입을 크게 벌릴 수 있다. 개구리는 대단히 길고 근육이 발달한 뒷다리 덕분에 (먹이를 잡고 포식자로부터 도망치기 위해서) 엄청나게 높이 뛰어오를 수 있고, 힘차게 헤엄을 칠 수도 있다. 개구리는 몸통 골격도 짧다. 갈비뼈는 작고 뭉툭하며, 대단히 길쭉한 엉덩이뼈는 뒷다리 근육을 지탱한다. 개구리는 갈비뼈를 이용해서 호흡을 할 수 없기 때문에, 목구멍에 있는 주머니를 부풀려서 공기를 드나들게 할 수 있다(이와 함께 다양한 소리도 만든다). 개구리는 아주 작은 뉴기니섬의 개구리에서부터 골리앗개구리Goliath frog에 이르기까지, 크기가 엄청나게 다양하다. 길이가 300밀리미터가 넘고 무게가 3킬로그램인 골리앗개구리는 곤충뿐 아니라 새와 작은 포유동물까지도 잡아먹을 수 있을 정도로 크다.

골리앗개구리가 별로 대단치 않다면, 1993년에 어느 과학자 집단이 마다가스카르의 백악기 후기 암석을 연구하다가 발견한 훨씬 큰 개구리 화석도 있다. 이들은 15년에 걸쳐 조각들을 모두 맞춘 후(여기에는 75조각으로 된 거의 완전한 두개골도 포함된다), 그 결과를 2008년에 발표했다. 이 개구리는 벨제부포 암핑가*Beelzebufo ampinga*(악마의 두꺼비)로 명명되었다. '벨제부포'라는 속명은 악마를 뜻하는 벨제붑Beelzebub(파리의 왕Lord of the Flies)과 일반적인 두꺼비의 속명인 부포*Bufo*를 합성한 것이다. 종명은 마다가스카르어로 '방패'라는 뜻이다. 이들은 남아메리카에 사는 '뿔개구리horned frog'로 알려져 있는 뿔개구릿과Ceratophryidae라는 무리에 속한다. 따라서 예전에는 뿔개구릿과가 오늘날 남반구의 대부분을 포함하는 곤드와나 대륙 전체에 분포해 있었을 것이다. 이 화석 개구리에서 단연 돋보이는 특징은 크기다. 거의 완벽한 골격을 토대로 볼 때, 벨제부포는 길이가 40센티미터였고 무게가 4킬로그램이었다. 골리앗개구리의 1.3배가 넘는 크기였다! 벨제부포는 머리가 매우 크고 입이 크게 벌어졌던 것으로 보아서, 당시에 마다가스카르를 돌아다니던 어린 공룡까지도 잡아먹을 수 있었을 것으로 추측된다.

풍성한 붉은 지층

지금까지는 현존하는 양서류의 다양성과 크기의 범위를 맛보기로 들여다본 것에 불과하다. 그들의 화석 조상은 어땠을까? '양서어류'(제10장)에서 시작된 양서류는 석탄기(3억 5500만~3억 년 전)와 페름기(3억~2억 5000만 년 전)에 온갖 다양한 종류로 엄청난 진화적 폭발을 일으켰다. 대부분은 멸종된 3대

주요 무리에 속하지만, 한때 이들은 육상에서 가장 크고 가장 번성한 동물이었다. 그러다가 페름기 초기에 파충류가 등장해서 그 역할을 이어받았다.

페름기 초기의 양서류와 당시 육상동물을 채집하기 가장 좋은 장소는 텍사스 북부의 붉은 지층이다. 그중에서도 위치타 폴스와 시모어 일대(그리고 오클라호마주 경계에 걸쳐서까지)가 특히 최적의 장소다. 이 놀라운 화석 퇴적층은 선구적인 고생물학자인 에드워드 드링커 코프가 1877년에 발견했다. 그는 말 한 필과 마차와 그 지역에서 구한 한두 명의 조수만으로 작업을 했는데, 말 그대로 해골과 뼛조각들로 뒤덮인 땅을 발견했다. 그는 단 며칠 만에 마차 한가득 화석을 채집했다. 이런 풍성한 퇴적층에서 화석을 채집하고 연구를 위해 필라델피아로 실어 보내는 미국 고생물학자들의 오랜 전통은 이렇게 시작되었다.

초기 파충류와 양서류의 진화에 관해 발표한 고생물학자는 거의 다 이 텍사스의 붉은 지층에서 화석을 수집했다. 그중에는 고생물학자라면 누구나 이름을 알 만한 캔자스 대학(1890년대 재직)과 시카고 대학(1918년에 사망할 때까지 재직)의 새뮤얼 웬들 윌리스턴, 시카고 대학(1920년대)과 하버드 대학(1970년대까지 재직)의 앨프리드 S. 로머, 시카고 대학(나중에는 UCLA)의 에버렛 올슨 같은 학계의 거물들도 포함된다.

화석 채집은 소풍이 아니다. 그 지역의 여름은 타는 듯이 덥고, 폭풍에 날려온 붉은 흙먼지가 식음료, 장비, 눈, 그 밖의 민감한 곳을 가리지 않고 어디에나 파고든다. 지하수는 차처럼 뜨겁고 맛이 형편없다. 게다가 붉은 진흙과 염기성 물질이 다량 들어 있어서 너무 많이 마시면 신장결석이 생길 수도 있다. 화석 수집가들은 일단 좋은 화석 발굴지를 찾으면, 땅을 깊이 파고 들어가서 몸을 웅크려야 한다. 그래야만 서늘함도 유지하고 먼지도 들이마시지 않는다.

그러나 그 보상은 무엇보다도 값지다! 이 붉은 지층에서 가장 흔한 동물은 등에 커다란 돛 같은 것이 달린 호랑이만 한 크기의 포식자인 디메트로돈

*Dimetrodon*이다. 디메트로돈은 공룡 장난감과 어린이 공룡 책을 통해서 우리에게 친숙한 동물이다(제19장). 그러나 디메트로돈은 공룡이 아니라 포유류가 나온 계통의 아주 초기 일원인 단궁류單弓類, synapsid 또는 '원시 포유류proto-mammal'라고 알려진 동물이다(단궁류는 파충류가 아닌데도 한때는 포유류 같은 파충류라고 불렸다). 대부분의 표본은 길이가 2~4미터이고 무게는 270킬로그램이 넘었으며, 등에는 지느러미 같은 돛이 달려 있었는데, 이 돛은 1.2미터 높이로 뻗어 있는 가시 같은 척추뼈로 지탱되었다. 디메트로돈은 당시 최상위 포식자였다. 이들의 먹이는 몸집이 더 작고 등에 돛이 있는 단궁류 같은 초식동물인 에다포사우루스*Edaphosaurus*와 온갖 종류의 원시적인 진짜 파충류였다. 이런 진짜 파충류 중에는 크기가 도마뱀만 하고 거북과 아주 가까운 친척인 캅토리누스*Captorhinus*도 있었다.

그러나 단궁류와 파충류는 텍사스 붉은 지층의 생물 중 아주 작은 부분에 지나지 않는다. 비록 디메트로돈이 페름기 초기의 지구를 지배했다고 해도, 크기와 다양성 면에서 절정에 이르렀던 양서류 중에는 혹독한 환경에서 먹이를 놓고 디메트로돈과 경쟁을 벌였던 최상위 포식자가 많았다.

양서류가 세상을 지배할 때

고생대 후기의 양서류 세 무리 중에서 가장 흔하고 가장 인상적인 종류는 (예전에는 미치류로 불렸던) 분추류分椎類, temnospondyl였다. 기다란 몸통과 꼬리, 양쪽으로 뻗어 있는 튼튼한 다리는 대체로 뚱뚱한 악어를 닮았다. 그러나 이들은 악어와 달리 거대하고 편편한 두개골을 갖고 있었는데, 눈구멍은 위쪽을 향하고 있었고 큼직한 주둥이 주위에는 날카로운 원뿔 모양의 이빨이 늘어서 있었다. 지배파충류archegosaur라고 알려진 어떤 특별한 분추류의 머리는 얼핏 보면 악어의 머리를 닮아서 주둥이가 좁고 길쭉하다. 지배파충류 중 하나인 프리오노수쿠스*Prionosuchus*는 연대가 페름기 중기(2억 7000만 년 전)인 브라질의 페드로 도 포고층Pedro do Fogo Formation에서 발견되었다. 프리오노수쿠스는 석호lagoons와 강에서 살았으며, 악어를 닮은 체형뿐 아니라 길고 좁은 주둥이도 갖고 있었다. 이런 주둥이는 가비알악어gavial처럼 물고기와 다른 수생 먹이를 잡는 데에 특화된 것이다. 만약 일부의 주장처럼 프리오노수쿠스의 길이가 정말 9미터에 달했다면, 이 동물은 지금까지 살았던 양서류 중에서 가장 컸고, 현존하는 어떤 악어보다도 컸다. 그러나 꼬리와 몸통의 길이가 너무 길게 추정되었다는 주장도 있으므로, 프리오노수쿠스는 길이가 5미터 남짓이었을 가능성도 있다.

최초의 분추류는 길이가 1미터에 불과했지만, 페름기가 되자 분추류는 지금까지 지구에 살았던 가장 큰 육상동물 중 하나가 되었다. 페름기 초기의 텍사스 붉은 지층에서 나오는 가장 흔한 화석 중 하나인 에리옵스*Eryops*는 완전한 골격이 여러 개 알려져 있는 대형 분추류다(그림 11.4A). 길이 2미터가 넘는 육중한 몸통에는 탄탄한 꼬리와 다리들이 달려 있었고, 큰 개체의 경우는 두개골이 길이만 60센티미터가 훌쩍 넘었다! 페름기 초기에 가장 큰 육상동물 중 하나였던 에리옵스는 육상과 수중에서 모두 먹이를 사냥할 수 있었다. 역시 페름기 초기의 텍사스 붉은 지층에서 나온 에돕스*Edops*는 에리옵스보다 조금 더 원시적이었고 두개골의 길이가 더 길었다. 따라서 에돕스는 에리옵스보다 더 컸다.

페름기 후기가 되자, 대형 육상 분추류는 완전한 물속 생활로 물러나게 되었다. 아마 원인은 당시 육상에 살던 대형 단궁류 포식자와의 경쟁 때문이었을 것이다. 분추류는 페름기 말(2억 5000만 년 전)에 일어난 지구 역사상 최악의 대멸종에서 가까스로 살아남은 동물이었다. 분추류는 트라이아스기(2억 5000만~2억 년 전)에도 드문드문 산재했고, 트라이아스기에는 애리조나의 규화목 숲Petrified Forest 같은 늪지와 호수 퇴적층에 흔했다. 이들 최후의 분추류는 다리가 약해서 육상에서는 몸을 지탱할 수 없을 것처럼 보였다. 납작한 머리에 달린 눈은 위쪽만 볼 수 있었고, 크고 납작한 몸은 얕은 물속에 살면서 수생 먹이를 잡아먹는 생활에 적응했다.

두 번째 멸종 양서류 무리는 공추류空椎類, lepospondyl다. 공추류는 석탄기 초기부터 페름기 초기까지 유럽과 북아메리카에만 살았다. 대부분의 공추류는 같은 시대에 살았던 분추류보다 몸집이 작았고, 도롱뇽처럼 길쭉한 몸에 작은 다리가 달려 있어서 주로 수중 생활을 했을 것으로 추정된다. 결각류欠脚類, aistopod 같은 종류는 다리가 완전히 없어서 물뱀처럼 생겼다. 세룡microsaur이라는 다른 종류는 좀 더 도마뱀과 비슷한 체형이었고, 둥근 두개골과 튼튼한 다리를 갖고 있었다. 공추류 중에서 가장 유명한 종류는 생김새가 괴상한 디플로카울루스*Diplocaulus*다(그림 11.4B). 텍사스의 페름기 초기 붉은 지층에서 나온 표본으로 가장 잘 알려져 있는 디플로카울루스는 공추류 중에서 가장 큰 축에 속하는데, 길이 1미터 정도였고 땅딸막한 도롱뇽 같은 몸을 지니고 있었다. 몸 대부분이 각판으로 뒤덮여 있었고, 넓고 튼튼한 턱을 갖고 있었다.

그러나 진짜 기이한 것은 디플로카울루스의 머리였다. 디플로카울루스의 머리는 평평한 두개골의 양쪽으로 크고 납작한 '뿔'이 뻗어 있는 부메랑 같은 모양이었고, 눈구멍이 위쪽을 향하고 있었다. 이 기이한 '뿔'의 기능에 대해서는 지금도 논란이 분분하다. 물속에서 부드럽게 상하 운동을 할 수 있도록 부메랑 형태의 머리가 추진력을 제공하는 수중익hydrofoil 역할을 했을 것이라는 주장도 있다. 그러나 디플로카울루스의 몸은 비교적 약해서 힘차게 헤엄칠 근육을 지탱하기 위해서 필요한 단단한 뼈가 없었다. 누군가는 이런 머리 형태가 포식자로 하여금 디플로카울루스를 머리부터 먹기 어렵게 만들었을 것이라고 주장했다. '뿔' 때문에 머리가 너무 넓적해서 페름기 초기의 가장 거대한 포식자조차도 쉽게 삼킬 수 없었다는 것이다. 위쪽을 향한 눈은 디플로카울루스가 개울과 연못 바닥에 몸을 숨기고 가만히 있기만 한 포식자는 아니었음을 암시한다. 디플로카울루스는 강력한 턱으로 먹이를 잡기 위해서 앞으로, 위로 돌진했을 것이다. 어쩌면 '뿔'로 먹이를 가격해서 정

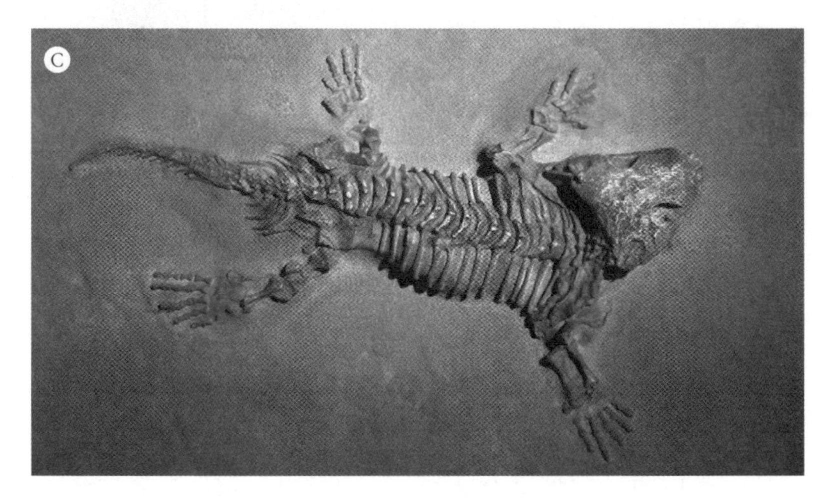

그림 11.4 초기 양서류. (A) 분추류인 에리옵스. (B) 공추류인 디플로카울루스의 복원도. (C) 탄룡류인 세이모우리아.

신을 잃게 만들었을지도 모른다. 그러나 가장 그럴듯한 가설은 디플로카울루스의 '뿔'이 영양이나 사슴의 가지뿔과 비슷한 역할을 했을 것이라는 주장이다. 수컷에게 뿔과 가지뿔은 기본적으로 과시용 구조다. 짝짓기 상대를 찾을 때 자신의 우월함과 힘을 보여주기 위한 것이다. 이런 '뿔'의 성장이 더 어린 단계들의 디플로카울루스에서 확인된다는 점과 튼튼한 뿔을 가진 수컷과 더 작은 뿔을 가진 암컷이 있었던 것으로 추정된다는 점은 이 가설을 더 그럴싸해 보이게 만든다.

세 번째 멸종된 양서류 무리는 '탄룡류炭龍類, anthracosaur'라고 알려져 있다. 탄룡류는 파충류로 이어지는 계통에 있는 더 발달한 양서류를 한꺼번에 묶은 잡동사니 분류군이다(그림 11.4C). 텍사스의 붉은 지층에는 놀라운 화석들이 가득한데, 그중에는 3미터 길이의 하마만 한 초식동물인 디아덱테스*Diadectes*와 파충류와 아주 흡사한 세이모우리아*Seymouria*(붉은 지층의 중심에 있는 텍사스 시모어에서 딴 이름)가 포함된다.

'개구롱뇽'을 찾아서

텍사스의 붉은 지층으로 몰려들었던 (로머와 올슨 같은) 20세기의 거물들은 이제 모두 세상을 떠났지만, 그들의 후학들은 지금도 그곳을 계속 찾아와서 중요한 화석을 채집하고 있다. 주요 인물을 몇 사람 꼽아보면, 몬트리올 레드패스 박물관의 로버트 캐롤(로머의 하버드 대학 제자), 로버트 레이즈(캐롤의 첫 제자, 현재 토론토 대학에 있다), 지금은 고인이 된 스미스소니언협회의 니컬러스 허튼(로머와 올슨의 시카고 대학 제자), 역시 고인이 된 피터 본(로머의 제자, 로머는 UCLA에서 근무하는 동안 올슨과 함께 많은 고생물학자를 훈련시켰다)이 있다. 학문적인 면에서 로머와 올슨의 손주뻘인 현 세대 고생물학자들은 여러 가지 중요한 발견을 이뤄냈다.

1994년에 시모어 지역에서 스미스소니언협회의 주관으로 이루어진 한 탐사에서, 허튼이 이끄는 탐사팀은 '돈의 물고기 더미 발굴지Don's Dump Fish Quarry'라는 별명이 붙은 화석 발굴지에서 연구를 하고 있었다. 그들은 수많은 화석어류와 양서류 여러 점을 발견했지만, 현장에서는 모든 화석을 깨끗이 닦아서 자세히 살펴볼 시간이 없었다. 전해지는 이야기에 따르면, 허튼은 (스미스소니언 박물관의 보조 학예사인 피터 크롤러가 발견한) 어느 특별한 화석 하나의 중요성을 알아채고 "개구리Froggie"라고 쓴 종이와 함께 자신의 주머니에 보관했다. 그러나 허튼은 1999년에 사망했고, 그 화석을 연구하거나 발표할 기회가 없었다.

5년 후, 한 무리의 젊은 과학자들이 허튼의 소장품들 중에서 연구되지 않은 이 표본을 찾아낸 다음, 많은 시간을 들여서 화석을 완전히 노출시키기 위한 보존 처리를 끝냈다(허튼이 입수했을 당시에는 화석이 부분적으로만 보였다). 마침내 2008년에 허튼의 '개구리'는 발견된 지 14년 만에 기재되고 발표되었다. 논문의 저자에는 캘거리 대학의 제이슨 S. 앤더슨(캐롤과 레이즈의 제자)과 함께, 로버트 레이즈, 캘리포니아 주립 대학의 스튜어트 수미다, 샌버너디노San Bernardino(본의 제자), 베를린 자연과학 박물관의 나디아 프뢰비슈(캐롤의 제자)가 포함되었다. 이들은 이 표본을 게로바트라쿠스 호토니 *Gerobatrachus hottoni*(허튼의 고대 개구리)라고 명명했지만, 언론에서 이 발견 소식을 전하면서 '개구롱뇽frogamander'이라는 이름을 붙였다.

표본 자체는 거의 완벽한 골격이었다. 등을 대고 누운 상태로 발견된 표본은 길이가 11센티미터에 불과했고, 엉덩이 부분과 꼬리의 일부와 어깨뼈가 사라진 상태였다(그림 11.5A). 이 표본을 봤을 때 가장 먼저 눈길을 사로잡는 것은 도롱뇽 같은 몸과 개구리 같은 납작한 주둥이의 조합이다(그래서 '개구롱뇽'이라는 별명이 붙었다). 두개골과 골격에는 개구리의 전형적인 해부학적 특징이 많이 나타나는데, 특히 고막이 눈에 띈다. 무엇보다도 중요한 것은, 턱에 부착되어 있는 이빨이 뿌리 부분에 있는 작은 받침대pedestal와 뚜렷하게 구별된다는 점이다(**자루** 이빨pedicellate teeth). 이런 이빨은 현생 양서류와

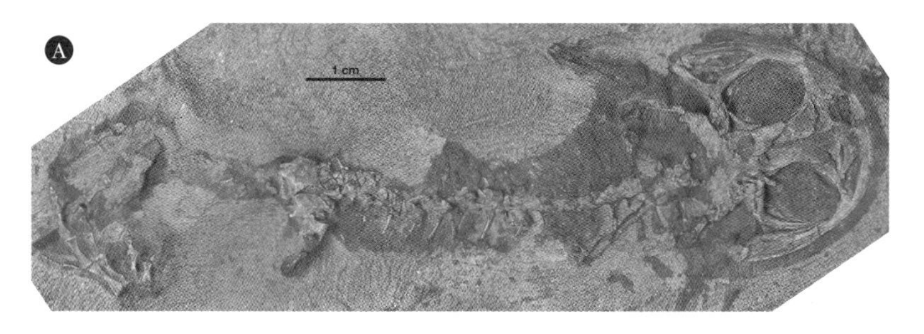

그림 11.5 게로바트라쿠스 호토니. (A) 유일한 화석. (B) 살아 있는 모습을 복원한 그림.

멸종된 일부 다른 양서류에만 나타나는 독특한 특징이다.

오늘날의 분류군에는 속하지 않고 그 분류군들 사이의 정확히 중간에 자리를 잡은 화석이야말로 진정한 전이화석이며, (조금 엉뚱하게) "빠진 연결고리(missing link, 잃어버린 고리)"라고 불리기도 한다. 게로바트라쿠스는 개구리와 도롱뇽을 연결하는 완벽한 전이화석이다. 가장 오래된 것으로 알려진 도롱뇽은 카자흐스탄의 쥐라기 후기(약 1억 5000만 년 전) 지층에서 발견된 카라우루스 샤로비*Karaurus sharovi*다. 가장 오래된 것으로 알려진 개구리는 마다가스카르의 트라이아스기 초기(2억 4000만 년 전)의 지층에서 나온 트리아도바트라쿠스 마시노티*Triadobatrachus massinoti*다(그림 11.6, 그림 11.3을 보라). 넓적한 주둥이와 물갈퀴가 달린 길쭉한 발을 갖고 있는 트리아도바트라쿠스는 현생 개구리와 비슷하게 생겼지만, 기다란 몸통 부위에는 14개의 척추뼈로 이루어진 척추가 있다. 이에 비해서 오늘날의 개구리는 4~9개의 척추뼈로 이루어진 짧은 몸통을 갖고 있다. 또 현존하는 어떤 개구리와도 달리, 성체가 되어도 완전히 사라지지 않고 남아 있는 짧은 꼬리가 있었다. 뒷다리는 어떤 도롱뇽보다도 컸지만, 오늘날의 개구리와 같은 큼직한 근육질의 다리와는 거리가 멀었다. 따라서 트리아도바트라쿠스는 힘차게 헤엄칠 수는 있었지만 도약은 하지 못했다. 이런 모든 특징과 그 외 여러 다른 특징은 트리아도바트라쿠스를 오늘날의 개구리와 더 원시적인 게로바트라쿠스 같은 종류 사이의 완벽한 전이화석인 '개구롱뇽'으로 만들어주었다.

2억 9000만 년 전, 게로바트라쿠스는 개구리와 도롱뇽 계통의 어떤 종류보다도 더 오래되었고, 특징이 지나치게 원시적이어서 개구리 또는 도롱뇽이라고 부를 수 없었다. 이런 사실은 개구리와 도롱뇽이 별개의 '종류'로 창

그림 11.6 트라이아스기의 원시적인 개구리인 트리아도바트라쿠스의 복원도.

조된 것이 아니라 공통조상으로부터 진화했다는 것을 입증하는 데에 보탬이 되었고, 그런 공통조상 중 하나가 게로바트라쿠스일 수도 있다.

가볼 만한 곳

내가 알기로는 '개구룡뇽'은 어떤 박물관에도 전시되어 있지 않다. 그러나 에리옵스와 디플로카울루스를 포함한 텍사스 페름기의 대형 양서류 화석은 뉴욕의 미국 자연사 박물관, 덴버 자연과학 박물관, 시카고의 필드 자연사 박물관, 매사추세츠 케임브리지에 위치한 하버드 대학의 비교동물학 박물관, 워싱턴 D.C.에 위치한 스미스소니언협회의 미국 국립자연사 박물관, 노먼에 위치한 샘 노블 오클라호마 자연사 박물관에서 볼 수 있다.

12

반쪽 등딱지 거북
거북의 기원: 오돈토켈리스

거북을 보라. 거북은 목을 쑥 내밀고 있을 때에만 전진한다.

제임스 브라이언트 코넌트

그 밑으로는 다 거북

태양계의 구조와 우주론에 관한 강연을 마친 윌리엄 제임스에게 아담한 노부인이 다가와서 이야기를 건넸다. "제임스 씨, 태양계의 중심에는 태양이 있고 공처럼 둥근 지구가 그 주위를 돈다는 당신의 학설은 아주 그럴듯하게 들리지만, 틀렸어요. 내가 더 좋은 학설을 알고 있어요." 제임스는 정중하게 "그것이 무엇이죠, 부인?"이라고 물었다. 노부인은 "우리가 살고 있는 땅껍질이 거대한 거북의 등 위에 있다는 것이지요"라고 대답했다. 이 얼토당토않은 귀여운 학설을 허물어뜨리기 위해서 과학적 증거를 조목조목 들이밀고 싶지 않았던 제임스는 그녀의 생각이 부적절하다는 것을 스스로 깨닫게 함으로써 자신의 관점을 부드럽게 설득하기로 마음먹었다. 그는 다음과 같이 물었다. "만약 부인의 생각이 맞는다면, 그 거북은 어디에 서 있나요?" 노부인은 이렇게 대답했다. "역시 똑똑하시네요, 제임스 씨. 아주 예리한 질문이에요. 그 답은 이렇답니다. 그 거북 밑에는 조금 더 큰 거북이 있어요." "그렇다면 그 큰 거북은 어디에 서 있죠?" 제임스는 꾹 참고 다시 물었다. 그러자 노부인은 득의양양해서 큰 소리로 떠들었다. "소용없어요, 제임스 씨. 그 밑으로는 다 거북이에요."

이 이야기는 여러 형태가 있다. 어떤 이야기에는 철학자 버트런드 러셀이 등장하고, 어떤 이야기에는 철학자이자 심리학자 윌리엄 제임스가 등장한다. 작가 헨리 데이비드 소로, 유명한 회의론자 조지프 바커, 철학자 데이비드 흄이 등장하기도 한다. 아니면 토머스 헨리 헉슬리, 아서 에딩턴, 라이너스 폴링, 칼 세이건 같은 과학자가 주인공일 때도 있다. 이 이야기는 거대한 거북이 세상을 어떻게 지탱하는지에 관한 힌두교의 전설에서 유래했다. 버트런드 러셀은 1927년에 한 강연에서 다음과 같이 말했다.

만약 모든 것에 원인이 있어야 한다면, 신도 원인이 있어야 합니다. 만약 뭔가가 원인이 없이 존재할 수 있다면, 신이 그렇듯이 이 세상도 충분히 그럴 수 있을 것입니다. 따라서 그 논쟁에는 어떤 정당성도 존재해서는 안 됩니다. 이 세상을 거대한 코끼리가 떠받치고 있고 그 코끼리 밑에는 거대한 거북이 있다는 힌두교의 세계관은 정확히 이런 특성을 지녔습니다. 사람들이 '거북은 어떻게 되는 거냐'고 물으면, 인도인은 '다른 이야기를 하는 게 좋겠다'고 대답합니다.

이 이야기들은 맨 밑에 있는 거북을 무엇이 떠받치고 있는지에 대해서는 어떠한 설명도 하지 않는 무한 후퇴infinite regress 문제("그 밑으로는 다 거북")와 연관이 있다. 궁극적 원인에 관한 이런 논쟁은 수세기 동안 계속되어왔다.

그러나 이 이야기는 다른 문제와도 닮아 있다. 만약 우리가 거북의 화석 기록을 좇아서 과거로 거슬러 올라가면, 그 시작에서 우리는 무엇을 발견하게 될까? 아직 거북은 아니지만 다른 어떤 것보다도 거북과 가까운 전이 형태는 어떤 종류의 동물일까? 어떤 동물이 '절반의 거북'이 될 수 있었을까? 이런 조롱 섞인 질문은 화석 기록을 왜곡하고자 할 때 창조론자들이 흔히 하는 이야기다. 이를테면 창조론자들은 대부분의 화석 거북을 가리키면서 "그냥 거북"이라고 말하거나 "모두 거북 종류에 속한다"라고 주장하고, 다른 파충류와 거북을 연결하는 형태로 여기지 않는다. 심지어 후대의 다른 어떤 거북에서도 발견되지 않는 초기 거북만의 대단히 원시적인 해부학적 특징을 제시해도, 이들에게는 '그냥 거북'일 뿐이다. 창조론자들은 '절반의 거북'의 특징을 지닌 동물을 상상하지 못한다. 대부분의 거북은 몸을 보호하기 위해서 등딱지(배갑carapace)와 배딱지(복갑plastron)가 둘 다 필요한데, 화석은 어떻게 '절반의 거북딱지'를 가질 수 있을까?

다행히도 2008년에 수년의 노력에 마침표를 찍는 놀라운 발견을 함으로써, 화석 기록은 일반적인 파충류에서 진정한 거북으로 이어지는 거의 모든 단계를 나타내는 표본을 얻게 되었다.

전이 거북

이 모든 단계의 맨 아래에 있는 거북에 닿기 앞서, 거북의 진화사를 훑어보도록 하자. 대부분의 사람이 보기에 거북은 다 그것이 그것 같지만, 거북의 종류는 455속 1200종이 넘는다. 그중 다수가 멸종 위기에 처했는데, 인간의 남획과 서식지 파괴와 애완용 거래 때문이다. 고도로 분화한 갑피로 둘러싸인 몸속에서, 거북은 바다와 민물과 육지를 포함한 대단히 다양한 생활방식에 적응했다.

오늘날의 모든 거북은 뚜렷하게 두 무리로 나뉜다. 우리에게 친숙한 늪거북pond turtle, 바다거북sea turtle, 땅거북land tortoise은 잠경류crypto-

그림 12.1 잠경류(위)는 수직면에서 목을 S자 곡선 모양으로 구부려서 머리를 거북딱지 안으로 완전히 집어넣는다. 곡경류 즉 '가로목거북side-necked turtle'(아래)은 머리를 옆으로 접어서 거북딱지의 입구 아래로 머리와 목을 끌어당긴다.

dire(감춘목)에 속한다. 잠경류에 속하는 거북은 250종이 넘는다. 잠경류 거북은 쉽게 구별이 가능한데, 거북딱지 속으로 머리를 감출 때에 등딱지 입구의 바로 아래에서 목을 세로로 접어 넣기 때문이다(그림 12.1). 밖에서 보면 거북이 딱지 내부를 향해서 똑바로 머리를 잡아당기는 것처럼 보인다. 이런 독특한 머리 운동과 함께, 모든 잠경류 거북은 머리와 턱 근육에 다른 특별한 특징도 있다. 이 특징은 미국 자연사 박물관의 유진 개프니가 최근에 발견했다.

또 다른 종류는 곡경류pleurodire(가로목)다. 곡경류는 거북딱지 속으로 머리를 끌어당길 때, 목을 수평면에서 가로로 접는다. 그래서 머리와 목의 윗부분이 등딱지 입구의 바로 아래에 포개어져 있다(그림 12.1을 보라). 대단히 특별하고 독특한 거북 무리인 곡경류 거북은 17속, 약 80종이 존재한다. 대부분 고대 곤드와나 대륙 남부(특히 아프리카, 오스트레일리아, 남아메리카)의 흔적 속에서 발견된다. 곡경류의 화석 기록은 잠경류만큼 상태가 좋지 않지만, 백악기와 신생대 초기의 곤드와나 대륙과 고대 라우라시아 대륙 북부 전역에 다양한 종류가 있었다. 오늘날 곡경류가 남반구에만 분포하는 것은 다양성 감소로 인한 근래의 결과다.

일부 곡경류 거북은 정말 기이하다. 이를테면 마타마타거북matamata은 생김새가 아주 특이하다(그림 12.2). 마타마타거북은 남아메리카의 아마존강과 오리노코강 유역에 있는 개울과 연못 바닥에 산다. 등딱지는 위장을 위해 울퉁불퉁한 돌기로 뒤덮여 있고, 콧구멍은 관 모양으로 길게 뻗어 있어서 물

그림 12.2 이빨이 없는 퇴화한 턱과 납작한 머리를 갖고 있는 현생 곡경류 마타마타거북. 먹이를 무는 대신 입을 크게 벌리고 목구멍의 공간을 확장시켜서 먹이를 빨아들인다.

속에 숨은 채로 끝부분만 물 밖에 내놓을 수 있다. 마타마타거북은 물고기나 작은 먹잇감이 근처에 다가오면, 갑자기 입을 크게 벌리고 거대한 목구멍을 팽창시켜서 순식간에 먹이를 삼켜버린다! 마타마타거북은 턱이 많이 퇴화해 깨물거나 씹을 수는 없다. 그 대신 강력한 목 근육을 이용해서 입과 목구멍에서 물을 짜낸 다음에 먹이를 통째로 삼킨다.

대부분의 화석 거북은 비교적 작은데, 현생 거북도 크기 범위가 대략 비슷하다. 그러나 갈라파고스, 에콰도르 서부, 인도양의 알다브라 같은 격리된 섬에는 거대 거북도 있다. 현생 거북 중에서 가장 큰 것은 바다거북이다. 물속에 사는 바다거북은 물의 부력을 이용해서 엄청난 크기의 몸을 지탱한다. 그중에서도 장수거북leatherback sea turtle이 가장 크다(장수거북은 모든 파충류 가운데 네 번째로 크다). 큰 개체는 길이가 2.2미터가 넘고, 체중이 700킬로그램이 넘기도 한다. 장수거북은 딱딱한 등딱지가 대부분 퇴화하고 두껍고 질긴 가죽만 남았기 때문에 영어로는 가죽 등딱지라는 뜻인 'leatherback'이라고 불린다. 이런 골질 껍데기의 소실은, 밀도가 지나치게 높아져서 장수거북이 너무 빠르게 가라앉는 것을 막아준다. 장수거북의 피부는 대부분의 포식자가 넘볼 수 없을 정도로 충분히 두껍다(다 자란 장수거북은 포식자가 거의 없다).

그러나 과거 지질시대에는 진정한 괴물 거북이 있었다. 가장 큰 거북은 바다거북 아르켈론*Archelon*(그리스어로 '거북의 왕')이었다. 아르켈론은 오늘날 캔자스 서부에 해당하는 곳에 있던 얕은 내해에서 플레시오사우루스plesiosaurs, 익티오사우루스ichthyosaurs, 모사사우루스mosasaurs 같은 다른 해양 파충류와 함께 바다를 누볐다(그림 12.3). 가장 거대한 아르켈론 표본은 길이가 4미터를 넘고 한쪽 지느러미발에서 반대쪽 끝까지의 폭이 약 5미터였다. 이 아르켈론은 무게가 2200킬로그램이 넘었을 것이다. 많은 바다거북처럼 아르켈론의 등은 뼈대가 하나의 열린 틀을 이루었고, 배에는 가장자리가 삐죽삐죽한 네 장의 판갑이 있었다. 아르켈론은 오늘날의 장수거북과 마

그림 12.3 백악기 캔자스의 바다에서 나온 거대 바다거북 아르켈론의 가장 완벽한 골격.

찬가지로 대체로 두꺼운 가죽으로 덮여 있었을 것이다.

멸종된 거대 땅거북은 아르켈론만큼 크지는 않았지만, 그래도 오늘날의 대형 거북들보다는 훨씬 컸다. 가장 큰 거북 중 하나인 콜로소켈리스*Colosso-chelys*는 길이 2.7미터, 너비 2.7미터였고 무게가 1톤이 넘었다. 1840년대에 파키스탄에서 처음 발견된 콜로소켈리스의 화석은 유럽에서 인도, 인도네시아에 걸쳐 발굴되고 있으며, 연대는 1000만 년 전부터 마지막 빙하기가 끝날 무렵인 1만 년 전까지 나타난다. 이들은 마치 갈라파고스땅거북Galápagos tortoise을 거대하게 확대한 것처럼 생겼다.

약 6000만 년 전의 콜롬비아 늪지 퇴적층에서 나온 카르보네미스*Car-bonemys*는 이보다 더 컸다. 실제로 2인승 소형차만 했던 이 거북은 길이가

1.7미터가 넘었고, 마주치는 동물은 악어를 포함해서 무엇이든 잡아먹을 수 있었을 것이다. 카르보네미스는 팔레오세에 가장 큰 동물 중 하나였다. 더 큰 동물은 같은 지층에서 발견된 티타노보아*Titanoboa*뿐이었는데, 길이가 14미터였던 티타노보아는 지금까지 살았던 가장 거대한 뱀이었다(제13장). 카르보네미스는 남아메리카에 흔한 가로목거북의 일종인 늪가로목거북류 pelomedusoid였다.

모든 육지거북 중에서 가장 큰 종류 역시 남아메리카에 살았던 스투펜데미스*Stupendemys*였다. 이 거북은 연대가 600만~500만 년 전인 베네수엘라 우르마코층Urumaco Formation의 늪지 지층과 브라질에서도 발견되었다(그림 12.4). 카르보네미스와 마찬가지로, 스투펜데미스도 늪가로목거북이라고

그림 12.4 일본 효고의 히메지 과학관에 전시되어 있는 스투펜데미스의 등딱지.

하는 곡경류 거북에 속했다. 현생 거북 중에는 노란점강거북Arrau turtle(포독네미스 엑스판사*Podocnemis expansa*)과 가장 비슷하지만, 크기가 훨씬 더 컸다. 이름에서 알 수 있듯이, 이 거북은 정말로 엄청나게 거대stupendous했다. 이 거북의 등딱지는 길이 3.3미터, 폭 1.8미터가 넘었다.

이런 극단적인 사례들은 거북의 엄청난 진화적 다양화 징후를 슬쩍 보여준다. 이제 다음 의문으로 넘어가자. 이 수많은 거북 중에서 밑에 있는 거북, 즉 현존하는 잠경류와 곡경류에 속하는 그 어떤 거북보다 더 원시적이었던 이 거북은 무엇일까?

최초의 육지거북

알려진 가장 오래된 육지거북이자 2008년까지 알려진 가장 오래된 거북은 프로가노켈리스*Proganochelys*였다. 그다지 크지는 않았지만(길이가 1미터에 불과했다) 거북 무리에서 극단적으로 원시적인 거북인 프로가노켈리스(그림 12.5)는 잠경류와 곡경류 계통의 어떤 거북보다도 더 원시적이었다. 이 거북의 기다란 목은 단단한 가시로 덮여 있어서 등딱지 속으로 숨길 수 없었다. 프로가노켈리스는 완벽하거나 거의 완벽한 골격이 여러 개 알려져 있다. 처음에는 연대가 2억 1000만 년 전인 독일의 트라이아스기 상부 지층에서 발견되었고, 나중에는 그린란드와 태국에서도 발견되었다.

해부학이나 동물학을 모르는 사람이 보면, 프로가노켈리스는 다른 거북들과 똑같아 보인다. 그러나 더 자세히 들여다보면 이후의 거북들과는 확연히 달랐다는 것이 드러난다. 거북딱지가 있었지만, 위쪽에 있는 판의 크기가 이후의 화석 거북이나 현생 거북보다 훨씬 넓었다. 특히 등딱지의 가장자리는 다리를 보호했다. 기다란 꼬리는 단단한 가시로 둘러싸여 있었고 꼬리 끝에는 뭉툭한 곤봉이 달려 있었다. 이 거북은 몇몇 최초의 공룡과 함께 살았기 때문에, 여러 대형 포식자와 대적해야 했다. 프로가노켈리스의 두개골

그림 12.5 가장 오래된 육지거북인 프로가노켈리스. (A) 화석 표본과 등딱지. (B) 살아 있는 프로가노켈리스의 복원도.

은 현생 거북의 것보다는, 원시적인 파충류의 두개골과 훨씬 더 비슷했다. 오늘날의 거북처럼 부리가 있었지만, 입천장 상부에는 아직 이빨이 있었다. 따라서 이 거북은 어떤 종류의 이빨이 있었던 최후의 거북이었다. 이빨과 부리의 조합은 이 거북이 살아 있는 먹이와 식물을 둘 다 먹는 잡식성 동물이었다는 것을 나타낸다. 목을 움츠릴 수 없었기 때문에, 이 거북의 크고 단단한 머리는 잠경류와 곡경류 거북이 하듯이 안전을 위해서 거북딱지 안으로 숨길 수 없었다.

이제 우리는 가장 오래된 것으로 알려진 육지거북에 이르렀다. 프로가노켈리스는 등딱지가 있는 확실한 거북이었다. 그러나 대부분의 다른 특징들은 후대의 거북과는 매우 다른 원시적인 파충류였다. 오랫동안 창조론자들은 프로가노켈리스를 "그냥 거북일 뿐"이라고 무시하면서, 등딱지가 없는 거북을 상상하는 것은 불가능하다고 말했다. 그러던 2008년, 거북의 기원에 관한 의문은 마침내 그 답을 찾았다.

절반의 거북딱지

수십 년 동안, 중국 고생물학자들은 관링關嶺 생물상Guanling Biota이라는 매우 중요한 화석 발굴지에서 연구를 하고 있었다. 관링 생물상은 구이저우성貴州省의 신푸新蒲라는 마을 근처에 있다. 팔랑法郎층Falang Formation에 속하는 와야오瓦窯 부층Wayao Member의 검은 셰일은 트라이아스기 후기(약 2억 2000만 년 전)에 난판장南盤江 분지Nanpanjiang Basin에 퇴적되었다. 난판장 분지는 3면이 고지대로 둘러싸여 있지만, 남서쪽으로 뚫려 있었던 만입부는 테티스해Tethys Seaway와 연결되어 있었다. 테티스해는 한때 지중해에서 인도네시아까지 뻗어 있던 고대의 바닷길이었다. 검은 셰일은 깊고 움직임이 없는 물속에서 형성되는 대표적인 퇴적층으로, 사체 청소나 부패가 거의 일어나지 않는다. 그래서 검은 셰일에 포함된 화석은 보존 상태가 놀라울 정도로 뛰어나다. 수심이 깊고 산소 농도가 낮았지만, 물에 떠내려온 나무와 육상동물이 화석화된 것으로 봤을 때 육지가 가까이 있었다는 것을 알 수 있다. 이 동물 중 일부는 아마 연안에서 헤엄을 치거나 난판장 분지로 물이 흘러들어가는 삼각주에 살았을 것이다.

몇 년에 걸쳐, 관링 생물상에서는 트라이아스기 후기에 대양에서 일어난 변화가 기록된 놀라운 해양 파충류 화석과 해양 무척추동물(특히 암모나이트와 거대한 '바다나리') 화석들이 나왔다. 파충류에 포함되는 것으로는 길이 10미터가 넘는 '어룡fish lizard', 즉 익티오사우루스의 거의 완전한 골격(제15장)과 조개를 먹는 파충류인 플라코돈placodont의 골격, 탈라토사우루스thalattosaurs라는 해양 파충류 무리가 있다. 한때 관링 생물상에서 발견되어 명명된 속의 수는 17개에 이르렀지만, 최근 연구에서는 그 목록이 여덟 개의 속과 종으로 줄어들었다.

새롭게 발견된 이런 모든 해양 파충류 종과 함께, 중국 과학자들은 그들이 수집한 대단히 흥미로운 화석들을 2008년에 발표했다. 완전한 골격과 여러 부분 골격을 토대로, 이들은 이 화석들을 오돈토켈리스 세미테스타케아 *Odontochelys semitestacea*(절반의 거북딱지를 가진 이빨이 있는 거북)라고 명명했다. 누가 봐도 거북과 다른 파충류 사이의 전이화석으로서 아무런 손색이 없는 화석이었다(그림 12.6). 오돈토켈리스는 '거북은 어떻게 거북딱지가 없는 상태에서 완전한 거북딱지를 가진 거북으로 진화할 수 있었는가?'라는 궁금증의 해답을 내놓은 것이다. 배에는 완전히 뼈로 된 껍데기(배딱지)가 있었지만, 등에는 단단한 갈비뼈만 있을 뿐 껍데기가 전혀 없었다! 다시 말해서, 거북딱지가 전혀 없는 상태에서 완전한 거북딱지로 전이되는 과정에서는 등딱지가 아니라 배딱지가 먼저 형성된 것이다. 오돈토켈리스야말로 정확히 '절반의 거북딱지'를 가진 거북이었다.

이런 놀라운 특징과 함께, 오돈토켈리스에게는 흥미로운 특징이 또 있었다. 오돈토켈리스는 양 턱의 둘레를 따라서 한 줄로 늘어선 이빨이 있었다.

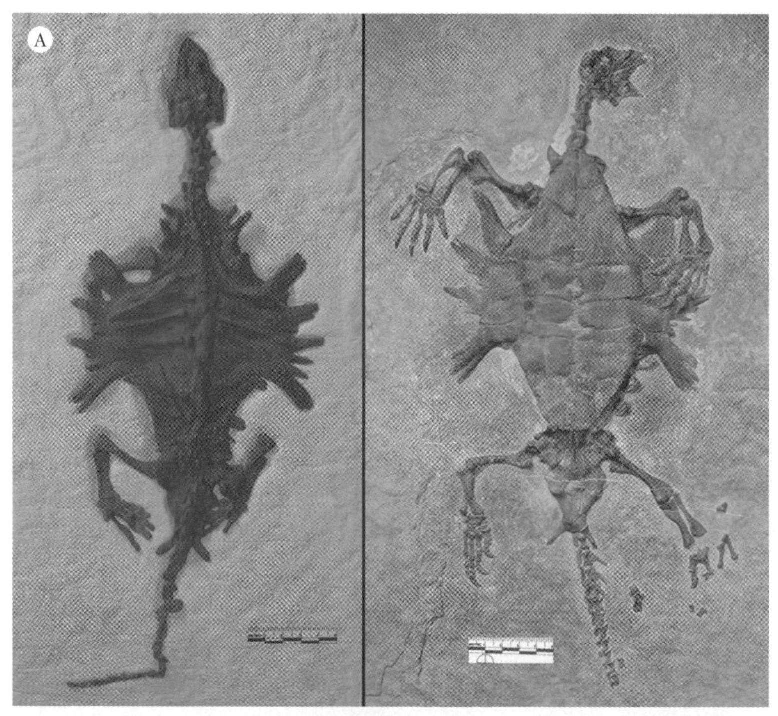

그림 12.6 오돈토켈리스. (A) 가장 보존 상태가 좋은 화석. 등에는 불완전한 등딱지가 있고(왼쪽), 배에는 완벽한 배딱지가 나타난다(오른쪽). (B) 살아 있는 오돈토켈리스의 복원도.

이빨 없이 부리만 갖고 있는 이후의 모든 거북과 달리 이빨이 있는 마지막 거북이었다. 한 번 더 우리는 턱에 이빨이 있는 파충류에서 일어난 진화적 전이를 확인할 수 있다. 거북은 정상적인 파충류 이빨을 갖고 있는 '절반의 거북' 오돈토켈리스에서, 턱에는 이빨이 없지만 입천장에 약간의 이빨이 있는 프로가노켈리스를 거쳐서, 이빨이 전혀 없는 후대의 거북으로 진화한 것이다.

오돈토켈리스는 오랫동안 이어져온 또 다른 논란도 해결했다. 수십 년 동안, 일부 고생물학자들은 거북의 등딱지가 피부에서 발달한 작은 골판 osteoderm이 융합해서 만들어졌다고 주장했다. 한편 다른 고생물학자들은 등 쪽의 갈비뼈가 확장되어서 등딱지가 진화했다고 맞섰다. 오돈토켈리스는 후자가 옳다는 것을 보여준다. 등 쪽의 갈비뼈가 넓적하게 확장되면서 거북딱지로 발달하기 시작하고 있었기 때문이다. 게다가 갈비뼈 위나 사이에는 골판이 전혀 박혀 있지 않았다. 이런 사실은 거북에 대한 발생학적 연구를 통해서도 확인된다. 등쪽 갈비뼈의 발생학적 변화에서부터 등딱지의 발달을 추적하는 과정에 골판은 연관이 없다.

오돈토켈리스는 또 다른 의문에 대한 해답도 내놓았다. 거북이 어떤 환경에서 처음 진화했는지에 관한 의문이다. 프로가노켈리스 같은 이후의 거북 화석은 대부분 육상에 형성된 퇴적층에서 발견되었다. 그래서 많은 고생물학자는 거북이 원래 육상동물이었다고 주장했다. 그러나 가장 오래된 거북으로 알려진 오돈토켈리스는 분명한 수생동물이었다. 대양에 살았고, 당시의 강과 삼각주 지역에서 헤엄을 쳤을 수도 있다. 앞다리의 크기를 토대로 볼 때, 오돈토켈리스는 소량의 물이 고여 있는 곳에 서식하는 많은 거북과 닮았다.

거북 더미의 아래

오돈토켈리스 화석은 거북이 아닌 파충류와 의심할 여지없는 거북 사이에

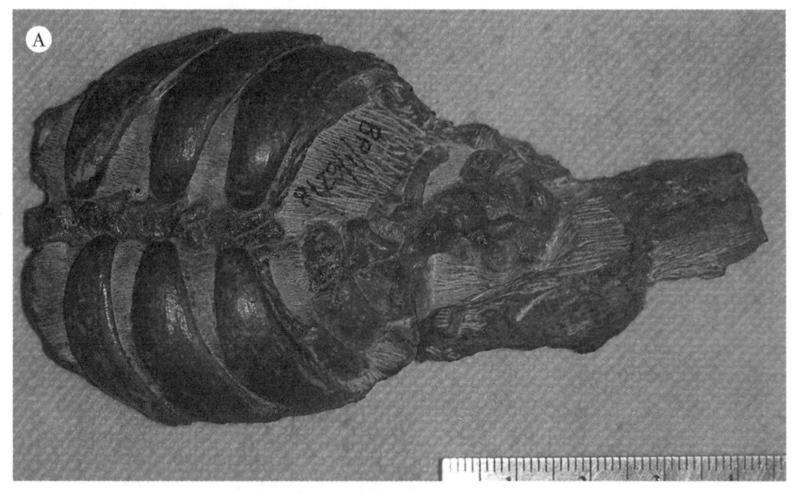

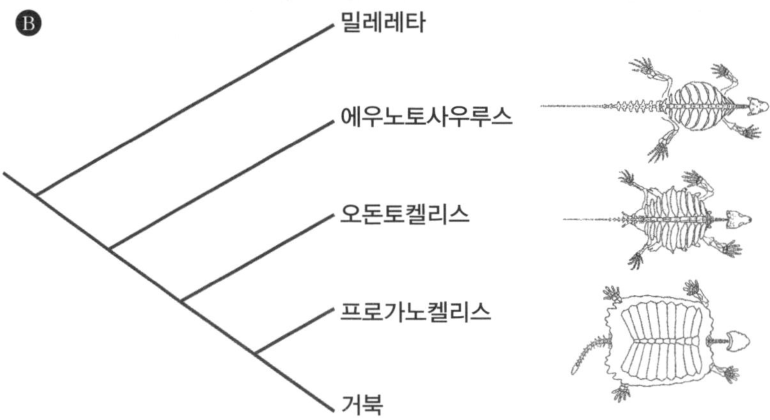

그림 12.7 페름기의 원시적인 파충류인 에우노토사우루스. 거북 진화의 최초 단계를 암시하는 폭이 넓은 갈비뼈를 갖고 있다. (A) 부분적인 표본. 부분적으로 껍데기를 만드는 독특하고 넓적한 갈비뼈가 나타난다. (B) 에우노토사우루스와 다른 원시적인 거북의 계통수. 양서류에서 거북으로 전이되는 과정을 보여준다.

놓인 진정한 전이화석이었다. 그런데 거북은 어떤 종류의 파충류에서 갈라져 나왔을까? 전통적으로는 무궁류無弓類, anapsid에서 나왔다는 생각이 지배적이었다. 가장 원시적인 파충류 무리인 무궁류는 더 발달된 대부분의 파충류에서 볼 수 있는 두개골 뒤쪽의 특별한 구멍이 없다. 이 관점은 거의 1세기 동안 유지되었고, 지금도 대체로 널리 받아들여지고 있다.

그러나 지난 20년 동안, 이 관점을 위협하는 새로운 자료가 등장했다. 바로 모든 파충류에서 발견되는 DNA와 단백질의 분자 서열이다. 이런 연구에서는 거북을 이궁류二弓類, Diapsida에 포함시키는 경우가 많았다. 이궁류는 도마뱀과 뱀, 여기에 악어와 새까지 포함하는 분류군이다. 어떤 연구에서는 거북을 도마뱀으로 분류하거나 악어-새 집단에 넣기도 한다.

그러나 예일 대학과 독일 튀빙겐 대학의 연구진이 내놓은 최근의 분석은 거북이 현존하는 파충류 중에서 가장 원시적인 무리라는 것을 강하게 뒷받침하는 사례가 되었다. 이들은 남아프리카에서 발견되어 1892년에 해리 고비어 실리가 처음으로 기재한 화석인 에우노토사우루스*Eunotosaurus*를 지적했다(그림 12.7). 이 동물은 페름기 중기(약 2억 7000만 년 전)의 지층에서 꽤 흔히 발견되지만, 상태가 좋은 두개골이 있는 완전한 골격은 드문 편이다. 에우노토사우루스는 크고 뚱뚱한 도마뱀처럼 생겼지만, 도마뱀과는 다른 몇 가지 중요한 특징이 골격에 나타난다. 이 중에서 가장 놀라운 특징은 대단히 확장된, 넓적하고 평평한 등 쪽의 갈비뼈다. 이 갈비뼈들은 완벽한 등딱지에 가까울 정도로 사이사이의 틈새가 거의 없었다. 이 특징과 함께 다른 여러 해부학적 특징들 때문에, 거북이 원시적인 파충류의 계통에서 유래했다고 확신한 과학자들이 많았다. 이 과학자들은 분자 분석을 할 때에는 긴 가지 끌림 현상long-branch attraction이라고 알려진 문제에 미혹되기 쉽다고 주장했다. 이 현상 때문에 계통수에서 초기에 갈라져 나와서 격리된 무리가 유전자 유형에서는 엉뚱한 무리에 잘못 들어가는 일이 종종 있다는 것이다.

따라서 탐색은 여전히 진행 중이며, 거북이 어떤 파충류에서 유래했는지에 관한 문제는 아직 답이 나오지 않은 상태다. 증거가 명확하고 강력해질 때까지는 과학은 대개 이런 방식으로 작동한다(오돈토켈리스가 처음 발표되었을 때에도 그랬다). 관심의 끈을 놓지 말자. 이 책이 출간될 즈음에는 전혀 다른 해답이 받아들여질지도 모르니까!

가볼 만한 곳

내가 아는 한 오돈토켈리스는 어떤 박물관에도 전시되어 있지 않다. 그러나 뉴욕의 미국 자연사 박물관에는 콜로소켈리스, 스투펜데미스, 프로가노켈리스를 포함한 다른 여러 화석 거북이 전시되어 있다. 코네티컷 뉴헤이븐에 있는 예일 피바디 자연사 박물관에는 가장 크고 가장 유명한 아르켈론의 표본이 있고, 미국 자연사 박물관과 빈의 자연사 박물관에도 표본이 있다. 스투펜데미스의 복제품이 전시된 다른 박물관으로는 일본 효고의 히메지 과학관과 오사카 자연사 박물관이 있다. 슈투트가르트 자연사 박물관에는 독일에서 발굴된 프로가노켈리스 진품 일부가 전시되어 있다.

13

걷는 뱀

뱀의 기원: 하시오피스

야훼 하느님께서 여자에게 물으셨다. "어쩌다가 이런 일을 했느냐?" 여자도 핑계를 대었다. "뱀에게 속아서 따 먹었습니다." 야훼 하느님께서 뱀에게 말씀하셨다. "네가 이런 일을 저질렀으니 온갖 집짐승과 들짐승 가운데서 너는 저주를 받아, 죽기 전까지 배로 기어다니며 흙을 먹어야 하리라. 나는 너를 여자와 원수가 되게 하리라. 네 후손을 여자의 후손과 원수가 되게 하리라. 너는 그 발꿈치를 물려고 하다가 도리어 여자의 후손에게 머리를 밟히리라."

창세기 3장 13~15절

으악, 뱀이다!

사람들에게 강렬한 반응을 유발하는 동물이 있다면, 단연 뱀일 것이다. 뱀은 모든 동물 중에서 사람들이 가장 싫어하고 두려워하는 동물이지만, 사실 대부분의 뱀은 인간에게 유익하다. 설치류와 다른 유해동물을 잡아먹기 때문이다. 그러나 많은 사람이 느끼는 뱀에 대한 강한, 때로는 비이성적인 두려움은 몸을 마비시키는 진짜 공포(뱀 공포증ophidiophobia)일 수도 있다. 깜박이지 않는 눈의 차가운 시선, 날름대는 혓바닥, 미끄러지는 듯한 움직임은 많은 사람의 등골을 서늘하게 한다.

그러나 뱀에 대해 거의 보편적인 공포를 일으키는 가장 큰 요소는 독이다. 오스트레일리아에서는 가장 흔한 10종류의 뱀이 극도로 위험한 독사이므로 이 공포는 정당하다. 열대 아프리카와 아시아에서도 독사가 차지하는 비율이 높다. 그러나 미국에는 흔한 독사가 방울뱀rattlesnake, 미국살모사copperhead, 늪살모사cottonmouth뿐이다. 게다가 우리는 그보다 훨씬 많은 수의 무해한 뱀들을 일상적으로 죽이고 있다. 대부분의 사람은 뱀과 친해지거나 연구해서 이해하려고 노력하기는커녕 살아 있게 놔두지도 않는다. 물론 모든 자연을 사랑하는 사람도 있다. 특히 파충류에 매료되어 파충류학에 깊은 관심을 보이는 사람도 있다(심지어 직업으로 삼기도 한다).

아마 위험한 뱀과 함께 살아온 우리의 오랜 진화 역사 때문에, 뱀은 인간의 문화에 오랫동안 큰 영향을 끼쳐왔고 신화와 전설에도 곧잘 등장하는 것일 테다. 고대 이집트에서는 파라오의 왕관을 코브라로 장식했지만, 그리스 신화에 등장하는 고르곤 자매 중 한 사람인 메두사의 머리카락은 뱀이었다. 헤라클레스는 레르네의 히드라의 뱀 머리 아홉 개를 모두 잘라서 죽여야 했는데, 각각의 머리는 잘라내자마자 다시 자라났다. 그리스인들은 약재이기도 한 뱀을 숭배하기도 했다. 그래서 치유의 상징인 카두케우스caduceus는 두 마리의 뱀이 지팡이를 휘감고 있는 형상을 하고 있다. 뱀은 힌두교와 불교 신앙에서도 숭배의 대상이다. 이를테면 힌두교의 신인 시바는 목에 뱀을 감고 있고, 비슈누는 머리가 일곱 개 달린 뱀이나 똬리를 틀고 있는 뱀 위에서 잠을 자고 있는 모습으로 묘사된다. 메소아메리카의 신화와 종교에서도 뱀은 중요한 부분을 차지했다. 중국에서는 오랫동안 뱀이 숭배의 대상이자 진미로 꼽혔다. 뱀은 열두 띠 동물 중 하나이기도 하다. 성경의 창세기 3장 1~16절에서는 뱀이 에덴동산에서 이브를 유혹해서 선악과를 따 먹게 만든다. 지금도 일부 기독교 종파에서는 뱀을 다루는 종교 의식을 치르기도 한다(그리고 뱀을 다루는 사람들 대부분이 뱀에 물리고 결국에는 사망한다).

뱀에 대해 당신이 어떤 감정을 가지고 있든지, 뱀은 확실히 지구상에서 가장 다양하고 성공한 동물군 중 하나다. 대단히 특별한 포식 습성에도 불구하고(살아 있는 먹이 외에는 먹지 않는다), 29과 수십 속에 속하는 2900종 이상의 뱀이 번성하고 있다. 뱀은 스칸디나비아의 북극권에서부터 남반구의 오스트레일리아에 이르기까지, 남극을 제외한 모든 대륙에서 발견된다. 또 뱀은 해발 4900미터 높이의 히말라야산맥에도 살며, 인도양에서 태평양에 이르는 따뜻한 연안의 바닷물 속에도 산다. 뱀이 없는 섬(하와이, 아이슬란드, 아일랜드, 뉴질랜드, 남태평양에 있는 대부분의 섬)도 많지만, 그 이유가 패트릭 성인이나 다른 누군가가 뱀을 몰아냈기 때문은 아닐 것이다. 마지막 빙하기 동안 해수면의 높이가 낮아져서 대부분의 육상동물이 멀리 떨어져 있던 섬까지 걸어서 갈 수 있었을 때조차도, 가장 가까운 육지에서 이런 섬까지는 뱀이 닿을 수 없었기 때문일 가능성이 더 크다. 이런 섬들 중에는 (아일랜드처럼) 거의 완전히 빙상으로 덮여 있던 섬도 있었고, (하와이처럼) 단순히 아주 멀리 떨어져 있는 섬도 있었다.

뱀에는 놀라운 특징이 많은데, 그중 어떤 것은 독특하게 뱀에만 나타난다. 뱀의 두개골은 일련의 작은 버팀대 같은 뼈들이 대단히 탄력 있는 인대와 힘줄로 연결되어 있는 구조다(그림 13.1). 그래서 뱀은 머리 전체를 확장시켜서 먹이 동물을 감싸고 서서히 턱을 조여서 먹이를 완전히 삼킨다. 그동안 뱀은 먹이가 목구멍을 다 통과할 때까지 숨을 참을 수 있다. 그 후 몇 주간은 먹이를 통째로 천천히 소화시킨다. 이 시기 동안 뱀은 종종 휴면 상태로 숨어서 지내는데, 그 사이에 씹지 않고 삼킨 단단한 사체가 소화되는 힘겨운 과정이 일어난다. 소화가 진행될 때 뱀의 몸을 따라서 먹이가 불룩하게 움직이는 모습이 보이기도 한다.

일부 시력이 좋은 뱀도 있지만, 대다수의 뱀은 주변을 흐릿하게 보면서

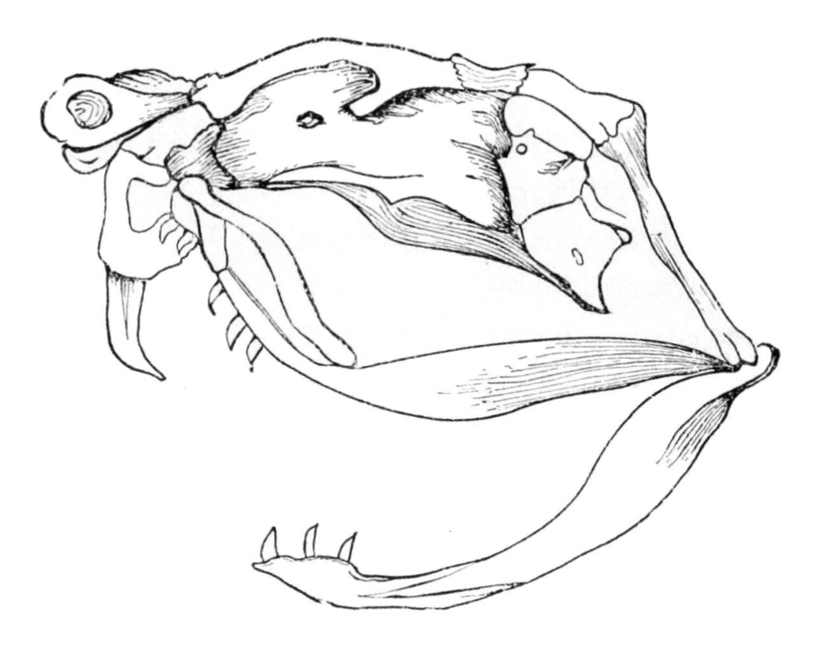

그림 13.1 섬세한 뼈들로 이루어진 뱀의 두개골.

움직임을 추적할 수 있다. 드물게는 앞을 전혀 볼 수 없는 뱀도 있다. 대부분의 뱀은 눈으로 보는 대신 갈라진 혀를 날름거려서 공기 중의 냄새를 '맛본다'. 입천장에 있는 야콥슨 기관Jacobson's organ을 이용해서 냄새를 '맛보기' 위해서 혀로 냄새를 들여오는 것이다. 이와 함께, 콧잔등에 열을 감지하는 구멍 기관heat-sensing pit이 있어서 온혈동물(먹이와 포식자 둘 다)의 존재를 감지할 수 있는 뱀도 많다. 뱀은 외이external ears를 완전히 상실했고, 대부분의 뱀은 아래턱을 따라 전해지는 진동을 느낌으로써 '듣는다'. (이것은 '뱀 부리기snake charming'가 속임수인 이유 중 하나다. 뱀은 소리를 들으려면 아래턱을 땅에 붙이고 있어야만 한다. 따라서 뱀이 몸을 일으켜 세우는 것은 '뱀 부리는 사람snake charmer'의 움직임에 대한 반응일 뿐, 피리 소리에 대한 반응이 아니다.)

두개골의 뒤로는 200~400개의 척추뼈가 있다. 이와 대조적으로, 인간은 척추뼈가 33개뿐이며, 꼬리가 있는 대부분의 동물은 50여 개의 척추뼈가 있다. 여기에 갈비뼈가 부착되면 뱀의 몸이 거의 완성된다. 갈비뼈를 빗살처럼 교차하면서 둘러싸고 있는 근육은 뱀이 움직임을 조절하면서 물결치듯이 나아갈 수 있게 해준다. 몸은 대단히 가늘고 긴 몸통 부분(흉곽rib cage)과 짧은 꼬리로 이루어져 있다. 기다란 몸의 내부에는 보통 두 개의 허파가 있는데, 왼쪽 허파는 가느다란 몸통으로 인한 공간의 제약 때문에 크기가 아주 작다(또는 완전히 없다). 콩팥과 생식기처럼 쌍을 이루는 다른 모든 기관들은 몸의 길이를 따라 엇갈려 배치되어 있다. 가장 원시적인 뱀(특히 보아boa와 그 친척들)은 엉덩이뼈와 넓적다리뼈의 흔적을 유지하고 있다. 이 뼈들은 더 이상 다리의 기능을 하지는 않지만, 구애 행위와 짝짓기를 위한 싸움에 이용된다. 이런 뼈들의 흔적은 뱀의 조상이 사지가 있던 동물이었음을 보여준다.

이렇게 제한적인 체제를 갖고 있는 뱀은 크기 면에서는 대단히 폭넓은 변화를 보여준다. 가장 작은 뱀은 길이가 10센티미터에 불과한 바베이도스실뱀Barbados thredsnake이다. 이 뱀은 10센트짜리 동전 위에서도 쉽게 똬리를 틀 수 있다. 대부분의 뱀은 길이가 1미터 정도인데, 이 정도 크기면 뱀의 일반적인 먹이인 설치류와 다른 소형 포유류와 조류(그리고 가끔 다른 뱀)를 제압하기에 충분하다. 가장 큰 뱀으로는 두 종류의 거대한 보아인 그물무늬비단뱀reticulated python과 아나콘다anaconda가 있다. 헤엄을 아주 잘 치는 아나콘다는 먹이를 물속으로 끌고 들어와서 익사시킨다. 아나콘다는 길이가 6.6미터에 이르고, 무게는 70킬로그램이 넘는다. 그물무늬비단뱀은 아나콘다만큼 무겁지는 않지만 길이는 조금 더 길어서 7.4미터에 달한다. 이 두 뱀은 염소, 양, 송아지, 카피바라capybara 같은 큰 먹이를 삼킬 수 있을 정도로 크다. 그러나 이 두 뱀도 과거의 거대 뱀에 비하면 아무것도 아니다.

콜롬비아의 팔레오세(6000만~5800만 년 전) 퇴적층에서 최근에 발견된 티타노보아는 아나콘다 같은 오늘날의 뱀들이 세운 기록들을 모두 깼다(그림 13.2). 티타노보아는 척추뼈 수백 개와 두개골 일부만 알려져 있지만 뼈들의

그림 13.2 티타노보아. (A) 티타노보아의 거대한 척추뼈와 훨씬 작은 아나콘다의 척추뼈를 비교하는 조너선 블로흐Jonathan Bloch. (B) 살아 있는 티타노보아의 모습을 실물 크기로 재현한 모형.

크기가 어마어마하다. 따라서 전체 길이는 스쿨버스 길이와 맞먹는 15미터에 달했고 무게는 약 1135킬로그램이었을 것으로 추정된다. 티타노보아는 거대한 공룡이 사라진 후에 약 500만 년 동안 살았다. 콜롬비아의 열대 습지에는 티타노보아와 함께 거대한 크로커다일악어crocodilian, 거북, 그 외 다른 거대 파충류가 살았다. 이들이 거대할 수 있었던 까닭은 아직 진화하지 않았던 대형 포유류 포식자나 거대한 공룡이 없었기 때문이었을 것으로 추정된다. 그래서 거대 포식자를 위한 생태적 틈새는 뱀, 악어, 거북 같은 파충류가 차지했다.

티타노보아가 가장 큰 뱀이 되기 전까지 그 기록을 보유하고 있던 동물은 기간토피스*Gigantophis*였다. 기간토피스는 곤드와나 대륙에 살았던 마드트소이아과Madtsoiidae의 멸종한 괴물 뱀으로, 이집트와 알제리의 에오세(4000만 년 전) 지층에서 발견되었다. 길이가 10.7미터에 달했던 기간토피스도 가장 큰 아나콘다나 그물무늬비단뱀보다 훨씬 더 컸다. 마드트소이아과에 속하는 다른 거대 뱀으로는 빙하기 동안 오스트레일리아에 서식했던 워남비*Wonambi*가 있다. 길이가 6미터에 이르렀던 워남비는 오스트레일리아에 살았던 가장 큰 파충류이자 가장 큰 포식자 중 하나였다. 그러나 머리가 작아서 코뿔소만 한 크기의 웜뱃wombat 친척인 디프로토돈diprotodont이나 오스트레일리아의 빙하기에 살았던 거대 캥거루는 먹을 수 없었지만, 그 외 대부분의 사냥감은 쉽게 먹을 수 있었다. 디프로토돈은 약 5만 년 전에 오스트레일리아 유대포유류의 거대 동물들이 대량으로 멸종할 때에 함께 사라졌다.

뱀은 어디로부터 왔는가?

뱀은 적응과 성공의 경이로운 사례이며, 지구상에서 공룡이 사라진 이래로 줄곧 존재해왔다. 그런데 뱀은 어디에서 유래했을까? 네발 달린 파충류는 어떻게 뱀으로 바뀌었을까? 이 진화를 증명해줄 전이화석은 어디에 있을까?

사실, 다리가 없어지는 것은 변형transformation에서 가장 간단한 부분이다. 이런 일은 다양한 네발동물 무리에서 여러 차례 일어났고, 모두 독립적으로 진화했다. 파충류 중에서 다리가 없는 종류는 뱀만이 아니다. 지렁이도마뱀amphisbaenian이라고 불리는 현생 파충류 무리 전체와 오스트레일리아의 넓적발도마뱀flap-footed lizard, '굼벵이무족도마뱀slow worm', '유리도마뱀glass lizard' 같은 일부 도마뱀 무리도 여기에 포함된다. 양서류 중에는 무족영원류가 지렁이 같은 몸을 갖고 있고, 사이렌siren은 왜소한 앞다리만 있고 뒷다리는 없다. 멸종한 양서류 중에서는 결각류aistopod와 리소로푸스류lysorophid라는 최소 두 무리에 다리가 없다. 이 무리의 동물들은 거의 다 굴을 파고 생활했기 때문에, 다리의 소실은 땅이나 부드러운 진흙을 파고드는 데에 도움이 되었을 것으로 보인다. 사지가 몽땅 그렇게 쉽게 사라지는 이유는 간단하다. 팔다리싹limb bud의 발생, 최종적으로 사지의 발달은 *Hox*와 *Tbx*라는 특별한 유전자에 의해서 조절된다. 따라서 사지를 발생시키라는 이 유전자들의 명령을 차단하기만 하면 사지가 사라진다.

그럼에도, 사지가 사라져가고 있는 화석 뱀을 찾는 것은 극도로 어려운 일처럼 보인다. 뱀은 대부분 화석화되지 않는다. 수백 개의 섬세한 척추뼈와 갈비뼈로 이루어져 있기 때문에 대개는 부서지거나 분리되므로, 부분적으로 혹은 완전히 연결된 골격이 알려진 뱀은 극소수에 불과하다. 대다수의 화석 뱀은 척추뼈 몇 개만 알려져 있다. 따라서 이런 뱀의 특징은 척추에 나타나는 세세한 구조들을 통해서 판단되어야 할 것이다.

이런 모든 걸림돌에도 불구하고, 선사시대의 기록 속에는 네발 달린 도마뱀에서 다리 없는 뱀으로의 전이를 입증하는 놀라운 화석들이 남아 있다. 첫 단계는 쥐라기의 수많은 화석 단편에 나타난다. 그러다가 2007년에 슬로베니아의 백악기 중기(약 9500만 년 전) 암석에서 아드리오사우루스 미크로브라키스*Adriosaurus microbrachis*라는 화석이 발견되었다(그림 13.3A). '아드리오사우루스 미크로브라키스'라는 이름은 '팔이 짧은 아드리아해의 도마뱀'이

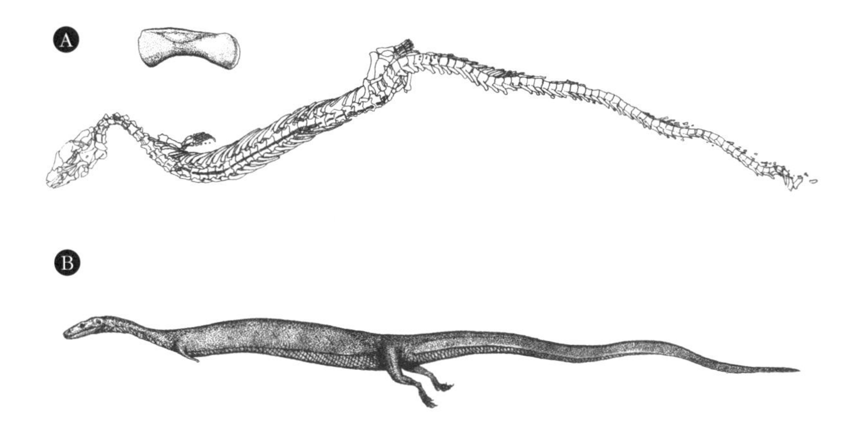

그림 13.3 작은 앞다리와 완전한 기능을 하는 뒷다리가 있는 아드리오사우루스의 전이화석. (A) 골격. (B) 살아 있는 아드리오사우루스의 복원도.

라는 뜻이다. 몸이 대단히 가늘고 긴 해양 도마뱀이었던 아드리오사우루스는 흔적만 남은 앞다리와 완전한 기능을 하는 뒷다리를 갖고 있었다.

그다음 단계는 앞다리는 사라졌지만 기능을 하지 못하는 작은 뒷다리는 아직 남아 있는 다양한 종류의 뱀들이다. 이를테면, 굴을 파는 뱀인 나자시 리오네그리나*Najash rionegrina*는 연대가 약 9000만 년 전인 아르헨티나의 칸델레로스층Candeleros Formation에서 발굴되어 2006년에 기재되었다. ('나하시Nahash'는 성경의 히브리어biblical Hebrew로 '에덴동산에 있는 뱀'이라는 뜻이다.) 나자시는 아직 골반뼈와, 그것에 부착된 척추뼈를 지니고 있었다. 또 퇴화된 뒷다리에는 넓적다리뼈와 정강이뼈가 남아 있었다.

이스라엘과 레바논의 백악기 후기의 해양 퇴적암에서는 뱀과 더 비슷한 형태로 분화한 특별한 화석 뱀들이 잇달아 발견되었다. 이 화석들 중에서 가장 완전한 것은 하시오피스 테라산투스*Haasiophis terrasanctus*다(그림 13.4). '성스러운 땅에서 나온 하스의 뱀'이라는 뜻을 갖고 있는 이 이름은 오스트리아의 고생물학자 게오르크 하스에서 딴 것이다. 이 발굴지를 발견한 하스

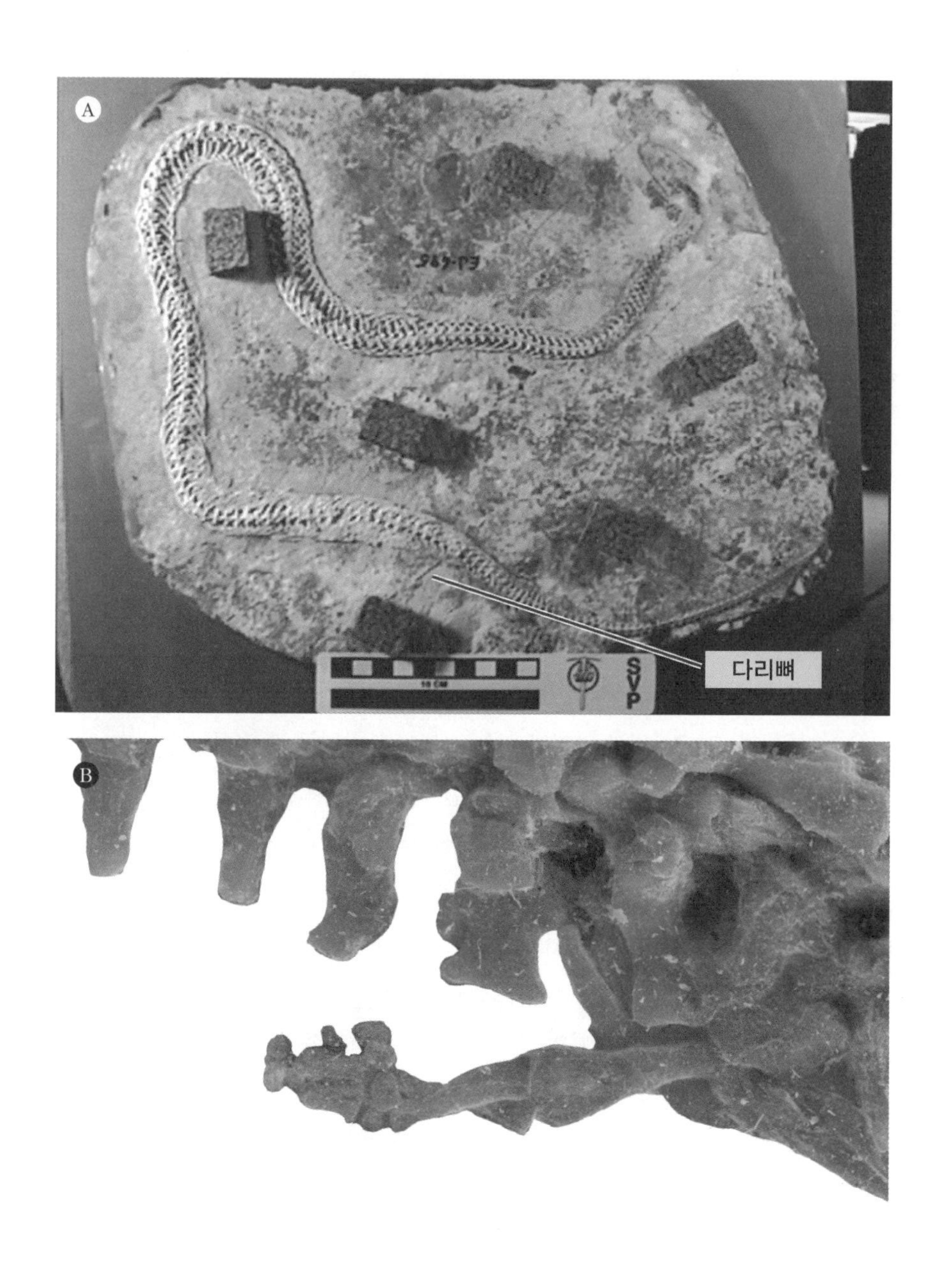

그림 13.4 다리가 둘인 뱀 하시오피스. (A) 완벽하게 연결된 골격. 흔적만 남은 뒷다리가 보존되어 있다. (벽돌처럼 생긴 커다란 검은색 물체는 위에 포개지는 것들로부터 표본을 보호하기 위해 간격을 띄우는 코르크 장치다.) (B) 흔적만 남은 뒷다리의 세부 모양.

는 1981년에 사망하기 전까지 이곳의 화석을 기재했다. 하시오피스는 요르단강 서안의 라말라 근처 '유대의 언덕Judean Hills'에 있는 에인 야브루드Ein Yabrud 화석 발굴지의 석회암에서 발견되었고, 연대는 약 9400만 년 전이었다. 이 화석은 꼬리 끝만 없을 뿐 골격이 거의 완벽했고 길이는 약 88센티미터였다. 두개골과 대부분의 척추뼈는 다른 원시적인 뱀들과 상당히 비슷하게 보였다. 그러나 넓적다리뼈와 양쪽 정강이뼈와 발의 일부를 포함하는 아주 작은 뒷다리가 아직 남아 있었다. 나자시의 뒷다리와 달리, 하시오피스의 엉덩이뼈는 아주 작고 더 이상 척추에 부착되어 있지 않았다. 따라서 흔적만 남았을 뿐 쓸모는 없었다. 하시오피스와 백악기의 다른 많은 바다뱀에는 현존하는 바다뱀처럼 수직 지느러미나 노 형태의 꼬리가 있었던 것으로 보인다.

에인 야브루드 화석 발굴지에서는 조금 더 큰 뱀인 파키라키스*Pachyrhachis*도 나왔는데, 이 뱀은 1979년에 하스에 의해 기재되었다. 파키라키스 화석은 하시오피스 화석보다는 조금 덜 완벽하지만, 길이가 1미터인 이 화석의 몸에도 흔적만 남은 작은 뒷다리가 달려 있었다. 대단히 두툼하고 촘촘한 갈비뼈와 척추뼈는 백악기의 바다에 뛰어들 때에 도움이 되었을 것이다.

중동의 해양 석회암에서 나온 세 번째 뱀은 에우포도피스 데스코우엔시*Eupodophis descouensi*다. 이 화석은 (에인 야브루드에서 멀지 않은) 레바논에 있는 9200만 년 된 암석에서 발견되었다(그림 13.5). ('에우포도피스'라는 속명은 '뚜렷한 사지가 있는 뱀'이라는 뜻이고, 종명은 프랑스의 고생물학자인 디디에 데스쿠안Didier Descouens의 이름에서 딴 것이다.) 길이가 85센티미터인 이 뱀은 하시오피스와 크기가 비슷하지만, 다리는 하시오피스와 파키라키스 같은 백악기의 다른 두 다리 뱀들보다 더 퇴화되었다.

따라서 백악기 후기의 바다에 살았던 멸종한 뱀들의 작은 뒷다리뿐만 아니라, 보아와 그 친척들 같은 원시적인 현생 뱀들의 몸에 때로는 작은 '돌기spur'처럼 돋아 있는 엉덩이뼈와 넓적다리뼈의 흔적도 뱀이 다리가 있는 생

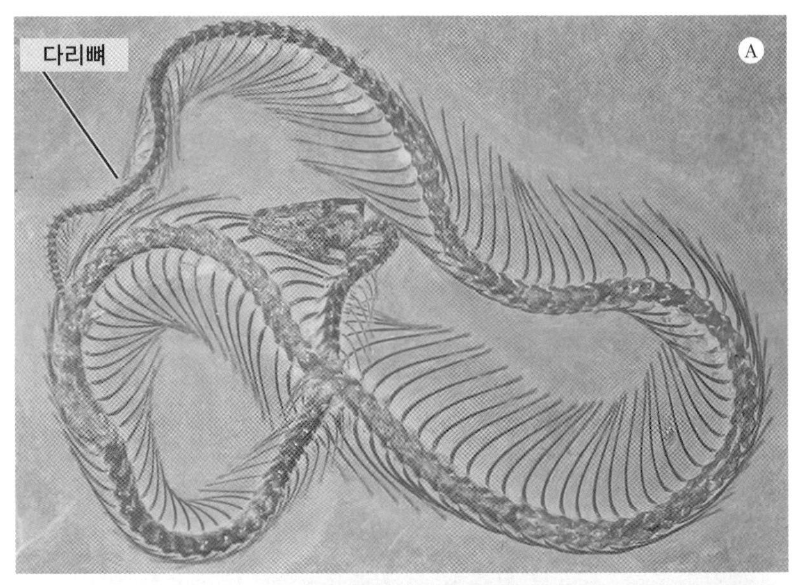

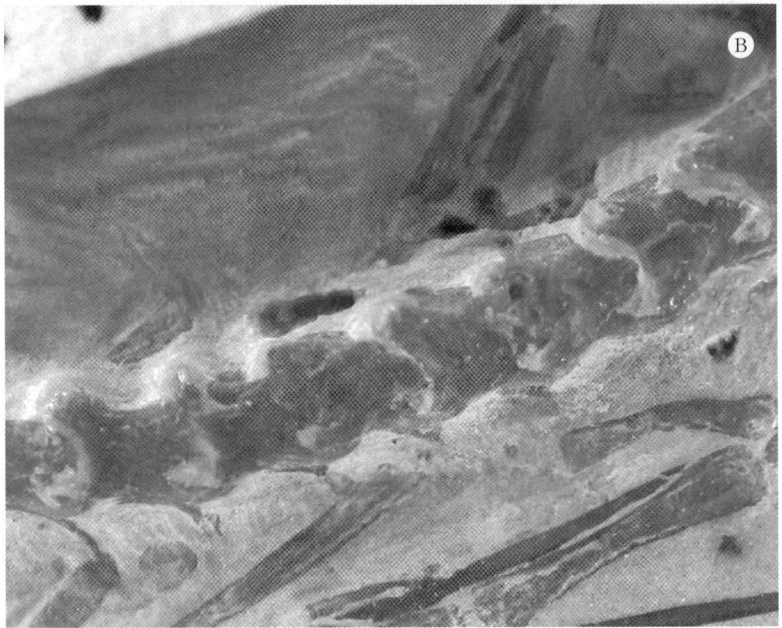

그림 13.5 다리가 둘인 뱀 에우포도피스. (A) 흔적만 남은 뒷다리가 보존되어 있는 완전한 골격. (B) 자세한 척추의 형태. 흔적만 남은 뒷다리가 보인다.

물에서 진화했다는 사실을 조용히 드러내는 강력한 증거다.

그런데 뱀의 조상은 어떤 동물이었을까? 이에 관한 생각은 1880년대에 처음 등장했다. 선구적인 고생물학자이자 파충류학자인 에드워드 드링커 코프는 오스트레일리아의 고아나도마뱀goanna과 인도네시아의 코모도왕도마뱀Komodo dragon 같은 왕도마뱀monitor lizard이 뱀과 해부학적으로 유사점이 많다는 것을 알아냈다(게다가 모사사우루스라고 하는 백악기의 해양 파충류와는 유사점이 더 많았다). 해부학적 증거는 뱀과 왕도마뱀 사이의 연관성을 여전히 지지하는 것처럼 보이지만, 최근의 분자생물학적 자료는 그렇지 않고 조금 애매하다. 뱀은 어떤 분자 서열에서는 왕도마뱀과 가장 가깝지만, 어떤 분자 서열에서는 현존하는 도마뱀의 어떤 과와도 거리가 멀다.

지중해 동부(슬로베니아, 이스라엘, 레바논)의 백악기 지층에서 나온 많은 바다뱀 화석은 뱀이 바다에 살 때 다리를 잃었다는 관점을 뒷받침해주는 것처럼 보인다. 이 시나리오에 따르면, 뱀의 외이 소실과 융합된 투명한 눈꺼풀은 굴을 파기 위한 것이 아니라 헤엄치기 위한 적응이 된다.

다른 학파에서는 뱀이 헤엄을 치던 도마뱀에서 진화한 것이 아니라, 보르네오의 귀 없는 왕도마뱀인 란타노투스*Lanthanotus*처럼 굴을 파던 도마뱀에서 진화했다고 주장한다. 이 주장을 지지하는 사람들이 생각하기에, 뱀의 투명한 눈꺼풀은 굴을 파는 동안 흙 알갱이에 의한 손상으로부터 눈을 보호하고, 외이의 소실은 흙이 귓속으로 들어가는 것을 막아준다. 나자시의 육상 적응은 이런 관점에 부합하지만, 나자시는 바다뱀인 하시오피스와 파키라키스와 에우포도피스보다 시기적으로 조금 나중에 등장했다. 그러나 알려진 모든 뱀 중에서 가장 원시적인 뱀은 코니오피스*Coniophis*다. 도마뱀의 머리와 뱀의 몸을 갖고 있는 코니오피스는 화석이 너무 불완전해서 어떤 종류의 다리가 있었는지를 판단하기 어렵다. 그래도 코니오피스는 바다가 아닌 육지에 살았다. 하지만 더 원시적인 뱀의 친척은 또 있다. 해양 도마뱀인 아드리오사우루스는 다리가 넷이었고 바다에서 헤엄을 쳤다.

따라서 뱀의 가장 가까운 친척에 관한 미스터리는 아직 해결되지 않았다. 이것이 과학이 나아가는 방식이며, 이와 같은 논란은 과학적 과정을 위해서 반드시 필요하다. 그래서 우리는 증거를 면밀히 조사하고 가능성을 열어두어야 한다. 이 논쟁이 어떻게 해결되든지 관계없이, 많은 화석이 네 다리에서 두 다리를 거쳐 다리가 없는 상태로 전이되는 특징을 나타낸다는 사실은 뱀이 다리가 넷인 조상으로부터 진화했다는 것을 보여준다.

가볼 만한 곳

실물 크기 티타노보아 모형은 링컨에 있는 네브래스카 주립 대학 박물관에 전시되어 있다.

14

물고기-도마뱀의 왕

가장 거대한 해양 파충류: 쇼니사우루스

그녀는 바닷가에서 조개껍데기를 판다네.

그녀가 파는 조개껍데기는 바닷가 조개껍데기, 틀림없다네.

그녀가 바닷가에서 조개껍데기를 판다면

그녀가 파는 것은 틀림없이 바닷가 조개껍데기.

「그녀는 바닷가에서 조개껍데기를 판다네She sells seashells by the seashore」

그녀는 바닷가에서 조개껍데기를 판다네

18세기 후반, 잉글랜드 남부의 도싯 해안에 있는 라임 레지스라는 바닷가 마을은 파도와 상쾌한 바닷바람을 즐기려는 돈 많은 상류층에게 인기 있는 여름 관광지였다. 조개껍데기 모으기는 다른 진기한 물건이나 화석 수집과 함께 인기 있는 취미 활동이었다. 화석은 돌 속에서 나오는 신기한 물건에 불과했다. 화석에 이름을 붙이고 채집 정보를 표시하긴 했지만, 창세기를 통해서 이미 알고 있는 것이 아닌 다른 뭔가를 드러낸다고 생각한 사람은 아무도 없었다. 아무도 공룡에 대해서 알지 못했고(공룡은 1820년대와 1830년대까지 발견되지 않았다), 지구상에서 멸종한 대부분의 다른 생물에 대해서도 마찬가지였다. 사실 대부분의 사람(특히 학자들)은 멸종이 일어날 수 있다는 사실조차도 부인했다. 신은 가장 보잘것없는 참새도 보살피는 존재이므로 자신의 피조물이 하나라도 사라지는 것을 용납할 리 없다고 생각했기 때문이다. 알렉산더 포프는 「인간론An Essay on Man」(1733)이라는 시에서 이것을 다음과 같이 썼다. "만물의 하느님처럼 공평한 눈으로 보는 자, 스러지는 영웅이나 떨어지는 참새나." 1795년, 영국의 겸손한 측량사이자 수로 설계자인 윌리엄 스미스는 영국 전역에 걸친 지층에서 정확한 순서에 따라 화석이 나타난다는 것을 알아채기 시작했다. 그러나 그의 발견이 이해되기 시작한 것은 그로부터 20년 후의 일이었다.

라임 레지스에 사는 리처드 애닝이라는 가난한 가구공과 그의 아내 몰리는 빠듯한 살림을 이어가고 있었다. 그와 그의 아내는 여러 명의 아이를 낳았지만, 거의 다 어릴 때에 죽었다. 의술이 빈약하고 치명적인 어린이 질병을 치료할 수 없었던 당시에는 흔한 일이었다. 그들의 첫째 딸은 네 살 때 옷에 불이 붙어서 죽었다. 이 비극이 일어난 지 5개월 후인 1799년에 메리 애닝이 태어났다. 메리가 15개월 되었을 때 마을에 번개가 쳐서 세 명의 여자가 죽었다. 메리는 그중 한 여자의 팔에 안겨 있었지만 조금도 다치지 않았다. 메리는 교회에서 읽기와 쓰기 같은 최소한의 교육만 받았는데 당시에 노동자 계급의 여자들은 교육을 받는 일이 드물었다. 메리는 어느 정도 나이가 들자마자 아버지와 (살아남은 유일한 다른 형제인) 오빠 조지프와 함께 바닷가 절벽을 따라서 화석을 수집하러 다녔다. 그들이 화석을 채집한 장소는 백악기 하부(2억 1000만~1억 9500만 년 전)인 블루 리아스Blue Lias 지층이었다. 그곳에는 '뱀돌snake-stone(암모나이트)', '악마의 손가락devil's finger(벨렘나이트belemnite)', '악마의 발톱devil's toenail(굴의 일종인 그리파에아*Gryphaea*)', '척추뼈verteberries'가 가득했다. 마을에는 화석을 채집하러 다니는 사람이 많았는데, 여름 동안 돈 많은 여행자들에게 팔면 19세기 초반의 힘겨운 시기에 쏠쏠한 수입이 되었다. 게다가 영국 국교를 반대하는 비국교도였던 애닝 가족은 차별에 직면했고, 그로 인해서 생활의 많은 부분에서 제약이 있었다.

1810년 11월, 애닝 가족에게 다시 비극이 찾아왔다. 폐결핵을 앓고 있던 리처드 애닝이 절벽에서 화석을 채집하다가 44세의 나이로 추락사한 것이다. 몰리, 조지프, (당시 11세에 불과했던) 메리는 푼돈이라도 벌기 위해서 하루 종일 화석 채집에 매달렸다. 그로부터 1년 후에 첫 번째 행운이 찾아왔다. 조지프는 길이 1.2미터가 넘는 놀라운 두개골이 바위 속에 박혀 있는 것을 발견하고 끌로 파냈다. 나머지 골격은 훗날 메리가 찾아냈다. 처음에는 긴 주둥이 때문에 '화석 나라의 악어Crocodile in Fossil State'라고 알려진 이 화석은 돈 많은 수집가들에게 잇달아 팔려나갔다.

1814년에 이 표본은 에버라드 홈에 의해 기재되었지만, 그는 이 표본을 전혀 이해할 수 없었다(그림 14.1). 그는 이 표본의 생물이 물속에 살았고 표본의 척추뼈가 물고기의 것과 비슷했기 때문에 어류로 분류했지만, 파충류의 특성도 많다는 것을 알고 있었다. 그는 이것이 '거대한 존재의 사슬great chain of being'에서 물고기와 파충류를 연결하는 '빠진 연결고리'라고 생각했다. 그러나 그는 뭔가가 다른 뭔가로 진화했다는 뜻을 내비치지는 않았는데, 그런 생각은 그로부터 40년 후에야 등장했다. 그러다가 1819년에 홈은 이 표본이 도마뱀과 프로테우스*Proteus*라는 도롱뇽 사이의 연결고리라는 결론을 내렸고, 그래서 프로테오-사우루스Proteo-Saurus라고 명명했다.

1817년, 대영박물관의 자연사 부문 학예사인 찰스 디트리히 에버하트 쾨니히(본명은 카를 디트리히 에버하르트 쾨니히)는 이 화석을 비공식적으로 익티오사우루스(그리스어로 '물고기'와 '도마뱀')라고 불렀다. 그는 이것이 물고기와 도마뱀의 특징을 둘 다 갖고 있다는 것을 알았기 때문이다. 1819년 5월에 쾨니히는 대영박물관에 소장하기 위해서 이 화석을 구입했고, 지금도 그곳에 있다. 1822년, 영국의 지질학자인 윌리엄 코니베어는 다른 여러 표본과 함

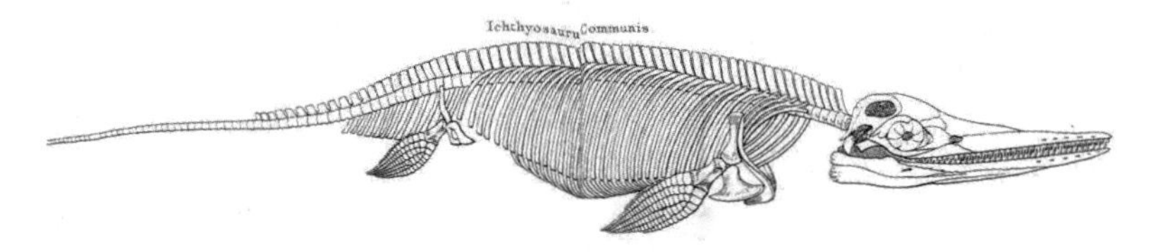

그림 14.1 최초로 알려진 익티오사우루스의 화석을 그린 그림. 윌리엄 코니베어가 그렸다.

께 이 표본도 정식으로 기재하면서 익티오사우루스*Ichthyosaurus*라고 명명했고, 이후 이런 종류의 화석은 모두 익티오사우루스로 불리게 되었다(그래서 프로테오-사우루스라는 이름은 더 이상 쓰이지 않았다).

한편, 조지프 애닝이 실내장식업자의 도제가 되면서 화석을 수집하는 일이 뜸해지자, 메리는 화석 채집으로 가족의 생계를 이어야 했다. 메리가 발견한 최고의 화석들은 주로 찬바람이 몰아치는 겨울에 나왔다. 거센 파도에 절벽이 침식되면서 신선한 화석이 노출되었기 때문이다. 겨울은 가장 위험한 계절이기도 했는데, 절벽이 언제든지 무너질 수도 있었고 썰물 때를 잘못 계산하면 파도에 휩쓸려갈 수도 있었기 때문이다. 1823년에 브리스틀의 일간지 『미러Mirror』에는 그녀의 이야기가 다음과 같이 실려 있었다.

> 이 검질긴 여성은 오랫동안 소중한 화석들을 찾기 위해 날마다 조수에 맞춰서 라임의 아찔한 절벽 아래로 몇 마일을 헤맸다. 그녀의 주요 관심사는 절벽에서 떨어지는 덩어리들masses이다. 이 덩어리들에는 예전 세계의 귀중한 흔적들이 고스란히 담겨 있기 때문에, 벼랑에 위태롭게 매달려 있는 조각들에 부딪힐 위험을 무릅쓰면서 그것이 떨어지는 순간에 낚아채야 한다. 그렇지 않으면 다시 밀물이 밀려와서 덩어리들을 망가뜨리는 것을 하릴없이 보고 있어야 한다. 우리가 소장하고 있는 훌륭한 익티오사우루스 표본들은 거의 다 그녀의 노력 덕분에 발견된 것들이다.

그림 14.2 유일하게 알려져 있는 메리 애닝과 애견 트레이의 초상화. 애닝은 암석 망치와 채집 가방을 들고 두툼한 옷을 입고 있다. 테리어 품종인 트레이는 화석을 채집하는 동안 무너져 내린 절벽에 깔려서 죽었다.

애닝에게는 몇 번의 아찔한 상황이 있었다. 1833년 10월, 그녀는 무너지는 돌무더기에 산 채로 파묻힐 뻔하다가 겨우 빠져나왔다. 이 사고로 그녀는 늘 함께 다니던 얼룩무늬 테리어인 트레이(그림 14.2)를 잃었다. 사고 후 그녀는 친구인 샬럿 머치슨에게 보낸 편지에 다음과 같이 썼다. "내가 이렇게 말하면 우스울지도 모르지만, 내 오랜 충견의 죽음 때문에 너무 심란해. 트레이는 무너지는 절벽에 깔려 내 눈 앞에서 죽었어, 내 바로 옆에서 말이야…. 그 순간에 나도 같은 운명이나 마찬가지였어."

그러나 그녀의 검질긴 노력은 보답을 받았다. 그녀는 1823년에 목이 긴 수장룡(그림 15.5)의 완전한 표본을 최초로 발견했는데, 이 표본은 훗날 영국 과학계를 발칵 뒤집어놓았다. 그로부터 1년 후, 그녀는 독일을 제외한 곳에서 알려진 최초의 익룡pterosaur 화석을 발견했다. 그녀는 다른 과학자들에 의해 기재된 수많은 화석어류를 수집했고, 암모나이트와 다른 연체동물도 다수 채집했다. 그녀는 벨렘나이트라고 알려진 총알 모양의 껍데기에서 먹물 주머니의 증거를 발견함으로써 벨렘나이트가 멸종한 오징어의 화석이라는 것을 증명했다. 그녀는 사람들이 '위석bezoar stone'이라고 부르는 것이 실제로는 배설물 화석이라는 것도 알아냈다. 훗날 윌리엄 버클랜드는 이것을 자신의 생각인 양 발표하면서 이 배설물 화석을 분석糞石, coprolite이라고 불렀다. 애닝은 교육을 거의 받지 못했지만, 구할 수 있는 거의 모든 과학 논문을 읽었고 때로는 (자세한 그림까지 포함해서) 베껴 쓰기도 했다. 1824년, 해리엇 실베스터 부인은 애닝에 대해 다음과 같이 썼다.

> 이 젊은 여성의 비범한 점은 그녀가 어떤 뼈를 발견한 순간에 그 뼈가 어디에 속하는지를 아는 데에 필요한 과학을 대단히 철두철미하게 숙지하고 있다는 점이다. 그녀는 시멘트로 만든 틀에 뼈를 고정시키고 그림을 그린 다음 인쇄한다. … 이것은 분명 하느님의 선의를 보여주는 훌륭한 사례다. 이 가난하고 무지한 어린 여성은 큰 축복을 받은 것이 분명하다. 독서와 어느 정도 수준에 도달한 지

식을 통해서 이 주제에 관해 글을 쓰며, 교수나 다른 명석한 남자들과 대화를 나눌 수 있기 때문이다. 그리고 그들 모두 그녀가 영국에서 그 누구보다도 과학을 잘 이해하고 있다고 인정한다.

1826년이 되자, 애닝은 불과 27세의 나이로 자신의 가게를 열 수 있을 정도의 돈을 모았다. 거의 모든 지질학자와 고생물학자가 그녀를 찾았고 화석을 구입했다. 이들 중에는 루이 아가시, 윌리엄 버클랜드, 윌리엄 코니베어, 헨리 드 라 비치, 찰스 라이엘, 기디언 맨텔, 로더릭 머친슨, 리처드 오언, 애덤 세지윅도 있었다. 미국의 수집가들은 그녀의 화석으로 박물관을 세웠고, 몇몇 나라에서는 사용료를 지불하고 그녀의 표본을 구입했다.

이렇게 높은 평가를 받았지만, 19세기 초반에 근대 지질학이라는 학문의 토대를 닦은 영국 신사들은 사회적 지위가 낮고 비국교도인 애닝을 그들과 동등하게 받아들이지 않았다. 훗날 그녀는 이런 걸림돌을 없애기 위해서 영국 국교회로 개종했다. 애닝의 놀라운 표본들을 가져가서 기재한 부유한 신사들은 화석을 채집하고 사전 처리를 한 그녀의 공로를 전혀 인정하지 않았다. 애닝은 자신의 생각을 직접 발표할 기회가 없었기 때문에 그녀의 생각들은 생전에 출판되지 못했다. 애닝은 1847년에 유방암으로 세상을 떠났는데, 그제야 영국 지질학계의 학자들이 그녀가 쌓은 업적의 중요성을 인정하기 시작했다. 그들은 애닝의 마지막 몇 달 동안 그녀를 돕기 위한 돈을 모아 장례 비용을 지불하고, 그녀가 다니던 교회에 그녀를 기리는 스테인드글라스를 설치하고, 그들의 모임에서 그녀를 칭송했다(회원에게만 주어지는 영예였다). 심지어 그녀는 찰스 디킨스가 쓴 글의 소재가 되기도 했다. 말놀이 동시인 「그녀는 바닷가에서 조개껍데기를 판다네」의 주인공도 애닝이라고 전해진다.

오늘날 애닝은 최초의 위대한 여성 고생물학자일 뿐 아니라 고생물학의 개척자 중 한 사람으로 인식되고 있다. 그녀의 발견은 그녀가 태어난 세상

그림 14.3 라임 레지스 해안에서 싸움을 벌이고 있는 익티오사우루스 한 마리와 수장룡 두 마리. 헨리 드 라 비치가 1830년에 그린 그림이다. 선사시대의 풍경을 최초로 묘사한 그림 중 하나로, 오늘날 고생물화paleoart라고 불리는 장르의 시초가 되는 작품으로 평가받고 있다. 이 석판 인쇄물은 메리 애닝을 위한 기금 모금을 위해 판매되었다. 플레시오사우루스와 익티오사우루스는 19세기 초반에 잘 알려져 있었지만, 공룡은 아직 발견되지 않았다.

의 관점을 바꿔놓았다. 1830년대가 되자, 사람들은 익티오사우루스와 수장룡 멸종에 숨겨진 의미를 고심하기 시작했다. 그리고 이런 괴물들이 바다에서 헤엄을 치던 무시무시한 '대홍수 이전의 세계antediluvian world'에 관해 이야기하기 시작했다(그림 14.3). 몇 년 후, 이 이야기에 공룡이 추가되었다. 1820년대와 그 이전에도, 조지 퀴비에 남작은 매머드mammoth와 마스토돈과 거대한 땅늘보giant ground sloth가 멸종했을 것이라고 추측했다. 익티오사우루스와 수장룡 같은 거대한 동물이 멸종했다는 엄청난 사건이 사실로 드러남으로써 마침내 과학자들은 창세기를 글자 그대로 해석하는 것을 다시 생각하게 되었다. 기이한 대홍수 이전의 세계를 보면서 그들은 두려움에 사로잡혔는데, 특히 익티오사우루스의 사악한 눈빛은 공포감을 불러일으켰다. 라이엘 같은 이들은 지구에 주기가 있어서 멸종한 동물이 다시 나타날 것이라고 주장했다(그림 14.4). 그러나 대부분의 학자들은 아무런 변화가 일어나

그림 14.4 '끔찍한 변화'. 1830년에 헨리 드 라 비치가 그린 풍자만화. 익티오사우루스 교수가 이전의 창조에서 만들어진 기이한 생물(인간의 두개골)에 대해 강의를 하고 있다. 찰스 라이엘은 멸종은 없었다고 주장한 마지막 지질학자들 중 한 사람이었다. 또 그는 지구 역사가 주기적으로 반복되어서 먼 훗날에는 멸종한 종들이 되살아날 것이라고 믿었다. 결국 라이엘도 화석 기록이 한 방향으로 일어나는 변화를 나타내며 멸종된 종은 결코 되살아나지 않는다는 것을 인정해야 했다.

지 않는 완벽한 창조나 노아의 홍수가 실제로 있었다는 생각을 결국 버릴 수밖에 없었다. 성실하고 겸허했던 메리 애닝은 오로지 화석 수집과 판매만으로 생계를 유지하는 과정에서 의도치 않게 과학적 사고에서 일어날 엄청난 혁명의 기반을 닦았고, 47세라는 젊은 나이에 세상을 떠났다.

'물고기-도마뱀'

메리 애닝의 발견은 익티오사우루스라는 놀라운 동물군의 세계로 향하는 문을 활짝 열었다. 공룡은 19세기 초반까지는 이빨과 턱뼈 조각만 알려져 있었으므로, 1880년대에 완벽한 골격이 발견되기 전까지는 잘 알지 못했다

(제17장). 이와 대조적으로, 익티오사우루스의 화석은 완벽하거나 완벽에 가까운 상태로 곧잘 발견되었다. 그래서 자연학자들은 익티오사우루스가 실제로는 파충류지만, 수렴 진화 덕분에 고래나 돌고래와 비슷한 체형을 하고 있다는 것을 금방 확인할 수 있었다. 대부분의 익티오사우루스는 길고 뾰족한 주둥이를 갖고 있었고, 헤엄치는 먹이를 잡기 위한 날카로운 원뿔 모양 이빨이 많이 나 있었다. 뿌연 물속에서도 앞을 잘 보기 위해서 눈이 컸고, 어떤 종은 안구의 동공 주위를 둘러싸서 눈을 보호하는 고리 모양의 작은 뼈인 **공막고리**sclerotic ring를 갖고 있었다. 쥐라기 후기 익티오사우루스의 뼈에는 이들이 심해 잠수를 했다는 것을 증명하는 감압병decompression sickness의 징후가 나타난다. 감압병은 잠수자가 오랫동안 숨을 참다가 물 밖으로 나오면 혈액에서 질소가 용출되면서 종종 겪게 되는 증상이다.

물속에서 살기 위해서 유선형 몸이 된 여러 수생 동물과 마찬가지로, 익티오사우루스도 머리와 몸이 합쳐져 있었다. 최근에 익티오사우루스의 최고 속력을 시속 2킬로미터로 추정했는데, 이는 가장 빠른 현생 돌고래와 고래보다 조금 느린 속도다. 돌고래와 비슷한 익티오사우루스의 몸에는 (물고기와 돌고래의 것과 비슷한) 등지느러미가 솟아 있었다. 이 등지느러미는 뼈가 아닌 연골로 지탱되었기 때문에 연조직이 보존된 표본에서만 볼 수 있다. 그러나 손이 변형되어 만들어진 그들의 지느러미발은 수십 개의 작은 원반 모양 뼈로 구성되어 있었다. 이 뼈들은 손가락뼈가 수십 개의 작은 부분으로 분할되고 증식되어 형성된 것이다. 뒷발은 훨씬 작은 지느러미발로 변형되었고 (고래와 돌고래에서는 완전히 사라졌다), 헤엄을 치는 동안 별로 쓰이지 않았던 것으로 보인다. 몸의 뒷부분은 물고기처럼 차츰 가늘어졌고, 꼬리는 수직면을 따라서 배열되어 있었다. 그래서 익티오사우루스는 (대부분의 경골어류처럼) 꼬리 부분을 좌우로 움직이면서 헤엄쳤다.

척추의 가장 끝에 있는 뼈는 아래쪽으로 급격한 '휘어짐kink'이 일어나서 꼬리의 하엽을 지탱한다. 꼬리의 상엽에는 뼈가 없고 연골에 의해서만 지지

된다. 익티오사우루스 연구 초기에는 과학자들이 꼬리뼈의 이런 '휘어짐' 때문에 골머리를 썩였고, 보존 처리 과정에서 힘줄이 수축하고 건조되면서 일어난 인위적인 결과물일지도 모른다고 생각했다. 그러나 리처드 오언은 이것이 두 갈래로 갈라진 꼬리지느러미의 산물이라는 올바른 추측을 내놓았다. 그의 혜안은 19세기 말에 독일 홀츠마덴에서 놀라운 화석 발굴지가 발견되면서 확인되었다. 이곳에는 화석들의 연조직이 어두운 외곽선의 형태로 보존되어 있다. 그래서 고생물학자들은 익티오사우루스의 꼬리 상엽에 나타나는 특징과 함께, 등지느러미(뼈로 지탱되지 않기 때문에 대개는 보이지 않는다)의 외곽선도 처음으로 볼 수 있었다.

보존 상태가 좋은 완벽한 골격이 많았기 때문에 익티오사우루스의 고생물학은 꽤 많이 알려져 있다. 그중에는 연조직의 외곽선과 위 속 내용물까지 남아 있는 것도 종종 있었다. 대부분의 익티오사우루스는 돌고래와 고래처럼 (오징어, 벨렘나이트, 암모나이트, 물고기와 같은) 헤엄치는 먹이를 이빨이 있는 기다란 주둥이로 잽싸게 낚아채어 잡아먹었을 것이다. 이런 추측은 위 속에 보존된 내용물을 통해서 확인되었다. 초기의 어떤 익티오사우루스는 조개의 껍데기를 먹기 위한 뭉툭한 이빨을 갖고 있었던 반면, 어떤 익티오사우루스는 (많은 종류의 물고기가 하듯이) 이빨이 없는 주둥이로 흡입하는 방식으로 먹이를 먹었을 것이라고 생각되었다. 많은 표본에서 익티오사우루스가 더 작은 익티오사우루스를 잡아먹었다는 증거가 발견되었다. 다수의 포식자들이 익티오사우루스를 공격하려고 했고, 얼굴과 뼈에 흉터를 남겼다. 어떤 익티오사우루스는 짧은 아래턱과 칼처럼 변형된 길쭉한 위턱을 갖고 있는데, (오늘날 황새치swordfish와 돛새치sailfish가 하듯이) 변형된 위턱을 물고기 떼에 휘둘러서 먹이 중 일부를 움직이지 못하게 만들었을지도 모른다.

처음에 과학자들은 이렇게 완벽한 수생동물이 육상에서, 특히 (오늘날의 바다거북처럼) 알을 낳기 위해 해변에 올라와서 어떻게 움직일 수 있었는지 추측했다. 문제는 익티오사우루스의 지느러미발이 물 밖으로 나와서 스스로 모래를 헤치고 나아갈 수 있을 정도로 충분히 크지 않았다는 점이었다. 그러다가 홀츠마덴에서 발굴된 일부 표본에서 처음부터 꼬리가 달린 새끼가 어미의 산도birth canal에 있었을 가능성이 드러나면서 과학자들이 내내 추측만 했던 것이 확인되었다. 익티오사우루스는 체내 수정을 하고 새끼를 낳았기 때문에, 육지에 알을 낳을 일은 아예 없었다(고래와 돌고래처럼 처음부터 바다에서 새끼를 낳아서 길렀다).

요약하자면, 익티오사우루스는 놀라운 수렴 진화로 돌고래와 같은 체제를 나타내지만 포유류가 아닌 파충류이고, 포유류와는 근본적으로 여러 면에서 다르다. 그런데 이런 고도로 분화된 동물은 어디에서 유래했을까?

익티오사우루스의 기원

플레시오사우루스(제15장)가 그런 것처럼, 우리에게는 익티오사우루스의 기원을 보여주는 일련의 멋진 전이화석들이 있다(그림 14.5). 먼저 중국의 트라이아스기 초기 지층에서 나온 난창고사우루스*Nanchangosaurus*가 있다. 난창고사우루스는 모든 익티오사우루스에 나타나는 길쭉한 주둥이를 제외하면 일반적인 파충류의 체형을 하고 있다. 난창고사우루스를 처음 기재할 때, 고생물학자들은 여러 원시적인 파충류의 특징을 너무 많이 갖고 있는 이 동물을 어떤 무리로 분류해야 할지 확신이 서지 않았다. 그러나 잘 발달된 두개골이 익티오사우루스와 가깝다는 것을 가리키고 있었다.

다음으로는 일본의 트라이아스기 초기 지층에서 나온 우타추사우루스*Utatsusaurus*가 있다. 우타추사우루스는 좀 더 익티오사우루스와 가까운 유선형의 어뢰와 같은 체형을 하고 있다. 그러나 손발은 원시적이며 아직 지느러미발로 변형되지 않았다. 또 기다란 익티오사우루스 주둥이를 갖고 있었지만, 꼬리의 척추뼈는 아래쪽으로 심하게 휘어지지 않고 부드럽게 구부러져 있어서 꼬리의 위쪽 면이 살짝 나타난다. 세 번째로는 중국의 트라이아이

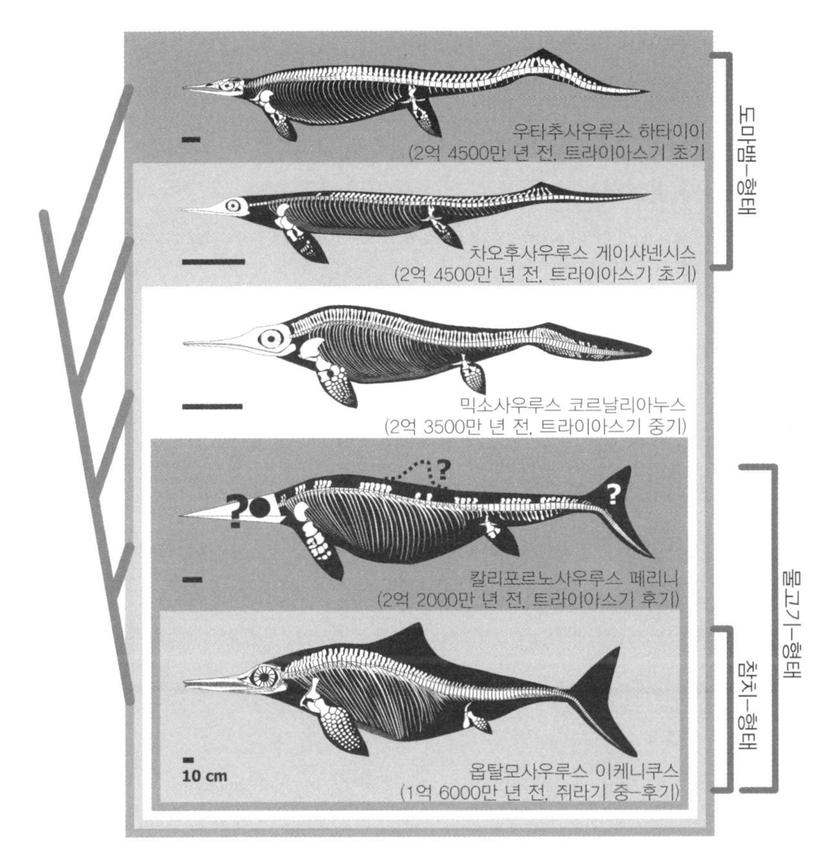

그림 14.5 트라이아스기의 원시적인 파충류에서 익티오사우루스의 진화.

스기 초기 지층에서 나온 차오후사우루스*Chaohusaurus*가 있다. 완전한 익티오사우루스의 두개골을 한 차오후사우루스는 주둥이가 짧고 이빨이 단순하며 눈이 크다. 그러나 탄탄한 다리에서는 익티오사우루스의 전형적인 지느러미발로 발달할 징후가 막 나타나기 시작하며, 꼬리에는 살짝 비틀림이 나타난다.

더 분화된 종류로는 독일과 다른 곳의 트라이아스기 중기 지층에서 나온 믹소사우루스*Mixosaurus*가 있다(그림 14.5를 보라). 믹소사우루스는 발달한 익티오사우루스와 더 원시적인 조상들의 딱 중간에 위치한 전형적인 전이화석이다. 완벽하게 돌고래와 같은 몸, 기다란 주둥이, 큰 눈, 대부분의 익티오사우루스 화석에 나타나는 등지느러미를 갖고 있다. 팔다리는 지느러미발로 뚜렷하게 변형되었지만, 손가락과 발가락에는 뼈의 증가가 아직 일어나지 않았다. 꼬리에서는 차오후사우루스보다 더 많이 발달한 아래쪽으로 휘어졌고, 꼬리의 위쪽 면은 작다. 트라이아스기 후기의 칼리포르노사우루스 *Californosaurus*는 더 많이 분화되었다. 앞지느러미발은 더 많이 변형되고, 뒷지느러미발에는 퇴화 징후가 처음으로 나타난다. 이와 함께 꼬리는 아래쪽으로 더 급하게 휘어진다. 꼬리지느러미에는 위쪽 면도 있었을 것으로 추정되지만, 잘 보존된 표본이 없어서 확인하기는 어렵다.

이런 모든 중간 단계의 형태들은 점차 옵탈모사우루스*Ophthalmosaurus*(그림 14.5를 보라) 같은 완전히 발달한 쥐라기 익티오사우루스의 표준 체제를 획득했다. 이빨이 있는 기다란 주둥이, 공막 고리로 보호되는 큰 눈이 있는 작은 두개골, 등지느러미가 있는 완벽한 유선형 몸, 추가의 손가락뼈가 들어간 커다란 앞지느러미발, 마찬가지로 추가의 뼈가 있는 작은 뒷지느러미발, 꼬리의 윗면과 아랫면이 충분히 대칭된다는 것을 나타내는 아래쪽으로 급하게 비틀린 꼬리뼈를 갖게 된 것이다. 이 생명체는 메리 애닝에 의해 1811년에 처음으로 빛을 보았고, 현재는 익티오사우루스와는 거의 닮지 않은 파충류까지 추적해 올라갈 수 있게 되었다.

트라이아스기의 고래-파충류

지금까지 우리는 길이가 3~5미터 남짓인 정상 범위의 익티오사우루스를 살펴보았다. 그러나 크기가 고래만 한 익티오사우루스도 있었다. 이런 익티오사우루스들 중에서 가장 인상적인 것은 쇼니사우루스*Shonisaurus*였다.

쇼니사우루스의 표본은 네바다 중남부에 있는 유명한 화석 발굴지 중 하나인 벌린-익티오사우루스 주립 공원Berlin-Ichthyosaur State Park에서 나왔다(그림 14.6). 이곳은 쇼쇼니산맥에 있는 웨스트 유니언 캐니언의 해발 2133미터 지점에 위치하는데, 라스베이거스에서 차를 타고 북쪽으로 여섯 시간 동안 가거나 레노에서 동쪽으로 세 시간 동안 가야 하는, 말 그대로 아무도 없는 외딴곳이다. 이 국립 공원은 화석 발굴지뿐 아니라 현재는 유령마을이 된 탄광촌인 벌린도 포함하고 있다. 이 지역에 있던 초기 광부들은 화석 암모나이트와 조개에 관해 알고 있었고, 어떤 사람은 거대한 뼈도 보았다. 심지어 익티오사우루스의 뼈로 벽난로를 만든 사람도 있었다! 1928년, 스탠퍼드 대학의 시몬 멀러는 이 뼈들이 익티오사우루스의 것이라는 사실을 알았지만 채집이나 연구를 할 방법이 없었다.

그로부터 24년이 지난 후, 네바다 팰런의 마거릿 휘트는 오랫동안 방치되어 있던 화석 일부를 모아서 버클리에 위치한 캘리포니아 대학 고생물학 박물관의 찰스 L. 캠프에게 보냈다. 이 화석에 흥미를 느낀 캠프는 1953년에 그곳을 방문했고, 본격적인 발굴과 연구를 하기로 결심했다. 그 방문 후에 캠프는 자신의 현장 연구 노트에 다음과 같이 썼다.

> 시몬 멀러의 말에 따르면, 그는 이 익티오사우루스 유해들을 1929년과 1930년에 발견했고 당시에 그 생각을 우리에게 납득시키려고 했다. 그 후, 지난 9월에 휘트 부인이 그것에 관한 이야기를 했다. 그 척추뼈가 대단히 크고(지름 1피트[30센티미터—옮긴이] 이상) 무게가 21파운드(9.5킬로그램—옮긴이)라는 것이다. … 우리는 남쪽면의 비탈을 올랐다. … 그리고 휘트 부인의 솔질로 드러난 화석을 올려다보았다. … 단단한 석회암 속에는 여섯 개 정도의 척추뼈가 연달아 있었고, 그 아래에 더 많이 들어 있었다. 거대한 척추뼈였다. 지금까지 알려진 어떤 익티오사우루스의 척추뼈보다 더 컸고, 그보다 후대인 트라이아스기 중기의 킴보스폰딜루스*Cymbospondylus*(Leidy)보다 더 컸다.

그림 14.6 네바다 갭스 인근의 벌린-익티오사우루스 주립 공원. (A) 실물 크기의 쇼니사우루스 그림이 돋을새김으로 얕게 새겨져 있는 입구 광장. (B) 뼈층. 넓은 지역에 걸쳐 뼈들이 드러나 있다. 본관 내부에 있다.

1954년부터 1957년에 걸친 여름 동안, 캠프와 새뮤얼 E. 웰스와 박물관 직원들은 이 지역에 대한 본격적인 연구에 착수했다(제2차 연구는 캠프의 노력으로 1963년부터 1965년까지 이뤄졌다). 이들은 거의 완벽한 골격 하나를 어렵게 발굴했고, 이 골격은 현재 라스베이거스의 네바다 주립 박물관에 전시되어 있다(그림 14.7A). 그러나 그들은 그 층이 발견되었을 때, 층의 대부분을 그대로 남겨두고 뼈만 깨끗하게 꺼내 보존 처리했다. 그래서 거의 다 파묻혀 있었을 때보다 뼈들을 훨씬 명확하게 볼 수 있었다.

캠프와 그의 연구팀은 연구를 하는 동안, 눈이 부실 정도의 섬광을 몇 번 보았고 핵 실험의 폭발음도 들었다. 핵 실험 장소는 연구 현장에서 남쪽으로 불과 240킬로미터 떨어진 네바다 실험 구역이었다. 캠프는 28킬로톤의 폭발이 있었던 1955년 5월 15일에 다음과 같이 썼다.

> 오늘 아침 다섯 시에 200마일(321킬로미터—옮긴이) 떨어진 곳에서 열네 번째 원자 폭탄이 발사되었다. 나는 침대에서 일어나서 아주 짧은 순간 지속된 보라색과 분홍색의 섬광을 보았다. 약 15분 후, 천둥 같은 낮은 소리가 울리면서 땅이 조금 흔들렸다. 소리는 두세 번에 걸쳐서 점점 강해졌다. 약 3~5분 후, 멀리서 들리는 사자 울음소리처럼 더 부드러운 소리가 공기에 실려 왔다.

다행히도, 이 실험으로 인한 방사능 낙진은 북쪽이 아닌 동쪽으로 날아갔기 때문에 이 고생물학 연구진은 방사능에 오염되지 않았다. 캠프는 82세였던 1975년에 암으로 사망했지만, 확실히 고농도의 방사능에 노출되지는 않았을 것이다. 그러나 유타주 세인트조지의 주민들은 그렇게 운이 좋지 못했다.

그곳에는 놀라울 정도로 많은 양의 뼈가 집중적으로 묻혀 있었는데, 최소 40개체는 되었다. 캠프는 이 익티오사우루스들이 마치 해변의 고래처럼 썰물에 갇혔을 것이라고 생각했지만, 훗날 제니퍼 호글러는 루닝층Luning Formation(트라이아스기 상부[약 2억 1700만~2억 1500만 년 전])의 이 부분이 심

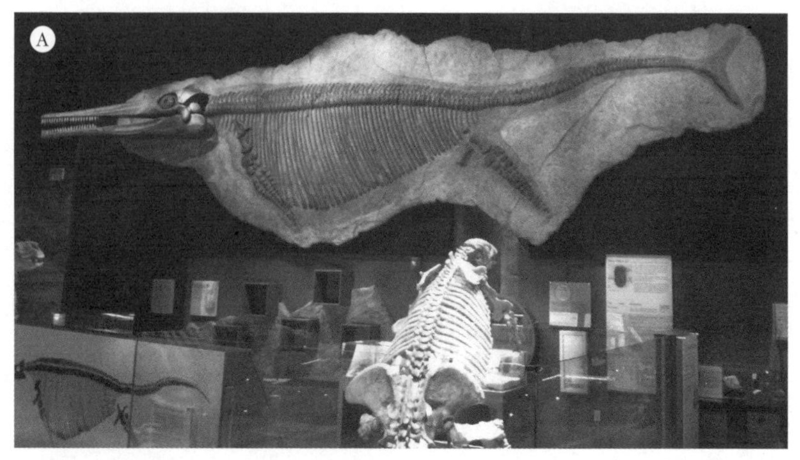

그림 14.7 쇼니사우루스. (A) 라스베이거스에 있는 네바다 주립 박물관에 전시된 골격. (B) 살아 있는 쇼니사우루스의 복원도.

해 퇴적층이었다는 사실을 연구를 통해서 증명했다. 따라서 그렇게 많은 익티오사우루스 사체가 해저에 가라앉았지만 흩뜨려지지 않은 까닭은 여전히 불가사의다. 무척추동물로 뒤덮여 있지 않고 뼈들이 비교적 제자리에 놓여 있으며, 골격이 완벽하다는 특성으로 볼 때, 아주 깊고 고인 물에서는 청소동물이나 다른 유기체가 살 수 없었던 것으로 추측된다.

크기가 대형 고래만 했던 쇼니사우루스는 길이가 대략 15미터였다. (어릴

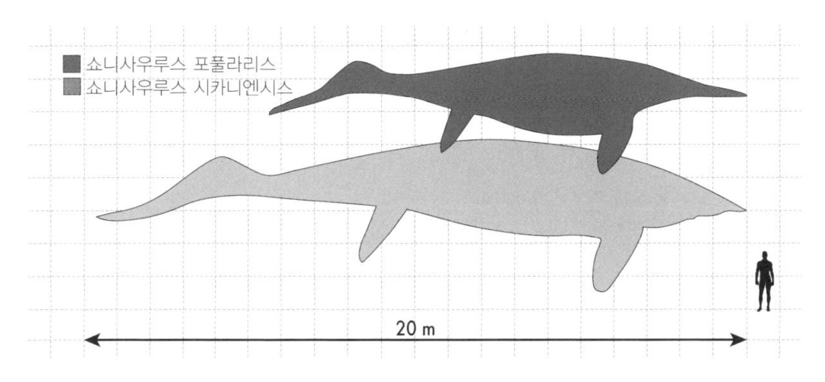

그림 14.8 익티오사우루스인 S. 포풀라리스와 S. 시카니엔시스의 크기 비교.

때 외에는) 이가 없는 기다란 주둥이를 갖고 있어서, 일부 과학자들은 빠르게 헤엄치면서 먹이를 잡지는 않았을 것이라고 생각한다(그림 14.8, 그림 14.7B를 보라). 그 대신, 대부분의 큰 고래와 고래상어처럼 헤엄을 치면서 먹이를 빨아들였을 것이고, 큰 동물보다는 주로 플랑크톤을 먹었을 것이다. 쇼니사우루스는 몸집이 크고 둥글었으며, 상대적으로 긴 가슴지느러미와 배지느러미를 갖고 있었다. 이 지느러미들은 손발가락 뼈가 하나의 지느러미발로 바뀌면서 만들어진 둥글고 거대한 손발가락으로만 이루어져 있다(다지골증 hyperphalangy). 트라이아스기의 다른 여러 익티오사우루스처럼 쇼니사우루스 역시 뚜렷한 등지느러미가 없었다. 꼬리에는 위쪽 부분이 조금만 발달했고, 꼬리의 척추뼈는 끝이 아래쪽으로 약간 휘었을 뿐 쥐라기의 익티오사우루스에서 볼 수 있는 급한 휘어짐은 없었다.

캠프가 이 화석에 대한 그의 연구를 완성하기까지는 오랜 시간이 걸렸고, 마침내 1976년에 연구 결과가 발표되었다. 그는 쇼쇼니산맥과 이 지역 원주민 부족의 이름을 따서 이 생명체에 쇼니사우루스라는 속명을 붙였고, 종명은 포풀라리스*popularis*(흔하다는 뜻)로 지었다. 1950년대 후반, 휘트와 캠프와 웰스는 이 거대한 생물이 네바다주를 대표하는 화석이 될 만한 자격이 충분하다고 생각했다. 이 화석은 확실히 웅장했으며, 네바다 특유의 것이었고, 네바다에서 발견되는 대부분의 더 평범한 화석보다 훨씬 매력적이었다. 수십 년에 걸친 청원 활동 끝에, 네바다주 입법부는 1984년에 공식적으로 이 화석을 대표 화석으로 인정했다.

2004년에는 고인이 된 베스티 니컬스가 브리티시컬럼비아에 위치한 파도넷층Pardonet Formation의 트라이아스기 상부(2억 1000만 년 전) 지층에서 더 큰 쇼니사우루스를 발견하고 기재했다(그림 14.9). 쇼니사우루스 시카니엔시스*Shonisaurus sikanniensis*라고 명명된 이 동물의 길이는 대부분의 현생 공룡보다 더 커서 21미터가 넘었다! 게다가 이빨이 없는 기다란 주둥이, 길고 좁은 가슴지느러미와 배지느러미가 달려 있는 거대한 몸을 갖고 있었다. 등지느러미는 없었고, 꼬리지느러미는 위쪽 부분이 작았다. S. 시카니엔시스가 발견된 후, 일부에서는 이것을 캘리포니아의 트라이아스기 후기 지

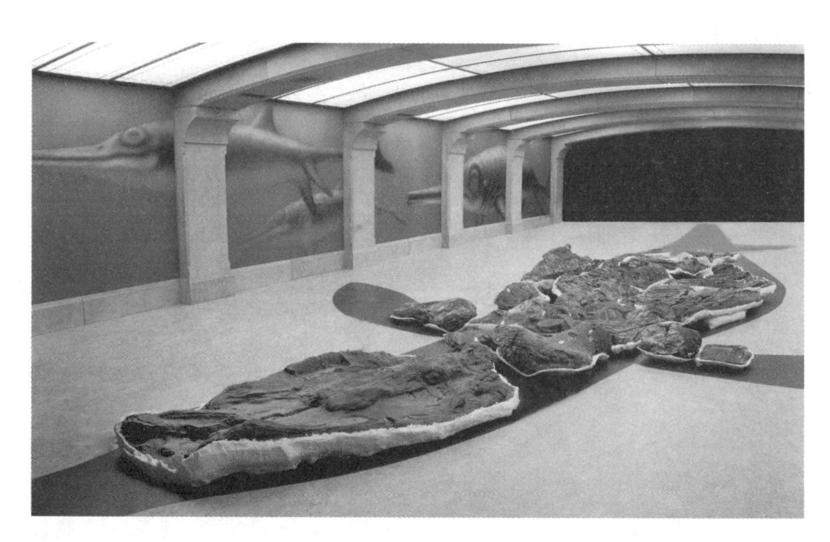

그림 14.9 브리티시컬럼비아의 거대한 쇼니사우루스(혹은 샤스타사우루스일지도 모른다), 앨버타 드럼헬러에 위치한 왕립 티렐 박물관에 전시되어 있다.

층에서 알려진 훨씬 작은 익티오사우루스 속인 샤스타사우루스*Shastasaurus*로 분류하기도 했다. 그러나 가장 최근인 2013년의 분석은 S. 시카니엔시스가 쇼니사우루스의 거대 종이라는 원래 관점에 신빙성을 더해주었다.

가볼 만한 곳

메리 애닝의 원본 화석은 런던 자연사 박물관에 전시되어 있으며, 여러 다른 화석들은 케임브리지 대학의 세지윅 지구과학 박물관에 있다. 미국에도 멋진 익티오사우루스 표본을 소장하고 있는 박물관이 많은데, 뉴욕의 미국 자연사 박물관, 피츠버그의 카네기 자연사 박물관, 시카고의 필드 자연사 박물관, 워싱턴 D.C. 스미스소니언협회의 미국 국립 자연사 박물관 등이 있다. 독일의 많은 박물관은 홀츠마덴에서 발굴된 익티오사우루스 표본을 전시하고 있다. 이런 박물관으로는 베를린의 자연사 박물관(훔볼트 박물관), 프랑크푸르트의 젠켄베르크 자연사 박물관, 뮌헨 고생물학 박물관, 슈투트가르트에 위치한 주립 자연사 박물관이 있다.

벌린-익티오사우루스 주립 공원을 가려면 네바다주 361번 고속도로를 타고 갭스 방향으로 가다가, 동쪽으로 빠져서 그랜츠빌 방향으로 가는 844번 국도를 탄다. 그다음에 자갈길을 따라 동쪽으로 가면 목적지에 도착한다. 라스베이거스 스프링스 보호 지역 공원 내에 있는 네바다 주립 박물관에는 쇼니사우루스 포풀라리스의 거의 완벽한 골격이 있다. 거대한 쇼니사우루스 시카니엔시스는 앨버타 드럼헬러에 위치한 왕립 티렐 박물관에서 볼 수 있다.

15

바다의 공포

가장 거대한 바다괴물: 크로노사우루스

중생대에는 진정한 바다뱀은 없었지만, 바다뱀과 비슷한 플레시오사우루스가 있었다. 플레시오사우루스는 다시 바다로 돌아간 파충류였다. 당시에는 그것이 좋은 생각처럼 보였기 때문이다. 플레시오사우루스는 헤엄치는 법을 거의 몰랐기 때문에 더 영리한 해양 동물처럼 꼬리를 이용해서 추진력을 얻기보다는 네 개의 지느러미발을 노처럼 저어서 물속에서 움직였다. (익티오사우루스 같은 동물은 지느러미발을 이용해서 균형을 잡고 방향을 바꿨다. 플레시오사우루스는 제대로 하는 것이 하나도 없었다.) 그래서 너무 느린 탓에 물고기를 잡지 못했던 플레시오사우루스는 목뼈를 계속 늘려나갔다. 그래서 결국 목이 몸의 나머지 부분보다 더 길어졌다. … 물고기를 제외하고는 어떤 동물도 무서워하지 않았고, 그럴 가치도 별로 없었다. 플레시오사우루스의 마음은 딴 곳에 있었다. 너무 엉망으로 만들어졌기 때문에 플레시오사우루스는 재미난 일이 별로 없었다. 알을 낳기 위해서는 해안으로 가야 하는 식이었다. (익티오사우루스는 물속에서 새끼를 낳아서 길렀다. 당신도 방법만 안다면 할 수 있다.)

윌 커피Will Cuppy, 『멸종에 이르는 길How to Become Extinct』

오지의 바다

오늘날, 오스트레일리아의 오지는 마른 관목이 수백 킬로미터씩 펼쳐진 반사막semi-desert 지대다. 어쩌다가 한번씩 폭우가 쏟아진 다음에는 빌라봉billabong(물웅덩이)이 빠르게 채워진다. 대부분의 식물은 단 몇 주 동안의 습한 환경에서 빠르게 성장하고 1년 중 대부분을 건조한 조건에서 견디면서 살아가는 생활에 적응했다. 키가 큰 유칼립투스*Eucalyptus*는 그늘을 조금 드리우지만, 끊임없이 수액이 떨어지면서 길쭉한 잎과 기다란 나무껍질 위로 흘러내린다. 이 지역은 생태계 전체가 건조한 환경에 적응했다. 오늘날 더 잦아진 들불은 인화성이 강한 수액이 가득한 식생에 불을 붙이고, 식물은 맹렬하게 탄다. 가장 큰 초식동물인 캥거루부터 굴을 파고 살아가는 웜바트, 유칼립투스 나무에서 살아가는 코알라에 이르기까지, 오스트레일리아 내륙 오지에 사는 동물들도 모두 건조한 환경에 똑같이 적응했다.

이렇게 사방이 메마른 풍경에서 다른 모습을 상상하기란 어렵지만, 오스트레일리아 땅속에 있는 암석에는 사뭇 다른 환경의 증거가 나타난다. 이 암석들은 얕은 바다에서 퇴적된 석회암인데, 과거에는 대부분의 다른 대륙과 오스트레일리아의 상당 부분이 얕은 바다 속에 잠겨 있었다. 공룡 시대가 한창일 때(백악기 초기[약 1억 2500만~1억 년 전]), 지구는 전체가 온실 기후 상태였다. 맨틀 속 초거대 상승류superplume는 대규모 해저화산의 폭발을 일으켰고, 그로 인해서 막대한 양의 이산화탄소가 대기 중으로 뿜어져 나왔다. 대기 중에 고농도의 온실기체가 농축되면서 지구는 그 어느 때보다 더워졌다. 과학자들은 당시 대기 중의 이산화탄소 농도가 최대 2000피피엠parts per million이었을 것이라고 추정했다. 이와 달리 오늘날 대기 중의 이산화탄소 농도는 400피피엠이다. 이렇게 따뜻한 행성에서는 당연히 얼음이 남아나지 못했다. 따라서 극지방의 빙모도 없었고, 고산지대의 빙하도 없었고, 어디에도 얼음이 없었다. (안타깝게도 최근 몇몇 공룡 영화에서는 이 사실을 모르고 배경에 눈 덮인 산을 등장시키기도 한다.)

게다가 초대륙인 판게아로 통합되어 있던 주요 대륙들은 빠르게 떨어져 나가고 있었다. 이런 급속한 해저 확장은 공기 중으로 온실기체를 뿜어냈을 뿐만 아니라, 다른 효과도 일으켰다. 해저 확장 속도가 빠를 때에는 중앙 해령mid-ocean ridge의 전체 부피가 훨씬 더 증가한다. 확장이 느릴 때보다 더 뜨겁고 더 많이 팽창하기 때문이다. 이와 대조적으로, 더 천천히 확장되는 해령은 냉각에 더 오랜 시간이 걸린다. 따라서 해령의 마루에서부터 급경사를 이루면서 가라앉고 해령의 두께가 덜 두텁다. 해령의 부피 확장은 해저 분지를 얕아지게 만들어서 물을 다른 곳으로 보내는데, 이때 물이 갈 수 있는 곳은 대륙 쪽뿐이다. 바다를 더 얕아지게 하고 해수면의 상승에 기여했던 다른 요인으로는 해저화산으로 인한 거대한 용암대지의 형성과 점점 더 따뜻해진 물의 증가(이것은 오늘날 전 지구적인 해수면 상승의 요인이기도 하다)도 있다.

결과적으로, 백악기 초기에는 거의 모든 대륙이 얕은 바닷물에 잠겨 있었다. 일부 대륙은 쥐라기 후기에 전 지구적인 온실 조건이 시작되었을 때부터 물속에 있었다. 오스트레일리아뿐 아니라 유럽도 거의 다 물에 잠겨 있었다. 유럽을 뒤덮고 있던 얕은 바다에는 새로운 형태의 플랑크톤이 가득했다. 바로 원석조류coccolithophorid라고 하는 미세한 조류였다. 이 부유성 조류가 죽으면 매우 작은 석회질 껍데기가 해저에 가라앉는데, 이 껍데기가 쌓이고 굳어서 형성된 거대한 암석이 우리가 아는 백악chalk이다. 이런 백악의 바다는 도버의 하얀 절벽White Cliffs of Dover 같은 유명한 장소뿐 아니라 프랑스 북부, 벨기에와 네덜란드에 걸쳐서 펼쳐져 있었다.

북아메리카에도 오늘날 그레이트플레인스라고 불리는 지역에 거대하고 얕은 바다가 펼쳐져 있었다. 이 바다는 멕시코만과 따뜻한 북극해를 이어주었다. 텍사스·오클라호마·캔자스·네브래스카·사우스다코타와 노스다코타·앨버타·서스캐처원에 이르기까지, 평지에 있는 거의 모든 주의 방대한 영역이 백악기의 얕은 바다에서 퇴적된 셰일과 석회암과 백악으로 덮여 있다. 캔자스 서부의 나이오브래라 백악층Niobrara Chalk beds에서는 막대한 양의 해양 화석을 수집할 수 있다. 이런 화석에는 거대 해양 파충류, 엄청난 크기의 물고기와 바다거북, 직경 1.7미터가 넘는 조개에서 암모나이트에 이르기까지 온갖 종류의 무척추동물이 포함된다.

오지의 바다 괴물

그러나 불과 1세기 전에는 이 사실을 아무도 몰랐다. 1899년, 앤드루 크롬비라는 남자는 오스트레일리아 퀸즐랜드 휴헨덴에 위치한 자신의 집 근처에서 여섯 개의 원뿔 모양 이빨이 달린 뼛조각을 발견했다. 결국 이 뼛조각은 퀸즐랜드 박물관으로 옮겨졌고, 박물관 관장 히버 롱맨은 1924년에 이 뼛조각을 크로노사우루스 쿠엔슬란디쿠스*Kronosaurus queenslandicus*라고 명명했다(속명은 '도마뱀'을 뜻하는 그리스어와 크로노스Kronos에서 땄고, 종명은 발견된 장소에서 땄다). 크로노스는 그리스 신화에 등장하는 티탄족의 일원이다. 그는 부모인 우라노스와 가이아를 권좌에서 끌어낸 후, 자식들이 자신을 권좌에서 끌어내리지 못하도록 한 명만 남기고 모두 잡아먹었다. 크로노스의 아내인 레아는 갓 태어난 자식인 제우스를 살리기 위해서, 크로노스를 속여서 제우스 대신 강보로 감싼 옴팔로스의 돌Omphalos Stone을 삼키게 했다. 마침내 제우스는 크로노스를 굴복시켜서 다른 형제들을 토해내게 했고, 그 형제들은 그리스의 다른 신들이 되었다. 그리고 제우스는 크로노스를 타르타로스의 감옥에 가뒀다. 롱맨은 크로노사우루스라는 이름을 통해 이 표본이 티탄족처럼 거대하다는 것을 연상시키고 싶었을 것이다. 결국 퀸즐랜드 박물관의 과학자들은 크롬비가 처음 발견한 장소를 다시 찾아갔고, 크로노사우루스의 두개골 일부를 포함한 더 많은 것을 발견해냈다.

이 거대한 표본에 대한 이야기를 들은 하버드 대학의 비교동물학 박물관은 적극적으로 이 지역을 탐사하기 시작했다. 1927년에 하버드 대학에서 학부 과정을 마친 젊은 대학원생인 윌리엄 E. 스케빌은 1931년 후반에 6명으로 이루어진 탐사대를 이끌었다. 20대 중반에 이 탐사를 이끌었던 스케빌은 대단한 장사로 묘사되는데, 그는 석회암을 부수기 위해서 가져간 3킬로그램짜리 대형 해머를 걸으면서 공중으로 던져 올렸다가 다시 잡을 수 있었다. (스케빌은 우즈홀 해양 연구소에서 고래의 반향 위치 측정echolocation과 의사소통 전문가가 되었다.) 그와 그의 팀원들은 비교동물학 박물관에 보관할 모든 종류의 자연사 표본을 수집하라는 지시를 받았다. 박물관 관장인 토머스 바버는 "우리는 캥거루, 웜뱃, 태즈메이니아 데블Tasmanian devil, 태즈메이니아 주머니늑대Tasmanian wolf의 표본을 바란다"라고 말했다. 탐사팀은 100점 이상의 포유동물 화석과 수천 점의 곤충 표본을 가지고 1년 뒤에 하버드 대학으로 돌아갔다.

하버드 대학 탐사팀이 미국으로 돌아간 후, 오스트레일리아에 남아 있던 스케빌은 휴헨덴과 리치몬드 주위의 백악기 하부 지층을 탐사하기 위해서 현지인들을 모집했다. 오스트레일리아의 고생물학자인 존 롱의 말에 따르면, 스케빌은 오스트레일리아 박물관에 참여를 원하는지 물었지만 박물관 측은 관심을 보이지 않았고, 퀸즐랜드 박물관 역시 도움을 줄 수 있는 사람이나 탐사를 수행하기 위한 기금이 없었다고 한다.

탐사팀은 1932년에 그램피언 밸리와 휴헨덴에 도착했고, 그곳에서 작은 크로노사우루스의 주둥이를 발견했다. 그러던 중 그들은 랠프 윌리엄 해슬럼 토머스라는 목장주가 소유한 아미 다운스Army Downs라는 8100헥타르 넓이의 땅에 거대한 뼈들이 몇 개 있다는 이야기를 듣게 되었다. 그 뼈들은 수년 동안 땅속에 있었지만, 다른 곳으로 옮기거나 수집하기에는 너무 무거웠을 것이다. 사람들이 할 수 있는 일이라고는 기껏해야 망치와 끌로 이빨 한두 개를 떼어내는 정도였다. 그래서 하버드 대학 탐사대가 도착하기 전까지는 아무도 그 뼈에 관심을 두지 않았다. 탐사대는 커다란 바후니아*Bahunia* 나무 아래에 야영지를 꾸리고 신선한 고기를 얻기 위해 정기적으로 사냥을 했다. 어느 날 오후, 그 지역에 사는 한 가족이 찾아와서 신선한 소고기가 필요한지 물었다. 그들은 "괜찮습니다, 고기는 잘 먹고 있어요"라고 대답했다. 그들은 에뮤(타조와 생김새가 흡사한 호주의 큰 새—옮긴이) 기름에 구운 캥거루 고기와 냄새가 고약한 치즈와 당밀을 먹고 있었다.

뼈들은 두껍고 단단한 석회암 단괴nodule 속에 들어 있었다. 그래서 탐사팀이 이 뼈들을 발굴하려면 다이너마이트를 써야 했다. 별명이 '미치광이Maniac'였던 스케빌의 조수는 다이너마이트로 땅속에 있는 뼈들을 꺼내서 운반하기 쉽도록 적당한 크기의 조각으로 만드는 전문가였다. 표면에 있던 뼈들은 대부분 풍화되고 파괴되었기 때문에, 단괴 속 깊이 들어 있는 것들만 그대로 남아 있었다. 두개골의 뒷부분은 사라졌다. 이와 함께 척추의 대부분과 갈비뼈들과 넓적다리뼈와 어깨뼈도 없었다. 1932년 12월 1일, 마침내 그들은 5.5톤이 넘는 화석을 86개의 나무상자에 담아서 보스턴으로 향하는 증기선인 캐나디안 컨스트럭터호에 실었다. 보스턴에 내려 석고로 감싼 육중한 덩어리들은 박물관 지하에 있는 보존처리실로 보내졌다. 그곳에서 ('공룡 짐' 젠슨"Dinosaur Jim" Jensen과 아니 밀러를 포함한) 하버드 대학의 보존 처리 전문가들은 서서히 작업을 시작했다. 두꺼운 석회암 단괴는 천천히 진득하게 끌로 파내야 했고, 표본의 어떤 부분은 단단한 바위를 부수기 위해서 착암기를 이용해야 했다.

가장 먼저 두개골을 보존 처리했는데, 골격의 나머지 부분을 깨끗이 손질하는 엄청나게 까다로운 작업을 진행할 여력이 없었다. 그러다가 1956년에 한 부유한 독지가가 화석에 관심을 보였다. 바다뱀을 목격하고 추적했던 자신의 가족사 때문이었다. 그가 박물관에 충분한 자금을 기부한 덕분에 나머지 골격의 보존 처리를 3년 내에 끝낼 수 있었다. 1959년, 하버드 대학에는 크로노사우루스의 거의 완벽한 골격이 전시되었다(그림 15.1). 당시 93세였던 랠프 W. H. 토머스는 하버드 대학에서 마련한 기념식에 초대돼, 자신이 27년 전에 박물관 탐사팀에게 처음 보여주었던 화석이 전시된 모습을 보게 되었다. 토머스와 스케빌은 눈물의 재회를 했는데, 서로 상대방이 제2차

그림 15.1 하버드 대학 비교동물학 박물관에 전시되었을 당시의 크로노사우루스 골격. 비교를 위해서 앨프리드 로머의 부인 루스가 함께 찍었다.

세계대전 때 죽었을 것이라고 생각했기 때문이다.

오늘날 퀸즐랜드의 리치몬드에는 크로노사우루스 코너Kronosaurus Korner라는 이름의 작은 지역 박물관이 있다. 박물관 전면에는 백악기 초기에 정말 살았을 것 같은 크로노사우루스의 실물 크기 콘크리트 모형이 있다(그림 15.2).

오스트레일리아에서 발견된 이후, 크로노사우루스는 콜롬비아에서 한 번 더 발견되었다. 1977년, 모노퀴라에 사는 한 농민은 밭을 갈다가 크고 둥근 바윗덩어리 하나를 뒤집었다. 나중에 바위를 본 그는 그 속에 화석이 들어 있다는 것을 알았다. 그는 콜롬비아의 과학 기구에 그 사실을 알렸고, 발굴이 시작되었다. 그곳에서는 거의 완벽한 크로노사우루스 골격이 나왔는데, 이 화석은 지금까지 콜롬비아에서 발견된 최고의 화석 중 하나다. 고생물학자인 올리베르 암페는 1992년에 이 화석을 크로노사우루스 보야켄시스 *Kronosaurus boyacensis*라는 신종으로 기재했다.

그림 15.2 오스트레일리아 퀸즐랜드 리치몬드에 있는 크로노사우루스 코너.

바다괴물의 왕

크로노사우루스는 정말 놀라운 생명체였다. 길이가 거의 3미터인 두개골과 길이가 3.3미터에 달하는 앞지느러미발을 갖고 있었고, 몸 전체 길이는 약 12.8미터였다(그림 15.3). 그러나 최근 연구에서는 사라진 부분을 복원하면서 표본 담당자가 척추뼈를 너무 많이 넣었을 수도 있다는 주장이 나왔다. 전체 길이가 10미터에 가까울 수도 있다는 것이다. 비교동물학 연구소에 있는 이 표본은 전시실 하나의 벽 전체를 다 차지하기 때문에 처음 보면 숨이 막힐 정도로 압도적이다(그림 15.1을 보라)! 이 표본을 설치한 '공룡 짐' 젠슨의 아들의 말에 따르면, 전시실의 벽에 있는 커튼과 다른 장식들은 사실상 젠슨이 용접해서 붙인 지지대와 쇠막대들을 숨기기 위한 것이었다. 젠슨은 표본이 공중이나 물속에 떠서 헤엄치는 것처럼 보이게 만들고 싶어 했고 실제로 설치된 형상은 그런 환상을 불러일으킨다.

크로노사우루스는 플레시오사우루스라고 알려진 해양 파충류 무리에서 가장 큰 종류 중 하나다. 플레시오사우루스는 크게 플리오사우루스류pliosauroid와 플레시오사우루스류plesiosauroid라는 두 무리로 나뉜다. 모든 플레시오사우루스는 기본적인 구조가 비슷하고, 머리와 목만 다르다. 이들은

그림 15.3 크로노사우루스 머리와 몸의 복원도.

네 개의 거대한 지느러미발을 이용해서 백악기의 바다를 휘젓고 다녔다. 플레시오사우루스의 배 쪽 어깨와 골반에는 몇 개의 넓적한 뼈로 이루어진 거대한 이음뼈girdle가 있는데, 이 이음뼈에는 헤엄을 칠 때 이용하는 강력한 근육이 단단히 고정되었다. 이음뼈들 사이에 촘촘히 배열되어 있는 배 갈비뼈(**복늑골**gastralia)는 복부를 지탱하는 힘을 증가시켜주었다. 흉곽 안에 있는 위에서 매끈한 돌이 발견된 표본이 많았는데, 플레시오사우루스가 물속에서 무게중심을 유지하는 바닥짐ballast 용도로 사용하려고 돌들을 삼켰을 것으로 추측된다. 또 퀸즐랜드에서 발굴된 표본의 위에서는 음식물의 화석도 발견되었다. 이로써 크로노사우루스가 바다거북과 더 작은 플레시오사우루스를 먹었다는 것이 증명되었다. 거대한 암모나이트와 대왕오징어의 화석도 같은 지층에 있었으므로, 이들도 분명히 크로노사우루스 같은 거대 포식자의 먹이가 되었을 것이다. 게다가, 같은 지층에서 나온 에로망가사우루스 *Eromangasaurus*라는 플레시오사우루스의 두개골에는 큼직한 물린 자국이 있어서 크로노사우루스로부터 공격을 당했음을 암시한다.

인기 있는 텔레비전 시리즈 〈공룡 대탐험Walking with Dinosaurs〉의 시청자는 유럽의 대형 플레시오사우루스 리오플레우로돈*Liopleurodon*을 본 적이 있을 것이다. 이 프로그램에서 길이 25미터가 넘는 괴물로 묘사된 리오플레우로돈은 공룡과 쥐라기의 다른 모든 생물을 잡아먹었다. 이 정도 크기는 대왕고래를 포함한 가장 큰 고래에 근접한다(그림 15.4).

대부분의 고생물학자가 알고 있듯이, 안타깝게도 이런 텔레비전 특집 프

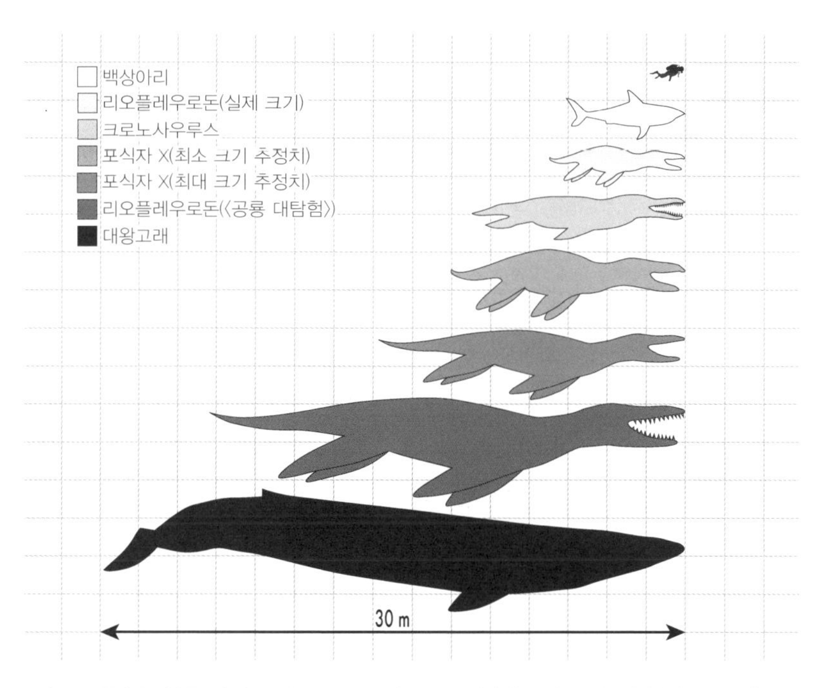

그림 15.4 플레시오사우루스인 리오플레우로돈, 크로노사우루스, 백상아리(카르카로돈 카르카리아스), 대왕고래(발라에놉테라 무스쿨루스*Balaenoptera musculus*)의 크기 비교. '포식자 X'와 텔레비전 프로그램에 등장하는 거대 리오플레우로돈의 과장된 크기도 함께 나타냈다.

로그램에서는 더 극적인 이야기를 위해서 사실관계를 잘못 나타내는 경우가 종종 있다. 선사시대 동물에 관한 수많은 다큐멘터리에 출연하거나 자문에 응했던 나는 그런 점을 너무 잘 알고 있다. 내가 무슨 말을 하든지, 방송 작가와 프로듀서들에게 중요한 것은 더 재미있는 이야기다. 일단 대본이 애니메이션 스튜디오로 넘어가면, 과학은 잊어라! 대부분의 경우, 애니메이터들의 그림은 전적으로 상상의 산물이다. 선사시대 동물의 뼈만 가지고는 그들의 색을 재현할 수 없다. 게다가 그들이 정확히 어떻게 움직였는지, 또는 어떤 소리를 내며 울었는지를 우리로서는 알 길이 없다. 그들이 어떻게 상호 작용을 했는지, 가족 내에서 어떻게 행동했는지 따위에 관한 이런 다큐멘터리 속의 '이야기'는 순전히 상상의 산물이다(오늘날의 동물에 대한 연구가 약간 참고가 된다). 안타깝게도 이런 다큐멘터리는 대부분의 대중이 보는 고생물학의 유일한 일면인 경우가 많다. 유감스러운 점은 그로 인해서 멸종된 동물의 색과 행동과 소리를 보여주는 매력적인 영화를 만드는 것이 고생물학이라는 학문의 전부인 것 같은 그릇된 인식을 사람들이 갖게 된다는 것이다. 실제로 그런 영화는 과학적 자료를 전혀 토대로 하지 않는데도 말이다.

사실, 리오플레우로돈이 그렇게 크다는 것을 암시하는 완벽한 표본이 없다. 화석은 주로 몇 개의 두개골과 턱뼈로 구성되며, 이와 함께 다른 뼈들도 하나씩 발견된다. 가장 큰 완벽한 골격은 튀빙겐에 위치한 지질학 고생물학 박물관에 전시되어 있는데, 길이가 4.5미터에 불과하다. 두개골을 이용해서 크기를 추정하는 새로운 방식이 제안하는 바에 따르면, 길이가 5~7미터인 동물의 가장 큰 두개골도 길이 10미터로 수정된 크로노사우루스의 크기에는 턱없이 못 미친다.

2009년, 히스토리 채널에서는 어느 선사시대 동물에 관한 놀라운 다큐멘터리를 방영했는데, 이 동물에는 '포식자 X Predator X'(그림 15.4를 보라)라는 별명이 붙었다. 이 방송은 북극해의 스발바르 제도에서 발견된 커다란 플리오사우루스류 화석을 토대로 제작되었다. 이 다큐멘터리의 주장에 따르면, 이 동물은 길이가 15미터이고 무게가 5000킬로그램이었다. 똑같은 오해를 불러일으키는 정보는 2011년에 방영된 〈공룡의 땅Planet Dinosaur〉시리즈 중 한 편에서도 반복되었다. 두 프로그램은 다른 매체에서도 대대적으로 소개되었는데, '역대 가장 거대한 포식자'에 관한 주장이 주목을 받았기 때문이었다.

이 표본이 마침내 베일을 벗고 기재되자, 역시나 처음에 떠벌려졌던 것처럼 그렇게 거대하지는 않다는 사실이 드러났다. 화석은 턱 조각 몇 개, 척추뼈 몇 개, 지느러미발 몇 부분 따위로 구성되어 있었다. 확실히 큼직한 화석들이지만, 이런 불완전한 자료로는 신뢰할 만한 크기를 추정할 수 없다. '포식자 X'의 원래 기획자들은 '포식자 X'의 크기를 크로노사우루스와 비슷한 크기인 10~12.8미터로 축소 조정했다. '포식자 X'는 이제 플리오사우루스 푼케이*Pliosaurus funkei*라는 공식적인 이름을 갖게 되었고, 우리는 모두 크게 실망했다.

길이와 크기에 대해 충분히 신뢰할 만한 추정치가 완벽하게 알려진 종류는 크로노사우루스뿐이다. 그 외에는 순수한 추정일 뿐이며 방송 매체의 과장이다. 다만 훨씬 더 온전한 커다란 플리오사우루스가 발견되면 이야기가 달라진다.

바다에서 가장 목이 긴 동물

플레시오사우루스의 다른 무리는 우리에게 훨씬 더 친숙한 플레시오사우루스류이며, 가장 많이 알려져 있는 동물은 엘라스모사우루스*Elasmosaurus*다. 크로노사우루스 같은 플리오사우루스류는 묵직하고 길쭉한 주둥이와 짧은 목을 갖고 있었던 반면, 플레시오사우루스류는 정반대 방향으로 진화했다. 작은 머리와 극단적으로 긴 목을 갖게 된 것이다. 최초로 알려진 플레시오사우루스류인 메리 애닝의 플레시오사우루스(그림 15.5)가 발견된 이래

그림 15.5 목이 긴 플레시오사우루스 로말레오사우루스 크람프토니*Rhomaleosaurus cramptoni*. 요크셔의 케틀네스에서 발견되었고 런던 자연사 박물관에 전시되어 있다.

로, 더 많은 플레시오사우루스가 모습을 드러냈다. 이들은 플리오사우루스만큼 길었지만, 확실히 그만큼 무겁지는 않았다. 그런데도 대단히 컸다. 그중에서도 엘라스모사우루스가 가장 컸는데, 길이가 14미터에 달하고 무게가 2000킬로그램으로 추정되는 완벽한 표본이 알려져 있다. 플리오사우루스류와 달리, 플레시오사우루스류는 빠르게 헤엄치지는 못했고 네 개의 지느러미발을 노처럼 저으면서 천천히 움직였을 것이다.

플레시오사우루스류의 화석이 발견된 이래로, 고생물학자들은 뱀처럼 길고 유연한 목과 머리를 어느 방향으로나 쉽게 휘저을 수 있는 모습으로 이 동물을 복원했고, 지금도 대부분의 복원도가 그런 방식이다. 플레시오사우루스류의 목과 머리의 무게에 대한 더 최근의 분석에 따르면, 그들의 목에 있는 한정된 근육과 목뼈 움직임의 제약을 고려하면 목이 그렇게 유연하지는 않았을 것으로 나타난다. 이 연구들은 플레시오사우루스류의 목이 어느 정도 뻣뻣했고 그렇게 많이 구부러지지는 않았음을 암시한다. 뱀의 목보다는 낚싯대에 더 가까웠다는 것이다. 또 백조처럼 물 밖으로 목을 치켜들고 있을 수도 없었을 것이다.

플레시오사우루스류는 목이 돌아가지도 않고 순간적으로 몸을 홱 돌릴 수도 없었지만, 고생물학자들은 유연한 목을 필요로 하지 않는 먹이 섭취 방법들을 제안했다. 그런 제안 중 하나는 긴 목 덕분에 먹이에게 들키지 않고 먹이의 아래쪽에 있는 물속 깊이 몸을 숨길 수 있었다는 것이다. 그러면 그들의 거대한 몸뚱이가 일으키는 충격파로 인해 물고기, 오징어, 암모나이트 무리 같은 먹이들이 그들의 움직임을 알아차리기 전에 먹이 떼 속에 머리를 쑥 들이밀 수 있기 때문이다. 플레시오사우루스류의 큰 눈 역시 이 발상과 맞아떨어진다.

플레시오사우루스류가 기다란 목으로 바다 밑바닥의 진흙을 훑으면서 먹이를 잡는 '저서-섭식자bottom-feeder'였을 것이라는 다른 제안도 있다. 대부분의 플레시오사우루스류는 못처럼 생긴 길쭉한 이빨이 앞쪽으로 뻗어 있는데, 일반적으로 이런 이빨은 물고기와 다른 수생 먹이를 찌르기 위한 적응의 결과다. 크립토클리두스*Cryptoclidus*와 아리스토넥테스*Aristonectes* 같은 일부 플레시오사우루스류는 수백 개의 작은 연필 같은 이빨을 갖고 있었다. 이것은 이들이 바다 밑바닥이나 물속에 떠다니는 작은 먹이들을 걸러먹을 수 있었다는 것을 암시한다.

어떤 과학자들은 플레시오사우루스류의 목이 어느 정도 뻣뻣했을 것이라는 주장에 의문을 품기도 한다. 이들은 화석에서 다량의 연조직(특히 척추뼈 사이의 연골)과 여러 개의 목뼈가 사라졌다는 것을 지적하면서, 플레시오사우루스의 목이 그래도 꽤 유연했을 것이라고 추측한다. 확실히 플레시오사우루스의 목은 뱀의 몸처럼 유연하지는 못했을 것이다. 다시 말해서, S자 모양으로 구부리지는 못했을 것이다. 그러나 이 과학자들은 플레시오사우루스류가 목을 꽤 단단히 둥글게 구부려서 먹이를 잡을 수는 있었을 것이라고 주장한다. 만약 그렇다면, '뻣뻣한 목' 가설이 제안하는 정교한 행동들을 했을 가능성은 줄어든다.

커다란 몸집, 몸 바로 아래에 위치한 지느러미발, 척추에 부착되어 있지 않은 뒷다리의 뼈들, 그 밖의 다른 특징들로 볼 때 플레시오사우루스는 땅 위를 기어다니거나 바다거북처럼 알을 낳기 위해서 땅에 구멍을 팔 수 없었을 것이다. 그래도 플레시오사우루스를 그리는 화가 중에는 지표면에서 몸을 끌고 가기에는 터무니없이 작은 지느러미발을 바위에 어설프게 걸치고 있는 그림을 고집하는 이들이 많다. 그들이 순전히 물속에서만 생활했다는 사실은 최근에 기재된 배胚를 품고 있는 플레시오사우루스 화석을 통해 확인되었다. 이들이 바다 속에서 새끼를 낳았다는 것이 밝혀진 것이다.

바다 괴물의 기원

플레시오사우루스 같은 이런 놀라운 동물 무리는 어디에서 유래했을까? 다행히도 우리는 플레시오사우루스가 자신과 닮은 점이 전혀 없는 파충류에서 기원했음을 알려주는 훌륭한 화석 기록을 가지고 있다.

플레시오사우루스의 가장 오래된 친척은 마다가스카르의 페름기(2억 7000만 년 전) 암석에서 발견된 클라우디오사우루스*Claudiosaurus*라는 파충류다(그림 15.6). 클라우디오사우루스는 페름기의 다른 여러 원시적인 파충류와 전혀 다를 게 없어 보이지만, 두개골과 구개부에는 이 동물이 플레시오사우루스와 익티오사우루스를 모두 포함하는 광궁아강廣弓亞綱, Euryapsida이라는 해양 파충류에 속하는 초기 일원이었다는 것을 나타내는 중요한 특징이 있다. 클라우디오사우루스는 앞다리를 휘저어 헤엄을 칠 때 방해가 될 수도 있는 가슴뼈가 없었던 것으로 볼 때, 반半수생동물이었을 것으로 추정

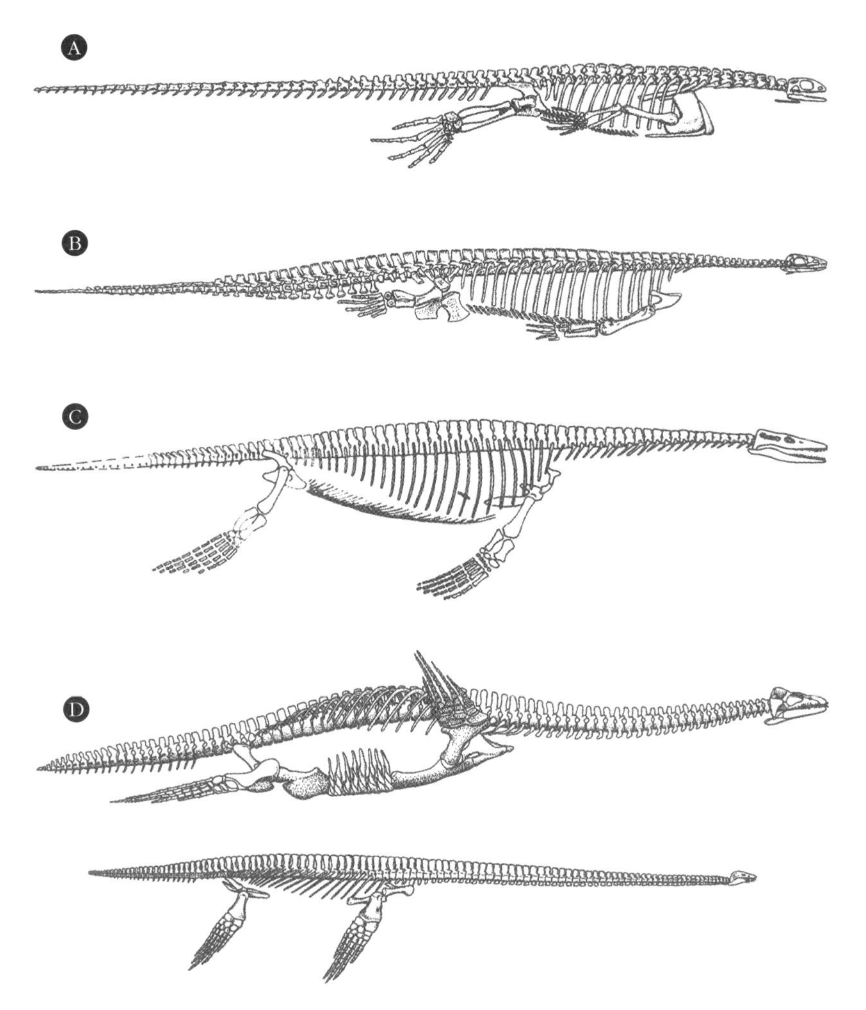

그림 15.6 플레시오사우루스의 먼 친척인 파충류에서 고도로 분화된 플레시오사우루스까지 이어지는 화석의 전이 과정. (A) 마다가스카르의 페름기에 살았던 원시적인 파충류인 클라우디오사우루스. 광궁아강의 특징을 조금은 갖고 있었지만 여전히 목이 짧고 꼬리가 길었으며 아직 지느러미발로 변형되지 않은 비교적 큰 발을 갖고 있었다. (B) 트라이아스기의 노토사우루스였던 파키플레우로사우루스*Pachypleurosaurus*. 목은 더 길어지고 꼬리는 더 짧아졌으며 발은 헤엄치기 좋게 변형되었다. (C) 원시적인 진정한 플레시오사우루스인 트라이아스기의 피스토사우루스. 목과 두개골은 더 길어졌고 꼬리는 짧아졌으며 다리는 부분적으로 지느러미발로 변형되었다. (D) 더 발달한 플레시오사우루스류인 크립토클리두스(위)와 히드로테로사우루스*Hydrotherosaurus*(아래). 훨씬 더 길어진 목, 더 작아진 머리, 더 짧아진 꼬리, 지느러미발로 완전히 변형된 사지를 갖고 있었다.

된다. 따라서 이 동물은 헤엄을 칠 때 도마뱀처럼 발을 번갈아 움직이기보다는 앞다리 두 개와 뒷다리 두 개를 함께 움직였을 것이다. 클라우디오사우루스의 긴 다리에는 아주 기다란 발가락이 있었는데, 이는 물갈퀴가 있었음을 암시한다. 사실 많은 과학자는 이 동물의 다리 비율과 골격 특징이 갈라파고스바다이구아나Galapagos marine iguana와 비슷하다는 점에 주목하고 있다.

트라이아스기(2억 5000만~2억 1000만 년 전)에는 노토사우루스nothosaurs라는 원시 해양 파충류 무리가 있었다. 이들 역시 대형 도마뱀과 크기가 비슷했고(길이 1미터 이하), 대체로 클라우디오사우루스와 비슷하게 생겼다. 이들은 이미 일부 플레시오사우루스와 같은 긴 목을 획득하고 있었지만, 물고기를 잡기 위한 기다란 주둥이도 있었다. 사지에서는 많은 뼈가 연골로 퇴화하고 있었는데, 해양 척추동물에서 흔히 볼 수 있는 현상이었다. 어깨 이음뼈와 엉덩이뼈에서는 플레시오사우루스 사지의 이음뼈에서 나타나는 튼튼한 판 모양 뼈들의 시초 단계를 볼 수 있다.

플레시오사우루스로 향하는 마지막 전이화석은 독일의 트라이아스기 중기 지층에서 발견된 피스토사우루스*Pistosaurus*다. 피스토사우루스는 단순한 주둥이가 달린 원시적인 두개골을 갖고 있지만, 입천장은 더 진화된 플레시오사우루스의 것과 매우 비슷하다. 그 외 몸의 나머지 부분들은 플레시오사우루스와 다른 도마뱀들 사이의 중간에 있었다. 긴 목과 우람한 몸집과 잘 발달한 배 갈비뼈를 갖고 있었고, 사지는 플레시오사우루스의 지느러미발과 분화되지 않은 노토사우루스 발의 중간 단계에 있었다. 손과 발의 긴 뼈들은 수십 개의 추가적인 손가락뼈와 발가락뼈로 바뀌었는데, 이것이 변형되어 플레시오사우루스의 지느러미발에 있는 단순한 원반 모양 뼈가 되었다.

간단히 말해서, 아주 특이하고 대단히 분화된 것처럼 보이는 플레시오사우루스도 그 계통을 거슬러 올라가면 거대한 바다 괴물이 될 조짐을 조금도 보이지 않는 도마뱀에 다다른다는 것이다.

네스호의 괴물?

스코틀랜드의 네스호에 커다란 파충류 괴물이 살고 있다는 주장은 1930년대부터 이어져 왔다. 더 나아가 이 괴물이 살아남은 플레시오사우루스라는 추측이 나오기도 했다. 네스호의 미스터리를 유지하는 방향으로 하나의 산업이 형성되어왔고, 이 신비스러운 이야기를 그럴싸한 것처럼 보이게 하려는 텔레비전 프로그램이 쏟아져 나왔다. 대니얼 록스턴과 내가 증명했듯이, 그곳에는 진짜 파충류 '네스호 괴물'이 존재할 가능성이 전혀 없다(다만 철갑상어 같은 유난히 큰 물고기를 생각할 수는 있다). 그 이유는 수없이 많으며 여러 방면의 증거가 나오고 있다.

⊙ **생물학적 이유**: 네스호 주변은 기후가 너무 추워서 변온동물인 대형 파충류가 그렇게 오랜 기간을 살 수 없다. 실제로 스코틀랜드에는 단 두 종의 도마뱀과 두 종의 뱀이 살고 있으며, 현재 지구는 비교적 따뜻한 시기인 간빙기에 있다. 기본적인 생물학을 토대로 볼 때, 만약 네스호의 괴물이 플레시오사우루스가 멸종된 이래로 정말 6500만 년 동안 살아남았다면, 딱 **한** 마리만 있어서는 안 되고 집단을 이뤄야 한다. 만약 이들이 집단을 이뤘다면, 네스호나 다른 대형 호수에서 죽은 동물들이 모두 그렇듯이, 수많은 뼈와 사체가 우리 눈에 자주 띄었을 것이다. 그러나 네스호에서는 단 하나의 뼛조각도 발견되지 않았다. 게다가 대형 육식 파충류 집단을 유지하기에는 호수가 너무 작고 자원도 너무 빈약하다. 동물은 몸의 크기가 커질수록 충분한 먹이를 얻기 위해 필요한 행동 범위도 더 넓어진다. 그런데 네스호의 크기로는 한 마리의 괴물도 지탱할 수 없다. 실제로 네스호는 2.5센티미터 간격의 레이더로 샅샅이 훑기도 했고, 여러 번 준설을 하기도 했다. 그래서 호수 속에 커다란 뭔가가 숨어 있을 가능성은 희박하다.

⊙ **고생물학적 이유**: 플레시오사우루스의 화석 기록은 대단히 훌륭하다. 플

레시오사우루스가 멸종된 후인 '포유류 시대'의 해양 척추동물 화석 기록도 마찬가지다. 연대가 6500만 년 전보다 젊은 암석에서는 플레시오사우루스의 뼈(대단히 독특해서 쉽게 알아볼 수 있다)가 단 한 개도 발견된 적이 없다. 그러나 다른 대형 해양 동물(상어, 고래, 바다사자, 매너티)의 화석은 캘리포니아의 샤크투스 힐과 체서피크만의 캘버트 클리프 같은 장소에서 일상적으로 발굴된다. 화석은 크기가 클수록 보존될 확률이 더 높아지기 때문에, 이것이야말로 플레시오사우루스가 6500만 년 전에 멸종했다는 결정적 증거다.

⊙ **지질학적 이유**: 빙식곡glacial valley인 네스호는 불과 2만 년 전까지 약 1.6킬로미터에 걸쳐 얼음으로 덮여 있었고, 250만 년 넘게 꽁꽁 얼어 있었다. 만약 괴물이 네스호에 숨어 있다면, 싸구려 공상과학 영화에서처럼 움직이는 빙하의 얼음 속에 수백만 년 동안 갇혀 있었다는 것일까? 그렇지 않다면 네스호의 괴물은 언제 그곳에 당도했을까? 만약 호수에 들어오기 전에 다른 곳에 숨어 있었다면, 어째서 화석이 하나도 발견되지 않을까? 그것뿐만 아니라, 네스호가 있는 곳은 내륙이고 해수면보다 훨씬 높다. 따라서 거대한 바다 생물이 그곳까지 올 방법이 없다. 특히 플레시오사우루스는 땅에서 기어다닐 수 없기 때문에 더더욱 그렇다.

⊙ **문화적 이유**: 록스턴과 내가 증명한 것처럼, 네스호 괴물에 관한 '플레시오사우루스' 밈meme은 최근에 만들어진 것이다. 신비한 수중 생명체에 관한 더 오랜 기록에서는 발견되지 않는다. 전설에서는 '수마water-horse'라고 불렸고, 여기에 플레시오사우루스 같은 것은 없었다. '플레시오사우루스' 밈은 조지 스파이서라는 사람 때문에 나타났다. 1933년에 영화 〈킹콩〉에서 플레시오사우루스를 본 그는 그때부터 알디 맥케이라는 한 여자와, 그 괴물을 목격했다고 주장했고, 신문과 다른 매체의 보도로 이 현상이 계속 이어졌다.

게다가 그런 보도들이 나오기 시작하면서부터 수없이 많은 날조가 이뤄졌고, 신화는 점점 살이 붙었다. 네시Nessie를 상징하는 모습인 '의사의 사진Surgeon's Photograph' 역시 이런 날조에 포함된다. 날조자가 죽은 후, 그가 장난감 잠수함에 가짜 '머리'를 붙이고 사진을 찍었다는 것이 드러났다. 다른 조작으로는 방수포와 밧줄로 감싼 건초더미도 있었고, 또 '네시의 지느러미Nessie fin'라는 것도 있었는데 이는 물속 거품을 찍은 조악한 사진이 지나치게 부풀려진 것에 불과했다.

간단히 말해서, 네스호 괴물의 존재는 과학적으로 완전히 불가능하고, 증거라고 알려진 거의 모든 것이 줄줄이 거짓으로 드러났다. 네스호에 괴물이 살고 있다는 주장은 어렴풋한 '목격담'에만 의존하고 있는데, 목격담은 과학적 조사에서는 가장 받아들이기 어려운 증거다. 인간의 눈과 뇌는 쉽게 속아 넘어가기 때문이다. 플레시오사우루스는 매혹적인 생명체였다. 지금도 지구의 대양에서 헤엄을 치고 있다면 대단히 무시무시할 것이다. 네스호 괴물에 관한 괴담은 끊이지 않고 있지만, 플레시오사우루스는 확실히 멸종했다.

가볼 만한 곳

크로노사우루스 쿠엔슬란디쿠스의 골격은 지금도 매사추세츠 케임브리지에 위치한 하버드 대학 비교동물학 박물관 중앙 홀의 가장 중요한 전시물이다. 오스트레일리아에서는 진품 크로노사우루스 자료가 사우스 브리즈번의 퀸즐랜드 박물관에 전시되어 있다. 크로노사우루스 보야켄시스의 거의 완벽한 골격은 그것이 발견된 바로 그 장소에 전시되어 있으며, 근처 비야 데 레이바 사람들이 그 위에 화석 박물관Museo de Fosil을 세웠다.

유럽에서는 플레시오사우루스 화석을 여러 박물관에서 볼 수 있다. 영국에서는 메리 애닝이 라임 레지스에서 발견한 화석 중 여러 점이 런던 자연사 박물관과 라임 레지스 박물관에 전시되어 있다. 도체스터에 위치한 도싯 박물관은 플리오사우루스 케바니*Pliosaurus kevani*의 가장 큰 두개골을 소장하고 있다. 베를린의 과학 박물관(훔볼트 박물관), 프랑크푸르트의 젠켄베르크 자연사 박물관, 슈투트가르트의 주립 자연과학 박물관을 포함한 독일의 여러 박물관에도 플레시오사우루스(특히 홀츠마덴에서 발굴된 것)가 전시되어 있다. 완벽한 리오플레우로돈은 유일하게 튀빙겐 대학의 지질학과 고생물학 박물관에만 전시되어 있다.

미국의 많은 박물관에 목이 긴 엘라스모사우루스가 전시되어 있다. 특히 캔자스 백악기에 서부내륙해Western Interior Seaway에 살았던 엘라스모사우루스는 뉴욕의 미국 자연사 박물관, 로렌스에 위치한 캔자스 대학의 생물 다양성 연구소와 자연사 박물관, 래피드시티에 위치한 사우스다코타 광업기술대학의 지질학 박물관, 캔자스 헤이스에 위치한 포트 헤이스 대학의 스턴버그 자연사 박물관 등에 있다. 로스앤젤레스에 위치한 로스앤젤레스 자연사 박물관은 캘리포니아의 백악기 모레노 힐스에서 발굴된 모레노사우루스*Morenosaurus*라는 엘라스모사우루스가 천장에 매달려 있고, 이와 함께 최근 기재된 '새끼를 밴 어미 플레시오사우루스'의 표본도 전시되어 있다.

뉴질랜드 더니든에 위치한 오타고 박물관에는 뉴질랜드에서 발견된 플레시오사우루스 한 점이 전시되어 있다.

16

육식 괴물

가장 거대한 포식자: 기가노토사우루스

나는 이 동물을 티라노사우루스*Tyrannosaurus*라는 새로운 속에 포함시킬 것을 제안한다. 크기로 보면, 이 동물은 지금까지 기재된 어떤 육상 육식동물보다 월등히 크다. … 사실상 이 동물은 거대한 육식 공룡의 진화를 보여주는 완벽한 사례다. 간단히 말해서, 이 동물은 내가 제안한 장엄하고 고귀한 느낌의 속명을 가질 자격이 있다.

헨리 페어필드 오즈번, 「티라노사우루스와 백악기의 다른 육식 공룡들 Tyrannosaurus and Other Cretaceous Carnivorous Dinosaurs」

폭군 도마뱀 왕

1세기에 걸친 대중매체의 관심 덕분에, 티라노사우루스 렉스*Tyrannosaurus rex*는 가장 유명하고 인기 있는 공룡이 되었다. 전설적인 화석 채집가 바넘 브라운이 1900년 몬태나의 헬 크릭 황무지에서 발견한 티라노사우루스 렉스는 1905년에 저명한 고생물학자인 헨리 페어필드 오즈번에 의해 기재되었다. 오즈번이 붙인 이 인상적인 이름은 '폭군 도마뱀 왕'이라는 뜻이며,

T. 렉스라는 약칭으로 친숙하다. 사실 티라노사우루스 렉스는 거의 모든 사람이 알고 있는 몇 안 되는 학명 중 하나다(심지어 우리 자신의 종명과 속명인 호모 사피엔스*Homo sapiens*보다 더 유명하다). 브라운은 모두 다섯 개의 골격을 발견했고, 이 공룡이 명명되고 기재된 때부터 미국 자연사 박물관은 이들의 멋진 골격들 중 하나를 세워서 전시했다(그림 16.1). 전시된 골격은 브라운이 발견한 다섯 개의 골격 중 네 번째 것이었다. 오즈번은 첫 번째 표본을 기재한 그의 논문에 다음과 같이 썼다. "거대한 육식 공룡의 진화를 보여주는 완벽한 사례다. 간단히 말해서, 이 동물은 내가 제안한 장엄하고 고귀한 느낌의 속명을 가질 자격이 있다."

오즈번은 곧 자신이 원했던 언론의 주목을 받았다. 1906년 12월 3일 자 『뉴욕타임스』의 한 기사는 새롭게 발표된 그의 표본을 설명하면서, 이 동물이 "어떤 기록에 나타난 동물보다도 막강한 전투력을 갖춘 동물", "동물계에서 왕 중의 왕", "완벽한 지구의 폭군", "위풍당당한 정글의 식인동물"이라고 묘사했다. 또 다른 『뉴욕타임스』 기사에서는 티라노사우루스 렉스를 "탁월한 고대의 전사"이며 "최후의 거대 파충류이자 모든 파충류의 왕"이라고 불렀다.

선구적인 고생물화가 찰스 R. 나이트가 그린 복원도는 T. 렉스를 단번에 가장 유명한 공룡으로 만들어주었다. 그때부터 T. 렉스는 문화적 상징이 되어서 모든 매체에 등장했다. T. 렉스가 등장하는 영화는 무성영화인 〈잠자는 산의 유령Ghost of Slumber Mountain〉(1918)과 〈잃어버린 세계The Lost World〉(1925년, 셜록 홈스를 창조한 아서 코난 도일 경의 1912년 소설을 원작으로 만든 영화)에서부터 〈쥬라기 공원〉 3부작, 최근에 다시 만든 두 편의 〈킹콩〉, 영화와 텔레비전 시리즈로 만들어진 〈공룡시대The Land Before Time〉에 이른다. 텔레비전에서는 〈바니와 친구들〉에 출연했고, 가장행렬에 등장하며 수천 가지의 다양한 상품으로 변신했다. 심지어 T. 렉스라는 이름의 영국 록 밴드도 있다. 다른 공룡(그리고 박물관에 서 있는 사람)보다 훨씬 높이 우뚝 서

그림 16.1 미국 자연사 박물관에 구식 자세로 세워져 전시된 티라노사우루스 렉스. 이 골격은 1910년부터 1990년대 초반까지 볼 수 있었다. 이런 '캥거루' 자세는 T. 렉스가 도마뱀처럼 꼬리를 끌면서 느릿느릿 움직였을 것이라는 생각을 토대로 만들어졌다.

있는 T. 렉스의 거대한 포식자라는 이미지는 대단히 강력하다(그림 16.1을 보라). 고생물학자인 스티븐 제이 굴드가 생전에 했던 말에 따르면, 미국 자연사 박물관에 전시된 T. 렉스 뼈대는 다섯 살의 자신을 두려움에 떨게 했지만 고생물학자가 되고 싶은 꿈도 품게 해주었다.

당연히, 티라노사우루스 렉스가 처음 발표되고 기재된 이래로 110년이 흐르는 동안 많은 것이 밝혀졌다. T. 렉스에 대한 인식에서 가장 큰 변화는 자세에 관한 부분에서 일어났다. 처음에 원본 화석을 세우는 일을 지휘할 때, 오즈번은 꼬리를 땅에 끌면서 두 발로 걷는 거대한 도마뱀 모양으로 T. 렉스의 뼈를 맞췄다(그림 16.1을 보라). 이런 형태의 티라노사우루스 렉스는 오래된 상품뿐 아니라 지금도 대다수의 장난감과 책에 반영되고 있다. 그러나 1970년대와 1980년대에 고생물학자들은 대형 육식 공룡의 발자국에 꼬리가 끌린 자국의 증거가 없다는 것을 발견했다. 이것은 T. 렉스도 (거의 모든 다른 공룡과 마찬가지로) 꼬리를 수평으로 들고 엉덩이와 뒷다리로 균형을 맞췄다는 것을 나타낸다. 여러 생체역학 연구를 통해서 이 자세 역시 안정적이라는 것이 밝혀졌다. 이런 연구 덕분에, 영화 〈쥬라기 공원〉은 티라노사우루스 렉스가 엉덩이를 수평 보horizontal beam처럼 이용해서 균형을 맞추고 꼬리를 똑바로 들고 잽싸게 움직이는 영리한 포식자라는 것을 대중에게 널리 알렸다(작가이자 각본가인 마이클 크라이튼은 이 연구를 충실히 따랐다). 현재는 이런 모습을 토대로 한 상품과 문화가 서서히 퍼져나가고 있다(그림 16.2).

티라노사우루스 렉스에 관한 우리의 지식은 점점 더 확장되고 있는데, 여기에는 최근까지 결코 시도될 수 없었던 여러 연구가 포함된다. 이를테면, 모형화를 통해 티라노사우루스 렉스의 입 안쪽 이빨에서는 무는 힘이 3만 5000~5만 7000뉴턴(약 3500~5800킬로그램힘)이라는 추정치가 제시되었다. 이는 백상아리보다는 3배, 오스트레일리아바다악어Australian saltwater crocodile보다는 3.5배, 알로사우루스*Allosaurus*보다는 7배, 아프리카 사자보다는 15배 더 강력한 힘이다. 더 최근의 연구에서는 18만 3000~23만 5000뉴

그림 16.2 미국 자연사 박물관에 현대적인 자세로 다시 세워진 티라노사우루스 렉스. 다른 모든 이족보행 공룡처럼, 몸을 수평으로 한 채 꼬리를 쭉 뻗고 뒷다리로 몸의 균형을 잡고 있는 모습으로 세워졌다. 뒤로 보이는 고르고사우루스*Gorgosaurus*는 현대적인 자세로 다시 세워지지 못했다.

턴(약 1만 8000~2만 4000킬로그램힘)으로 추정치가 더 증가했는데, 이 정도의 힘은 거대 상어인 카르카로클레스 메갈로돈(제9장) 중 가장 큰 표본의 무는 힘과 맞먹는다.

T. 렉스의 거대한 두개골은 길이가 1.5미터이지만, 두개골을 가볍게 만드는 수많은 구멍과 홈과 기낭이 있었다. 주둥이의 횡단면이 U자 형태인 T. 렉스는 V자 형태의 주둥이를 갖고 있는 포식성 공룡인 수각류獸脚類, theropod보다 무는 힘이 더 강했다. 그러나 T. 렉스의 주둥이는 넓은 두개골 뒤쪽에 비해 좁은 편이었다. 따라서 두 눈이 정면을 향했고, 입체적으로 보면서 정확한 거리 추정을 할 수 있는 뛰어난 양안 시력을 가질 수 있었다. 거대한 이빨(이빨의 뿌리 끝에서 치관 끝까지 길이가 30센티미터가 넘는다)은 안쪽으로 휘어져서 바나나만 한 크기의 스테이크 칼 형태를 하고 있었고, 이빨의 한쪽 능선에는 살을 자르기 위한 톱날이 있었다. 그 반대편에는 그것을 강화하기 위

한 능선이 있었다. 두개골 앞쪽에 있는 이빨은 단면이 D자 형태였기 때문에, 티라노사우루스가 세게 물고 잡아당길 때에도 이빨이 잘 부러지지 않았다.

그렇다면 티라노사우루스는 무엇을 먹었을까? 많은 공룡의 뼈에 티라노사우루스에 의해서만 생길 것 같은 상처가 있으며, 일부 티라노사우루스에는 다른 티라노사우루스에게 물렸다가 아문 것 같은 자국이 나타난다. 심지어 부러진 티라노사우루스 이빨이 얼굴과 목에 박혀 있는 경우도 있다. 분명한 것은, T. 렉스가 다양한 종류의 공룡을 잡아먹었고 같은 종류 사이에 싸움도 잦았다는 것이다. 티라노사우루스가 무엇을 어떻게 먹었는지에 관한 논의에서는 이들이 순수한 포식자였는지, 아니면 주로 청소동물이었는지가 중요하다. 여러 논쟁이 그렇듯이, 이것도 상호 배타적인 것처럼 불필요하게 두 가지 선택권을 제시하지만, 자연은 단순화된 논의보다는 늘 더 복잡하다. 대부분의 대형 포유류 포식자(사자, 호랑이, 재규어, 쿠거)는 포식자인 동시에 청소동물이다. 먹이를 잡는 일은 대단히 어려워서, 이들은 이것저것 가릴 형편이 아니다. 그래서 썩은 고기를 발견했을 때에는 그것을 먹고, 달리 방법이 없을 때에는 사냥을 한다. 심지어 부분적으로 먹힌 티라노사우루스 사체에 다른 티라노사우루스의 이빨 자국이 있는 사례들도 있는데, 이는 이들이 동족 포식도 했음을 암시한다.

티라노사우루스 렉스는 대부분의 수각류 공룡처럼 목이 S자 형태로 휘어 있었다. T. 렉스의 목은 다른 여러 수각류 공룡의 목보다는 짧았지만, 대단히 단단해서 머리를 휘둘러서 먹이를 제압하거나 살덩이를 찢을 때에는 엄청난 괴력을 발휘했다. 잘 알려져 있는 대로, 조그만 손에는 단 두 개의 손가락이 달려 있었다(대개 세 개로 묘사되는데, 흔히 범하는 실수다). 사실 대부분의 포식 공룡은 움직이는 손가락이 세 개뿐이지만, 대중매체에서는 많은 공룡이 다섯 개의 손가락을 갖고 있는 것으로 묘사된다. 이런 조그만 팔이 어떤 기능을 할 수 있었는지에 관해서는 여러 의견이 분분했다. 거의 기능이 없는 짧은 앞다리가 발달된 여러 수각류의 전형적인 특징이라고 해도 T. 렉스의 팔은 유난히 더 작았다. 더 중요한 것은, 수각류의 두개골과 턱이 더 커질수록 팔이 더 작아졌다는 점이다. 이것은 이들이 '강력한 깨물기'와 가공할 만한 위력의 목과 턱을 이용해서만 먹이를 죽이도록 분화되었다는 것을 암시한다. 팔은 흔적만 남아서, 버둥거리는 먹이를 잡는 일에는 더 이상 이용되지 않았다.

한때는 티라노사우루스의 화석이 비교적 드물어서 다섯 개의 부분적인 골격만 알려져 있었다. 그러나 지난 20년 동안 (특히 '수Sue'라는 이름의 표본이 경매에서 800만 달러에 팔린 후부터) 몰려든 수집가들이 티라노사우루스를 찾기 위해 엄청난 노력을 들이면서, 현재는 50개체 이상의 부분 골격이 알려져 있다. 우리는 유년기와 '10대'를 거쳐서 젊은 성체에서 아주 늙은 성체에 이르기까지, 모든 연령대의 표본을 다 갖추고 있다. 그래서 티라노사우루스가 열네 살까지 매우 빠르게 성장해서 몸무게가 1800킬로그램에 이르렀다는 것을 안다. 그다음에는 해마다 평균 600킬로그램씩 추가되면서 천천히 자라서 성숙 상태에 이르렀다. 토머스 홀츠Thomas Holtz가 묘사했듯이, 티라노사우루스는 성장 속도가 빠르고 사망률이 높기 때문에 '굵고 짧게 산다'. 반면 포유류는 성숙하는 데에 더 오랜 시간이 걸리므로 결과적으로 수명이 더 길다.

표본이 풍부하다보니 고생물학자들은 화석의 암수를 결정할 방법을 오랫동안 찾아왔다. 암수의 차이에 대한 여러 추정이 제시되었지만, 대부분은 확실하게 증명되지 못했다. 전형적인 성적 이형성sexual dimorphism으로 인한 차이로 여겼던 것은 대체로 개체군 사이의 지리적 차이인 것으로 밝혀졌다. 그러나 확실히 성별을 구별할 수 있는 표본이 하나 있었다. 몬태나에서 발견된 'B-렉스'의 뼈에는 골수 조직을 포함한 연조직이 비교적 잘 보존되어 있는데, 이것은 배란기 암컷 조류의 특징이다.

조류는 티라노사우루스와 밀접한 연관이 있는 수각류 공룡의 후손이다(제18장). 대부분의 티라노사우루스 화석은 뼈만 남아 있고 피부나 깃털은 보존되어 있지 않지만, 일부 화석의 피부에는 피부를 덮고 있던 깃털에 눌린 듯한 자국이 남아 있다. 그러다가 중국의 이셴義縣층Yixian Formation에서 발견된 소형 티라노사우루스인 딜롱 파라독수스*Dilong paradoxus*의 몸이 실 같은 깃털이나 솜털로 덮여 있었다는 것이 밝혀졌다. 중국에서 발견된 유티란누스 후알리*Yutyrannus huali*는 몸의 거의 모든 부분이 (주로 가느다란 실이나 솜털 같은) 깃털로 덮여 있었던 것으로 증명되었다. 이 두 표본은 티라노사우루스의 피부가 전통적으로 묘사되는 것처럼 맨살이 드러나 있는 게 아니라, 솜털과 길고 가느다란 실 같은 깃털로 덮여 있는 모습으로 다시 복원되어야 한다는 것을 보여준다(심지어 〈쥬라기 공원〉 시리즈의 네 번째 작품인 〈쥬라기 월드〉에서도 여전히 깃털 없는 공룡으로 그려지고 있다).

풍부한 표본과 많은 고생물학자의 광범위한 연구 덕분에, 현재 티라노사우루스 렉스는 모든 포식 공룡 중에서 가장 잘 알려져 있는 공룡이 되었다. 그런데 다른 대형 포식 공룡으로는 또 어떤 공룡이 있었을까?

아프리카를 떠나서

19세기 후반에 독일은 거의 모든 과학 분야를 선도하는 국가로 여겨졌고, 특히 배 발생학·해부학·진화생물학에서 크게 앞섰다. 주요 독일 과학자들은 영향력이 대단히 컸기 때문에, 헨리 페어필드 오즈번과 윌리엄 베리먼 스콧 같은 선구적인 미국 고생물학자들은 현대적인 박사학위를 받는 대신(당시 미국에서는 아직 학위 수여가 일반적이지 않았다), 대학 졸업 후 독일에서 연구를 했다.

독일 고고학자들은 카를 리하르트 렙시우스의 주도로 이집트학Egyptology 분야에서 큰 발전을 이뤘다. 하인리히 슐리만은 오늘날 터키 서부에 해당하는 지역에서 고대 트로이 유적을 발견하고 발굴했으며, 최초로 그리스 미케네 문명 발굴 작업을 지휘하기도 했다. 베를린의 웅장한 페르가몬 박물관에는 고대 그리스의 올림피아·사모스·페르가몬·밀레투스·프리에네·마그네시아에서 나온 최고의 예술품과 공예품이 소장되어 있으며, 고대 바빌

로니아와 아시리아의 거대한 예술 작품·건축물과 함께 이집트 네페르티티 Nefertiti 왕비의 전설적인 흉상도 있다.

당시 독일은 고생물학 분야에서 진정한 최첨단에 있었다. 18세기 후반부터 20세기까지 고생물학과 관련 분야에서 선두를 차지한 학자들 중에는 독일인이 많았다. 그중 유명한 사람을 꼽아보면, 선구적인 고식물학자 에른스트 프리드리히 폰 슐로트하임(1764~1832), 전설적인 탐험가이자 생물학자인 알렉산더 폰 훔볼트(1769~1859), 초기 지질학자 레오폴트 폰 부흐Leopold von Buch(1774~1853), 발생학자이자 동물학자이며 다윈의 열렬한 지지자 중 한 사람인 에른스트 헤켈(1834~1919), 가장 널리 쓰이는 교과서의 저자인 카를 알프레트 폰 치텔(1839~1904), 매우 영향력 있는 고생물학자인 오토 H. 신데볼프(1896~1971)가 있었다.

그들 중 일부는 졸른호펜 석회암Solnhofen Limestone과 홀츠마덴 셰일 Holzmaden Shale 같은 독일의 유명한 화석 층을 연구하고 있었다. 그러나 많은 이가 고고학이나 다른 학문을 연구하는 동료 과학자들처럼 외국, 특히 당시 독일 식민지였던 아프리카 지역을 탐험하고 있었다. 이를테면 1909년과 1911년 사이, 독일령 동아프리카(오늘날의 탄자니아)는 공룡 화석이 나온 대규모 화석 발굴지였다. 당시 베르너 야넨슈는 텐다구루 지층Tendaguru bes에서 놀라울 정도로 완벽한 기라파티탄*Giraffatitan*(예전 명칭은 브라키오사우루스*Brachiosaurus*)의 골격을 발견했다. 이 골격은 현재 베를린에 위치한 자연과학 박물관(훔볼트 박물관)에 있으며(그림 17.5를 보라), 이곳에는 스테고사우루스stegosaurs인 켄트로사우루스*Kentrosaurus*(등에 골판 대신 가시가 박혀 있다)와 함께 다른 많은 독특한 공룡이 전시되어 있다.

다른 중요한 독일 고생물학자로는 아프리카에서 연구를 했던 에른스트 프라이헤어 슈트로머 폰 라이헨바흐(1870~1952)가 있었다. 그는 1910년과 1911년에 두 차례 있었던 유명한 이집트 원정 답사를 주도했는데, 당시 독일령 동아프리카에서는 야넨슈가 연구를 하고 있었다. 비교적 성공을 거두지 못했던 두 번의 카이로 외곽 답사 후(그중 한 번의 답사에서는 그의 동료인 리하르트 마르크그라프가 오늘날 리비아에 해당하는 곳에서 최초의 영장류 중 하나인 리비피테쿠스*Libypithecus*의 화석을 발견했다), 슈트로머와 지방 관료인 마르크그라프는 바하리야 사막의 오아시스에서부터 걸어서 서쪽으로 멀리 떨어진 이집트 서부 사막의 리비아 국경 바로 동쪽까지 갔다. 1911년 1월 18일, 슈트로머는 마침내 거대한 공룡 뼈를 발견했다. 그의 글에 따르면, 그는 다음과 같은 것을 발견했다.

> 발굴해서 사진을 찍고 싶은 세 개의 커다란 뼈다. 가장 위에 있는 것은 심하게 마모되었고 불완전하다. (하지만) 길이는 110센티미터이고 두께는 15센티미터다. 그 아래에 있는 두 번째 뼈는 더 상태가 좋은데, 아마 대퇴골(허벅지뼈)일 것이다. 전체 길이는 95센티미터이고, 중간 부분의 두께는 역시 15센티미터다. 세 번째 뼈는 땅속 깊이 파묻혀 있어서 발굴하려면 시간이 오래 걸릴 것이다.

그는 이후 몇 주에 걸쳐 바하리야 사막에서 추가로 표본을 더 발굴했지만, 1911년 2월에 독일로 돌아가야 했다. 슈트로머는 수십 년에 걸쳐 놀라운 공룡 화석 조각들을 기재하고 발표했다. 그중에는 용각류龍脚類, sauropod 공룡 아에깁토사우루스*Aegyptosaurus*, 거대한 크로커다일악어 스토마토수쿠스*Stomatosuchus*, 바하리아사우루스*Bahariasaurus*, 거대 포식자 카르카로돈토사우루스*Carcharodontosaurus*와 스피노사우루스*Spinosaurus* 같은 수각류 공룡 화석 조각도 포함된다.

안타깝게도, 바하리야 오아시스에서 발굴된 모든 화석은 뮌헨 고생물학 박물관(바이에른 주립 소장품Bavarian State Collection이 있는 곳)에 보관되어 있었다. 1944년 초반에 연합군 공군은 주기적으로 독일 대도시들을 폭격하고 있었다. 특히 주요 군사 시설을 표적으로 삼았는데, 1944년 6월 6일의 D-데이 상륙을 준비하기 위해서였다. 베를린의 자연과학 박물관도 몇 번의 아슬아

슬한 순간을 겪었다(그곳에는 기라파티탄, 아르카이옵테릭스의 '베를린 표본', 홀츠마덴에서 발굴된 수많은 경이로운 익티오사우루스를 포함하는 대단히 값진 표본들이 있었다). 폭격으로 박물관 바로 옆의 철도역이 완전히 파괴된 적도 있었다. 1944년 4월 24일에서 25일로 넘어가는 밤 사이에 영국 공군은 뮌헨을 공습했고, 슈트로머의 모든 화석이 (역사적이고 귀중한 다른 소장품과 함께) 완전히 파괴되었다. 수많은 생물학자와 고고학자가 수세기에 걸쳐 축적한 수집품과 수행한 연구들이 하룻밤 사이에 흔적도 없이 사라졌고, 대부분의 화석은 그들의 모습과 상태를 기록한 정보와 함께 사라졌다. 슈트로머의 표본 중에서 남아 있는 것은 1915년에 그가 그린 관찰 그림과 전시회 사진들과 최근에 발견된 화석 몇 개가 전부다.

지금까지 슈트로머의 원정에서 가장 유명한 화석은 스피노사우루스였다. 영화 〈쥬라기 공원 3〉 덕분에 스피노사우루스는 모든 공룡 애호가 사이에서 친숙한 공룡이 되었다. 스피노사우루스는 이족 보행을 하는 거대한 포식자처럼 묘사되었다(그림 16.3과 그림 16.4). 주둥이는 악어를 닮았고 등줄기를 따라서 '돛sail'이 달려 있었으며 작은 T. 렉스를 잡아먹을 수 있을 정도로 엄청나게 컸다는 것이다. 슈트로머는 등을 따라 서 있는 '돛'을 지탱하는 거대한 가시 몇 개와 아래턱, 이빨 몇 개, 갈비뼈와 척추뼈 일부를 그림으로 남겼다. 돛을 지탱하는 가시는 길이가 1.65미터에 이르렀다. 슈트로머가 묘사한(그러나 그림을 남기지는 않았다) 위턱 부분은 영원히 사라졌다. 이 표본들은 정말 거대했지만(아래턱의 길이가 75센티미터였다), 대단히 불완전했기 때문에 스피노사우루스의 외양과 실제 크기를 추정하는 일은 순전히 짐작에 불과했다. 1990년대 후반, 피터 도슨, 매튜 라마나, 조슈아 스미스, 케네스 라코바라가 이끄는 펜실베이니아 대학의 답사팀은 바하리야 오아시스에서 돌아왔다. 이들은 몇 개의 새로운 표본을 발견했지만(그중에는 에른스트 슈트로머를 기리기 위해서 파랄리티탄 스트로메리*Paralititan stromeri*라고 명명된 용각류 공룡도 있다), 스피노사우루스의 화석은 더 나오지 않았다.

그림 16.3 스피노사우루스. (A) 니자르 이브라힘과 폴 세레노와 다른 이들의 최신 연구를 토대로 알려져 있는 뼈(어두운 부분). (B) 살아 있는 스피노사우루스의 복원도.

그러나 1944년 이후 모로코와 튀니지에서 몇 개의 스피노사우루스 화석이 발견되었다. 최근에 폴 세레노와 그의 박사후 연구원인 니자르 이브라힘이 속한 연구팀은 스피노사우루스 화석을 추가로 발견했고, 그들이 새롭게 복원한 모형을 대대적으로 발표했다. 이들이 제안한 스피노사우루스는 비교적 길고 호리호리한 몸에 매우 짧은 팔다리를 갖고 있었다. 〈쥬라기 공원 3〉에 나온 것처럼 크기가 커진 T. 렉스에 불과한 묘사였다(그림 16.3B를 보라). 좁고 기다란 부리는 다른 공룡을 포획하기보다는 물고기를 잡기에 적당했다. 스피노사우루스의 부리에는 주둥이 쪽으로 올라가는 중간에 콧구멍이 있었고, 수압의 변화를 감지하는 데에 도움을 주었을 것으로 추정되는 신경과 혈관도 있었다. 이런 모든 특징은 스피노사우루스가 이족 보행을 했던 대부분의 수각류 공룡보다 악어와 더 비슷한 방식으로 살았을 것이라는 생각에 힘을 실어준다.

이런 신체적 증거는 뼈에 대한 화학적 연구 결과와도 일치한다. 연구 결과, 스피노사우루스는 어류 및 다른 수생 동물을 먹었던 것으로 드러났다. 사지를 이루는 뼈의 밀도 역시 이들이 대부분의 시간을 물속에서 보냈음을 암시한다. 하마 같은 다른 수생 동물은 다리뼈의 밀도가 대단히 커서 물속에

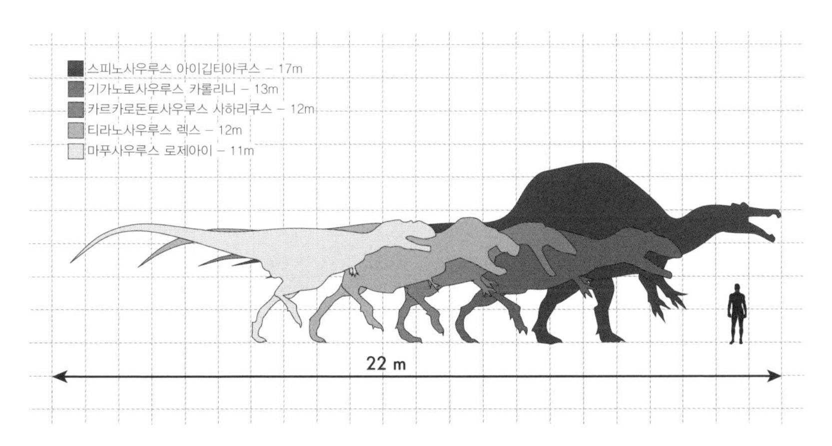

그림 16.4 주요 수각류 공룡의 크기 비교. 카르카로돈토사우루스의 엄청난 크기는 추정치인데, 카르카로돈토사우루스의 화석은 복원을 할 수 있을 정도로 완전하지 않기 때문이다. 스피노사우루스에 대한 묘사는 다리가 긴 복원을 토대로 했으며, 새롭게 발견된 다리가 짧고 지면에 아주 가까운 표본들과는 일치하지 않는다.

서 중심을 잡아주는 바닥짐 역할을 한다. 스피노사우루스가 이렇게 짧고 뭉툭한 다리로 땅 위를 기어다닐 수 있었는지에 관해서는 많은 논란이 있지만, 분명한 것은 이들이 빨리 달리는 동물도 아니었고 더 큰 공룡을 추적해서 죽일 수 있는 포식자도 아니었다는 점이다. 이들의 손가락은 길고 섬세해서 더 작은 먹이를 잡기에 좋았고, 발뼈는 바닥이 평평해서 발바닥 전체로 걸었다(척행동물蹠行動物, plantigrade). 이와 대조적으로 대부분의 다른 공룡은 발가락 끝으로 걸었다(지행동물趾行動物, digitigrade). 게다가 길고 섬세한 손가락과 발가락은 손발에 물갈퀴가 있었을 가능성도 암시한다.

마지막으로, 이들의 등에는 거대한 '돛'이 달려 있다. 이 '돛'은 등뼈 말단에 있는 신경궁의 돌기spine가 길게 늘어나서 형성되었기 때문에 스피노사우루스라는 이름이 붙여졌다. 고생물학자들은 이 특징을 설명하기 위해서 저마다 독특한 학설들을 내놓고 있지만, 스피노사우루스가 이것을 진짜 돛처럼 이용해서 물속에서 추진력을 얻지는 않았을 것이라는 점에는 대체로 동의하고 있다. 게다가 이 돛은 너무 크고 눈에 잘 띄기 때문에 사실 스피노사우루스는 악어처럼 수면 아래에 몸을 숨기기 어려웠을 것이다. 어떤 사람들은 이 '돛'이 열을 모으고 방사하는 장치였다고 주장하지만, 이런 특징을 필요로 하는 공룡은 별로 없었다. 가장 일반적인 의견은 이 돛이 사슴과 영양의 뿔처럼, 주로 종을 인식하고 수컷들 사이에서 우월성을 과시하기 위해 사용되었다는 것이다.

새롭게 발견된 스피노사우루스 화석에 대한 이 대대적인 발표는 공룡 고생물학자들 사이에서 조금 회의적으로 받아들여졌다. 일부 뼈(특히 엉덩이뼈)의 복원에 어떤 실수가 있었을 가능성이 있기 때문이었다. 게다가 이 복원은 서로 다른 개체에서 나온 골격들의 조합을 토대로 이루어졌다. 이 뼈들 중 일부는 슈트로머의 원래 표본에서 남은 사진을 사실상 디지털 복사본으로 재창조한 것이었고, 3차원 프린터로 만들어졌다.

특히 스피노사우루스의 크기에 관한 주장은 액면 그대로 받아들여서는 안 된다. 확실히 늘씬해진 옆모습과 짧은 다리 어디에도 거대한 육상 포식자처럼 강력하고 육중한 모습은 없다. 이브라힘과 세레노와 그들의 동료 연구진은 이 공룡의 길이가 15.2미터라고 주장하지만, 실제로 발견된 뼈가 어떤 것인지를 보여주는 그림을 자세히 보면 꼬리뼈가 매우 적다는 것이 드러난다(그림 16.3A를 보라). 따라서 복원된 꼬리(그리고 공룡의 길이)는 추측일 뿐이다. 이 공룡의 크기에 대해서는 많은 추정이 나왔지만, 자료가 대단히 부족한 상황이므로 이런 추정에는 별로 제약이 없다. 1926년에 독일의 고생물학자인 프리드리히 폰 후에네(원본 화석을 연구했던 사람)는 스피노사우루스의 크기와 몸무게를 각각 15미터, 6톤으로 추정했다. 1988년에 그레고리 폴 역시 길이를 15미터라고 주장했지만, 무게는 조금 줄여서 4톤으로 추정했다. 그러나 2007년에 프랑수와 테리앙과 도널드 헨더슨은 새로운 측정 기술을 이용해서 추정치를 재조정했는데, 길이는 12.6~14.3미터였고 무게는 12~21톤이었다. 이전 추정치에 비해서 길이는 더 짧아지고 무게는 더 무거워진 것이다. 가장 큰 T. 렉스가 약 13미터에 10톤이라면, 스피노사우루스도 거의 그 정도 크기였다. 〈쥬라기 공원 3〉에서와 달리, 어쩌면 스피노사우루스는 T. 렉스를 장난감처럼 집어던질 수 있는 거대 공룡이 아니었을지도 모른다. 모든 표본이 대단히 불완전하기 때문에 확실히 알 길이 없다.

만약 스피노사우루스가 가장 거대한 포식 공룡이었다는 것이 확실하게 밝혀질 수 없다면, 아프리카에서 발견된 또 다른 대형 수각류인 카르카로돈토사우루스는 어떨까? 1924년에 카르카로돈토사우루스가 발견되었을 때, 프랑스의 고생물학자 샤를 드페레와 쥐스탱 사보닌이 백악기 하부 지층인 알제리의 콘티넨탈 엥테르칼레르Continental Intercalaire에서 발굴한 것은 거대한 이빨 몇 개였다. 이 이빨은 최초로 명명된 공룡인 메갈로사우루스*Megalosaurus*의 것과 닮았기 때문에, 그들은 이 이빨에 M. 사하리쿠스*M. saharicus*라는 이름을 붙였다. 1914년에 슈트로머는 이 동물의 두개골 일부를 바하리야 오아시스에서 발견했고, 더 많은 이빨과 발톱뼈와 다양한 엉덩이와 다리뼈도 함께 발견했다. 마침내 1931년에 이 자료들을 기재할 여유가 생기게 된 슈트로머는 이 동물의 학명을 카르카로돈토사우루스 사하리쿠스로 변경했다. 그 이유는 이 화석들이 영국에서 발견된 메갈로사우루스의 화석과 전혀 비슷하지 않았기 때문이었다. 카르카로돈토사우루스라는 이름은, 화석에 드러난 거대한 이빨이 백상아리(카르카로돈 카르카리아스)의 이빨과 크기와 형태가 비슷해서 붙여진 것이었다. 안타깝게도, 슈트로머의 카르카로돈토사우루스 화석은 1944년의 뮌헨 공습 때 스피노사우루스를 포함한 그의 다른 소장품들과 함께 파괴되었다.

불완전한 두개골은 인상적이었지만, 없는 부분이 너무 많았기 때문에 (그래서 두개골의 나머지 부분이 거의 알려져 있지 않았기 때문에) 정확한 복원과 크기 추정이 불가능했던 것으로 보인다. 초기 계산에 따르면, 이 두개골은 어떤 육식 공룡의 두개골보다 길었지만 중요한 요소들이 빠져 있었다. 발견되었을 당시, 두개골의 길이는 거의 2미터에서 1.6미터로 변경되었다. 더 최근의 측정에서 카르카로돈토사우루스는 길이 12~13미터, 무게 6~15톤으로 조정됨으로써, 스피노사우루스나 덩치 큰 T. 렉스와 비슷한 크기가 되었다. 그러나 표본이 지나치게 불완전하기 때문에 이 세 공룡 중에서 무엇이 가장 큰지를 확실하게 말할 수는 없다(그림 16.4를 보라).

그러던 중, 폴 세레노가 1995년에 사하라 지역을 연이어 탐사하기 시작했다. 세레노와 시카고 대학 탐사팀은 드페레와 사보닌이 처음 이빨을 발견했던 알제리의 화석 발굴지와 가까운 곳인 모로코의 켐켐층Kem Kem Formation에서 더 완전한 카르카로돈토사우루스의 두개골을 발굴했다(그림 16.5). 미국 지리학협회의 지원으로 이뤄진 세레노의 발견은 큰 뉴스거리가 되었다. 살인적인 열기, 무시무시한 모래폭풍, 열악한 도로, 노상강도와 테러리스트의 출몰로 위험한 사하라 사막에서 이뤄진 목숨을 건 탐사는 1996년에 처음 다뤄진 이래로 여러 텔레비전 다큐멘터리에 등장했다. 세레노의 제자였던 한스 C. E. 라르손은 2001년에 이 두개골의 귀 부분과 다른 두개골에

그림 16.5 켐켐층에서 발견된 카르카로돈토사우루스의 두개골과 비교를 위한 인간의 두개골.

서는 알려져 있지 않은 두개brain case 부분을 세밀하게 분석했다. 2007년에 세레노와 그의 제자 스티븐 브루셋은 카르카로돈토사우루스 이구이덴시스 *Carcharodontosaurus iguidensis*라는 또 다른 종을 기재하고 발표했다. 니제르의 에카르층Echkar Formation에서 발견된 C. 이구이덴시스는 모로코에서 발견된 것과 크기가 거의 비슷했다. 슈트로머의 원본 화석이 파괴되었기 때문에, 세레노와 브루셋은 모로코에서 새롭게 발견한 두개골을 대체 기준표본type specimen, 즉 신新 기준표본neotype으로 지정했다.

알려져 있는 카르카로돈토사우루스의 골격은 대부분 평범한 수각류 공룡처럼 만들어졌지만, 그 두개골은 뚜렷하게 다르다(그림 16.5를 보라). 정수리 부분은 위쪽으로 동그랗게 휘어 있으며, 두개골의 양 옆에는 T. 렉스나 다른 대형 수각류 공룡에 비해서 유달리 큰 구멍이 있다. 이 구멍 덕분에 거대한 두개골은 엄청난 크기에 비해서 훨씬 가벼워졌다. 카르카로돈토사우루스의 뇌는 덩치가 더 작은 근연종인 알로사우루스의 뇌와 크기 비율이 거의 같았다. 두개골에 있는 커다란 시신경(그리고 큰 눈구멍)은 이들이 강력한 시력을 지닌 포식자였음을 암시한다.

스피노사우루스와 카르카로돈토사우루스의 표본이 둘 다 너무 불완전해서 이들이 T. 렉스보다 유의미하게 컸다는 것을 분명하게 밝힐 수 없다면, 지금까지 살았던 가장 큰 포식자는 무엇일까? 그 동물은 아프리카가 아니라 백악기 초기의 다른 곤드와나 대륙인 남아메리카에서 나온 것으로 밝혀진다. 그리고 그 동물은 카르카로돈토사우루스의 가까운 친척이었다.

티라노사우루스보다 더 큰 동물

모든 수각류 중에서 가장 컸던 것으로 추측되는 이 공룡은 스피노사우루스와 카르카로돈토사우루스와는 달리 상당히 완벽한 골격이 알려져 있다. 아마추어 화석 채집가였던 루벤 다리오 카롤리니는 1993년에 아르헨티나 남부의 백악기 하부 지층에서 이 화석을 발견했다. 이 화석은 1995년에 루돌포 코리아와 레오나르도 살가도에 의해서 기가노토사우루스 카롤리니*Giganotosaurus carolinii*라고 명명되었다(속명은 그리스어로 '남쪽의 거대한 도마뱀'이라는 뜻이고 종명은 카롤리니에서 딴 것이다). 사람들이 이 이름을 "**기간토**사우루스"라고 잘못 읽는 경우가 많다. 정확한 발음은 '**기가노토**사우루스'다.

아프리카에서 나온 대형 수각류 공룡의 표본과 달리, 기가노토사우루스는 약 70퍼센트가 완전하며(그림 16.6), 여기에는 두개골의 대부분과 아래턱과 골반과 뒷다리와 등뼈의 대부분이 포함된다. 빠진 부분은 앞다리와 다른

그림 16.6 상태가 좋은 기가노토사우루스 골격. 아르헨티나 빌라 엘 초콘에 위치한 에르네스토 바크만 시립 박물관에 전시되어 있다.

조각 몇 개 정도다. 따라서 이 공룡의 추정 길이는 단순한 추측이 아니라 비교적 완전한 골격과 두개골과 진짜 팔다리에서 나온 것이다. 가장 큰 두개골과 턱은 1988년에 호르헤 칼보가 발견했는데, 그 길이는 다른 어떤 수각류 공룡보다도 긴 약 1.95미터로 측정되었다. 기가노토사우루스의 두개골은 가까운 친척인 카르카로돈토사우루스의 것처럼 길쭉하면서도 아주 가볍다. 또 정수리 부분이 크게 아치를 이루고 있으며, 뼈로 된 버팀대로 둘러싸인 구멍들이 있다. 주둥이 위쪽 주변과 눈 위쪽에는 울퉁불퉁한 부분이 있다. 두개골의 뒷부분은 앞쪽으로 기울어져 있어서 턱관절이 두개골과 목뼈 사이의 접합부 뒤편 아래에 걸려 있다. 기가노토사우루스는 더 가벼운 두개골 구조로 인해서 무는 힘이 강력하지 못했던 것으로 추측된다. 확실히 무는 힘은 T. 렉스의 무는 힘 추정치의 3분의 1에 불과했을 것이다. 아래턱에 있는 넓적한 자르는 이빨은 불도그처럼 꽉 깨물기보다는 상어처럼 살을 찢는 상처를 입히는 데에 더 적합했을 것이다. 따라서 기가노토사우루스는 더 작은 먹이를 공격했을 것이며, 이런 먹이에는 작은 용각류 공룡인 티타노사우루스titanosaurs에 속하는 안데사우루스*Andesaurus*, 디플로도쿠스류diplodocid인 놉차스폰딜루스*Nopcsaspondylus*와 리마이사우루스*Limaysaurus*, 수많은 다른 이구아노돈류iguanodont, 벨로키랍토르*Velociraptor* 같은 작은 드로마이오사우루스류dromaeosaurs 포식 공룡, 그 외 여러 작은 동물들이 포함된다. 이들은 모두 기가노토사우루스 화석이 나온 아르헨티나의 백악기 하부 지층에서 같이 발견된다.

팔다리와 거의 완벽한 척추와 일반적인 두개골과 골격을 토대로 볼 때, 가장 큰 기가노토사우루스 개체는 길이 약 14.2미터에 무게 6.3~13.8톤이었을 것이다. 이는 길이가 13미터이고 무게가 8톤인 가장 큰 T. 렉스보다 조금 더 크다. 따라서 지금까지 살았던 가장 큰 포식자는 기가노토사우루스였다고 주장하는 것이 가장 합당하다.

가볼 만한 곳

티라노사우루스 렉스의 골격은 세계 전역의 여러 박물관에서 볼 수 있지만, 그중에서 가장 유명한 표본이 있는 곳은 뉴욕의 미국 자연사 박물관(T. 렉스의 골격이 가장 먼저 세워졌다), 피츠버그의 케임브리지 자연사 박물관(헨리 페어필드 오즈번의 원래 기준표본이 있다), 덴버 자연과학 박물관(T. 렉스가 '춤추는' 자세로 복원되어서 입구 로비 위에 매달려 있다), 시카고의 필드 자연사 박물관(경매에서 800만 달러에 거래되어 논란을 일으킨 표본인 '수'가 전시되어 있다), 몬태나 보즈먼에 위치한 로키산맥 박물관(박물관의 큐레이터인 잭 호너는 그 누구보다도 많은 표본을 발견했다), 워싱턴 D.C. 스미스소니언협회의 미국 국립 자연사 박물관(새끼에서부터 성체에 가까운 것까지 모두 세 점의 표본이 있다), 버클리의 캘리포니아 대학 고생물학 박물관이다.

새롭게 복원된 스피노사우루스 표본은 워싱턴 D.C.의 미국 지리학협회 본부에 전시되어 있다.

기가노토사우루스의 골격이 전시된 아르헨티나의 박물관으로는 플라사 우인쿨의 카르멘 푸네스 시립 박물관, 비야 엘 초콘의 에르네스토 바크만 시립 박물관이 있다. 미국에는 필라델피아의 드렉셀 대학 자연과학 아카데미와 애틀랜타의 펀뱅크 자연사 박물관에 복제품이 전시되어 있다.

17

거대 동물의 땅

가장 큰 육상동물: 아르겐티노사우루스

그때 세상에는 거인족이 있었다.

창세기 6장 4절

지구의 거대 동물

19세기 초반에는 놀라운 멸종동물들의 세계가 대중에게 거의 알려지지 않았다. 몇 개의 커다란 뼈가 여기저기에서 발견되었지만, 성경에 등장하는 "지구에 살았던 거인들"의 것이라고 여겨지거나 진지한 과학적 고찰을 할 필요가 없는 것으로 치부되곤 했다. 1810년이 되자, 프랑스의 조르주 퀴비에 남작은 당시 유럽과 북아메리카의 빙하기 퇴적층에서 발견된 매머드와 마스토돈 화석을 꼼꼼하게 기재했다. 그리고 그 동물들이 어둡고 폭풍이 휘몰아치던 '대홍수 이전 세계'에 살았던 멸종동물이고, 성경에 언급되지 않은 이전에 창조된 유물이라는 결론을 내렸다. 그다음에 메리 애닝이 잉글랜드의 쥐라기 퇴적층에서 놀라운 해양 파충류의 화석을 찾아내기 시작했고, 거대하고 무시무시한 익티오사우루스와 플레시오사우루스가 살았던 '대홍수 이전

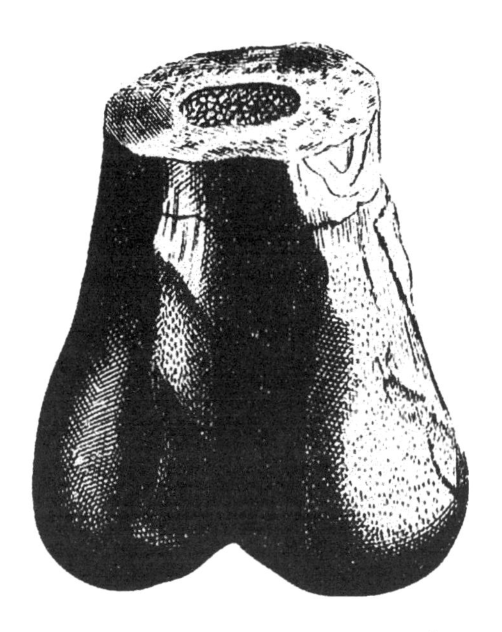

그림 17.1 최초로 그려진 공룡 그림인 로버트 플롯의 원본 그림. 훗날 '스크로툼 후마눔'이라고 불렸다(실제로는 메갈로사우루스로 추정되는 수각류 공룡 허벅지 뼈의 말단이다).

세계'는 역사시대 이전의 과거를 표현하고자 했던 화가들의 상상력을 사로잡았다(그림 14.4를 보라). 그러나 이들 중 어느 누구도 공룡이 지배했던 세상을 미처 상상하지 못했다.

드문드문 발견되던 공룡 뼈는 '용의 뼈'나 성경에 언급된 거인족의 뼈로 오인되다가 마침내 멸종된 거대 파충류의 잔해라는 것을 깨닫게 되었다. 1676년, 옥스퍼드 근처의 스톤스필드 채석장에 위치한 쥐라기 중기 지층인 테인턴 석회암Taynton Limestone에서 커다란 뼈 하나가 발견되었다. 1년 후, 옥스퍼드 대학의 화학 교수인 로버트 플롯이 발표한 『옥스퍼드셔의 자연사The Natural History of Oxfordshire』에 실린 이 뼈의 그림은 과학 문헌에 최초로 등장한 공룡 뼈였다(그림 17.1). 그는 이 뼈가 허벅지뼈의 아래쪽 끝부분이라는 것을 정확하게 알았지만, 로마 시대의 전투용 코끼리나 성경 속 거인족의 뼈일 것이라고 생각했다.

1763년, 리처드 브룩스는 자신의 책에 플롯의 그림을 다시 소개하면서 인간의 고환이라는 뜻인 '스크로툼 후마눔Scrotum humanum'이라는 설명을 달았다. 석화된 거대한 인간 고환 한 쌍의 형상과 묘하게 닮았기 때문이다. 1970년에는 이 그림 설명이 가장 먼저 기재된 공룡의 유효명valid name이 되어서 이 공룡의 학명이 안타깝게도 '스크로툼 후마눔'이 되는 것인지를 두고 논란이 벌어졌지만, 다행히도 좀 더 나중에 붙여진 메갈로사우루스라는 이름으로 대체되었다. 국제 동물 명명 위원회International Commission of Zoological Nomenclature는 이 표본이 어떤 공룡에서 나왔는지를 확실히 알 수 있을 정도로 충분히 특징을 드러내지 않았다고 판단했다. 따라서 이것은 단순히 두 단어로 이루어진 그림 설명일 뿐, 과학적 기재를 의도한 이름은 아니라는 결론을 내렸다.

1815년과 1824년 사이, 유명한 자연사학자인 윌리엄 버클랜드 목사는 잉글랜드 옥스퍼드에 있는 자신의 집 근처에서 발견한 거대한 포식성 '도마뱀'의 턱 조각과 다른 뼈들을 기재했다. 그는 이 도마뱀을 메갈로사우루스(그리스어로 '큰 도마뱀')라고 불렀다. 그 후 1825년에 기디언 맨텔 박사는 서식스의 틸게이트 포레스트Tilgate Forest에 있는 백악기 후기의 윌덴Wealden 지층에서 발견된 거대한 파충류의 이빨과 다른 뼛조각을 기재하고, 이구아노돈 *Iguanodon*(이구아나의 이빨)이라는 이름을 붙였다.

1842년이 되자, 영국의 자연학자인 리처드 오언은 이 표본들과 발견된 다른 표본들에 두루 적용되는 '공룡류Dinosauria(그리스어로 '대단히 큰 도마뱀'이라는 뜻)'라는 단어를 만들었다. 그로부터 불과 1년 전, 오언은 1825년에 치핑 노스Chipping North 근처에서 발견된 한 동물의 이빨과 거대한 뼈들을 기재하고 케티오사우루스*Cetiosaurus*(그리스어로 '고래 도마뱀'이라는 뜻)라는 이름을 붙였다. 발견된 뼈들이 너무 적었기 때문에, 오언은 이 화석이 악어와 가까운 거대한 해양 파충류의 것이라고 생각했다. 그러나 맨텔의 생

그림 17.2 케티오사우루스의 골격 일부에서 나온 다리뼈. 옥스퍼드 대학 자연사 박물관에 전시되어 있다.

각은 달랐다. 그는 이 화석들이 이구아노돈이나 메갈로사우루스 같은 거대한 육상 파충류의 잔해일 것이라고 말했다. 오언은 이에 동의하지 않았고, 1842년에 공룡류라는 명칭을 만들었을 때에 케티오사우루스를 제외시켰다. 당시 케티오사우루스의 조각들은 정확하게 복원할 수 있을 만큼 양적으로 충분하지 않았다.

그러나 1868년 3월에 블레칭던 인근의 노동자들이 어느 용각류 공룡의 거대한 넓적다리뼈를 발견했고, 곧 여러 개의 다른 팔다리뼈와 척추뼈도 발견되었다. 이 뼈들의 발견과 함께, 케티오사우루스가 거대 악어가 아니라 기둥 같은 육중한 네 다리로 걸어다닌 거대 파충류였다는 것이 분명해졌다(그림 17.2). 이 골격은 용각류 공룡의 특징인 긴 목과 긴 다리가 드러날 정도로 완벽하지는 않았지만, 당시 (그리고 지금까지도) 유럽에서 발견된 가장 완벽한 용각류 골격 중 하나다.

1870년대와 1880년대가 되자, 마침내 용각류 공룡의 거의 완벽한 골격이 콜로라도와 와이오밍에서 발견되었다. 이 발견은 예일 대학의 고생물학자 오스니엘 찰스 마시 연구팀과 필라델피아의 자연학자 에드워드 드링커 코프 연구팀이 이뤄냈다. 특히 마시는 와이오밍 중남부에 위치한 코모 블러프Como Bluff라는 곳에서 놀라울 정도로 완벽한 표본들을 발굴했고, 곧 각각의 표본을 명명했다. 1877년에 아파토사우루스*Apatosaurus*와 아틀란토사우루스*Atlantosaurus*를 시작으로, 1878년에는 모로사우루스*Morosaurus*와 디플로도쿠스*Diplodocus*, 1890년에는 브론토사우루스*Brontosaurus*와 바로사우루스*Barosaurus*를 명명했다. 한편 코프는 1877년에 카마라사우루스*Camarasaurus*와 카울로돈*Caulodon*을 명명했다. (오늘날 과학자들은 아틀란토사우루스와 브론토사우루스를 아파토사우루스와 같은 종류라고 보고 있으며, 모로사우루스와 카마라사우루스도 같은 종류라고 생각한다. 지금도 유효한 속은 아파토사우루스, 디플로도쿠스, 카마라사우루스, 바로사우루스뿐이다.) 1878년이 되자 이런 화석들의 수가 아주 많아져서, 마시는 용각아목Sauropoda(그리스어로 '도마뱀 발'이라는 뜻)이라는 한 무리로 묶을 수 있었다. 안타깝게도 마시가 각각의 공룡에 대해 발표한 짧은 논문들에는 그림이 없었기 때문에, 1900년 이전까지는 이런 거대 동물의 존재가 일반 대중에게 별로 알려지지 않았다.

'고래 파충류'의 발견이 막바지에 이르자, 박물관 측은 지하실에서 먼지를 뒤집어쓰고 있는 거대한 뼈들이 대중매체의 관심과 엄청난 군중을 끌어모을 수 있을지도 모른다는 것을 깨닫기 시작했다. 1905년이 되자, 뉴욕의 미국 자연사 박물관, 피츠버그의 카네기 자연사 박물관, 코네티컷 뉴헤이븐의 예일 피바디 자연사 박물관에는 거대한 용각류 뼈가 전시되었다. 이 뼈들에는 마시가 지은 비공식 명칭인 '브론토사우루스'라는 안내판이 붙여졌다.

'브론토사우루스'라는 이름은 우리 문화 속에 단단히 자리잡고 있지만, 애석하게도 먼저 붙여진 아파토사우루스의 다른 이름이라서 사용할 수 없다. 마시가 1890년에 붙인 브론토사우루스라는 이름의 토대가 된 것은 코모 블러프에서 발굴된 특별히 완전한 성체 대형 용각류의 골격이었다. 당시에는 알려져 있는 다른 표본과 조금이라도 다르면 거의 모든 화석에 새로운 이름을 붙이는 것이 관례였다. 미국 자연사 박물관과 피바디 자연사 박물관에 전시된 골격에 부착되어 있던 '브론토사우루스'라는 이름은 하나의 상징이 되어서 거의 모든 공룡 책에 등장했다.

밝혀진 것처럼, 1877년에 마시는 같은 공룡의 조금 덜 완벽하고 미성숙한 표본에 아파토사우루스라는 이름을 붙였다. 1903년에 마시의 표본을 면밀히 조사한 엘머 릭스는 아파토사우루스가 브론토사우루스와 같은 동물이라는 결론을 내렸다. 국제 동물 명명 규약International Code of Zoological Nomenclature의 규칙에 따라서 먼저 명명된 이름이 올바른 이름이므로, '브론토사우루스'라는 이름은 1903년부터 후행 이명junior synonym이 되었다. 그러나 당시 가장 영향력 있는 고생물학자였던 미국 자연사 박물관의 헨리 페어필드 오즈번은 이와 같은 릭스의 분석을 받아들이지 않았다. 따라서 '브론토사우루스'라는 이름이 다른 고생물학자들 사이에서 폐기되고 난 후로도 오랫동안 대중의 상상 속에 살아남게 된 데에는 오즈번의 일조가 컸다.

불행히도 대중 문학과 매체에서는 과학을 정확하게 다루지 않는 경우가 종종 있기 때문에, 브론토사우루스라는 이름은 1980년대와 1990년대까지도 널리 쓰였다. 당시 박물관들은 전시된 골격을 좀 더 사실적인 자세로 바꾸기 시작하고 있었다. 코모 블러프의 표본에는 두개골이 없었기 때문에, 미국 자연사 박물관과 피바디 자연사 박물관의 골격에 추가된 원래 두개골은 얼굴이 짧은 브라키오사우루스의 것이었다. 존 오스트롬과 잭 매킨토시Jack McIntosh가 밝혀낸 바에 따르면, 아파토사우루스는 디플로도쿠스의 것과 비슷한 주둥이가 긴 두개골을 갖고 있었다. 많은 고생물학자의 지적이 잇따르자, 드디어 어린이책과 뉴스 기사에도 이런 변화가 반영되기 시작했다. 아파토사우루스가 발표된 지 90년 만의 일이었다.

그림 17.3 찰스 R. 나이트가 1905년에 그린 '브론토사우루스'의 상징이 된 그림. 습지에서 꼬리를 끌면서 느릿느릿 움직이는 동물로 묘사된 브론토사우루스에 대한 생각은 현재 완전히 폐기되었다.

또 오즈번은 저명한 고생물화가인 찰스 R. 나이트에게 '브론토사우루스'의 대표 복원도를 그려줄 것을 부탁하기도 했다. 브론토사우루스는 곧바로 대중을 매료시켰고 목과 꼬리가 엄청나게 긴 거대한 용각류 공룡의 모습으로 각인되었다(그림 17.3). 이들은 초기 스톱모션 애니메이션 영화에 등장했는데, 〈잃어버린 세계〉(1925)라는 작품에서는 전설적인 애니메이션 감독인 윌리스 오브라이언이 나이트의 그림을 토대로 공룡의 움직임을 구현하기도 했다. 용각류 공룡은 곧 어디에서나 볼 수 있었다. 시사만화, 더 많은 영화, 상품, 심지어 싱클레어 석유회사의 상표에도 등장했다. 그래서 불과 110년 전까지만 해도 소수의 과학자들을 제외하고는 아무도 공룡을 몰랐다는 것이 잘 상상이 되지 않는다.

고대 거대 동물의 생활 방식

용각류 연구는 지난 세기에 큰 진전을 보았다. 최소 90속 이상이 확인되었지만, 용각류라는 명칭이 유효한 분류군인지에 대한 결정에는 조금 문제가 있다. 용각류의 뼈는 엄청나게 크기 때문에 단단하고 오래 지속되며 보존이 잘 된다. 골격이 얼마나 망가지고 사라졌는지는 중요하지 않았다. 그 결과, 유명한 용각류 대부분이 몇 개의 뼈만 알려져 있다. 이 뼈들은 대개 등뼈를 구성하는 척추뼈이며, 이따금씩 다리뼈도 있다. 부분적인 골격이 많기도 하지만, 그조차도 화석화되기 전에 머리가 사라지는 난감한 경우가 많다(두개골은 다른 뼈에 비해서 더 가볍고 더 약한 편이다). 그럭저럭 완전한 골격이 알려져 있는 용각류는 아주 소수에 불과한데, 이들은 박물관에 단골로 전시되는 아파토사우루스, 디플로도쿠스, 브라키오사우루스, 카마라사우루스, 바로사우루스, 마멘키사우루스*Mamenchisaurus* 따위다.

용각류는 트라이아스기 공룡의 한 무리인 고古용각류prosauropod에서 유래했다. 고용각류는 쥐라기의 거대 공룡들과 공룡의 초기 계통을 연결하는 전형적인 중간 단계 형태이며, 닭만큼 작은 것들도 있었다. 고용각류 중에는 플라테오사우루스*Plateosaurus*처럼 길이가 10미터이고 무게가 4000킬로그램이 넘는 것도 있었지만, 그들의 후손 중에서 그만큼 큰 동물은 어디에도 없었다(그림 17.4). 그럼에도 이들은 목과 꼬리가 긴 공룡의 시초였다. 플라테오사우루스는 거의 완전한 이족보행을 했지만, (멜라노로사우루스*Melanorosaurus* 같은) 일부 고용각류는 네 다리(사족보행) 또는 두 다리(이족보행)로 걸을 수 있었다. 게다가 이들은 코끼리 같은 다리를 가진 훨씬 더 육중한 후손들과 달리, 잘 발달한 발가락으로 물건을 잡을 수 있었다.

쥐라기 중기와 후기는 진정한 거대 동물의 세계였다. 이 거대한 괴물들은 1905년에 사람들이 상상했던 것처럼 긴 꼬리를 끌면서 습지를 어슬렁거리던 도마뱀이 아니었다. 그 엄청난 크기에 압도된 초기 과학자들은 용각류가 육상에서 그들의 무게를 지탱할 수 있었을 것이라고는 상상도 할 수 없었

그림 17.4 독일의 트라이아스기 지층에서 나온 고용각류인 플라테오사우루스의 골격.

고, 그래서 그들이 습지에 살았을 것이라고 생각했다. 그러나 실제로는 (발자국을 포함한) 다수의 주요 표본과 여러 생체역학적 분석을 통해서 용각류의 고생물학적 특징과 우리의 관점은 완전히 바뀌었다. 무엇보다도 먼저, 꼬리가 끌린 자국이 거의 없는 발자국 화석은 용각류가 꼬리를 똑바로 들고 걸었다는 것을 보여준다. 게다가 모리슨층Morrison Formation과 다른 퇴적암층의 분석을 통해서 증명된 바에 따르면, 이들은 습지에 살지 않았을 뿐만 아니라 해안 지역과 더 건조한 서식지에도 적응했다. 용각류는 먹이를 찾기 위해서 먼 거리를 잘 걸어다녔고, 기다란 목을 뻗어서 높은 가지에 달린 나뭇잎을 따 먹었다. 마지막으로, 이들의 몸에는 수많은 기낭air sac이 있어서, 물속에 들어가서 살기는커녕 물에 잘 가라앉지도 않았다.

용각류의 해부학적 구조는 꽤 놀랍다. 이들은 대단히 큰 몸집에 비해서 머리가 매우 작았고, 대부분 못이나 칼날처럼 생긴 단순한 이빨이 돋아 있었다. 이렇게 부실한 이빨로 어떻게 이런 거대한 몸집을 유지할 수 있었는지를 많은 과학자가 의아해하고 있다. (이와 대조적으로 오리주둥이공룡과 뿔공룡은 엄청난 양의 식물질을 처리하기 위한 수백 개의 절굿니grinding teeth를 진화시켰다.) 일부 고생물학자들의 추측에 따르면, 용각류는 먹을 수 있는 거의 모든 것을 먹었다. 나무 꼭대기의 나뭇잎부터 바닥을 빽빽하게 뒤덮고 있는 고사리에 이르기까지 닥치는 대로 먹었다는 것이다. 꽃식물, 특히 풀 종류는 거대 용각류의 전성기였던 쥐라기보다 한참 뒤인 백악기 초기가 되어서야 진화했다는 점을 기억하자.

목, 등, 꼬리 전체에 걸쳐 이어지는 척추뼈 하나하나는 경이로운 기계 장치와도 같다. 가벼운 척추뼈를 매우 단단하게 만들어주는 수많은 골질 받침대와 버팀대가 강력한 힘줄로 단단히 이어져 있었다. 여러 공룡과 새의 뼈와 마찬가지로, 용각류의 뼈도 (특히 척추를 따라서) 수많은 기낭이 있기 때문에 상대적으로 가볍다. 최근 일부 연구에서는 용각류가 (대부분의 복원도와는 달리) 머리를 오랫동안 치켜들고 있지 않았을 것이라는 추측이 나오고 있다. 머리로 피를 올려 보내기 위해서는 대단히 높은 혈압이 필요하다는 이유에서이다. 그러나 이런 발상은 가축들로 수행된 연구들을 기반으로 하고 있다. 대개 가축들은 비정상적으로 혈압이 높아지게 하는 방식으로 사육된다. 다른 최근 연구(아직 발표되지 않았다)에서는 용각류의 혈압이 감당할 수 있을 정도였고, 머리를 들고 있는 동안 피를 올려 보내기 위해서 특별히 큰 심장이 필요하지도 않았을 것이라고 주장한다. 아마 기린처럼, 용각류 역시 목의 혈관에 특별한 판막이 있어서 혈압이 갑자기 떨어지는 것을 방지하고 머리를 높이 들어올릴 때의 어지럼증을 막아주었을 것이다.

지금까지 살았던 가장 거대한 육상동물인 용각류의 육중한 다리와 발에는 코끼리처럼 납작한 원반 모양이나 기둥 모양의 뼈가 빽빽하게 들어차 있는 발가락이 달려 있었다. 그러나 코끼리가 발바닥 전체로 걷는 것(척행동물, 우리 인간도 마찬가지다)과 달리, 용각류는 뭉툭한 발끝으로 걸었다(지행동물, 공룡의 대부분이 여기에 속한다). 그래도 용각류는 부분적으로는 척행동물이었고 부분적으로는 지행동물이었다. 용각류의 우람한 다리뼈, 그들의 발자국 간격, 그들이 지탱해야 하는 엄청난 무게를 감안할 때, 이렇게 거대한 동물이 빠르게 움직였을 것이라는 생각은 아예 할 수가 없다. 용각류는 대체로 일정한 속도로 느릿느릿 걸었지만, (오늘날 코끼리가 그렇듯이) 조금은 뛸 수도 있었을지 모른다. 그러나 그들은 긴 다리로 성큼성큼 움직여서 엄청난 거리를 단번에 이동할 수 있었기 때문에 뛸 필요도 없었을 것이다.

용각류는 몇 개의 중요한 무리로 나뉜다. 이런 무리 중에는 대단히 목이 길고 채찍 같은 꼬리가 달린 디플로도쿠스류diplodocine(디플로도쿠스와 아파토사우루스), 앞다리가 길고 기린과 같은 목을 지닌 키가 큰 브라키오사우루스, 머리가 작고 체격이 다부진 티타노사우루스(주로 아프리카와 남아메리카에서 번성했지만, 남극을 비롯한 전 대륙에 살았다)가 포함된다. 용각류는 대부분 쥐라기 후기에 가장 번성했지만, (티타노사우루스 같은) 일부 무리는 백악기에도 남반구에서 계속 번성했고(그러나 북아메리카에서는 거의 사라졌다), 백악기가 거의 끝날 무렵까지 살아남았다.

크기가 중요하다!

서식지에서 가장 큰 동물, 지금까지 살았던 가장 큰 육상동물 같은 표현에서 알 수 있듯이, 크기는 중요한 특징이다. '가장 큰 공룡' 후보였다가 몇 년 후 새로운 공룡이 발견되면서 그 지위를 내어줘야 했던 경우도 여러 번 있었다. 이 문제를 더 복잡하게 만드는 것은 크기가 큰 공룡일수록 남아 있는 뼈가 더 적다는 점이다. 거의 완벽한 골격이 알려져 있는 가장 크고 가장 무거운 공룡은 베를린 자연과학 박물관의 유명한 브라키오사우루스다(그림 17.5, 지금은 기라파티탄이라고 불린다). 이 화석은 1909~1912년에 독일령 동아프리카의 텐다구루 지층에서 발견되었다. 이 인상적인 표본은 다섯 개의 부분 골격(주로 성장기 동물의 것)을 조합해서 만들어졌으며, 박물관 바닥에서부터

그림 17.5 가장 완벽하게 만들어진 거대 용각류의 골격. 아프리카 텐다구루 지층에서 발굴된 기라파티탄(=브라키오사우루스) 브란카이 *Giraffatitan(=Brachiosaurus) brancai*, 베를린의 자연과학 박물관(훔볼트 박물관)에 전시되어 있다.

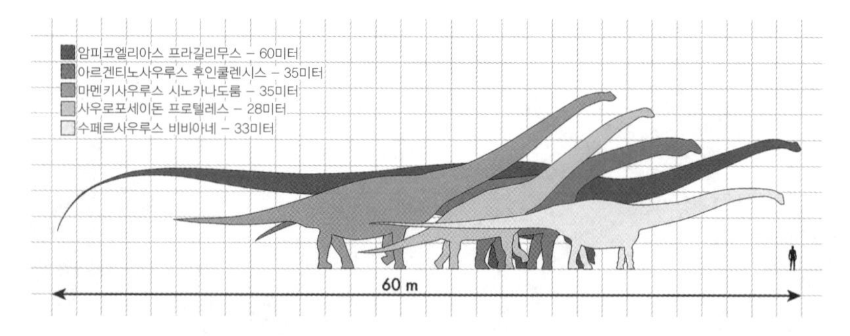

그림 17.6 용각류의 크기 비교. 암피코엘리아스, 사우로포세이돈, 수페르사우루스*Supersaurus* 같은 일부 종류는 정확한 진짜 크기를 계산하기에는 알려진 화석의 수가 지나치게 적다.

4·5층 건물 높이(13.5미터)까지 솟아 있다. 이 공룡의 무게는 30~40톤이었을 것이다.

더 큰 공룡 뼈가 발견된 적도 있다. 이를테면, 어떤 정강이뼈는 같이 소장된 기라파티탄의 정강이뼈보다 13퍼센트 더 컸지만, 몇 개의 척추뼈나 다리뼈를 토대로 동물의 크기를 추정하는 것은 문제가 있다(그림 17.6). 가령, 매튜 웨델과 리처드 시펠리는 오클라호마의 백악기 초기 지층에서 거대한 티타노사우루스의 목뼈 네 개를 발굴하고, (그리스 신화에서 바다와 지진의 신인 포세이돈의 이름을 따서) 사우로포세이돈*Sauroposeidon*이라고 명명했다. 이 뼈들은 엄청나게 커서 처음에는 규화목으로 오인되었다가, 누군가가 전체를 깨끗이 닦아낸 후에야 공룡 뼈라는 것이 확인되었다. 시펠리는 이 뼈를 1994년에 발견해서 오클라호마 대학의 샘 노블 박물관으로 가져왔지만, 제자인 웨델이 더 자세히 조사하기 전까지는 그것이 무엇인지를 깨닫지 못했다. 사우로포세이돈에서 알려져 있는 것은 목뼈 네 개뿐이지만 정말로 거대했다. 기라파티탄을 토대로 크기를 추정하면, 사우로포세이돈은 목을 똑바로 들었을 때의 높이가 17미터에 달했다. 그러면 알려진 공룡 중에서 가장 키가 큰 공룡이 된다. 이 공룡은 길이가 약 34미터이고 무게가 약 40톤이었을 것으로 추정된다.

지금까지 살았던 동물 중에서 체고가 가장 높은 동물이 사우로포세이돈이었다면, 체장이 더 길거나 체중이 더 무거운 용각류도 있었다. 확실한 크기를 추정할 수 있을 정도로 충분히 뼈가 남아 있는 가장 큰 표본은 아르헨티나(그중에서도 아르헨티나 남부 파타고니아 어딘가)의 백악기 후기 지층인 우인쿨층Huincul Formation에서 발견된 아르겐티노사우루스*Argentinosaurus*다(그림 17.7). 이 공룡의 뼈는 1987년에 어느 목장 주인이 처음 발견했는데, 이번에도 규화목으로 오인되었다. 그러다가 표본들이 모였고, 1993년에 호세 보나파르테José Bonaparte와 루돌포 코리아가 공식적으로 아르겐티노사우루스 후인쿨렌시스*Argentinosaurus huinculensis*라고 명명했다. 아르겐티노사우루스는 등뼈 일부, 엉덩이 부분, 몇 개의 갈비뼈, 넓적다리뼈, 오른쪽 정강이뼈로 구성되어 있다. 수는 적지만 뼈 하나하나의 크기는 엄청났다. 각각의

그림 17.7 아르겐티노사우루스의 골격. 아르헨티나 플라사 우인쿨의 카르멘 푸네스 시립 박물관에 전시되어 있다.

척추뼈는 높이 1.59미터가 넘었고(그림 17.8A), 정강이뼈의 길이는 1.55미터였다! 이런 불완전한 화석을 토대로 추정된 길이는 30~35미터이고 무게는 80~100톤이었다. 그러나 더 최근의 계산에서는 무게가 약 50톤이었을 것이라는 제안이 나왔다. 더 작지만 더 완전한 (다른 티타노사우루스인) 살타사우루스*Saltasaurus*를 토대로 한 다른 추정에서는 길이 30미터, 무게 60~88톤으로 결정되었다. 카르멘 푸네스 시립 박물관에 세워진 골격은 길이가 40미터이고 높이가 7.3미터로, 원래 추정치보다도 더 길고 더 크다(그림 17.7을 보라). 지금까지 살았던 육상동물 중에서 단연 가장 크다고 할 수 있을 것이다. 따라서 우리는 지금까지 가장 큰 동물이라는 기록을 보유하고 있는 동물은 아르겐티노사우루스라고 생각할 것이다.

그러나 단정은 이르다! 아르겐티노사우루스가 살았던 9700만~9400만 년 전에는 이와 비슷한 크기의 거대 용각류가 많았다. 이런 공룡으로는 이집트에서 발견된 파랄리티탄, 남아메리카에서 발견된 안타르크토사우루스*Antarctosaurus*(그림 17.9)와 아르기로사우루스*Argyrosaurus*가 있다. 안타깝게도 이 공룡들은 모두 몇 개의 다리뼈만 알려져 있어서, 아르겐티노사우루스보다 더 컸는지를 판단하기는 어렵다. 최근에 아르헨티나에서는 더 큰 다리뼈가 발견되었다는 소식이 들려오기도 했다. 발견자들은 그 뼈가 지금까지 발견된 것 중에서 가장 큰 공룡의 것이라고 주장하지만(이런 표본에서 흔히 볼 수 있는 과장 광고다), 대부분의 고생물학자는 단순히 큰 성체 아르겐티노사우루스라고 생각한다.

2014년, 아르헨티나에서는 또 다른 거대한 용각류가 보고되었다. 발견자들은 이 공룡을 드레아드노우그투스*Dreadnoughtus*라고 명명했는데, 이 공

그림 17.8 ▶
용각류의 척추뼈. (A) 아르겐티노사우루스의 거대한 척추뼈. (B) 이에 비해서 훨씬 작은 기라파티탄(=브라키오사우루스) 브란카이(그림 17.5를 보라)의 척추뼈, 지금까지 발견되거나 세워진 거의 완벽한 골격 중에서 가장 큰 것이다.

A

B

룡을 보고 제1차 세계대전 당시 엄청난 크기와 함포로 다른 배들을 두려움에 떨게 했던 '드레드노트Dreadnought'라는 거대 전함을 연상했기 때문이었다. 이 드레아드노우그투스 골격의 표본은 대부분의 다른 용각류보다 더 온전했다. 발견자들은 전체 골격의 대략 70퍼센트를 갖추고 있다고 주장한다. 이 표본은 주로 몸의 뒷부분과 앞다리로 이루어져 있고, 머리와 목 부분은 아주 적다. 따라서 드레아드노우그투스의 길이는 전적으로 추정일 뿐이다. 발견자들은 또다시 대중매체의 놀음에 휘말려서 그들이 '알려진 것 중 가장 큰' 공룡을 발견했다고 공표했다. 그러나 다른 많은 고생물학자의 말에 따르면, 이 표본은 신뢰할 만한 무게를 계산할 수 있을 정도로 완전하지 않고 길이도 확실치 않다. 많은 고생물학자는 아르헨티나의 백악기 암석에서 발굴된 조금씩 크기가 다른 이 모든 티타노사우루스가 변이가 아주 심했던 단일 속의 일원들이었을 것이라고 생각한다. 어쩌면 언론의 주목에 대한 경쟁 때문에 몇 개의 종을 수십 개의 속으로 무리하게 나눈 것일지도 모른다. 생물학자들이 알고 있는 바에 따르면, 이렇게 큰 동물은 한 서식지 내에 유연관계가 가까운 수십 개의 속이 모여 살지 않는다. 오히려 개체군의 크기가 작아지고 종 내에서 변이가 늘어나는 경향이 있다.

아르겐티노사우루스보다 더 거대한 티타노사우루스가 있었다는 의견도 있다. 그중 하나는 백악기 후기의 인도에 살았던 브루하트카요사우루스 *Bruhathkayosaurus*(남부 인도의 산스크리트어로 '거대하고 육중한 몸'과 그리스어로 '도마뱀'을 합친 말)다. P. 야다기리와 크리슈난 아야사미Krishnan Ayyasami가 1989년에 기재한 이 공룡은 무게가 175~220톤으로 추정되었지만, 훗날 이 추정치는 139톤으로 축소되었다. 만약 이것이 옳다면, 이 공룡은 알려진 다른 어떤 용각류보다도 훨씬 더 컸다. 그러나 이 화석은 엉덩이뼈 일부, 넓적다리뼈 일부, 정강이뼈 하나, 앞다리 하나, 척추뼈 몇 개로만 구성되어 있다. 정강이뼈는 길이가 2미터로, 아르겐티노사우루스의 정강이뼈보다 29퍼센트가 더 컸고, 넓적다리뼈도 마찬가지였다. 대부분의 고생물학자는 더 완

그림 17.9 알려진 가장 큰 아르겐티노사우루스인 안타르크토사우루스의 거대한 넓적다리뼈. 지금까지 발견된 어떤 공룡의 넓적다리뼈보다 더 크다. 비교를 위해서 프란시스코 노바스Francisco Novas와 함께 찍었다.

전한 골격이 발견될 때까지(그럴 것 같지는 않다) 브루하트카요사우루스에 대한 판단을 유보하고 있다. 안타깝게도 원본 화석은 화석을 보관하던 지역이 홍수로 파괴되었을 때에 사라졌고, 남아 있는 것은 처음에 발표되었던 단순한 선 그림이 있는 논문이 전부다.

이 정도로는 충격을 받고 실망하기에 부족하다면, 암피코엘리아스 프라길리무스*Amphicoelias fragillimus*의 경우를 생각해보자. 이 공룡은 선구적인 고생물학자인 에드워드 드링커 코프가 발견한 척추뼈 하나를 토대로 1877년에 명명되었다. 코프는 이 표본을 나타낸 수치 하나를 발표했는데, 만약 신뢰만 할 수 있다면 그가 내놓은 측정치는 실로 엄청나다! 완전하다면 척추뼈 하나의 높이가 무려 2.7미터였다는 것이다! 이런 규모의 척추뼈를 다른 용각류의 체제에 대입하면, 암피코엘리아스는 길이가 40~60미터이고 무게가 122톤 이상이 된다. 이 정도면 브루하트카요사우루스(그림 17.6을 보라)를 제외한 다른 어떤 공룡보다도 컸을 것이다. 그러나 유감스럽게도 암피코엘리아스의 척추뼈는 코프가 기재를 하고 얼마 후에 사라졌다. 당시는 경화제와 보존처리제가 아직 이용되기 전이었기 때문에 그의 복잡한 수장고 안에서 서서히 허물어지다가 코프가 죽고 사람들이 그의 소장품을 옮길 무렵이 되자 알아볼 수 없을 정도로 산산조각이 나 있었을 가능성이 있다. 따라서 가장 큰 육상동물의 두 후보는 불완전한 화석을 기반으로 하고 있을 뿐 아니라, 그마저도 둘 다 사라져버렸다! 더 나은 자료가 나타나기 전까지는 가장 큰 육상동물이라는 왕좌는 여전히 아르겐티노사우루스의 차지다.

살아 있는 공룡이 콩고에?

오늘날 도시 전설 중에는 콩고강 유역에 지금도 용각류 공룡이 살고 있다는 이야기가 있다. 모켈레 므벰베Mokele Mbembe라고 알려진 이 공룡은 수많은 책과 방송 보도와 텔레비전 '다큐멘터리'의 주제가 되었고, 심지어 〈아기 공

룡: 사라진 전설의 비밀Baby: Secret of the Lost Legend〉(1985)이라는 할리우드 영화로 만들어지기도 했다. 많은 사람의 입에 오르내리게 되면서, 이 공룡은 네스호의 괴물과 빅풋Bigfoot만큼이나 유명해졌다.

그러나 자세히 들여다보면 실체가 없는 속임수임을 알게 될 것이다. 대니얼 록스턴과 내가 신중하게 조목조목 밝힌 것처럼, 공룡이 존재한다는 주장을 뒷받침할 어떤 물리적 증거도 없다. '증거'라는 것의 대부분은 원주민의 목격담이 미국인 탐험가(거의 대부분 생물학자가 아닌 선교사나 현대의 창조론자들이다)에 의해 통역되어 전해진 것이다. 이런 목격담은 대단히 문제가 많은데, 원주민 중에는 신화 속 동물과 우리가 생각하는 '진짜' 동물을 구별하지 않는 사람이 많기 때문이다. 게다가 많은 목격담이 대단히 모호하고 앞뒤가 맞지 않으며 과학적으로 쓸모가 없다. 어떤 이야기는 용각류가 아니라 스테고사우루스나 트리케라톱스*Triceratops*를 설명하는 것 같기도 하다. 또 어떤 이야기는 코뿔소를 묘사하기도 한다. 코뿔소는 정글이 아닌 사바나에 살기 때문에 콩고강 유역 사람들에게는 알려져 있지 않은 동물이다. 많은 이야기가 의심스러운 까닭은 서구의 탐험가들이 종종 원주민들에게 동물의 그림을 보여주고 확인을 부탁하곤 했기 때문이다. 말하자면 일종의 '유도 신문'인 셈이다. 원주민이 방문자가 듣고 싶어 하는 이야기를 해주는 일은 많은 문화에서 흔히 있는 일이다. 이것은 단순히 손님에 대한 예의의 문제다. 더 중요한 것은, '목격자 증언'이 (법정에서조차도) 사실상 증거로서 가치가 없다는 것이 여러 심리학자의 최근 연구를 통해서 증명되었다는 점이다. 인간은 좋은 영상 기록 장치가 아니다. 우리는 우리가 보고 싶은 것을 대단히 잘 '본다'. 실제로 본 것에 기대와 상상을 덧입히고, 나중에는 그것을 정말 보았다고 믿는다. 그렇기 때문에 어떤 과학자도 '목격자'의 말을 개인의 경험(착각이나 환영일 가능성도 있다) 이상으로 받아들이지 않는다.

게다가, 이런 목격담과 증거에는 모켈레 므벰베의 존재를 극히 있을 수 없는 일로 만드는 수많은 문제가 있다. 모든 사진과 비디오 영상이 너무 멀고 흐릿해서, 모켈레 므벰베의 존재를 증명하기는커녕 그들이 무엇을 봤는지조차도 알아볼 수 없다. 확인 가능한 것들은 대부분 하마, 카누를 탄 사람, 또는 모켈레 므벰베가 될 만한 특징이 없는 다른 흐릿한 물체로 밝혀졌다. 개체군생태학population ecology에 따르면, 용각류 정도로 큰 동물은 행동권이 아주 넓어야 하고, 성체와 어린 개체들을 포함하는 상당한 크기의 개체군이 있어야 한다. 그러나 우리가 얻을 수 있는 것은 뼈나 사체나 다른 물리적 증거가 아니라, 목격담과 조악한 영상이 전부다.

시간이 흘러도 모켈레 므벰베를 찾는 사람들이 아무런 성과를 얻지 못하자, 이 이야기는 점점 사그라지고 있다. 사실, 콩고에 있는 '미지의 정글'도 근거가 없는 이야기다. 진짜 야생동식물 학자들이 콩고강 유역을 늘 돌아다니고 있으며, 이들은 모켈레 므벰베에 관한 보고를 듣거나 직접 본 적이 전혀 없다. 이런 보고를 믿는 사람들은 생물학에 무지한 선교사들뿐이다. 실제로 누구든지 구글 어스를 이용해서 이 지역을 원격으로 관찰할 수 있으며, 큰 동물은 특히 더 잘 보인다. 구글 어스에서 10.903497N, 19.93229E라는 좌표를 치면, 코끼리들의 모습을 대단히 자세하게 볼 수 있다. 만약 모켈레 므벰베 같은 큰 동물이 큰 무리를 이뤄서 콩고강 유역을 어슬렁거리고 있다면, 바로 눈에 띌 것이다.

용각류에 대한 고생물학적 기록은 매우 훌륭하며, 그들의 뼈처럼 거대한 뼈는 화석화가 잘 된다. 따라서 6500만 년 전 이후의 퇴적층에서는 (대형 포유류가 화석화되기에 알맞은 환경이 설정된 지층이 많음에도) 용각류 뼈 화석이 **한 점도** 발견되지 않았다는 사실은 용각류가 지금까지 살아남아 있지 않다는 것을 꽤 단적으로 보여준다.

마지막으로, 모든 모켈레 므벰베 이야기에는 사실이 아닌 것처럼 느껴지는 부분이 있다. '목격자들'이 묘사하는 공룡은 1905년에 유행하던 용각류의 모습과 흡사하다. 당시에는 공룡의 골격과 그림이 처음으로 대중에게 소개되었지만, 그렇게 생긴 공룡은 실제로 존재하지 않았다. 꼬리를 끌며 느릿느릿 움직이고 습지에 몸을 숨기던 동물은 과학적 연구가 진행됨에 따라서 물속이 아닌 물가 근처의 육지에 살면서 꼬리를 가로로 쭉 뻗고 있는 동물로 바뀌었다. 모켈레 므벰베는 콩고강에 몸을 담그고 몇 시간씩 머물러 있는 것으로 묘사된다. 사실 용각류는 척추를 따라서 대단히 많은 기낭이 존재하기 때문에 몸을 물속에 반쯤 담글 수도 없다. 몇 시간씩 물속에 몸을 담그고 있는 것은 고사하고, 물속에 뛰어들 수도 없다.

오히려 모켈레 므벰베의 이야기는 이상하게 왜곡되어 있다. 이 동물을 찾아다니는 사람들은 야생동식물학자가 아니라 창조론자들이다. 몇 년 전, 나는 〈몬스터퀘스트MonsterQuest〉라는 텔레비전 프로그램의 모켈레 므벰베를 다룬 화에서 '회의론자인 척' 해달라는 요청을 받았다. 전체적인 촬영은 정말 기묘했는데, 제작진들이 대부분의 시간을 내가 모켈레 므벰베의 존재를 뒷받침하는 것처럼 해석될 수 있는 이야기를 하게 만드는 데에 할애했기 때문이다. 그들은 내게 뭔지 모를 석고 덩어리를 보여주면서 그 순간을 카메라에 담았고, 내가 그것을 '공룡의 흔적'이라고 확인해주기를 바랐다. 완성된 프로그램을 봤을 때, 내가 가장 놀랐던 부분은 두 명의 모켈레 므벰베 '사냥꾼'의 추적 과정이 방영 시간의 거의 대부분을 차지했다는 점이었다. 그들은 자신들을 비공인 야생생물학자라고 밝혔지만, 그들이 무엇을 하고 있는지에 관해서나 그들의 복잡한 장비를 어떻게 다루는지에 관해서는 짐작도 할 수 없었다. 그들은 강둑에 있는 작은 구멍에 관해서 이상한 이야기를 했다. 거대한 용각류 공룡 한 마리가 강둑 밑으로 파고들어가서 몸을 완전히 숨기면서 남겨놓은 공기구멍일지도 모른다는 것이다.

훗날 나는 이 두 사람의 '탐험가'가 정식 야생생물학 교육을 전혀 받은 적이 없는 창조론자라는 것을 알았다. 두 사람 중에서 윌리엄 기번이라는 사람은 엄청난 경비를 쓰면서 콩고를 여러 번 돌아다녔지만 아무런 결과도 얻지 못했다. 이런 사람들은 살아 있는 공룡의 발견이 진화론 붕괴의 원인이 되어줄 것이라고 생각하는 것 같다. 진화론을 지탱하고 있는 산더미 같은 증거는 아예 안중에 없는 것이다!

모켈레 므벰베을 찾는 여정은 더 이상 미확인 동물에 대한 아마추어 탐험가들의 무모한 추적이 아니다. 시간을 들여서 모켈레 므벰베를 찾아다니는 이 '탐험가'들은 반反과학적인 의도를 갖고 있으며, 그들의 자료나 해석은 신뢰할 수 없다. 창조론자들은 수단과 방법을 가리지 않고 진화론의 증거를 파괴하고 과학 교육을 약화시키기 위해 애쓰고 있다. 그들의 연구는 전 세계적으로 일어나고 있는 이런 노력들의 일환이다. 따라서 그들의 행동을 무시하거나 대수롭지 않게 여겨서는 안 되며, 과학계에서는 이를 과학을 파괴하려는 시도로 보고 엄밀하게 조사해야 한다.

가볼 만한 곳

전 세계 여러 자연사 박물관에는 원본이나 복제품 용각류 공룡 골격이 전시되어 있다. 미국에서 원본 자료와 함께 이런 골격들을 전시하는 곳으로는 뉴욕의 미국 자연사 박물관(아파토사우루스와 바로사우루스), 피츠버그의 케임브리지 자연사 박물관(사파토사우루스와 원본 디플로도쿠스), 워싱턴 D.C. 스미스소니언협회의 미국 국립 자연사 박물관(디플로도쿠스와 카마라사우루스), 로스앤젤레스의 로스앤젤레스 자연사 박물관(마멘키사우루스), 코네티컷 뉴헤이븐의 예일 피바디 자연사 박물관(아파토사우루스)이 있다.

기라파티탄(=브라키오사우루스) 브란카이와 디크라이오사우루스*Dicraeosaurus*의 거의 완벽한 골격은 베를린의 자연과학 박물관(훔볼트 박물관)에 전시되어 있으며, 시카고에는 기라파티탄의 복제품이 필드 자연사 박물관의 야외 전시장과 오헤어 국제공항에 전시되어 있다. 사우로포세이돈의 척추뼈는 노먼에 위치한 오클라호마 대학의 샘 노블 오클라호마 자연사 박물관에 전시되어 있다. 아르헨티나에서는 복원된 아르겐티노사우루스의 골격을 플라사 우인쿨의 카르멘 푸네스 시립 박물관과 부에노스아이레스의 '베르나르디노 리바다비아' 아르헨티나 자연과학 박물관에서 볼 수 있다. 애틀랜타의 펀뱅크 자연사 박물관에는 복제품 한 점이 전시되어 있다.

18

돌 속의 깃털

최초의 새: 아르카이옵테릭스

만약 반쯤 부화된 병아리가 엉덩뼈에서 발가락까지의 하체 전체가 갑자기 커지고 골화되고 그들처럼 화석화될 수 있다면, 그들은 새에서 파충류로 전이되는 과정의 마지막 단계를 우리에게 제공할 것이다. 그들의 특징 속에는 우리가 그들을 공룡류라고 부르지 못할 만한 것이 아무것도 없기 때문이다.

토머스 헨리 헉슬리, 「공룡 파충류와 조류 사이의 연관성에 관한 후속 증거
Further Evidence of the Affinity Between Dinosaurian Reptiles and Birds」

자연의 예술

300년이 넘는 세월 동안, 독일 동부 아이히슈테트 근처의 졸른호펜 채석장에서는 석공들이 아름답고 세밀하게 층이 진 미색의 석회암 석판을 잘라내고 있었다. 이곳의 훌륭한 석회암은 대단히 입자가 고와서(화석이 보이지 않는 전형적인 석회암), 세계적으로 유명한 석판화용 석판으로 만들어졌다. 이곳의 석판에는 손으로 새긴 세밀한 묘사를 망치는 흠집이나 불순물이나 화

석 조각이 없었다. 많은 위대한 미술 작품이 이 석판에 새겨졌다. 알브레히트 뒤러와 다른 화가들의 유명 작품을 포함해서, 인쇄본이 처음 등장하던 시기에 나온 최초의 석판화들이 인쇄되기도 했다. 완전히 단색이고 무늬나 입자가 없어서 건축 석재로도 인기가 있으며, 심지어 온라인 주문도 가능하다.

19세기 중반이 되자, 졸른호펜의 채석장들은 규모가 아주 커졌다. 수많은 석공은 부서지지 않은 질 좋은 석회암 노두를 찾기 위해서 열심히 일했다. 이런 석회암 노두에서 잘라낸 큼직한 석판들은 석판화를 위한 석판이나 건축 석재가 되었다. 층리면을 따라서 석판을 쪼갤 때, 석공들은 이따금씩 완전히 다른 종류의 예술품을 발견하곤 했다. 그 속에는 수많은 종류의 경골어류와 드물게 발견되는 투구게나 갑각류나 거미불가사리를 포함해서, 온갖 생명체의 화석들이 아름답게 보존되어 있었다. 그뿐이 아니다. 닭만 한 크기의 공룡인 콤프소그나투스*Compsognathus*의 화석도 있었고, 보존이 잘된 최초의 익룡 표본들도 발견되어서 일찍이 1784년에 자연학자들에 의해 기재되었다. 석공들은 일부러 화석을 찾지는 않았지만, 우연히 드러나는 화석은 뼈 빠지게 고생한 모든 노동에 대한 값진 보상이 되었다. 그중에서 아름다운 것들은 취미나 과학적 이유에서 이런 자연물들을 모으던 수집가와 부유한 신사들에게 팔려나갔다.

1860년의 어느 날, 한 석공이 석회암 속에서 놀라운 것을 발견했다. 그것은 뚜렷한 깃털 흔적이었는데, 오늘날 새들의 비대칭적인 날개깃과 매우 흡사했다. 이 표본은 결국 유명 고생물학자인 크리스티안 에리히 헤르만 폰 마이어의 손에 들어갔다. 그는 이미 초기 공룡인 플라테오사우루스(제17장)를 비롯해서, 졸른호펜에서 발견된 공룡과 익룡들 대부분을 기재했다. 이 화석 깃털 하나를 토대로, 폰 마이어는 1860년에 아르카이옵테릭스 리토그라피카*Archaeopteryx lithographica*(석판에 새겨진 오래된 날개)라는 정식 학명을 부여했다.

다윈이 받은 뜻밖의 선물

그로부터 몇 달 후, 독일 랑겐알트하임 근처의 채석장에서 거의 완벽한 골격이 발견되었고(그림 18.1), 카를 해벌라인이라는 한 지역 의사가 진료비 대신 그 화석을 받았다. 이 표본은 머리와 목의 대부분이 사라지고 뼈들이 마구 뒤섞여 있었지만, 공룡과 비슷한 골격 주위에는 깃털의 흔적이 뚜렷하게 남아 있었다. 독일 박물관들이 이 표본을 구매하는 것을 망설이자, 해벌라인은 가장 좋은 조건인 영국 자연사 박물관이 제시한 700파운드를 받아들였다(오늘날의 가치로 환산하면 7만 2000달러이며, 당시로서는 꽤 큰돈이었다)! 그래서 이 표본은 현재의 소재지를 따서 '런던 표본London specimen'이라고 알려지게 되었다. 일단 런던에 있게 되자, 이 화석은 영국의 저명한 해부학자이자 고생물학자인 리처드 오언의 관리를 받게 되었다. 다른 여러 화석을 기재하고, 공룡류라는 명칭을 만들어서 이미 유명해진 오언은 곧바로 이 표본에 대한 대대적인 연구에 들어갔고, 1863년에 그 결과를 발표했다. 불완전한 상태의 표본임에도, 분명 파충류의 뼈라는 사실을 오언은 무시할 수 없었다. 그러나 날개에는 깃털이 뚜렷했다.

이 발견은 또 다른 영국 자연학자인 찰스 다윈에게 뜻밖의 선물이 되었다. 논란을 불러일으키고 있던 다윈의 새 책인『종의 기원』은 불과 2년 전인 1859년에 발표되었다. 다윈은 강력한 사례를 들어서 진화의 실재를 주장했지만, 그의 학설을 뒷받침해줄 훌륭한 전이화석이 없다는 점에서는 양해를 구해야 했다. 때 마침 발견된 아르카이옵테릭스는 그의 사례를 강화해줄 적절한 전이화석이 되어주었고, 다윈은 뛸 듯이 기뻤다. 그는 파충류가 완전히 다른 종류인 조류로 어떻게 진화할 수 있었는지를 이보다 더 완벽하게 보여주는 사례를 생각하기 어려웠다. 다윈은『종의 기원』제4판에서 일부 과학자들이 한동안 주장했던 것을 자신만만하게 이야기했다.

조류 전체는 에오세(오늘날 우리가 추정하는 것처럼 5400만~3400만 년 전)에 갑자기

그림 18.1 아르카이옵테릭스의 '런던 표본'.

> 나타났다. 그러나 이제 우리는 오언 교수의 연구에 준거하여 녹색사암Greensand 상부(현대적인 용어로는 백악기 초기의 후반부인 약 1억 년 전을 뜻하며, 이 표본은 익룡이었다—저자) 퇴적층에 확실히 조류가 살았다는 것을 안다. 게다가 더 최근에는 도마뱀처럼 기다란 꼬리가 달리고, 각각의 관절에는 깃털이 있으며, 날개에는 두 개의 발톱이 있는 아르카이옵테릭스라는 이상한 새가 졸른호펜의 석회암에서 발견되었다. 예전에 이 세상에 살았던 동물들에 관해서 우리가 아직 별로 아는 것이 없다는 사실을 이보다 잘 드러내는 발견을 근래에는 찾기 어렵다.

그러나 오언은 다윈주의진화Darwinian evolution가 아닌 자신의 '변성transmutation' 방식을 믿었다. 1863년에 아르카이옵테릭스의 화석을 기재할 때, 오언은 조류와 파충류 사이에 제시되었던 모든 명확한 연관성을 주도면밀하게 회피하거나 무시했다. 진화론을 성공적으로 방어하여 '다윈의 불도그'라는 별명을 얻은 호전적인 젊은 과학자인 토머스 헨리 헉슬리는 명백한 것을 시인하지 못하는 오언을 비난했다. 헉슬리는 아르카이옵테릭스가 파충류와 조류 사이의 '빠진 연결고리' 역할을 완벽하게 충족할 뿐 아니라, 더 나아가 뼈대의 특성 대부분이 확실하게 공룡의 것이라고 주장했다. 실제로 아르카이옵테릭스 표본 중에는 처음에는 졸른호펜의 작은 공룡인 콤프소그나투스로 오인되었다가, 훗날 예일 대학의 존 오스트롬이 자세히 조사하면서 깃털이 확인된 것도 있었다.

점점 더 많아지는 표본

이 논쟁의 진짜 결정적인 사건은 따로 있었다. 1874년, 야콥 니엠마이어라는 농민은 자신이 살고 있는 독일 블룸베르크 근처에서 알려진 모든 아르카이옵테릭스 표본 중에서 최고의 표본을 발견했다(그림 18.2). 그는 소를 살 돈을 모으기 위해서 여관 주인인 요한 되어에게 이 놀라운 화석을 팔았다. 되어는 이것을 다시 에른스트 오토 해벌라인에게 팔았다. 해벌라인은 12년 전에 최초의 아르카이옵테릭스 화석을 영국 박물관에 팔았던 의사의 아들이었다. 이 표본은 알려진 12점의 표본 중에서 가장 유명하고 가장 많이 촬영되었다. 거의 완벽한 상태인 데다가, 목과 머리를 뒤로 젖힌 채 암석 위에 몸을 활짝 펼치고 있어서 깃털이 모두 드러나 있었기 때문이다. 이 자세는 죽어가는 동물의 전형적인 자세로, 머리와 목을 떠받쳐주는 목 뒤쪽의 인대가 수축할 때 나타난다.

해벌라인이 1877년에 이 놀라운 화석을 팔려고 하자, 여러 기관에서 구매 의사를 밝혔다. 영국뿐 아니라 예일 대학의 고생물학자 오스니엘 C. 마시도 가격을 제시했다. 그러나 독일인들은 최초의 아르카이옵테릭스를 빼앗긴 후, 자신들의 유산이 그렇게 쉽사리 외국인의 손에 들어가는 것을 원치 않았다. 베를린의 자연과학 박물관은 에른스트 베르너 폰 지멘스로부터 자금을 받아서 이 표본을 2만 골드마르크(현재 가치로 약 2만 1000달러)에 구입했다. 그래서 이 표본은 '베를린 표본'으로 알려지게 되었다. 여러 차례에 걸쳐서 연구된 이 표본은 우리가 아르카이옵테릭스에 관해 알고 있는 거의 모든 것의 토대를 형성한다. 이 표본은 대단히 완벽하고 공룡과 새가 뒤섞인 특징을 명확하게 보여주기 때문에, 진화의 '빠진 연결고리'로서 '런던 표본'보다 더 나은 본보기다.

아르카이옵테릭스 화석이 드물기는 하지만(거의 500년 동안 겨우 12점의 표본이 발견되었다), 1877년에 '베를린 표본'이 공식적으로 발표된 이래로 몇 점이 더 나타났다. 최초의 아르카이옵테릭스 표본이 확인되기 전인 1855년에 발견된 (네덜란드 하를렘의 테일러스 박물관에 있는) 한 화석은 원래 익룡의 날개로 오인되었다. 그러나 1970년에 이 화석을 훨씬 더 자세히 살펴본 오스트롬은 이것이 익룡이 아닌 아르카이옵테릭스의 날개뼈라는 것을 알아냈다. 심지어 희미한 깃털 자국까지 있었다. 1951년에 독일 보어커스첼 근처에서 발견되어 (아이히슈테트의 유라 박물관에 소장된) 다른 표본은 크기는 가장 작

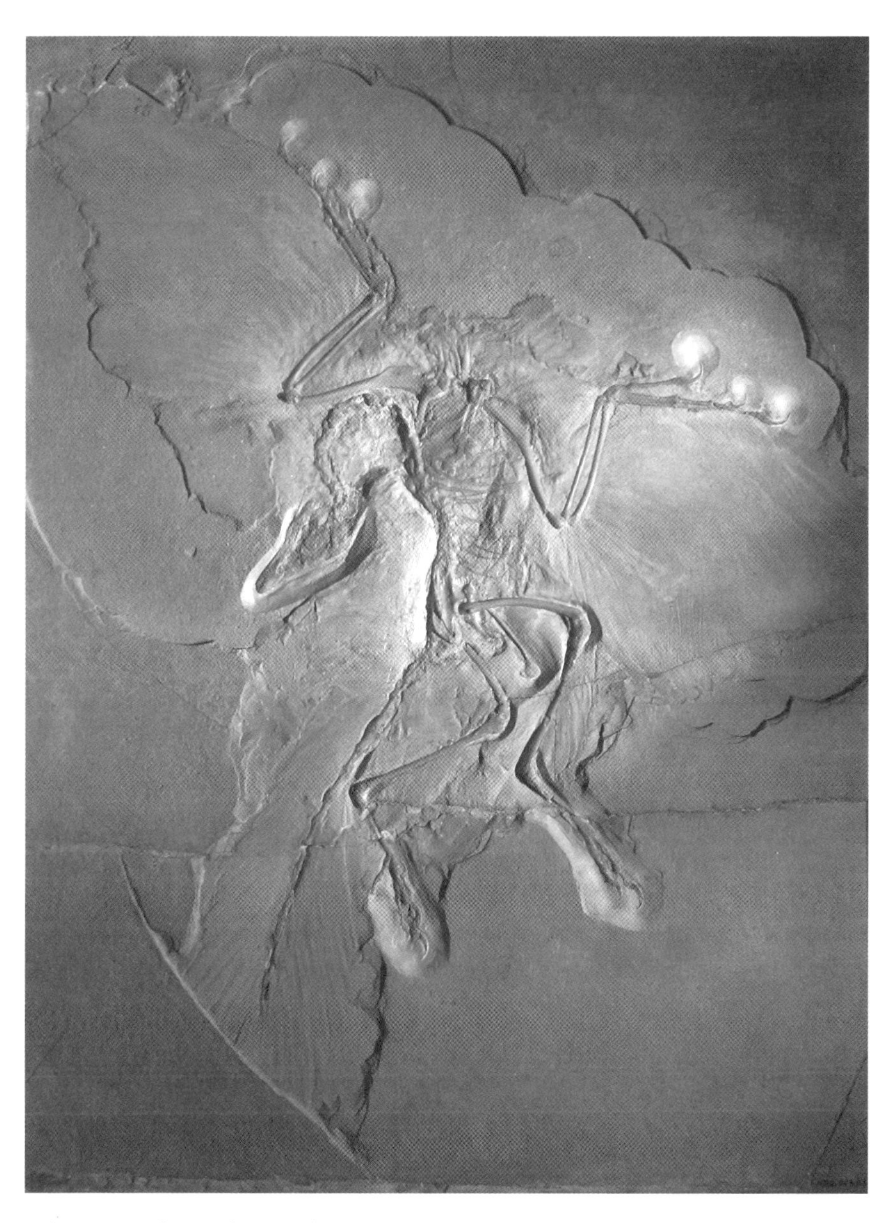

그림 18.2 아르카이옵테릭스의 '베를린 표본'.

지만 가장 완벽한 골격으로 알려져 있다. 1992년에도 또 화석이 발견되었는데, 이 화석은 1999년에 뮌헨 고생물학 박물관에 190만 도이치마르크(현재 가치로 약 130만 달러)에 판매되었다. 이 표본 역시 거의 완벽하지만, 화석화되는 과정에서 반으로 접힌 모양처럼 되었다. 또 다른 표본은 (머리나 꼬리가 보존되지 않은) 토르소torso 상태로 1956년에 랑겐알트하임에서 발견되었고, 몇 년 동안 막스베르크 박물관에 전시되다가 소유주인 에두아르트 오피치가 다시 가져갔다. 이 화석은 그가 죽은 후에는 발견되지 않았으므로 도난당하거나 암시장에 팔렸을 것이다.

다른 두 점의 부분화석은 여전히 개인이 소유하고 있다. '다이티히 표본Daiting specimen'(졸른호펜보다 연대가 약간 짧은 다이티히층에서 나왔다)은 잠깐 동안 전시된 적이 있었다. 졸른호펜에 위치한 부르거마이스터-뮐러 박물관에서는 날개만 있는 또 다른 표본을 한시적으로 대여한 적이 있었다. 그러나 다른 중요한 표본은 오랫동안 개인의 손에 있다가 서모폴리스의 외딴 마을에 있는 와이오밍 공룡 센터라는 작은 박물관에 기증되었다. 이 화석 역시 매우 완벽한데, 발과 머리의 상태는 훌륭하지만 아래턱이나 목은 없다. 마지막으로, 2011년에 열두 번째 표본의 발견이 발표되었다. 그러나 이 표본은 개인이 소장하고 있어서 최근에 겨우 기재되었다.

새? 아니, 공룡인가?

1860년대에 헉슬리가 깨달은 것처럼, 아르카이옵테릭스의 골격은 대부분 공룡과 대단히 비슷하다(그림 18.3). 그래서 어떤 표본은 졸른호펜의 작은 수각류 공룡인 콤프소그나투스로 오인되기도 했다. 대부분의 공룡처럼(그러나 현존하는 조류와는 달리), 아르카이옵테릭스는 뼈가 들어 있는 기다란 꼬리를 갖고 있었다. 또 대단히 구멍이 많고 이빨이 나 있는 두개골, (새가 아닌) 공룡의 척추뼈, 띠 모양의 견갑골, 전형적인 공룡의 것과 훗날 조류의 것 사이

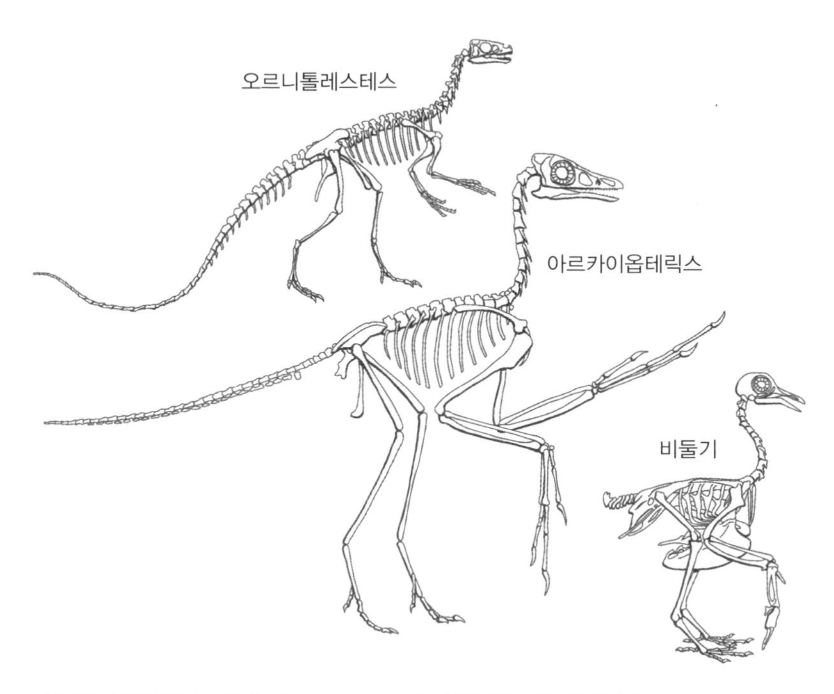

그림 18.3 소형 공룡인 오르니톨레스테스*Ornitholestes*, 아르카이옵테릭스, 비둘기의 골격 비교.

의 중간 형태인 엉덩이뼈, 복늑골(공룡의 배 부위에서 발견되는 갈비뼈), 공룡과 조류처럼 독특하게 분화된 사지를 갖고 있었다. 가장 놀라운 특징은 앞발목에 나타난다. 모든 조류와 드로아이오사우루스 같은 일부 육식 공룡(데이노니쿠스*Deinonychus*와 벨로키랍토르와 그 친척들)은 여러 개의 뼈가 융합된 반달 모양의 앞발목뼈를 갖고 있는데, 이 앞발목뼈는 이들의 독특한 특징이다. 이 뼈는 앞발목의 움직임에서 중요한 관절 역할을 함으로써, 드로마이오사우루스는 앞발목을 뻗거나 잽싸게 아래로 구부려서 먹이를 잡을 수 있었다. 새들이 급강하할 때에도 정확히 같은 운동이 일어난다. 아르카이옵테릭스는 대부분의 다른 공룡처럼 세 개의 앞발가락(엄지·검지·중지)을 갖고 있었고, 그 중에서 검지가 가장 길었다. 게다가 아르카이옵테릭스의 발톱은 육식 공룡의 발톱과 아주 비슷했다.

아르카이옵테릭스의 뒷다리는 전형적인 공룡의 특징도 많이 지니고 있다. 가장 놀라운 특징은 발목에 나타난다. 모든 익룡과 공룡과 조류는 중족골 관절mesotarsal joint이라고 알려진 독특한 배열의 발목을 갖고 있다. 전형적인 척추동물의 관절에서는 정강이뼈(경골)와 발목뼈의 첫 번째 열 사이가 움직이지만(우리 발목도 마찬가지다), 익룡과 공룡과 조류의 관절은 발목뼈의 첫 번째 열과 두 번째 열 사이, 즉 발목뼈 내부에 경첩관절hinge이 발달해 있다. 따라서 많은 조류와 공룡류의 발목뼈 첫 번째 열은 기능이 거의 없고, 사실상 뼈로 된 작은 '모자'처럼 정강이뼈의 끝에 융합되어 있다. 다음에 닭이나 칠면조의 다리(사실 정강이뼈 부위다)를 먹을 때에는 고기가 적은 '손잡이' 부분의 끝을 감싸고 있는 연골을 눈여겨보자. 사실 이 부분은 조류의 조상인 공룡이 남긴 유물이다! 또 발목뼈의 첫 번째 열의 앞부분에는 정강이뼈의 말단과 연결되는 뼈돌기bony spur가 있는데, 이 역시 특정 공룡과 조류에서만 나타나는 독특한 특징이다. 마지막으로, 짧은 엄지발가락과 발가락뼈의 구조와 세세한 특징에서 육식 공룡과 조류에 나타나는 독특한 특징이 있다. 아르카이옵테릭스는 대형 조류처럼 엄지발가락이 다른 발가락과 만날 수 없었다. 발가락이 이런 모양이면 나뭇가지를 움켜쥐거나 어딘가에 올라앉기가 훨씬 수월했을 것이다. 그런데 최근 연구에서 밝혀진 바에 따르면, 아르카이옵테릭스는 〈쥬라기 공원〉에 등장하는 벨로키랍토르처럼 뒷발에 작고 '날카로운 발톱slashing claw'이 있었다.

아르카이옵테릭스가 기본적으로 깃털 공룡이었다는 것을 나타내는 수많은 증거들이 있는데도, 왜 아르카이옵테릭스를 새라고 부르는 것일까? 사실, 아르카이옵테릭스는 다른 포식 공룡에서는 발견되지 않는 독특한 새의 특징을 몇 가지 지니고 있다. 엄지발가락이 거의 완전히 반대 방향을 향하고 있으며, 이빨의 가장자리에는 스테이크 칼에 있는 것과 같은 톱니가 없다. 다른 공룡에 비하면 꼬리는 상대적으로 짧고, 팔은 대부분의 다른 육식 공룡보다 길다. 융합된 쇄골collarbone(차골wishbone)과 깃털을 포함하는 아르카이옵테릭스의 다른 모든 특징들은 이제 다른 공룡들에서도 발견되고 있다. 아르카이옵테릭스의 깃털이 육식 공룡의 깃털보다 더 발달했다고 말하는 사람도 있다. 또 깃촉이 한쪽으로 치우치는 비대칭적인 형태는 아르카이옵테릭스가 오늘날의 새만큼은 아니어도 날 수 있었다는 것을 암시한다.

새, 날아오르다

아르카이옵테릭스는 다윈의『종의 기원』이 발표된 이후에 발견된 최초의 전이화석이고, 일부 공룡이 어떻게 조류로 진화했는지를 밝혔다는 점에서 대단히 획기적인 화석이었다. 그러나 초기 조류의 화석 기록은 폭발적으로 증가하고 있다. 특히 지난 30년 동안 중국에서는 훌륭하게 보존된 다수의 화석 조류가 발견되었다. 그중에서 가장 놀라운 발견은 중국 북동부에 위치한 유명한 랴오닝遼寧 화석층Liaoning fossil bed에서 나왔다. 연대가 백악기 초기인 이곳은 세계에서 가장 중요한 화석 퇴적층의 하나가 되었다. 호수 밑바닥의 섬세한 셰일로 인해서 몸의 외곽선, 깃털, 털가죽을 포함한 화석의 특징들이 특별히 잘 보존되었다. 이와 함께, 골격은 하나의 뼈도 빠짐없이 완벽하게 연결되어 있었고, 심지어 깃털의 색깔과 위 내부의 내용물까지 보존되어 있기도 했다. 지난 10년 동안, 이 퇴적층에서 몇 달에 한 번 꼴로 발표된 굵직굵직한 새로운 발견들은 새와 공룡에 관한 기존의 생각들을 거의 전부 무용지물로 바꿔놓았다. 그 모든 화석 중에서 가장 놀라운 것은 확실히 날지 못하고 잘 발달한 깃털을 갖고 있던 여러 비조류 공룡의 화석일 것이다(그림 18.4). 이런 화석에는 시노사우롭테릭스*Sinosauropteryx*, 프로타르카이옵테릭스*Protarchaeopteryx*, 시노르니토사우루스*Sinornithosaurus*, 카우딥테릭스*Caudipteryx*, 대형 수각류인 베이피아오사우루스*Beipiaosaurus*, 그리고 조그만 미크로랍토르*Microraptor*의 놀라울 정도로 완벽한 표본이 포함된다.

그림 18.4 중국의 랴오닝층에서 나온 깃털이 달린 날지 못하는 비조류 공룡, 시노사우롭테릭스. (A) 화석. (B) 살아 있는 모습을 복원한 그림.

대부분의 이런 공룡은 확실히 날개깃flight feather이 없거나 그들의 깃털이 비행에 이용된 다른 징후가 없다. 오히려 이 화석들은 깃털이 육식 공룡들(대부분의 다른 공룡과 어쩌면 익룡까지도) 사이에 널리 퍼져 있는 특징이었다는 것을 보여준다. 그렇다면 깃털은 비행이 아닌 단열을 위해 진화했다가, 훗날 날기 위한 구조로 변형되었을 가능성이 있다. 2003년, 리처드 프룸과 앨런 브러시는 깃털의 기원을 완전히 다시 생각한 논문을 발표했다. 그들은 깃털이 (한때 생각했던 것처럼) 변형된 비늘이 아니라, 배 발생 시기에 비슷한 원기原基, primordium가 서로 다른 유전자들에 의해 조절되어 발생한다는 것을 밝혀냈다(그림 18.5). 유형 1의 깃털은 단순하다. 속이 빈 뾰족한 깃대shaft로만 이루어진 이 깃털은 원시적인 공룡들, 그리고 트리케라톱스와 그 친척을 포함하는 공룡 무리에서 나타난다. 유형 2의 깃털은 깃판vane이 없는 솜깃털down이다(시노사우롭테릭스 같은 공룡에 나타난다). 유형 3의 깃털은 깃판과 깃대는 있지만, 벨크로처럼 깃가지barb들을 얽어주는 잔깃가지barbule는 없다(유티란누스*Yutyrannus*, 심지어 티라노사우루스 렉스에도 나타난다). 유형 2와 유형 3은 대형 공룡인 베이피아오사우루스*Beipiaosaurus*에서 발견됨으로써, 이런 깃털들이 드로마이오사우루스처럼 가장 발달한 포식 공룡에도 존재했다는 것을 암시한다. 유형 4의 깃털은 깃판을 연속적인 표면으로 연결시켜주는 잔깃가지를 갖고 있지만, 깃대는 깃털의 중앙을 지나간다. 이런 유형의 깃털은 카우딥테릭스에서 나타나는데, 이는 이런 깃털이 타조 공룡ostrich dinosaur, 오비랍토르oviraptor, 드로마이오사우루스 같은 더 발달한 포식 공룡의 특징이었음을 암시한다. 깃대가 전진 방향의 깃판에 가깝게 비대칭을 이루는 전형적인 날개깃은 아르카이옵테릭스에서 나타난다. 이런 이유 때문에 많은 과학자는 아르카이옵테릭스가 깃털이라는 오랜 유산을 진정한 비행을 위해서 변형시킨 최초의 공룡–조류 전이형이었다고 생각한다.

조류의 계통수에서 아르카이옵테릭스를 따라 거슬러 올라가면(그림 18.6), 마다가스카르의 백악기에 살았던 라호나비스*Rahonavis*(그림 18.7A)를 만나

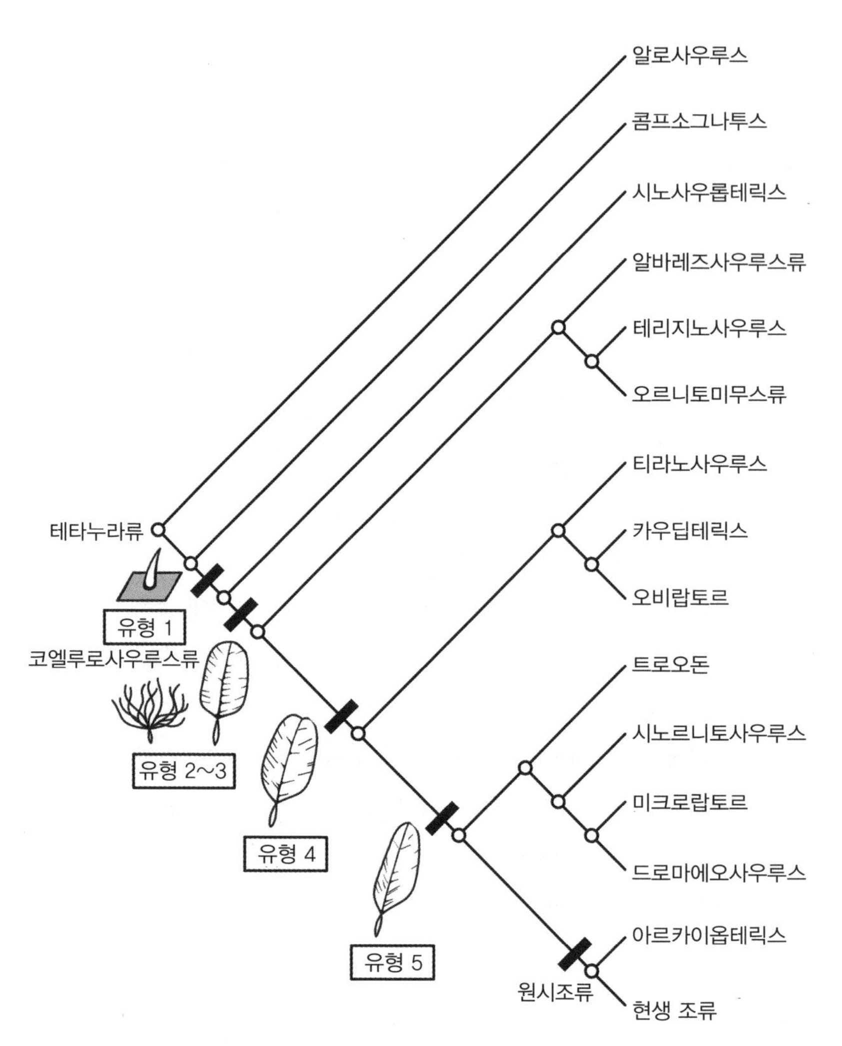

그림 18.5 공룡과 조류의 깃털 진화.

게 된다. 대략 까마귀와 비슷한 크기였던 이 동물은 뒷발에 달린 낫 모양의 원시적인 발톱, 뼈가 들어 있는 꼬리, 이빨과 같은 여러 가지의 공룡 특징을 나타냈다. 그러나 등 아래쪽의 척추뼈와 골반의 융합(복합천골synsacrum), 현생 조류에서 발견되는 기낭과 혈관이 지나가기 위한 척추뼈의 구멍들, 깃털이 있었고 (당연한 이야기지만) 날 수 있었다는 것을 암시하는 깃돌기(날개깃이 부착되는 곳의 뼈 위에 살짝 튀어나온 부분)가 있는 발가락 같은 조류의 특징도 가지고 있었다. 게다가 비골fibula(더 가는 종아리뼈)이 발목에 닿지 않는 것도 조류의 특징이다. 조류에서 비골은 부목처럼 덧대어진 작은 뼈로 퇴화했지만, 아르카이옵테릭스의 비골은 공룡의 비골처럼 완전히 발달해 있었다.

그다음 단계에서는 콘푸키우소르니스*Confuciusornis*와 그 친척들이 나타난다. 이들은 최초의 새답게 이빨 없는 부리를 갖고 있었고, 더 고등한 모든 조류에서 발견되는 독특한 특징인 미단골pygostyle도 갖고 있었다. 미단골은 공룡의 꼬리에 있는 모든 척추뼈가 하나의 '꽁무니parson's nose'로 융

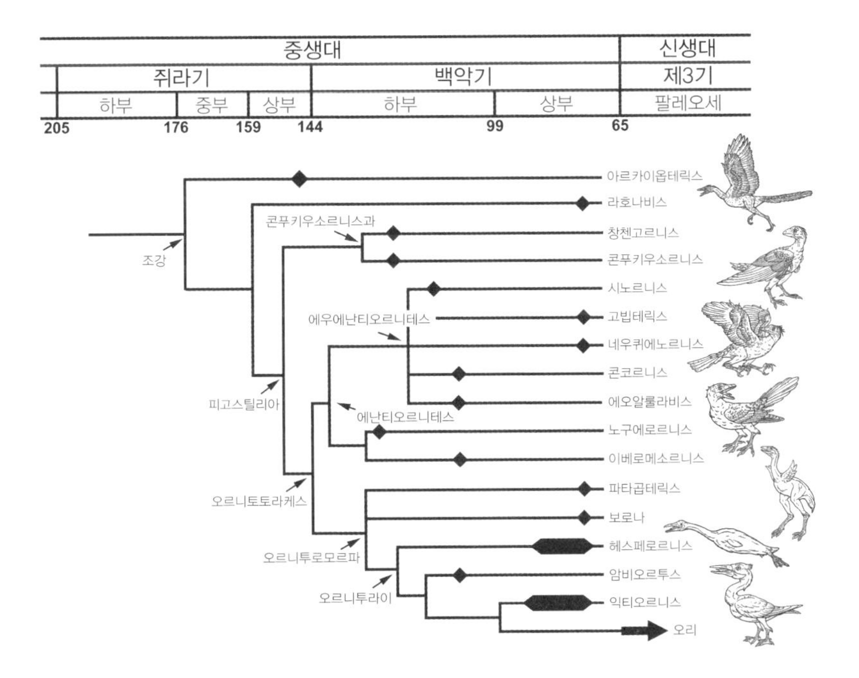

그림 18.6 중생대 조류의 계통수.

합된 뼈다. 이런 더 발달한 새들은 늘어난 허리 아래쪽의 척추뼈가 복합천골로 융합되었고, 더 길어진 뼈들로 어깨를 강화하면서 비행 능력을 개선했다. 최근에 조류의 유전자 중에서 꼬리뼈의 발달을 억제하고 꼬리뼈를 짧게 만드는 유전자가 존재한다는 사실이 밝혀졌고, 발생학 실험들을 통해서 공룡 조상처럼 뼈가 들어 있는 기다란 꼬리를 가진 병아리가 태어나기도 했다.

이런 전이형을 따라가다 보면 에난티오르니테스Enantiornithes, 또는 '반대 방향 새opposite bird(다리뼈의 골화가 오늘날의 새와는 반대 방향으로 일어나고 어깨뼈의 이상한 상태 때문에 이런 이름이 붙었다)'라고 불리는 다른 분기점에 다다른다(그림 18.6을 보라). 여기에 속하는 종류로는 스페인 라스 오야스 지역에서 발견된 백악기의 이베로메소르니스*Iberomesornis*, 중국의 시노르니스*Sinornis*(그림 18.7B), 몽골의 고빕테릭스*Gobipteryx*, 아르헨티나의 에난티오르니스*Enantiornis* 외 다수가 있다. 이 모든 새는 아르카이옵테릭스나 라호나비스나 콘푸키우소르니스보다 더 분화되었다. 이들은 몸통 척추뼈의 수가 감소했고, 차골이라는 유연한 어깨 관절은 비행에 더 유리했고, 손을 이루는 뼈들은 팔목손바닥뼈carpometacarpus라는 하나의 뼈로 융합되었고, 손가락뼈는 거의 하나의 요소(닭날개에서 살이 거의 없어서 먹지 않는 부분)로 융합되었다.

계통수를 따라서 계속 거슬러 올라가면, 몇 종류의 백악기 조류와 만나게 된다. 이를테면 마다가스카르의 보로나*Vorona*, 아르헨티나의 파타곱테릭스*Patagopteryx*, 수생 조류로 유명한 헤스페로르니스*Hesperornis*, 캔자스의 백악층에서 나온 익티오르니스*Ichthyornis* 같은 새들이다. 이 새들에서는 최소 15가지의 명확한 진화적 분화가 공통적으로 나타났다. 이들은 배 갈비뼈(복늑골)를 잃었고, 두덩뼈pubic bone의 위치가 오늘날의 조류처럼 궁둥뼈ischium와 평행하게 재조정되었고, 몸통을 이루는 척추뼈의 수가 감소했다. 그뿐만 아니라 비행 능력의 개선을 위해서 어깨와 손에도 여러 다른 특징이 나타났다. 익티오르니스는 가슴뼈 위에 비행근이 부착되는 용골돌기keel와

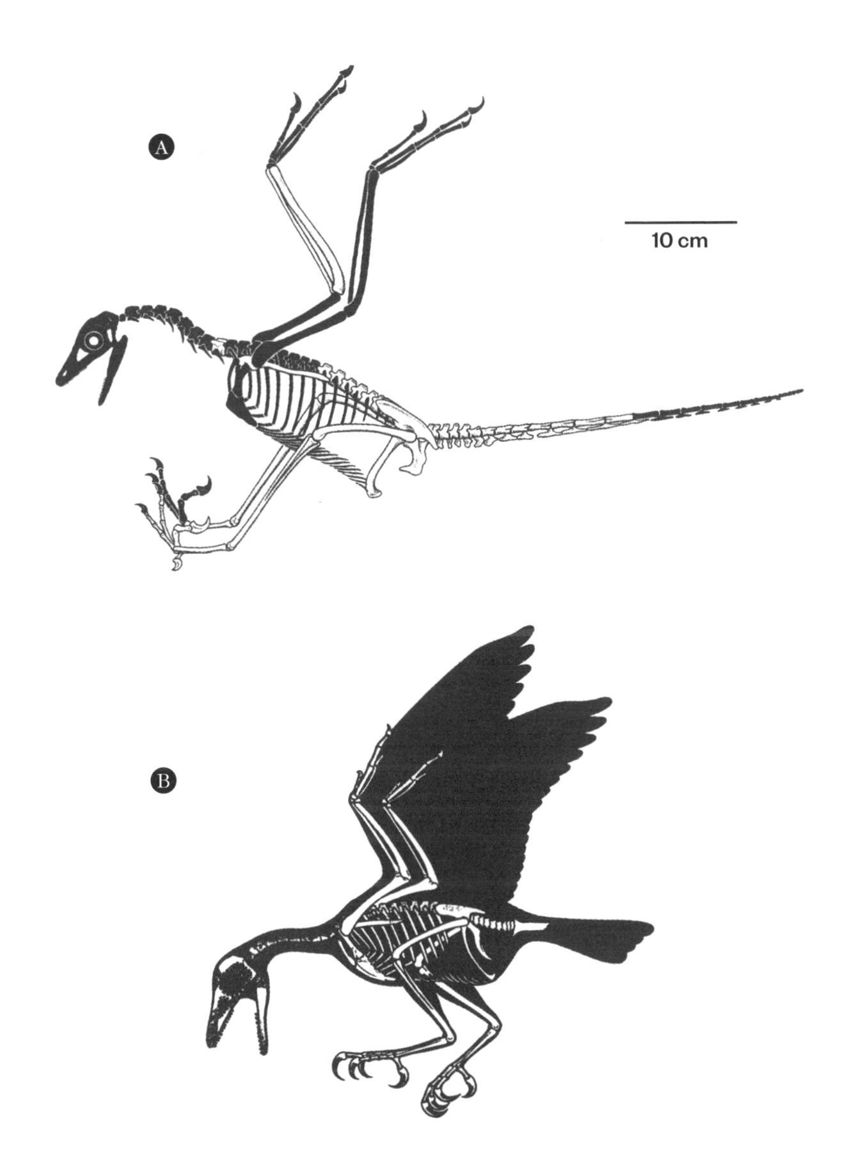

그림 18.7 백악기의 조류. (A) 마다가스카르의 라호나비스. (B) 중국에서 발견된 시노르니스의 복원도.

위팔뼈에서 날개를 더 유연하게 만들어주는 돌기 모양 말단을 가짐으로써 오늘날의 조류와 더 가까워졌다. 마지막으로, 오늘날 조강Aves에 속하는 모든 일원을 포함하는 분류군은 이빨의 완전한 상실과 그 외 여러 해부학적 분화로 정의된다. 다리뼈가 융합되어 형성되는 부척골跗蹠骨, tarsometatarsus도 그런 해부학적 분화의 하나다.

§

우리는 최초의 아르카이옵테릭스 화석이 발견된 이래로 먼 길을 왔다. 아르카이옵테릭스는 처음 발견되었을 당시에 다윈의 진화론을 뒷받침하는 증거로서 중요한 역할을 했다. 그리고 수십 년 동안 조류의 기원과 비행의 기원에 관한 모든 논쟁의 중심에 있었다. 이제 아르카이옵테릭스는 공룡 시대에서 나온 수백 점의 놀라운 화석 조류 표본 중 하나일 뿐이다. 이 표본들은 공룡, 특히 조류에 관한 우리의 생각을 완전히 바꿔놓았다. 공룡은 멸종하지 않았다. 공룡은 바로 지금 당신의 새장 속 횃대에 앉아 있거나 당신의 마당 위를 날아다니고 있다. 그러니 다음에 깃털 달린 공룡이 날아오르는 것을 보면, 벨로키랍토르 같은 무시무시한 포식자가 타조에서 벌새에 이르는 놀랍도록 다양한 새들로 변모한 진화의 경이로움을 음미해보자. 모든 새는 살아 있는 깃털 달린 공룡이다.

가볼 만한 곳

졸른호펜의 원래 채석장은 거의 다 사유지다. 따라서 소유주의 허락 없이는 화석을 채집할 수 없다. 거의 500년 동안 아르카이옵테릭스는 딱 12점만 발견되었기 때문에, 새로운 아르카이옵테릭스 화석이 발견될 확률은 극히 낮다.

아르카이옵테릭스의 원본 표본은 대부분 대단히 가치가 높고 일부는 아직도 개인 소유이기 때문에, 대중에게 전시되지 않고 있다. 한때 막스베르크 박물관에서 볼 수 있었던 화석은 이제는 사라졌다. '다이티히 표본'은 전시되지 않고 있으며, 최근에 들어서야 기재되었고, 개인이 소유하고 있다. 정밀한 복제품이 여러 자연사 박물관에 전시되어 있으며 상업적으로 구할 수도 있다. 뉴욕의 미국 자연사 박물관 같은 여러 박물관에서는 '베를린 표본'과 '런던 표본'뿐 아니라 공개적으로 구할 수 있는 대부분의 아르카이옵테릭스 화석의 복제품이 전시되어 있다.

다음은 내가 알고 있는 한, 전시되어 있는 아르카이옵테릭스 원본 화석이다.

런던 자연사 박물관의 '런던 표본' (그림 18.1을 보라)
베를린 자연사 박물관(훔볼트 박물관)의 '베를린 표본' (그림 18.2를 보라)
서모폴리스의 와이오밍 공룡 센터의 '서모폴리스 표본'
뮌헨의 뮌헨 고생물학 박물관의 부분 표본
독일 아이히슈테트의 유라 박물관에 있는 거의 완전한 표본
독일 졸른호펜의 브루거마이스터-뮐러 박물관에 있는 날개 표본
네덜란드 하를렘의 테일러스 박물관에 있는 날개 표본

19

딱히 포유류는 아닌

포유류의 기원: 트리낙소돈

척추동물 내의 중요한 구조적 단계 사이에 나타나는 모든 큰 전이 중에서, 최초의 양막류羊膜類, amniote에서 최초의 포유류까지의 전이는 가장 완벽하고 연속적인 화석 기록을 보여준다. 이 화석 기록은 펜실베이니아기 중기에서 트라이아스기 후기까지, 약 7500만~1억 년 동안 이어진다.

제임스 홉슨James Hopson, 「단궁류 진화와 비非진수류 포유류의 방산 Synapsid Evolution and the Radiation of Non-eutherian Mammals」

원시 포유류

화석 기록에서 전이가 가장 완벽하고 가장 잘 기록된 사례 중 하나는 최초의 양막류에서 포유류로 진화하는 과정을 보여주는 일련의 장면이다(그림 19.1). 말 그대로 수백 점의 멋진 표본에 거의 모든 단계가 기록되어 있다. 이 모든 화석 '원시 포유류proto-mammal'의 정확한 이름은 단궁강Synapsida이다. 단궁강은 포유류의 조상뿐만 아니라 포유류 자체도 포함하는 무리다. 고생물

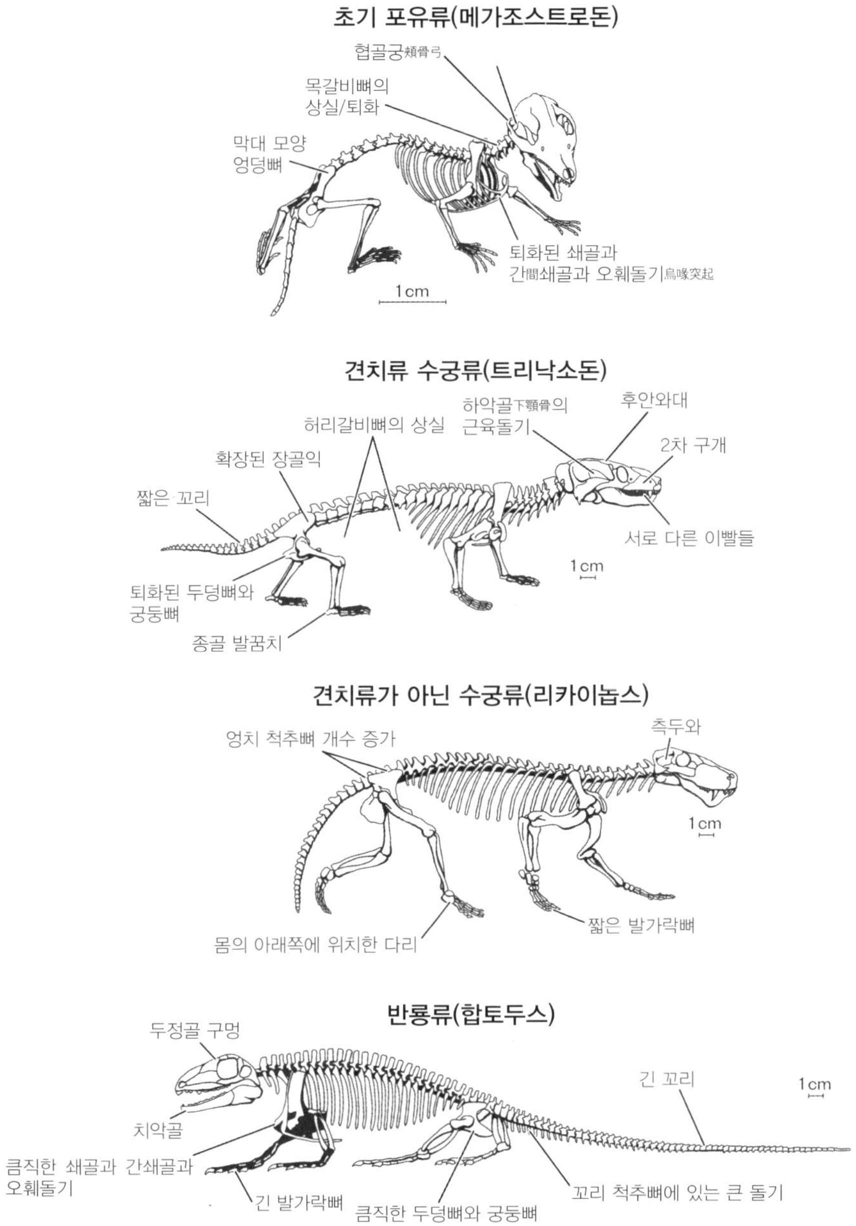

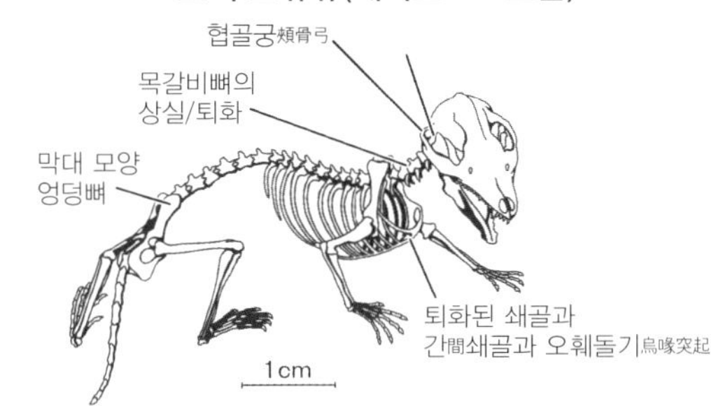

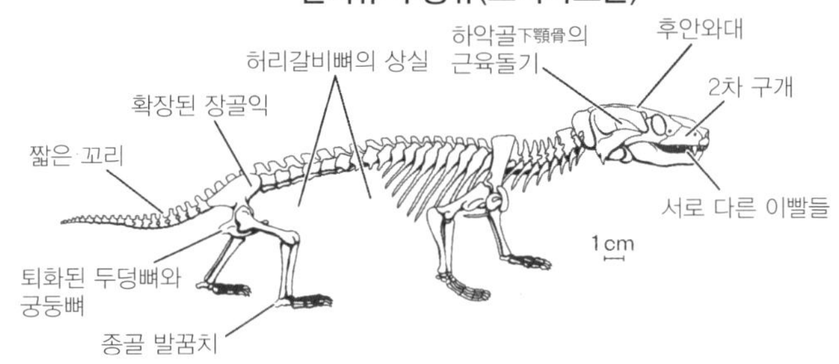

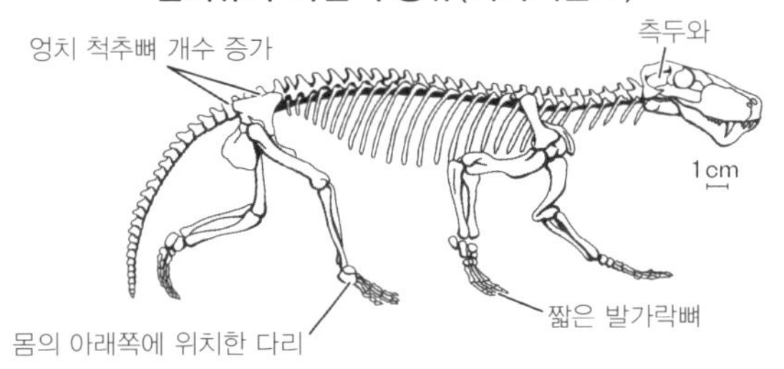

반룡류(합토두스)

두정골 구멍

긴 꼬리

1cm

치악골

큼직한 쇄골과 간쇄골과
오훼돌기

긴 발가락뼈

큼직한 두덩뼈와 궁둥뼈

꼬리 척추뼈에 있는 큰 돌기

그림 19.1 단궁류 골격의 진화. 합토두스*Haptodus* 같은 원시 '반룡류pelycosaurs'에서, 리카이놉스*Lycaenops* 같은 견치류가 아닌 수궁류獸弓類, therapsid와 트리낙소돈*Thrinaxodon* 같은 견치류를 거쳐 메가조스트로돈 *Megazostrodon* 같은 진정한 포유류에 이른다.

학자들은 "포유류 같은 파충류mammal-like reptiles"라는 진부한 표현을 더 이상 쓰지 않는다. 그 이유는 포유류 계통(석탄기 후기에 나온 아르카이오티리스*Archaeothyris*와 프로토클렙시드롭스*Protoclepsydrops*가 대표적이다)이 파충류 계통(거북·뱀·도마뱀·악어, 그 밖의 친척들로 정의된다)의 초기 일원들과 같은 시기에 기원했고, 동시에 진화했기 때문이다. 어느 시대에도 파충강Reptilia에는 포유류의 초기 조상이 없었다. 안타깝게도, 사람들은 경력 초기에 배웠던 진부한 용어를 버리기 어려운 탓에, "포유류 같은 파충류"라는 잘못된 표현이 지금도 책과 다큐멘터리에 널리 등장하고 있는 것이다.

최초의 유명한 단궁강 동물은 텍사스 북부에 위치한 페름기 초기의 붉은 지층에서 발견되었다. 이곳은 '개구롱뇽'을 비롯해서, 다른 많은 중요한 화석이 발견된 곳이다(제11장). 단궁류 중에서 가장 놀라운 동물은 거대한 포식자인 디메트로돈*Dimetrodon*(그림 19.2. 그림 19.1을 보라)과 초식동물인 에다포사우루스와 같은, 등에 돛이 있는 동물이다. 이 동물들은 어린이 공룡책과 플라스틱 공룡 장난감 세트 같은 상품에 자주 포함되지만, 공룡과는 전혀 관계가 없는 **우리** 쪽 조상이다! (안타깝게도 대중의 상당수는 한 동물이 멸종하면 그것이 공룡이었다고 생각한다. 대부분의 선사시대 동물 관련 상품에는 공룡이 아닌데도 공룡으로 표기된 동물이 많이 포함되어 있다. 이런 동물로는 매머드와 검치호랑이sabertooth, 익티오사우루스와 플레시오사우루스, 하늘을 나는 파충류인 익룡이 있다.) 선사시대에 살았던 멸종동물이라고 해서 그 동물이 공룡이 되는 것은 아니다. 공룡이 되기 위해서는 특별한 해부학적 특징들을 갖추고 있어야만 한다. 골반강hip socket을 관통하는 구멍이 있어야 하며, 세 개의 발가락(엄지·검지·중지)만 움직이고 약지와 소지는 퇴화한 독특한 앞발을 가지고 있어야 하며, 발목 중간에 관절이 있어야 하며, 그 밖의 다른 특징들이 필요하다.

디메트로돈은 페름기 초기 텍사스의 최상위 포식자였다. 이 지층에서 가장 흔한 화석 중 하나이기 때문에, 거의 완벽한 골격이 여러 개 알려져 있고, 두개골과 부분적인 골격도 수십 개가 알려져 있다(그림 19.2A). 큰 개체는 길

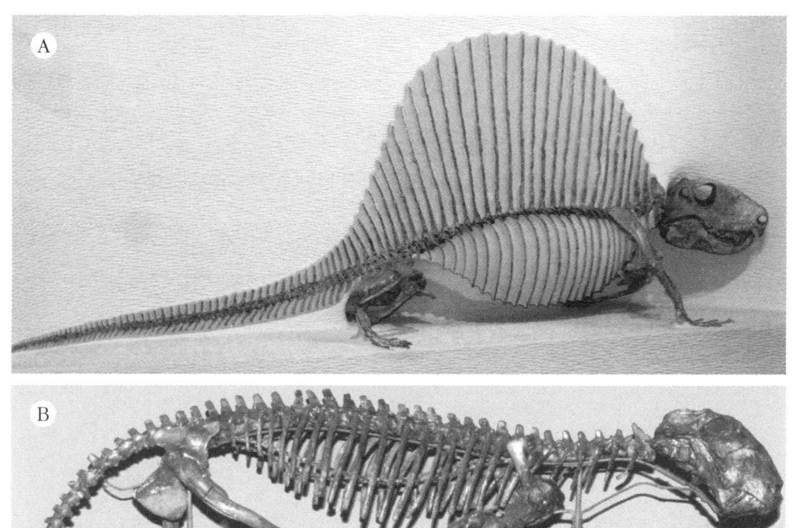

그림 19.2 전형적인 단궁류의 골격. (A) 등에 돛이 달려 있는 '반룡류'인 디메트로돈. (B) 늑대처럼 생긴 고르고놉스류 gorgonopsia인 리카이놉스.

이가 1.7~4.6미터였으며, 지면에서부터의 높이가 1.7미터에 이르는 돛이 달려 있었고, 무게는 250킬로그램이 넘었다. 디메트로돈의 두개골은 좁고 납작했으며, 둥그스름하고 강력한 턱에는 원뿔 모양의 뾰족한 이빨들이 무시무시하게 돋아 있었다. 턱의 앞쪽에 있던 커다란 송곳니에서부터, 입의 옆면을 따라서 안쪽으로 들어갈수록 점점 작아지는 더 단순한 원통형 이빨에 이르기까지, 이들은 다양한 크기의 이빨을 갖고 있었다. 실제로 이런 이빨의 특징 때문에 에드워드 드링커 코프는 1878년에 이들의 속명을 디메트로돈(두 가지 크기의 이빨)이라고 명명했다. 특별한 이빨을 제외하고 이들의 두개골에 나타나는 유일한 포유류 특징은 머리의 측면 아래쪽에 있는 구멍(측두창側頭

窓, temporal fenestra)이다. 이 하부 측두창은 단궁강을 정의하는 중요한 특징 중 하나이며, 모든 포유류에서 변형되어 나타난다. 이것은 더 강력한 턱 근육을 위한 부착 부위로 작용했을 것으로 추측되며, 후기 단궁류에서 매우 중요한 특징인 씹는 동안 불룩해지는 근육을 만들어주었을 것이다.

디메트로돈(그리고 같은 층에서 나온 초식동물인 에다포사우루스)의 놀라운 돛은 오랫동안 논란의 대상이었다. 이 돛의 기능에 대해 수많은 가설이 나왔지만, 일부 고생물학자들은 이 돛이 변온동물인 디메트로돈의 몸을 식히거나 덥히는 장치였다고 생각한다. 돛이 태양과 직각을 이루도록 몸을 돌리면 열의 흡수가 빨라지고, 돛이 태양과 나란히 서도록 몸을 돌리면 열이 방출된다는 것이다. 그러나 당시 대부분의 다른 단궁류에는 체온 조절을 위한 돛이 없었기 때문에, 단순히 과시를 위한 것이었다고 주장하는 고생물학자들도 있다. 오늘날 영양과 사슴의 뿔처럼, 같은 종끼리는 서로를 알아보고 다른 동물에게는 덩치와 힘을 알리는 용도였다는 것이다.

위대한 카루

남아프리카의 중심에는 카루라고 하는 거대한 사막지대가 있다. 대부분의 사막과 마찬가지로, 이곳에도 더위와 추위, 가뭄과 홍수가 모두 나타난다. 연간 강우량은 평균적으로 250밀리미터 미만이며, 대부분 짧은 우기 동안 엄청난 폭우가 쏟아진다. 케이프타운에서 북쪽으로 향하던 남아프리카의 정착민들은 거대한 장벽과도 같은 이곳을 지나야만 풀숲이 우거진 남아프리카 북부의 하이펠트에 이를 수 있었다. 카루의 식생은 주로 유포르비아 euphorbia 같은 다육식물로 구성된다. 이와 함께, 짧은 기간 동안 생활사를 끝내는 사막 식물들과 다른 많은 종류의 식물이 홍수와 가뭄, 극단적인 기온 변화에 적응해서 살고 있다. 카루에는 이런 조건에서도 살아갈 수 있는 동물들이 어슬렁거리고 있는데, 여러 종류의 영양(특히 남아프리카의 상징인 스프링복springbok), 누wildebeest, 타조, 드물게 코끼리, 코뿔소, 하마가 포함되며, 예전에는 줄무늬가 절반만 있는 특별한 얼룩말인 콰가quagga(현재는 멸종)도 있었다. 사자, 표범, 자칼, 하이에나와 다른 육식동물은 이런 동물들을 먹이로 삼았다. 그러나 관개 시설이 들어오면서 방목된 소와 양 같은 가축들이 이곳의 부족한 먹이를 독차지하게 되자, 그나마 있던 야생동물들도 거의 사라지다시피 했다.

카루는 생명의 역사에 관한 연구에서도 중요한 곳이다. 카루 초층군Karoo Supergroup의 지층은 드위카 층군Dwyka Group으로 시작한다. 석탄기 상부(3억 1000만 년 전) 지층인 드위카 층군은 곤드와나 대륙의 가장 초기 빙하 퇴적층의 일부를 포함한다. 그 위로 에카 층군Ecca Group과 보퍼트 층군Beaufort Group의 두터운 페름기(3억~2억 5000만 년 전) 지층이 연속적으로 이어지는데, 당시는 지구상에서 가장 거대한 멸종이 일어난 시기였다(2억 5000만 년 전). 그리고 보퍼트 층군은 트라이아스 초기(2억 5000만~2억 년 전)에 종말을 맞는다. 페름기-트라이아스기에 걸친 이 붉은 지층 위에는 트라이아스기가 좀 더 무르익은 시기의 암석인 스톰버그 층군Stormberg Group이 놓여 있고, 마지막으로 쥐라기에 드라켄즈버그 화산에서 분출된 용암류가 지나간다(약 1억 8000만 년 전). 페름기 후기와 트라이아스기의 중요한 화석이 대단히 풍부한 보퍼트 층군은 이 기간 동안 육상의 시대를 알려주는 토대가 된다. 특히 보퍼트 층군에서는 중요한 단궁류 화석들이 나왔고, 포유류 진화의 다음 단계를 보여주는 다른 페름기 후기 동물들의 화석도 발견되었다. 어떤 곳에서는 엄청난 양의 두개골과 각종 뼈들이 땅 위에서 풍화되고 있어서, 고생물학자들은 가장 덜 파손되고 덜 풍화된 두개골만 선별해서 가져와야 할 정도다.

이 놀라운 화석들은 앤드루 게디스 베인이라는 스코틀랜드 사람이 1838년에 포트 보퍼트 근처의 길이 끝나는 곳에서 처음으로 발견했다. 일부 초기 화석은 대영박물관으로 보내졌고, 그곳에서 선구적인 고생물학자인 리처드 오언 경이 그 화석들을 기재했다. 19세기 후반이 되자, 점점 더 많은 화석이 영국으로 들어왔고 그 화석들은 로버트 브룸이라는 또 다른 스코틀랜드인의 관심을 끌었다. 브룸은 이 화석들이 파충류가 아니라 포유류와 연관이 있는 단궁류라는 사실을 무려 1897년에 일찌감치 깨달았다.

글래스고 대학에서 의학과 해부학을 공부한 브룸은 1903년에 남아프리카로 이주했고, 그곳에서 의사로 일하면서 취미로 화석을 수집하기 시작했다. 얼마 지나지 않아서, 그는 페름기 후기의 단궁류 표본 수백 점과 함께 페름기 후기의 특이한 파충류와 거대한 양서류를 수집하고 기재하기에 이르렀다. 그는 케이프타운에 위치한 남아프리카 박물관의 척추동물 고생물학 학예사가 되었지만 박봉 때문에 생활고를 겪고 있었다. 브룸의 친구인 레이먼드 다트(제25장)는 남아프리카공화국의 수상이었던 얀 스뮈츠에게 브룸의 딱한 상황을 설명하는 편지를 보냈다. 그 덕분에 브룸은 1934년에 프리토리아의 트란스발 박물관에 취직을 하게 되었다. 그곳에서 그의 관심사는 남아프리카 북부의 빙하기 동굴로 바뀌었고, 그는 오스트랄로피테쿠스 아프리카누스*Australopithecus africanus*와 파란트로푸스 로부스투스*Paranthropus robustus*의 표본 대부분을 포함한 초기 인류 화석의 발견으로 유명인사가 되었다. 1946년에는 미국 과학 아카데미에서 수여하는 대니얼 지로 엘리엇 메달을 받았고, 말년(그는 84세까지 살았다)에는 단궁류 고생물학과 고인류학에 대한 선구적인 기여를 인정받았다.

고르곤의 얼굴, 무시무시한 머리, 두 배로 큰 송곳니

페름기 후기의 붉은 지층에서 엄청나게 다양한 단궁류가 나옴으로써, 이 무리가 약 3000만 년에 걸쳐 진화했다는 것이 증명되었다. 이 지층에서는 텍사스의 페름기 초기 지층에서 가장 유명한 디메트로돈 같은 돛이 있는 예전 단궁류는 자취를 감췄다(그림 19.2A를 보라). 그 대신 더 진화되고 포유류와 비슷한 여러 가지 유형의 단궁류가 나왔는데, 이들을 한데 몰아넣은 잡동사니 분류군을 수궁목Therapsida(그림 19.3)이라고 한다. 이들 중에는 최초의 육상 초식동물도 있었다. 여기에 포함되는 동물로는 이빨이 없는 부리와 커다란 송곳니를 가진 땅딸막한 동물인 디키노돈류dicynodont(그리스어로 '두 배로 큰 송곳니'라는 뜻)가 있었다. 디키노돈류는 길이가 3.5미터에 달했고, 무게가 1톤이 넘었다. 또 다른 초식동물 디노케팔리아dinocephalia(그리스어로 '무시무시한 머리'라는 뜻)는 두껍게 강화된 두개골 위로 울퉁불퉁한 돌기들과 공성퇴 모양의 뼈가 솟아 있었다. 디노케팔리아에 속하는 어떤 동물은 길이 4.5미터, 무게 2톤이 넘었다.

이런 초식동물들은 비아르모수키아biarmosuchia, 테로케팔리아thero-cephalia, 바우리아모르프bauriamorph 같은 온갖 종류의 무시무시한 육식 수궁류에 잡아먹혔다. 가장 인상적인 육식 수궁류는 섬뜩한 고르고놉스류gorgonopsia(그리스어로 '고르곤의 모습')였다. 이들은 날카로운 송곳니가 달린 거대한 두개골과 씹기 좋은 강력한 턱 근육과 탄탄한 몸을 지녔다. 가장 큰 것은 크기가 곰보다 더 컸는데, 45센티미터 길이의 두개골과 길이 12센티미터가 넘는 날카로운 송곳니를 지녔고, 악어처럼 길게 뻗은 몸의 길이는 3.5미터가 넘었다.

페름기 후기에 진화하는 동안 내내, 이런 수궁류에서는 점점 더 포유류 같은 특징들이 나타났다. 디메트로돈의 두개골 양 옆에 있는 작은 구멍은 눈 뒤쪽으로 크게 확장된 아치가 되었고, 이 아치 안에 강력한 턱 근육이 가득 차게 됨으로써 깨무는 힘은 물론 씹는 힘까지도 강력해질 수 있었다. 원래의 파충류 구개palate를 덮기 시작한 2차 구개secondary palate는 점점 더 커져서 비강으로 가는 통로를 막았다(혀로 입천장 위를 훑다보면 느낄 수 있다). 2차 구개 덕분에 수궁류는 입 안에 한가득 먹이를 씹으면서, 빠른 물질대사를 위한 필수 조건인 호흡도 동시에 할 수 있었다. 이와 대조적으로, 먹이를 삼키는 동안 숨을 참아야만 하는 (뱀이나 도마뱀 같은) 전형적인 파충류는 물

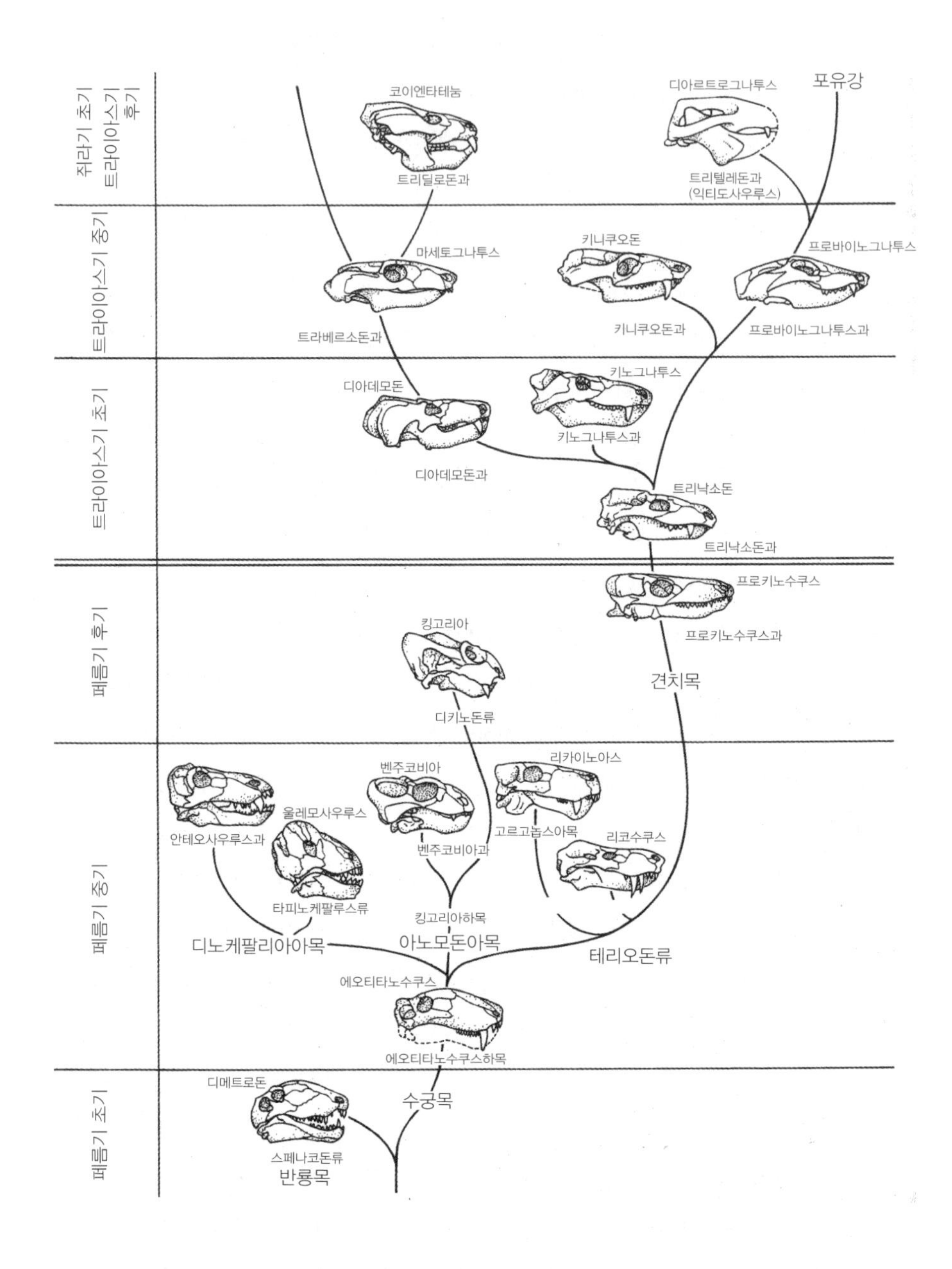

그림 19.3 원시적인 반룡류에서부터 수궁류와 견치류를 거쳐 포유류에 이르는 단궁류 두개골의 진화적 방산.

질대사가 느리다.

수궁류는 두개골 뒤쪽으로 목과 연결되는 척추뼈 바로 아래에 하나의 구관절ball joint을 갖고 있는 대신, 이중 구관절이 있어서 목 근육이 훨씬 강하고 유연했다. 또 수궁류는 골격에도 많은 변형이 나타남으로써(그림 19.1), 초기 단궁류보다 겉모습이 포유류와 더 비슷해졌다. 더 이상 악어처럼 배가 땅에 닿도록 다리를 벌리지 않았고, 거의 똑바로 선 자세에 가깝게 다리를 조금만 벌려서 몸을 지탱했다.

놀라운 턱뼈

그러나 가장 놀라운 변형은 턱과 귀 부분에서 일어났다. 디메트로돈 같은 원시적인 단궁류의 턱뼈는 기본적으로 이빨이 박혀 있는 뼈인 치악골齒顎骨, dentary과 이빨이 없는 한 무리의 다른 뼈들로 구성된다(그림 19.4). 턱 뒤쪽에 있는 이 뼈들에는 각골角骨, angular bone, 각하골角下骨, surangular bone, 관절골articular bone, 구상골鉤狀骨, coronoid 외 여러 뼈가 포함된다. 그중에서도 두개골의 방형골方形骨, quadrate bone과 맞물려서 턱관절을 형성하는 관절골은 특히 중요한 뼈다. 그러나 이런 모든 추가적인 뼈들이 맞물리면서 뒤쪽의 봉합선suture이 생긴 턱은 하나의 뼈일 때보다 더 약하고 복잡한 기관이 되었고, 수궁류에서 복잡한 씹기가 진화할 때 약점이 되었다. 그래서 수궁류가 씹기와 다른 복잡한 턱 운동을 위해서 점점 더 분화하는 동안, 치악골은 안쪽까지 확장되었고 치악골이 아닌 뼈들은 턱의 뒤쪽에 몰리게 되었다. 이 뼈들은 점점 더 작아지다가 결국에는 기능이 거의 사라졌다.

예외는 관절골이었다. 여전히 두개골의 방형골에 부착되어 있었고 턱관절 역할을 하고 있었다. 결국 확장된 치악골은 측두린側頭鱗, squamosal이라는 두개골의 다른 뼈와 만났고, 새로운 턱관절이 탄생했다. 디아르트로그나투스*Diarthrognathus*(그리스어로 '이중 턱관절') 같은 일부 단궁류에서는 치

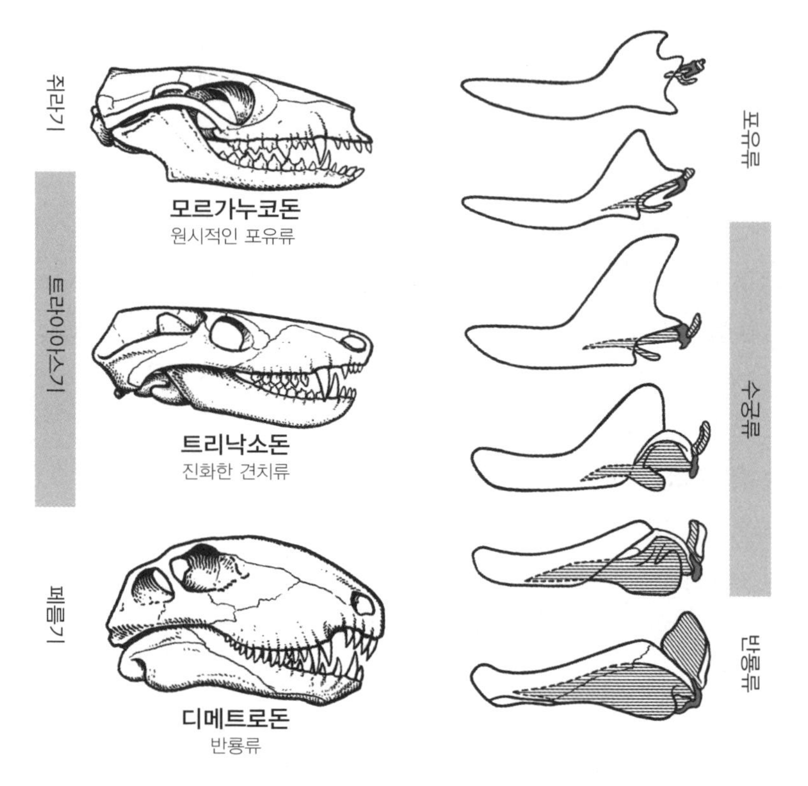

그림 19.4 단궁류가 진화하는 동안 일어난 턱뼈의 점진적 변형. 치악골이 아닌 턱 구성 요소(어두운 부분)는 축소된 반면, 치악골(밝은 부분)은 턱 뒤쪽까지 확장되면서 치악골이 아닌 부분을 밀어냈다. 포유류에서는 치악골이 아닌 턱 성분이 거의 다 사라지고 각골만 남았다. 각골은 두개골의 방형골과 함께 중이middle ear의 뼈가 된다.

골/측두린 턱관절과 방형골/관절골 턱관절이 **모두** 나란히 작동했다. 그래서 이 동물들은 글자 그대로 양쪽으로 이중의 턱관절이 있었다.

마침내 치골/측두린 턱관절로 완전히 바뀌었을 때에는 무슨 일이 일어났을까? 방형골/골절골 턱관절은 사라졌을까? 그렇지 않았다. 오히려 진화의 기회주의가 놀라운 솜씨를 부려서, 중이의 뼈로 바뀌었다! 방형골은 '모루뼈anvil'라고도 불리는 침골incus이 되고, 관절골은 추골malleus 또는 '망치뼈hammer'라고 불리는 뼈가 되었다. 이 둘을 포함하는 '모루뼈, 망치뼈, 등

자뼈stirrup'는 고막의 진동을 내이로 전달한다. 믿기 힘든 소리 같지만, 화석을 통해서 증명된 사실이다. 많은 파충류가 땅의 진동을 턱으로 감지해서 소리를 듣고, 방형골/관절골 관절이 귀 뼈와 턱관절의 역할을 둘 다 하기 때문에, 이는 상당히 일리가 있다.

이것이 아직 믿기 어렵다고 해도, 이런 현상은 우리 일생 동안 우리와 다른 모든 포유류에서 벌어져 왔다. 우리가 배 발생 초기 단계에 있었을 때, 배 상태인 우리의 턱 연골 속에는 연골 상태인 방형골과 관절골의 전구체가 있었다. 배 발생이 진행되는 동안, 이 연골 전구체는 마치 단궁류의 진화 역사를 재현하듯이 중이 속으로 들어갔다.

트리낙소돈의 진화

이후 페름기가 끝날 무렵(약 2억 5000만 년 전)에 일어난 가장 거대한 멸종 사건으로 곤충을 포함한 육상동물의 약 70퍼센트, 해양 동물의 95퍼센트가 절멸했다. 페름기 대멸종(더글러스 어윈의 말을 빌리면 "모든 대멸종의 어머니")의 원인은 복합적이지만, 시베리아 북부 지역의 대부분을 뒤덮은 거대한 용암류에서부터 시작된 것은 분명하다. 용암은 엄청난 양의 온실기체(특히 이산화탄소)를 대기와 바다 속에 뿜어냈다. 지구는 '초온실' 행성이 되었고, 바다는 이산화탄소의 과포화로 대단히 뜨거워지고 산성을 띠게 되었다. 그로 인해서 바다 속에 살고 있던 거의 모든 것이 죽어나갔다. 대기는 산소 농도가 너무 낮았고 이산화탄소 농도가 너무 높았다. 따라서 일정 크기 이상의 육상동물은 거의 모두 사라졌고, 크기가 작은 단궁류, 파충류, 양서류, 그 외 다른 육상동물의 일부 계통만 페름기 최후기의 지옥 같았던 지구에서 살아남아서 트라이아스기 초기의 새로운 세계를 맞이했다.

페름기 후기의 수궁류가 대멸종으로 거의 사라진 후, 수궁류의 세 번째 거대한 진화적 방산이 다시 시작되었다. 이번에는 포유류와 훨씬 비슷한 견치류cynodont(그리스어로 '개의 이빨이 있는'이라는 뜻)라는 무리의 방산이 일어났다(그림 19.3을 보라). 곰만 한 크기의 키노그나투스*Cynognathus*(개의 턱)는 몸길이가 1~2미터였고 머리 길이가 60센티미터를 넘었지만, 미국너구리 raccoon나 족제비만 한 크기의 더 작은 종도 있었다. 대부분의 견치류는 더 진화된 자세를 취하고 있었는데, 네 다리가 완전히 몸 아래에 위치해서 더 빠르게 달릴 수 있었다(그림 19.1을 보라). 치악골을 제외한 견치류의 턱뼈는 아주 작았고, 턱 안쪽의 맞물리는 곳 근처에 부목처럼 덧대어지는 뼈로 퇴화되었다. 이들의 2차 구개는 오늘날 포유류의 구개처럼 목구멍 안쪽까지 이어져 있었고, 여러 다른 지표들도 이들이 활동적이고 물질대사가 활발했다는 것을 나타냈다. 견치류의 어금니는 원시적인 단궁류의 단순한 원뿔형 이빨이 아니라 윗면에 여러 개의 교두cusp가 있었는데, 이것은 이들이 파충류처럼 음식을 통째로 삼키지 않고 복잡한 씹는 동작을 할 수 있었음을 암시한다.

원시적인 양막류가 포유류로 전이되는 과정은 단궁강 내의 풍부한 전이화석으로 증명되었다. 전이화석들이 너무 많아서 가장 결정적인 '빠진 연결고리'라고 부를 만한 하나의 특별한 화석을 고르는 것이 불가능할 정도다. 굳이 하나를 꼽아야 한다면, 트리낙소돈이 가장 좋다(그림 19.5, 그림 19.1을 보라). 트리낙소돈은 페름기 초기에 살았던 등에 돛이 있는 종류와 페름기 중기에서 후기까지 카루에 살았던 수궁류(그림 19.4를 보라)에 이어서, 단궁류에서 견치류 방산의 시작을 대표하는 동물이다. 트리낙소돈은 최초의 견치류 중 하나였고, 단궁류에서 포유류로 나아가는 마지막 단계의 여러 진화된 특징들을 보여준 첫 번째 화석이었다. 이들은 남아메리카에 위치한 보퍼트 층군

그림 19.5 ▶
트라이아스기 초기에 살았던 트리낙소돈은 족제비처럼 생긴 진화된 견치류였다. 이들은 털과 횡격막과 씹을 수 있는 이빨을 포함해서, 포유류와 비슷한 특징을 다양하게 지니고 있었다. (A) 성장기 트리낙소돈의 두개골. 트리낙소돈이라는 이름의 유래가 된 세 개의 교두가 있는 어금니가 뚜렷하게 보인다. (B) 서로 엉킨 채 굴에 파묻혀 있는 두 개체. (C) 살아 있는 모습을 복원한 그림.

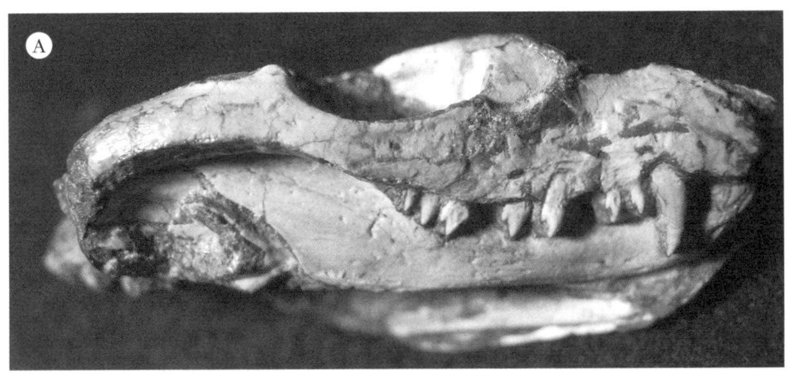
A

B

C

의 트라이아스기 초기(2억 5000만~2억 4500만 년 전) 지층에서 꽤 자주 발견되는 편이다. 그래서 완벽에 가까운 표본들을 많이 얻을 수 있었고, 대부분의 다른 단궁류보다 해부학적 특징과 행동들이 더 잘 알려져 있다.

트리낙소돈은 두 종이 있는데, 둘 다 크기와 형태가 족제비와 비슷했다. 주둥이는 좁고 길쭉했고, 다리가 짧아서 몸통이 지면과 가까이 붙어 있었다. 길이는 30~50센티미터였다. 트리낙소돈의 치악골은 거의 턱 전체를 차지한다. 따라서 치악골이 아닌 턱뼈는 아주 작았지만, 아직은 파충류의 방형골/관절골 턱관절(그림 19.4를 보라)을 가지고 있었다. 트리낙소돈은 완전한 2차 구개를 갖고 있어서, 먹으면서 동시에 숨을 쉴 수 있었다. 또 (굴속이나 어둠 속에서 무언가를 볼 수 있는) 큰 눈과 비교적 큰 머리를 갖고 있었다. 트리낙소돈은 그 후손들과 마찬가지로, 턱 안쪽에 있는 이빨은 톱니 같은 단순한 형태가 아니라 복잡한 교두가 있는 제대로 된 어금니의 형태를 하고 있었다. 사실 트리낙소돈이라는 이름은 그리스어로 '삼지창 이빨'이라는 뜻인데, 세 개의 교두가 있는 이들의 어금니를 가리키는 것이다(그림 19.5A를 보라). 머리 위와 측면의 근육을 위한 관자놀이 구멍은 유별나게 커서 턱의 복잡한 씹는 운동을 가능하게 해주었다. 그러나 대부분의 포유류와 달리, 트리낙소돈은 관자놀이 구멍과 눈구멍을 분리하는 막대 모양의 뼈를 여전히 갖고 있었다.

주둥이 양 옆으로 뼈에 나 있는 작은 구멍들은 이들에게 수염이 있었다는 것을 암시한다. 만약 트리낙소돈의 주둥이에 수염이 있었다면, 몸 전체에 털이 있었을 가능성이 크다. 털은 일반적으로 화석화가 되지 않기 때문에, 어쩌면 이것이 포유류 계통에서 최초의 털의 증거일지도 모른다.

비록 짧기는 했지만 트리낙소돈의 다리는 몸통 아래에 위치하고 있었고 다리를 반쯤 벌린 자세를 취하고 있었다(그림 19.1을 보라). 트리낙소돈은 더 발달한 견치류와 포유류처럼, 어깨뼈가 발달했고 엉덩이뼈(특히 다리 근육이 고정되고 엉덩이를 척추에 부착시키는 부분인 장골익腸骨翼, iliac blade)가 넓었다. 갈비뼈는 허파 주위의 가슴 부분에만 있었고 포유류처럼 허리 쪽의 갈비뼈는 모두 사라졌다. 그 덕분에 트리낙소돈은 등을 활짝 젖히고, 좁은 공간에서 몸을 돌리고, 몸을 단단히 웅크리는 동작을 할 수 있었다(그림 19.5B를 보라). 더욱 흥미로운 점은 트리낙소돈의 가슴 부위를 둘러싼 넓은 갈비뼈다. 이런 갈비뼈는 흉곽을 꽤 단단하고 움직일 수 없는 상태로 만든다. 그래서 대부분의 파충류에서 일어나는 호흡 방식인 갈비뼈의 도움을 받는 호흡(원시적인 수궁류도 이런 방식의 호흡을 했을 것이다)이 방해를 받았을 것이다. 흉곽으로 호흡을 할 수 없었던 트리낙소돈은 대신 흉강과 복강 사이에 근육질의 격벽이 있었을 것이다. 횡격막이라고 하는 이 격벽은 공기가 폐로 들락날락하는 작용에 도움을 준다. 횡격막은 모든 포유류에서 발견된다. 복잡한 형태의 어금니, 콧수염, 횡격막 같은 이 모든 단서는 트리낙소돈이 포유류와 대단히 비슷했다는 것을 암시한다. 아마도 트리낙소돈은 털로 덮여 있었고, 대사율이 높았고, 정온동물의 생리학적 특징을 지니고 있었을 것이다.

게다가 완벽하게 연결된 트리낙소돈 표본 여러 개가 얕은 굴로 보이는 곳에서 발견되었다(그림 19.5B를 보라). 때로는 둘 이상의 개체가 하나의 굴 안에 갇혀 있었고, 트리낙소돈 한 마리의 화석과 브로미스테가*Broomistega*라는 양서류 한 마리의 화석이 같은 굴에서 발견되기도 했다. 이 양서류가 트리낙소돈의 먹이였는지, 두 마리 모두 갑작스러운 홍수를 피할 곳을 찾다가 굴로 들어가 파묻혔는지, 다른 이유가 있었는지 우리는 모르지만, 이 두 마리의 조합은 기이하다.

트리낙소돈은 파충류의 특징을 갖고 있는 가장 원시적인 단궁류와 포유류에 가까운 특징을 갖고 있는 더 진화된 견치류 사이의 완벽한 전이화석이다. 작은 몸집, 온몸을 뒤덮는 털, 복잡한 형태의 이빨과 씹는 능력은 포유류와 대단히 비슷한 특징이었지만, 파충류의 턱뼈와 턱관절, 파충류의 어깨뼈, 그 외 다른 원시적인 특징들도 여전히 지니고 있었다. 이들은 페름기 대멸종의 여파가 남아 있던 혹독한 트라이아스기의 세계를 피해서 굴속 생활을 했다. 당시의 대기는 산소 농도가 낮았고, 오존층이 얇았으며, 이산화탄소 농도가 높았다. 굴은 몸집이 훨씬 큰 포식자들을 피하기 위한 은신처도 되었을 것이다. 이런 굴속 생활은 (더 커진 눈과 함께) 트리낙소돈이 주로 밤에 사냥을 했을 것이라는 점을 암시한다. 크기로 볼 때 트리낙소돈의 먹이는 작은 파충류나 곤충이나 다른 절지동물이었을 것으로 추측되는데, 이런 동물들은 그들을 잡아먹는 동물들이 대체로 없는 세상에서 활개를 쳤을 것이다.

트리낙소돈은 트라이아스기 중기에 사라졌지만, 더 발달한 견치류 후손이 다음 세상을 이어받았다. 이들은 다른 동물군(특히 악어의 원시 친척과 최초의 공룡)이 등장하기 시작했음에도 트라이아스기를 계속해서 지배했다. 트라이아스기가 끝나갈 무렵이 되자, 견치류는 사라져가고 있었고 의문의 여지가 없는 확실한 포유류(치악골/측두린 턱관절과 복잡한 어금니를 지닌다)가 등장했다(그림 19.1과 19.3). 이들은 겨우 쥐만 한 크기의 동물이었지만, 거대한 공룡이 지배하던 세상에서 살았다. 그 이후의 1억 2000만 년 동안(포유류 역사의 3분의 2에 해당하는 기간), 이 중생대의 포유류는 (쥐만 한 크기의) 작은 동물로 남아 있으면서 복잡한 이빨과 다른 특징들을 진화시켰다. 이들은 공룡을 피해서 덤불 속에 몸을 숨겼고 공룡이 잠드는 밤에 주로 돌아다녔다. 그러다가 6500만 년 전, 비조류 공룡은 사라졌고 포유류는 지구를 차지했다.

가볼 만한 곳

많은 대형 박물관이 디메트로돈과 텍사스의 페름기 초기 붉은 지층에서 나온 여러 다른 단궁류를 전시하고 있다. 이런 박물관으로는 뉴욕의 미국 자연사 박물관, 덴버 자연과학 박물관, 시카고의 필드 자연사 박물관, 매사추세츠 케임브리지에 위치한 하버드 대학교의 비교동물학 박물관, 노먼에 위치한 오클라호마 대학의 샘 노블 오클라호마 자연사 박물관이 있다.

페름기 후기와 트라이아스기 초기의 단궁류 대부분은 발견된 곳에서 가까운 곳에 있는 남아프리카와 러시아의 박물관에 전시되어 있지만, 미국 자연사 박물관에도 이들의 화석이 있다.

20

물속으로 걸어 들어간 동물

고래의 기원: 암불로케투스

이런 교조주의자들은 번드레한 말로 흰 것을 검은 것으로, 검은 것을 흰 것으로 만들 수 있다. 그들은 결코 아무것도 확신하지 않겠지만, 암불로케투스는 그들이 이론상 불가능하다고 단언했던 바로 그 동물이다. … 나는 대중에게 과학을 보여주기에 이보다 더 나은 이야기를 상상할 수 없다. 아니, 끈질긴 창조론자들의 반대에 대해 이보다 더 만족스러우면서도 지식에 기반한 정치적 승리를 상상할 수 없다.

스티븐 제이 굴드, 「과거를 미끼로 레비아탄 낚기Hooking Leviathan by Its Past」

이야기 속의 고래

수천 년 동안 사람들이 경탄해온 가장 놀라운 바다 생물은 고래와 돌고래와 그 친척들이다. 고대 지중해 지역 사람들은 돌고래가 자신의 배 옆에서 헤엄을 치면 좋은 일이 생긴다고 믿었고, 고래와 요나의 이야기는 사람들이 좋아하는 성경 속 이야기 중 하나다. 당시의 사람들 대부분은 고래를 물고기의 한 종류로 여겼고, 그래서 고대인들은 고래와 돌고래를 물고기로 분류했다.

이런 현상은 그리스 철학자인 아리스토텔레스의 생물학 문헌에서 특히 두드러진다. 아리스토텔레스의 사상은 거의 1000년 동안 기독교 교리의 일부로 확고하게 자리를 잡았다. 오늘날에도 많은 사람들이 **아직까지도** 고래와 돌고래를 물고기로 알고 있다. 여러 전통 문화 공동체의 구성원들은 고래를 사냥한다. 그들에게 고래는 대양으로부터 얻는 또 다른 식량원일 뿐이다. 그러나 고래는 큰 뇌를 갖고 있으며 복잡한 사회를 형성하고 온갖 종류의 감정을 느끼는, 어쩌면 인간만큼 영리할지도 모르는 포유류다.

고래가 물고기가 아니라는 것을 가장 먼저 깨달은 사람은 다름 아닌 현대적인 생물분류학의 창시자인 스웨덴의 자연사학자 칼 폰 린네다. 그가 살았던 시대에는 모든 과학자가 라틴어를 썼기 때문에 그 역시 카롤루스 린나이우스라는 라틴어 이름으로 더 잘 알려져 있다. 린네는 1750년대에 자신의 분류법을 발표하면서, 고래가 아가미가 아닌 폐로 공기를 호흡하고, 온혈동물이고, 물고기와는 다른 여러 해부학적 특징을 지니고 있다는 점을 정확하게 지적했다.

19세기까지도 대다수의 사람들은 여전히 고래를 물고기로 취급했지만, 자연철학자들 사이에서는 린네의 관점이 널리 받아들여졌다. 올리버 골드스미스는 『지구와 생물계의 역사A History of the Earth and Animated Nature』(1825)에 다음과 같이 썼다.

> 육지에서와 마찬가지로 동물들 사이에는 어떤 위계질서가 있다. 이 질서는 더 대단한 능력과 더 다양한 본능으로 다른 동물을 지휘하기 위해서 형성된 것처럼 보인다. 그래서 대양에는 다른 물고기보다 더 숭고한 계획하에 만들어진 것처럼 보이는 물고기가 있고, 물고기를 닮은 그들의 형태에는 네발짐승의 구조와 성향이 결합되어 있다. 이들은 모두 고래 종류다. 고래는 성향과 본능 면에서 깊은 물속에 사는 다른 물고기들보다 훨씬 우위에 있기 때문에, 오늘날 대부분의 우리 자연학자들은 이들을 지느러미 종족finny tribe에 넣지 않는 편이다. 그리고 우리는

고래를 물고기가 아니라 바다의 거대한 동물이라고 부를 것이다. 이런 것들을 고려하면, 사람들이 그린란드로 고래를 낚으러 간다는 이야기는 사냥꾼이 블랙월로 고등어를 사냥하러 간다는 말처럼 적절치 않다.

"거대한 바다뱀"

상태가 좋은 고래 화석들은 19세기 초반에 처음 발견되었지만, 애석하게도 이 화석들은 자격을 갖춘 과학자에 의해 연구되지 못하고 장사꾼들에게 잘못 이용되었다. 이런 흥행사와 사기꾼들 중에서 가장 유명한 사람은 앨버트 코흐 '박사'였다. 피니어스 테일러 바넘보다 몇 단계 덜 정직한 협잡꾼이었던 코흐는 항상 자연사 표본에 관한 이상한 주장으로 돈을 벌려고 했다. 그의 대표적인 흥행작은 '히드라코스Hydrarchos' 또는 '거대한 바다뱀Great Sea Serpent'이라고 불리던 엄청난 크기의 골격이었다(그림 20.1). 1845년에 필라델피아에서 전시되었던 이 골격은 장안의 화제였다. 길이가 35미터에 달했고, 앞쪽에 거대한 지느러미발이 달려 있었다. 두개골의 기다란 주둥이에는 커다란 삼각형 이빨이 나 있었다. 이 골격을 보기 위해서 엄청난 인파가 모여들었다. 그러나 코흐는 흥행사로서는 뛰어났지만 과학자는 아니었다. 그는 앨라배마, 미시시피, 아칸소에 있는 에오세 중기(5000만~3700만 년 전) 암석에서 발견된 원시적인 고래 표본 몇 개를 농민들로부터 사들였다. 고대고래archaeocete라고 알려진 이런 표본들은 대단히 흔해서, 앨라배마의 어떤 곳에서는 농민들이 이런 화석들로 돌담을 쌓을 정도였다. 코흐는 최소 세 개체의 고래 뼈를 조잡하게 끼워 맞춰서 길이와 크기를 크게 부풀린 가짜 표본을 만들었다. (그는 이런 눈속임을 즐겨 사용했다. 이 사건이 있기 전에는 서로 다른 표본의 뼈들을 조합해서 터무니없이 큰 마스토돈 골격을 만들고, '거대한 미소우리움Great Missourium'이라고 불렀다.)

코흐는 자신의 '바다뱀'을 가지고 유럽을 순회했고, 그의 전시장은 '성경

그림 20.1 1840년대에 유럽과 북아메리카 전역에서 순회 전시된 앨버트 코흐의 '히드라코스'. 사실 더 커보이는 '거대한 바다뱀'을 만들기 위해서 최소 세 개체의 고대고래 화석을 조합한 것이다.

속 베헤모스behemoth'를 보려고 몰려든 사람들로 인산인해를 이뤘다. 코흐는 과학자들이 언론을 통해서 그의 표본이 가짜라고 말하기 시작하자 런던과 베를린을 떠났다. 그 후 코흐와 그의 '히드라코스'는 드레스덴, 브로츠와프, 프라하, 빈을 방문했다. 프로이센의 국왕이었던 프리드리히 빌헬름 4세는 대단히 큰 감명을 받아서, 1847년에 코흐에게 연간 1000제국탈러imperial thaler의 연금을 주었다. 과학자들은 그 골격이 가짜라고 맹렬히 비난했지만, 고령의 국왕은 막무가내였다. 기디언 맨텔(최초로 명명된 공룡인 이구아노돈을 발견한 사람)은 이 사기극을 폭로하고, 사람들에게 이 악독한 사기꾼에 관해서 경고했다. 뉴욕에서는 해부학자 제프리 와이머가 '거대한 바다뱀'은 파충류가 아니며, 하나의 동물에서 나온 뼈도 아니라는 사실을 분명히 밝혔다. 코흐는 궁여지책으로 과학 전문가들의 이야기가 아직 전해지지 않은 한적한 시골로 들어갈 수밖에 없었다. 결국 그는 이 거대한 애물단지를 시카고의 커널 우드 박물관에 팔아넘겼다. 그 골격은 계속 그곳에 보관되다가, 오리어리O'Leary 부인의 암소 때문에 발생했다고 전해지는 1871년의 시카고 대화재 때 사라졌다.

코흐의 가짜 골격 사건도 있었지만, 다른 고래 화석들은 진정한 자연학자들 손에 들어갔다. 1834년, 해부학자인 리처드 할런은 몇 개의 거대한 뼈에 바실로사우루스*Basilosaurus*(황제 도마뱀)라는 이름을 붙였다. 할런은 이 뼈들 역시 당시에 막 발견되고 있던, 오늘날 우리가 공룡이라고 부르는 거대 도마뱀들의 것이라고 생각했다. 그러나 1839년, 영국의 위대한 해부학자 리처드 오언 경은 바실로사우루스의 표본을 보고 공룡이나 파충류가 아니라 거대한 고래라는 것을 알아챘다. 그는 오해의 소지가 있는 '바실로사우루스'라는 이름 대신 제우글로돈*Zeuglodon*으로 화석의 이름을 바꾸려고 했지만, 한 발 늦어버렸다. 명명법에 의하면, 오해의 소지가 있더라도 최초로 붙여진 이름이 정당한 이름이다. 즉, 파충류가 아닌 포유류라고 해도 이 고래의 올바른 이름은 바실로사우루스로 남게 된다는 뜻이다.

더 훌륭한 표본이 발견되면서, 바실로사우루스가 고대고래라는 사실이 뚜렷해졌다(그림 20.2). 코흐의 과장된 가짜 표본만큼 길지는 않았지만, 이 거대한 고대고래는 길이가 약 24미터였고 무게 5400킬로그램이었다. 이들은 길쭉한 주둥이에 물고기를 잡기 위한 삼각형의 이빨이 나 있는 오늘날의 일부 고래와 닮았지만, 어떤 현생 고래보다도 훨씬 원시적이었다. 이를테면, (오늘날의 모든 고래와 달리) 머리 위쪽에 숨구멍blowhole이 없었고 주둥이 끝에 콧구멍이 있었다. 고대고래는 귀도 대단히 원시적이었는데 오늘날의 고래처럼 물속에서 반향만으로 몸의 위치나 자세를 능동적으로 정하도록 적응된 특별한 귀뼈들이 없었다.

고대고래의 앞다리와 앞발가락은 노 모양으로 변형되었지만, 미국에서 발굴된 불완전한 화석에서 뒷다리는 발견되지 않았다. 그러다가 1990년에

그림 20.2 바실로사우루스의 골격.

뼈들이 온전하게 연결되어 있고 뒷다리가 제자리에 있는 고대고래의 골격이 이집트에서 발견되었다. 길이 24미터가 넘는 이 고래의 뒷다리는 인간의 팔과 비슷한 크기였다. 따라서 이 고래의 뒷다리는 (아직까지는 몸 뒤쪽에 있는 근육과 연결이 되어 있기는 했지만) 뒷다리로서의 기능을 더 이상 하지 못했다. 고래는 더 이상 걷기에 자신들의 다리를 사용하지 않았기 때문에, 그 다리는 고래가 아직 네 다리로 걷던 시절의 흔적이다. 박물관에 전시되어 있는 오늘날 고래의 골격을 볼 기회가 있다면, 등뼈 바로 아래와 흉곽의 끄트머리 뒤에 있는 엉덩이 부분을 살펴보자. 표본이 온전하고 올바르게 세워져 있다면, 기능을 잃고 몸속 깊숙이 파묻혀 있는 엉덩이뼈와 넓적다리뼈의 흔적을 볼 수 있을 것이다. 고래가 네발로 걸어다니던 육상동물의 후손이라는 사실을 이보다 완벽하게 증명해주는 것은 없다. 그런데 그 조상은 어떤 육상동물이었을까?

진화와 고래

1859년에 찰스 다윈의 『종의 기원』이 발표되자, 고래가 포유류라는 사실은 한층 더 흥미로운 중요성을 띠게 되었다. 고래는 물로 돌아간 육상 포유류의 후손이어야 했다. 다윈은 『종의 기원』의 초판에서 이런 전이가 어떻게 일어났을지에 관한 추측을 내놓았다. 그는 작은 물고기와 수중의 다른 먹이를 잡기 위해 입을 벌리고 헤엄을 치는 아메리카흑곰black bear의 이야기를 강조했다. 다윈은 이렇게 썼다. "나는 곰이라는 종류가 자연선택에 의해 변화하는 과정을 어렵지 않게 상상할 수 있다. 입이 점점 커지고 점점 더 수생 동물의 구조와 습성을 갖게 되다가, 마침내 고래와 같은 거대한 동물이 만들어지는 것이다." 안타깝게도 이 발상은 다윈의 평론가들에게 별로 주목을 받지 못했고, 다윈은 이후의 개정판에는 이 생각을 싣지 않았다.

고래의 기원에 관한 의문은 1세기 넘게 어정쩡한 상태에 머물러 있었다. 여러 화석 수집품 속에는 거대한 고대고래의 화석들이 많았지만, 부분적으로만 수생 동물인 더 원시적인 고래의 화석이나 완전히 육상동물이지만 고래와 비슷한 특징이 있는 포유류 화석은 거의 없었다. 1966년, 시카고 대학의 고생물학자인 리 반 베일런은 수십 년 동안 방치돼온 이 문제의 답을 내놓았다. 그의 지적에 따르면, 고대고래의 두개골에는 삼각날 모양의 크고 뭉툭한 이빨이 있었고 이 이빨은 메소닉스류mesonychid라고 알려진 대형 육식 발굽 포유류 무리에서 발견되는 이빨과 매우 비슷했다. 메소닉스류는 발굽동물이었지만, 육식성이거나 잡식성이었고 곰과 늑대를 섞어놓은 것처럼 생겼다. 메소닉스류의 두개골 중에는 고대고래의 것처럼 거대하고 주둥이가 길쭉한 두개골이 많았으며, 고래와 유사한 다른 특징들도 곧 알려지기 시작했다. 메소닉스류가 고래의 조상이라는 생각은 수십 년이 지나는 동안 점점 더 널리 받아들여졌고, 로버트 쇼크와 내가 발굽 포유류에 관한 책을 썼을 때에도 여전히 받아들여지고 있었다.

한편, 더 원시적인 화석 고래의 탐색은 1970년대와 1980년대에 본격적으로 시작되었다. 당시 파키스탄은 미국의 방위산업체에서 군사 장비를 구입하면서 미국에 수백만 달러의 빚을 지고 있던 상황이었다. 파키스탄이 이 빚을 청산하고 싶어 하면서, 미국은 여러 재단을 통해서 파키스탄에서 고생물학 연구를 위한 기금의 허가를 비교적 쉽게 얻을 수 있었다. 게다가 고생물학자들은 인도 북서부 지역(지금의 파키스탄)에서 1920년대에 가이 필그림이 중요한 초기 고래 화석(주로 고대고래)을 처음 발견하고, 그 뒤를 이어서 1970년대 초반에 아쇽 사니와 다른 이들도 화석을 발견했다는 것을 알고 있었다. 이런 점에 이끌려서 파키스탄을 찾은 미시건 대학의 필립 깅그리치와 노스웨스트 오하이오 의과대학의 한스 테비슨을 위시한 많은 고생물학자들은 고대고래가 발굴된 것보다 더 오래된 해안 근처나 얕은 바다에서 퇴적된 암석을 탐구했다.

아니나 다를까 운 좋게 파키스탄에서 연구를 할 수 있는 넉넉한 자금이 생긴 고생물학자들은 육상 포유류에서 고래가 실제로 진화한 장소와 시대를 찾아내기에 이르렀다. 고래는 에오세 초기(5500만~4800만 년 전)에 테티스해라고 알려진 얕은 열대 바다에서 진화했다. 초대륙인 판게아와 지중해 서부에서 인도네시아까지 뻗어 있던 초대양인 판탈라사해Panthalassa가 있던 시절의 유물인 테티스해는 아프리카가 북상하면서 지중해가 막힐 때에 둘로 갈라졌고, 에오세 중기에 인도가 아시아 중심부와 충돌할 때 나머지 부분도 반으로 갈라졌다. 그러나 테티스해가 사라지기 전까지, 테티스해의 해안은 물로 되돌아가던 초기 고래뿐 아니라 최초의 매너티 친척들과 그 외 (마스토돈, 원숭이, 유인원, 바위너구리hyrax 같은) 여러 독특한 포유류의 보금자리였다.

고래의 진화에서 중요한 최초의 전이화석은 깅그리치와 그의 동료들이 1983년에 보고한 파키케투스*Pakicetus*였다(그림 20.3). 파키케투스의 골격은 대체로 늑대와 비슷해서 네 개의 긴 다리로 걸었고, 톱니 같은 커다란 삼각형 이빨이 나 있는 두개골은 고대고래의 것과 비슷했다. 파키케투스의 뇌는 작고 원시적이었으며, 귀에는 물속에서 소리를 듣거나 희미한 수중 반향파

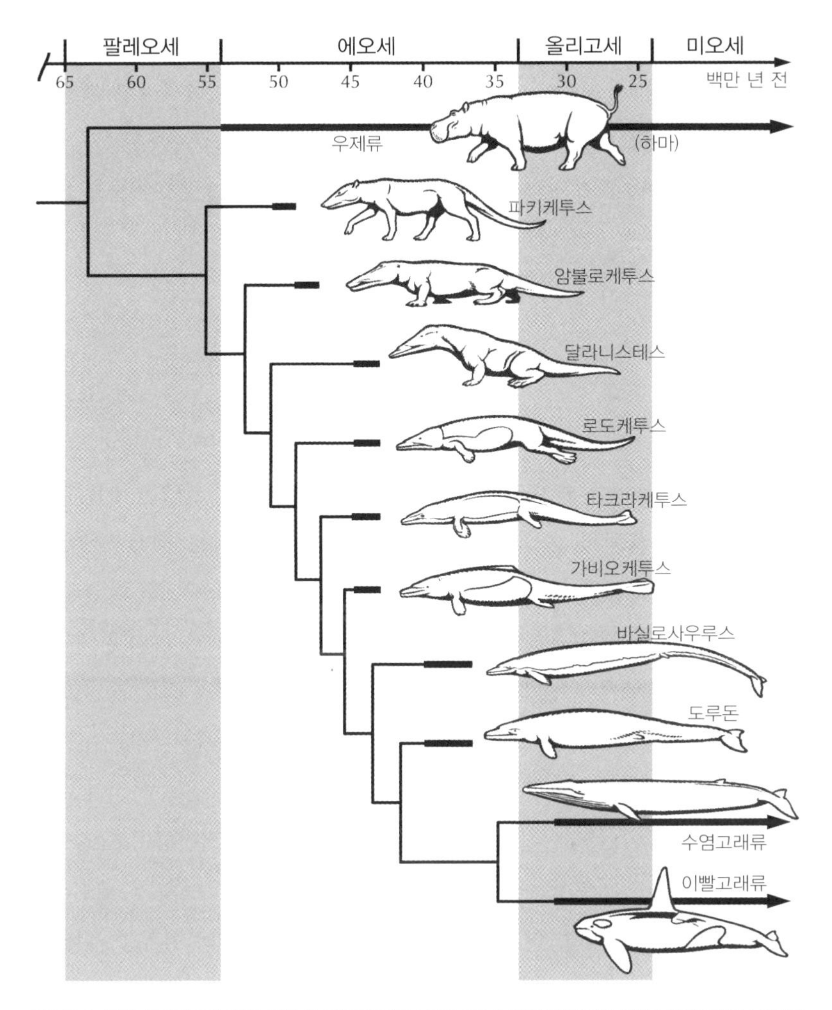

그림 20.3 육상동물에서 고래까지의 진화. 아프리카와 파키스탄의 에오세 지층에서 발견된 수많은 전이화석으로 재구성되었다.

를 감지하기 위한 특별한 특징이 없었다(그러나 귀뼈가 조밀했고, 물속에서 소리를 듣는 능력이 있었다는 것을 암시하는 다른 특징들이 있었다). 파키케투스는 연대가 약 5000만 년 전인 강 퇴적층에서 발견되었다. 이것은 이 동물이 기본적으로 육상동물이었고, 대부분의 시간을 물속에서 보냈다는 것을 나타낸다. 이들은 주로 달리기와 도약을 하기 위해 적응한 짧은 발가락이 달린 긴 다리를 갖고 있었지만, 다리뼈가 유난히 두꺼워서 바닥짐 역할을 할 수 있었다. 따라서 파키케투스는 물속에서 헤엄을 친 게 아니라 기본적으로 걸어 다녔을 것이다.

"걷고 헤엄치는 고래"

그러나 가장 큰 약진은 1994년에 한스 테비슨이 암불로케투스 나탄스*Ambulocetus natans*를 발견해 학계에 보고하면서 찾아왔다. 이 학명은 말 그대로 '걷고 헤엄치는 고래'라는 뜻이다(그림 20.4). 파키스탄의 상부 쿨다나층Upper Kuldana Formation(약 4700만 년 전에 형성된 연안 해양 퇴적층)에서 발견된 이 화석은 고래와 육상 포유류의 딱 중간에 있는 동물의 골격을 거의 완벽하게 보여준다. 암불로케투스는 길이가 약 3미터로, 큰 바다사자 정도 크기의 동물이었다. 다른 원시적인 고래와 마찬가지로 이빨이 돋아 있는 길쭉한 주둥이를 갖고 있었고, 이빨의 모양도 똑같이 삼각형이었다. 귀는 아직까지 별로 분화되지도 않았고 반향으로 위치를 측정하는 데에 적합하지도 않았지만, 암불로케투스는 귀를 이용해서 땅이나 물의 진동을 들었을 것으로 추측된다. 길고 강력한 네 다리의 말단에는 아주 기다란 발가락이 달려 있었는데, 발가락 사이에는 아마 물갈퀴가 있었을 것이다. 그러므로 암불로케투스는 이름처럼 걷기도 하고 헤엄도 칠 수 있는 네발 고래였던 셈이다.

암불로케투스의 척추 연구를 통해서 밝혀진 바에 따르면, 이들은 펭귄이나 바다표범처럼 발을 노처럼 저어서 움직이기보다는 수달otter처럼 등을 상하로 굽이치듯 움직일 수 있었다. 이런 종류의 상하 척추 운동은 일부 고래의 운동과 매우 비슷하지만, 대부분의 고래는 몸통을 잘 움직이지 않고 꼬리만 이용해서 추진력을 얻는다.

암불로케투스는 확실히 헤엄을 잘 치는 날쌘 동물은 아니었다. 테비슨은 이런 악어와 같은 체형을 볼 때 암불로케투스가 잠복 포식자였을지도 모른다고 제안했다. 먹이가 가까이 올 때까지 물속에 가만히 숨어 있다가 갑자기 달려들어서 먹이를 잡는 동물이었다는 것이다. 표본이 발견된 위치가 상부 쿨다나층의 해안과 가까운 해양 퇴적암이라는 점은 이 동물이 강가와 호숫가뿐 아니라 바닷가에도 살았다는 것을 암시한다. 이빨에 대한 화학적 분석을 통해서 암불로케투스가 민물과 바닷물에 모두 살았다는 것이 추가로 증명되었다.

암불로케투스가 발견되고 몇 년 후, 달라니스테스*Dalanistes*라는 이름의 거의 완벽한 고래 화석이 또 발견되었다(그림 20.3을 보라). 암불로케투스와 마찬가지로, 달라니스테스도 온전히 움직이는 앞다리와 뒷다리를 갖고 있었으며, 물갈퀴를 지탱하기 위한 발가락은 더 길어지기까지 했다. 그러나 주둥이가 훨씬 더 길어지면서 더 고래와 같은 모양이 되었고, 튼튼한 꼬리도 고래의 것과 비슷했다.

테비슨이 암불로케투스를 보고한 해인 1994년, 필립 깅그리치와 그의 동료들은 파키스탄의 발루치스탄 남부 지역에 있는 4700만 년 전의 지층에서 더 발달된 형태의 다른 전이 고래를 발견했다(그림 20.3을 보라). 로도케투스*Rodhocetus*라는 이름의 이 원시 고래는 돌고래 크기의 원시 고래 무리인 프로토케투스류protocetid에서 가장 대표적인 동물이다(그러나 프로토케투스류에 속하는 가비아케투스*Gaviacetus*는 길이가 5미터가 넘었다). 로도케투스의 두개골은 암불로케투스의 두개골보다 더 크고 더 고래와 닮았으며, 더 긴 주둥이에는 전형적인 고대고래의 이빨이 있었다. 목의 척추뼈를 볼 때, 로도케투스는 머리와 몸이 유선형으로 합쳐졌고 몸통과는 별개로 움직이는 뚜렷한 목이 없었다. 이들의 긴 다리뼈는 암불로케투스와 달라니스테스의 것보다는 훨씬 짧았고 발가락뼈도 더 짧았다. 따라서 다리가 더 작아지고 물갈퀴가 달려 있었다는 것을 알 수 있다(그러나 고래의 지느러미발이 완전히 발달하

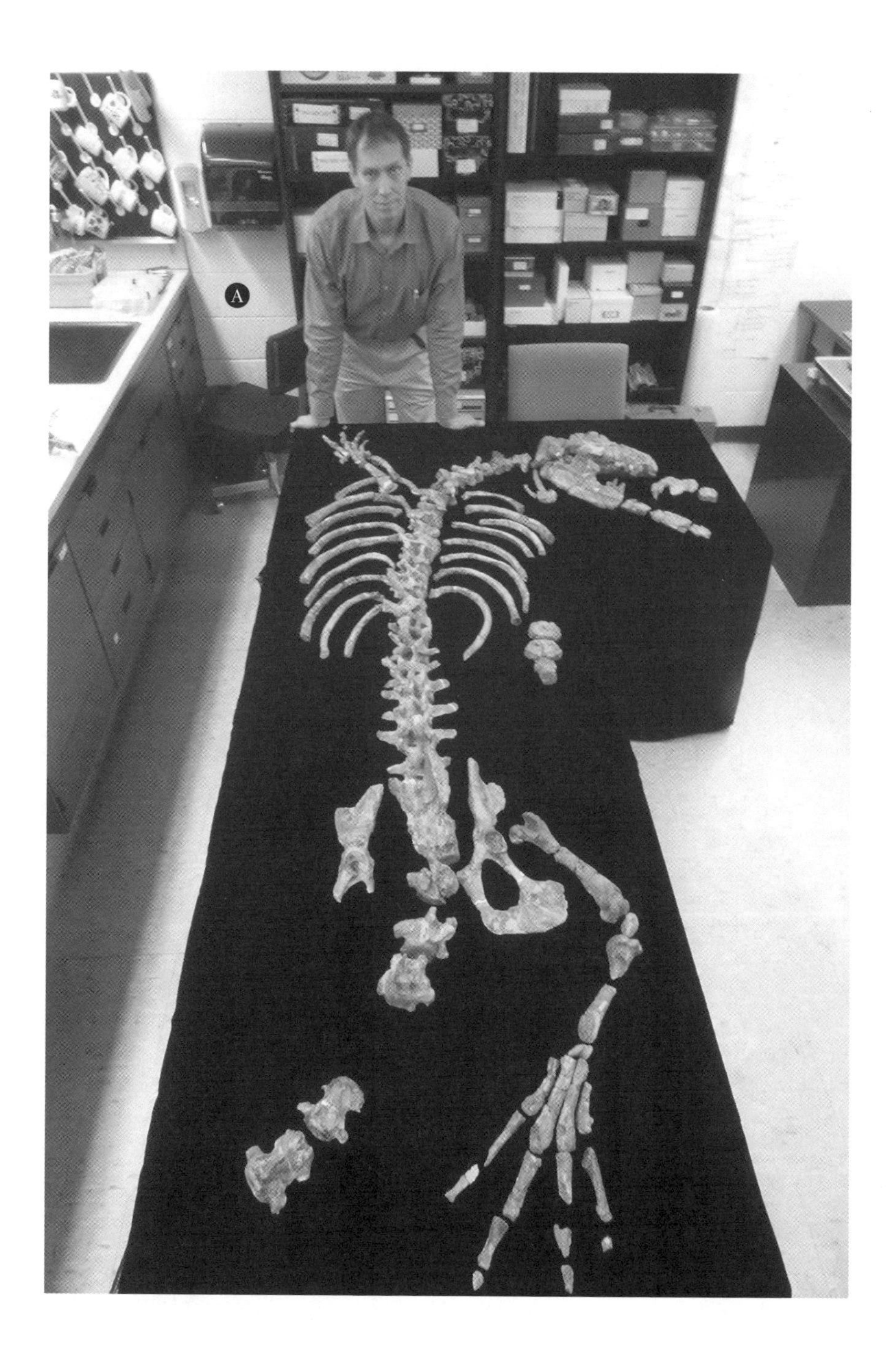
A

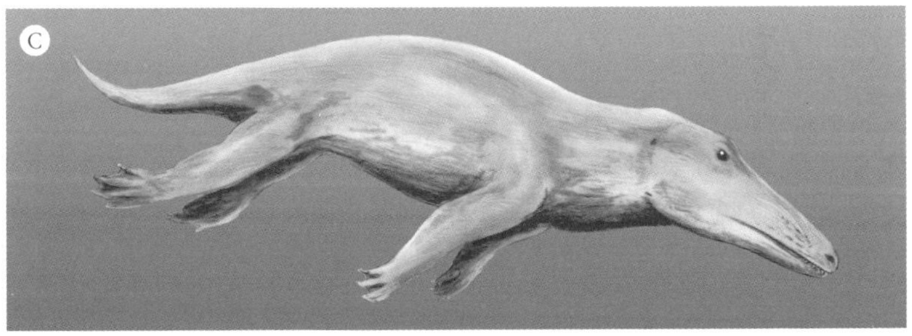

그림 20.4 ◀ ▲
걷고 헤엄치는 고래인 암불로케투스. (A) 가장 완전한 골격과 그것을 발견한 한스 테비슨. (B) 걷는 자세로 세워진 골격 모형. (C) 헤엄치는 모양의 상상도.

지는 않았다). 하지만 로도케투스의 엉덩이뼈는 엉덩이의 척추뼈와 아직 서로 결합되어 있었고, 이것은 이들이 육상에서 걸을 수 있었다는 것을 나타낸다. 골격의 비율을 보면, 로도케투스가 발의 힘으로 헤엄을 쳤다는 것을 짐작할 수 있다. 뒷발을 번갈아 저으면서 앞으로 나아갔고, 꼬리는 주로 방향타 역할을 했을 것이다.

로도케투스가 발견된 이래로, 타크라케투스*Takracetus*와 가비오케투스*Gaviocetus* 같은 수많은 다른 형태의 전이 고래도 발견되었다. 이들의 앞발은 점점 더 분화되어 고래와 같은 지느러미발로 발달한 반면(그림 20.3을 보라), 뒷다리는 작았다. 이들은 체형도 더 돌고래와 비슷해졌고, (현생 고래처럼) 꼬리의 추진력도 더 발달했다. 이것은 이들이 고래와 같은 수평 꼬리도 갖고 있었다는 것을 짐작케 한다. 오늘날에는 고래의 전이화석이 너무 많아서, 어디에서 육상동물이 끝나고 어디에서 진정한 고래가 시작되는지를 결정하는 것이 불가능할 정도다. 육상동물에서 시작된 고래의 기원은 1980년까지만 해도 완전히 불가사의였지만, 이제는 화석 기록이 가장 잘 남아 있는 진화의 전이 과정 사례로 꼽힌다.

고래하마류 훑어보기

1966년 리 반 베일런이 처음 주장한 이래로, 대부분의 고생물학자는 늑대처럼 생긴 발굽 포유류인 메소닉스류를 유력한 고래의 조상으로 여겼다. 이빨과 두개골에서 나타난 두 무리 사이의 유사성은 대단히 놀라웠으며, 이런 독특한 이빨은 지구상의 다른 어떤 포유류 무리에도 나타나지 않았다. 얼 매닝과 마틴 피셔와 내가 함께 1988년에 발굽 포유류의 관계에 대한 분석을 발표했을 당시, 고래와 메소닉스류의 해부학적 특징은 이들이 매우 가까운 관계라는 생각을 강력하게 뒷받침하는 것처럼 보였다. 그리고 두 종류 모두 짝수개의 발굽을 가진 포유류 무리인 우제목偶蹄目, Artiodactyla(돼지, 하마, 낙타, 기린, 사슴, 영양, 소, 양 따위)과도 가까운 관계인 것 같았다.

그러나 1990년대 후반, 분자생물학자들은 여러 포유류 무리의 DNA 서열 분석과 함께, 중요한 분자를 만드는 특정 단백질의 서열도 분석하기 시작했다. 그러자 고래가 현존하는 다른 어떤 포유류보다 우제류와 가까울 뿐 아니라 우제류의 **후손**이라는 증거가 반복적으로 나왔다. 현생 우제류 중에서 지속적으로 고래의 가장 가까운 친척으로 지목된 동물은 하마였다(그림 20.3을 보라). 고생물학자들은 분자생물학적 증거를 받아들이기를 주저했는데, 메소닉스류 화석에 나타나는 해부학적 증거가 훨씬 강력해 보였고 초기 고래의 모습은 초기 하마의 모습과 전혀 닮지 않았기 때문이다. 게다가 분자생물학적 분석은 현생 동물을 기반으로 하고 있었다. 고래와 메소닉스류의 연관성을 암시하는 많은 화석 생물에서 얻은 DNA나 단백질은 하나도 없었다.

그러나 또다시 화석 기록에서 놀라운 일이 일어났다. 이 문제를 해결할 방법이 나온 것이다. 2001년, 서로 다른 두 연구진(테비슨 연구진과 깅그리치 연구진)이 파키스탄에서 발목이 잘 보존된 초기 고래의 화석을 찾아내 보고했다. 이들 고래의 발목뼈에는 복사뼈astragalus bone(포유류의 발목 관절에서 경첩 구실을 하는 뼈)에서 독특한 '이중-도르래double-pulley' 배열이 나타나는데, 이것은 원래 우제류에서만 알려져 있는 특징이다. 다른 포유류 무리와 달리, 우제류는 모두 이런 이중-도르래 발목뼈를 갖고 있다. 실제로 대부분의 우제류는 이 독특한 뼈 하나만 가지고도 어떤 목에 속하는지를 확인할 수 있다. 파키스탄에서 발굴된 화석 증거를 토대로, 이제는 고래가 우제류 발목의 독특한 해부학적 특징을 갖고 있다는 것도 명확하게 밝혀졌다.

고래가 우제류라는 생각에 대한 저항감은 빠르게 사그라졌고, 고생물학자들은 더 풍부해진 해부학적 증거와 새로운 분자생물학적 증거를 활용해서 고래에 대한 분석을 처음부터 다시 시작했다. 곧바로, 고래는 우제류**이며** 하마로 갈라지는 가지에 속하는 한 집단으로 분류해야 한다는 점에 의견 일치를 보았다. 이 증거를 통해서, 고래목Cetacea과 우제목이라는 완전히 독립된 두 목을 합쳐서 고래우제목Cetartiodactyla으로 바꾸고, 고래류를 우제류의 한 계통에 속하는 하위 분류군(하마와 그 친척들로 이루어진 안트라코테레류anthracothere)으로 생각해야 한다는 합의가 새롭게 이뤄졌다. 그러나 이것은 분류학의 기본을 무시한 것이다. 한 분류군이 다른 분류군의 일부가 될 때, 상위 분류군의 이름은 대개 바뀌지 않는다. 따라서 우제목에는 이제 고래류가 포함되는 것으로 이해하고, '고래우제목'이라고 명칭을 변경하지 않아도

된다. 공룡류를 조류에 포함시키기 위해서 '조공룡류Avedinosauria'라고 이름을 바꿀 필요가 없는 것과 같은 이치다. 고래와 하마를 합친 분류군은 분자생물학자들에 의해서 고래하마류Whippomorpha('고래whale'의 wh와 하마의 'hippo'와 '형태'를 뜻하는 morpha의 합성어)로 이름이 바뀌었지만, 대부분의 과학자들은 하마-고래를 묶어서 부르는 이름으로 케탄코돈류Cetancodonta-morpha를 선호한다.

우제류와는 별개의 무리로 우리에게 친숙했던 고래는 이제 하마와 여러 다른 원시 화석 우제류가 밀접하게 연관된 무리 속에 자리를 잡았다. 일반적으로 고래우제목의 가장 가까운 친척으로 여겨졌던 메소닉스류는 이제 외톨이 포유류가 된다. 이렇게 분류하려면 메소닉스류의 독특한 삼각형 이빨이 고대고래의 이빨과는 별개로 나란히 진화해야만 한다. 그러나 고래와 하마 사이에 나타나는 엄청난 양의 분자적 유사성을 단순히 수렴 진화로 치부하는 것보다는 메소닉스류와 고대고래의 이빨에 나타나는 유사성을 수렴 진화의 사례로 받아들이는 것이 훨씬 쉽다.

하지만 누가 알겠는가? 만약 메소닉스류가 오늘날 살아 있다면, 그리고 우리가 그 DNA 서열을 분석할 수 있다면, 다른 결과가 나올지도 모를 일이다. 메소닉스류는 에오세가 끝날 무렵인 3300만 년 전에 사라졌으므로 우리로서는 영영 알 길이 없다.

하마의 친척

고래와 하마가 가까운 친척이라고 상상하는 것은 그다지 힘든 일도 아니다. 둘 다 몸집이 크고 물속에 살기 때문이다. 그러나 여기에도 화석 기록이 도움이 된다. 오늘날 하마과의 화석 기록은 겨우 800만 년 전부터 시작된다. 그러나 하마는 안트라코테레라는 멸종된 우제류의 한 과와 연관이 있을 가능성이 있다. 5000만 년 전부터 살았던 안트라코테레는 여러 형태와 다양

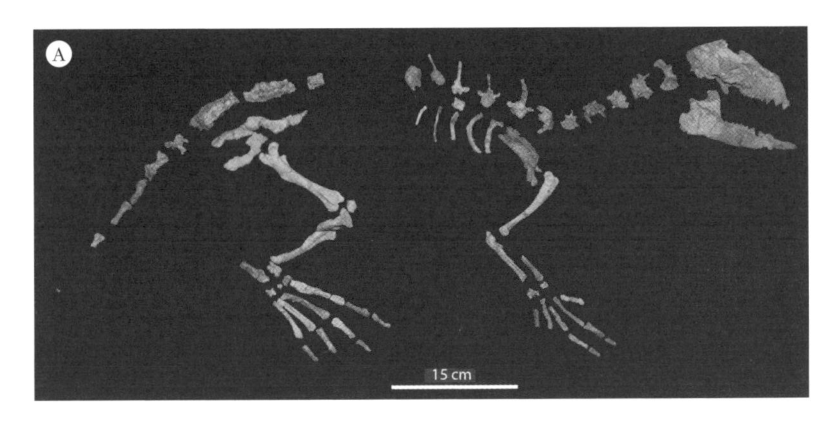

그림 20.5 인도히우스, 고래와 하마 계통의 가장 오래된 공통조상. (A) 가장 완전한 골격. (B) 살아 있는 모습을 복원한 그림.

한 적응을 나타냈지만, 많은 종류가 부분적으로 또는 완전히 물속에 살았다.

최근에 인도 카슈미르의 암석에서는 이 두 무리를 연결하는 멋진 중간 단계 화석이 발견되었다. 인도히우스*Indohyus*(인도 돼지)라고 알려진 이 동물은 2007년에 한스 테비슨이 인도의 지질학자인 A. 랑가 라오가 몇 년 전에 수집한 화석들을 토대로 기재했다(그림 20.5). 토끼보다 조금 큰 동물인 인도히우스는 도약하는 데에 유리한 긴 뒷다리를 갖고 있었고, 체형은 작은 사슴과 비슷했다. 그러나 이들은 뚜렷한 해부학적 특징 덕분에 고래와 다른 우제류 사이의 전이화석이 되었다. 이들의 귀 부분에서는 고래에서만 발견되는 여러 특징이 나타난다. 다리는 (고래, 하마, 그 외 물 속에 사는 다른 많은 무리처럼) 매우 치밀한 뼈로 이루어져 있어서 물속에 뛰어들었을 때에 몸이 둥둥 떠서 허우적대지 않도록 바닥짐 역할을 했다. 뼈에 대한 화학적 분석에서는 인도히우스가 물속에 살았던 것으로 밝혀졌지만, 이빨에 대한 분석에서는 육상식물을 먹었던 것이 확인되었다. 인도히우스는 (거의 육상동물에 가까운) 파키케투스 같은 가장 원시적인 고래를 안트라코테레와 이어주는 마지막 연결고리를 우리에게 제공했고, 그럼으로써 안트라코테레-하마 계통도 연결되었다.

따라서 분자생물학적 증거에 따르면, 고래는 헤엄치는 곰에서 진화한 것도 아니고 점점 물고기가 된 것도 아니다. 고래는 안트라코테레, 하마와 함께 공통조상으로부터 나온 후손이다. 파키케투스, 달라니스테스, 암불로케투스, 로도케투스, 인도히우스 같은 화석들로 이루어진 화석 기록에는 고래가 육상동물로부터 진화된 과정이 고스란히 남아 있다.

가볼 만한 곳

암불로케투스, 도루돈, 그 외 다른 고래의 전이화석은 그것이 발견된 나라에 남아 있다. 그러나 많은 박물관에 이런 전이화석들과 함께 바실로사우루스의 완전한 골격의 복제품이 있다. 미국에 있는 곳으로는 터스컬루사의 앨라배마 자연사 박물관, 뉴욕의 미국 자연사 박물관, 시카고의 필드 자연사 박물관, 앤아버에 위치한 미시건 대학의 고생물학 박물관, 워싱턴 D.C. 스미스소니언협회의 미국 국립 자연사 박물관, 로스앤젤레스의 로스앤젤레스 자연사 박물관이 있다. 유럽에는 네덜란드 라이덴의 나투랄리스 생물 다양성 센터, 독일 프랑크푸르트의 젠켄베르크 자연사 박물관에 표본이 전시되어 있다. 더 멀리, 웰링턴의 뉴질랜드 박물관인 테 파파 통가레와와 일본 도쿄의 일본 국립 과학 박물관도 있다.

21

걷는 매너티

바다소의 기원: 페조시렌

허리까지는 인간을 닮았지만, 그 아래는 넓적한 초승달 모양의 꼬리가 달린 물고기 같았다. 얼굴은 둥글고 통통했으며, 코는 뭉툭하고 납작했다. 희끗희끗한 검은 머리카락은 어깨 위를 지나서 배를 덮고 있었다. 물 밖으로 나오면 얼굴로 내려온 머리카락을 손으로 쓸어 넘겼다. 그리고 다시 물속으로 뛰어들 때에는 푸들처럼 코를 킁킁거렸다. 우리 중 한 사람이 낚시 바늘을 무는지 보기 위해서 낚시를 던졌다. 그러자 황급히 물속으로 몸을 피했고 영영 사라졌다.

헤르베르트 벤트, 『노아의 방주를 떠나서Out of Noah's Ark』

인어다!

인어 전설은 수천 년 전부터 바다와 관련된 이야기로 구전되어왔고, 여러 문화권에서 발견된다. 지금까지 전해지는 가장 오래된 이야기는 기원전 2300년 무렵의 아시리아에서 나왔다. 아타르가티스Atargatis 여신은 자신이 사랑했던 인간 목동을 실수로 죽이고, 속죄의 의미로 인어가 되었다. 호메로스가 기원전 8세기에 쓴 것으로 추정되는 『오디세이』에서는 물고기의 몸을 한 신화 속 여성인 세이렌siren이 아름다운 노래 소리로 선원들을 홀려서 바위에서 죽음에 이르게 한다. 신비스러운 '바다 소녀'에 대한 언급은 셰에라자드의 『천일야화』에도 등장한다. 1671년에 마르티니크섬 근처에서 두 명의 프랑스인 선원이 겪은 일을 인용한 헤르베르트 벤트의 이야기처럼, 남녀 인어에 대한 목격담은 지난 2000년에 걸쳐 서구 유럽 사회 거의 전역에 널리 퍼져왔다. 전설 속 인어의 모습은 한스 크리스티안 안데르센의 『인어공주』(1836) 같은 대중적인 이야기로 인해 정형화되었고, 1989년에는 디즈니의 인기 만화영화로 만들어졌다. 대릴 해나가 인어 역으로 출연한 영화 〈스플래시Splash〉(1984)도 새로운 세대에게 이 신화를 전파했다. 최근인 2012년과 2013년에 케이블 방송사 애니멀 플래닛Animal Planet에서 방송된 두 '다큐멘터리'는 인어가 실제로 존재하며 발견된 적도 있다고 주장해, 수많은 사람이 이런 가짜 '증거'를 믿게 만들었다. 이런 가짜 다큐멘터리는 영향력이 매우 크기 때문에 미국 해양대기 관리처의 과학자들은 그들의 귀한 시간을 두 번이나 할애해서, 이 방송은 허구이며 인어는 존재하지 않는다는 내용의 글을 관리처 홈페이지에 올려야 했다.

이런 전설 중 어떤 것은 인간의 풍부한 상상력에서 나온 산물일 뿐이며, 켄타우로스(상체는 인간이고 하체는 말)나 미노타우로스(소의 머리에 인간의 몸) 같은 반인반수와 비슷하다. 그러나 많은 학자는 선원들이 바다에서 실제로 본 것에 상상을 덧입혀서 전설의 인어를 만들어냈다고 생각한다. 1493년, 히스파니올라섬 근처에서 두 번째 항해를 하던 콜럼버스는 "여자의 형상" 셋이 "바다 위로 높이 솟아올랐지만, 이야기에서처럼 아름답지는 않았다"라는 목격담을 기록했다. 영국의 유명한 해적 검은 수염Blackbeard(에드워드 티치)은 카리브해에서 인어를 봤다고 주장했고, 그다음부터는 인어가 출몰한다는 바다 쪽으로는 가까이 가지 않았다. 선원과 해적들은 인어가 황금으로 그들을 홀려서 바다 밑바닥으로 끌고 들어간다고 믿었다.

바다뱀 이야기처럼, 인어에 대한 '목격담'도 캐나다, 이스라엘, 짐바브웨에 이르는 전 세계에 흩어져 있다. 선원들의 주장에 따르면, 인도양에서는 인어가 짝을 지어 나타나며 하나가 작살에 맞으면 다른 인어가 구해주었다. 또 "분비물 같은 눈물"을 흘리며 울었고, 어미 인어는 자신의 새끼를 안고 어르며 돌보았다고 전해진다.

인어의 과학

이런 모든 전설에는 기반이 되는 사실이 있긴 있을까? 다수의 동물학자가 지적하는 동물은 매너티(서반구의 얕은 열대 바다에서 주로 발견된다), 듀공dugong(인도양에서 주로 발견된다), 그 밖의 친척들로 구성되는 해양 포유류의 한 목인 바다소목Sirenia(신화 속 세이렌에서 딴 이름이다)이다. 듀공과 매너티는 배나 수면의 다른 물체를 관찰하고 싶으면 물 위로 머리를 내놓고 몸을 수직으로 세운다(그림 21.1). 바다소 종류는 모두 한 쌍의 젖가슴을 갖고 있는데 이것이 인간의 가슴처럼 보일 수도 있고, 바다소가 새끼를 돌보는 자세가 인간 여성의 모습을 연상시킨다. 아무리 그렇다고 해도, 이렇게 지독히 못생긴 동물을 어떻게 아리따운 여자로 잘못 볼 수 있을까? 매너티의 이마에 걸쳐진 물풀 가닥은 머리카락과 비슷해서 아주 멀리서 보면 (특히 수면이 반짝이는 광활한 대양에서는) 바다 위에 떠 있는 여자를 보았다고 착각하기가 어렵지 않다(오랫동안 육지와 여자를 보지 못했던 선원들에게는 더더욱 그랬다). 콜럼버스와 다른 초기 탐험가들의 이런 드문 '목격담'만으로도, 수천 년 동안 거의 모든 문화에서 발견되어온 신화가 더 확고해졌을 것이다.

매너티와 듀공이 포획되고 초기 자연학자들의 관심을 끌었을 때, 엄청난 혼란이 일어났다. 자세히 조사한 결과, 이들은 전설 속 인어와 아무런 관계가 없는 것으로 밝혀졌다. 이들의 해부학적 특징을 처음 조사했던 자연학자들은 이들을 고래로 분류했다. 완전한 수생동물이었고, 앞발 대신 지느러

그림 21.1 (그림의 매너티처럼) 선 자세로 물에 떠 있는 바다소류를 보면, 아주 먼 거리에서 매너티를 보고 인어로 오인한 선원들을 이해할 만하다.

미발이 발달했고, 뒷다리가 없었고, 꼬리지느러미가 있었기 때문이었다. 그러나 린네는 이들의 해부학적 특징에서 코끼리와 연관된 여러 특징을 발견했고, 최초로 이들을 코끼리와 매머드와 마스토돈을 포함하는 무리인 장비목長鼻目, Proboscidea으로 분류했다. 1816년에 동물학자인 앙리 드 블랑빌은 린네의 해석을 따랐지만, 대부분의 자연학자는 매너티와 듀공을 여전히 고래라고 불렀다.

그러나 해부학적 유사성이 발견될수록, 바다소류와 장비류 사이의 연관성은 더욱 또렷해졌다. 두 무리 모두 독특한 방식으로 분화했다. 마침내 동물학자들은 매너티와 듀공을 '고래'로 분류하는 것을 포기하기 시작했다. 바다소목과 장비목 사이의 밀접한 연관성에 대한 논의는 드디어 결정적 단계에 이르렀다. 1975년에 맬컴 매케나는 바다소류와 장비류를 자신이 명명한 테티테레류Tethytheria라는 무리에 넣어야 한다고 제안했다. 테티테레류라는 이름이 붙여진 까닭은 두 계통의 화석이 테티스해 주변에서 기원했다는 것을 나타내기 때문이었는데, 테티스해는 지중해에서 중동과 인도를 거쳐서 오스트레일리아까지 이어져 있었다. 몇 년 후, 매케나와 대릴 돔닝과 클레이턴 레이는 워싱턴주의 올림픽반도 북부 해안에 있는 올리고세 암석에서 발굴된 베헤모톱스*Bebemotops*라는 화석을 기재했는데, 이 화석으로 테티테레가 바다소류의 조상이라는 것이 확인되었다. 그 이래로, 바다소류와 코끼리 사이의 밀접한 유연관계를 증명하는 여러 분자 분석이 테티테레류에 대한 생각을 뒷받침했고, 린네가 찾아낸 여러 해부학적 유사성이 옳았음을 밝혀주었다.

바다로 걸어 들어간 바다소

해부학과 분자생물학에서 나온 증거는 바다소류가 5000만 년 전에 장비류 조상으로부터 갈라져 나왔다는 것을 강하게 암시했다. 화석 기록은 어떻게 나타날까? 최초로 연구된 화석 바다소는 가장 원시적인 종류였다. 1855년, 전설적인 영국의 해부학자인 리처드 오언 경은 이상한 두개골 하나를 기재했다. 이 두개골은 자메이카섬에 있는 채플턴층Chapelton Formation의 프리맨스 홀Freeman's Hall이라는 5000만~4700만 년 전의 화석 발굴지에서 발견되어 런던으로 보내진 것이었다. '공룡Dinosauria'이라는 용어를 만들었던 오언은 찰스 다윈이 남아메리카에서 가져온 비글호 화석도 기재했고, 결국에는 과학 분야에서 다윈의 중요한 경쟁 상대가 되었다. 이 두개골은 대단히 원시적이었다. 게다가 여러 부분이 떨어져 나갔고 이빨은 뿌리까지 닳아 있었지만(그림 21.2), 오언은 이것이 살짝 아래로 휘어진 주둥이뼈라는 것을 정확하게 알아보았다. 두개골 위쪽에는 콧구멍이 있었고 바다소의 여러 다른 특징들도 나타났다. 골격의 다른 부분들은 조각에 불과했지만, 이 동물이 양만 한 크기의 네발동물임을 알려주었다. 두개골과 뼛조각들과 함께 발견된 갈비뼈 조각들은 두껍고 대단히 치밀한 바다소의 특징을 나타냈다. 이 갈비뼈는 물속에서 몸이 너무 많이 뜨지 않도록 적당히 바닥짐 역할을 한다. 한 조각의 갈비뼈일지라도 이렇게 치밀한 뼈는 모든 바다소의 독특한 특징이다. 오언은 이 화석 두개골을 프로라스토무스 시레노이데스*Prorastomus sirenoides*라고 명명했다(속명은 '넓적한 앞턱'이고, 종명은 '바다소류와 비슷한'이라는 뜻이다). 따라서 오언은 이 화석이 오늘날의 바다소와 연관이 있는 대단히 원시적인 형태라는 것을 분명히 알고 있었다. 오언은 자연선택을 부인한 마지막 동물학자 중 한 사람이었지만, 이 화석과 현대의 바다소목 사이의 연관성을 부정할 수는 없었다.

해가 갈수록 대서양과 태평양 연안 지역과 한때 바다가 침범했던 여러 육지에서 점점 더 많은 바다소 화석이 발견되었다. 1904년, 오스트리아의 고생물학자인 오테니오 아벨은 더 발전된 바다소류인 프로토시렌 프라시*Protosiren fraasi*의 두개골을 기재했다. 이 두개골은 이집트에 위치한 에오세 중기(4700만~4000만 년 전) 지층인 게벨 모카탐층Gebel Mokattam Formation의 빌딩 스톤 부층Building Stone Member 하부에서 발굴되었다(그림 21.3). (이곳의 석회암은 이집트 피라미드의 석재로 공급되었다.) 이 두개골은 오늘날 바다소류의 두개골과 훨씬 많이 비슷했다. 주둥이는 아래쪽으로 더 많이 휘어져 있었고, 특별히 분화된 콧구멍은 두개골의 더 뒤쪽에 있었으며, 더 진화된 다른 특징들도 나타났다. 나중에는 미국 노스캐롤라이나부터 프랑스, 헝가리, 파키스탄, 인도에 이르는 광범위한 지역에서 표본이 발견되었다. 따라서 프로토시렌은 전 세계의 거의 모든 따뜻한 열대와 아열대 바다에 분포했다. 나머지 골격이 발견되면서, 프로토시렌에 작은 뒷다리가 있었다는 것이 밝혀졌다. 게다가 엉덩이뼈가 아래쪽 등뼈에 단단히 부착되어 있지 않았으므로, 거의 완전한 수생동물이었고 육상에서는 걷기 어려웠을 것이다. 프로토시렌보다 연대가 짧은 대부분의 바다소류 화석은 뒷다리가 그보다 더 퇴화했다. 이것은 그 동물들이 더 이상 걸을 수 없었던 동물에서 유래했고 완전한 수생

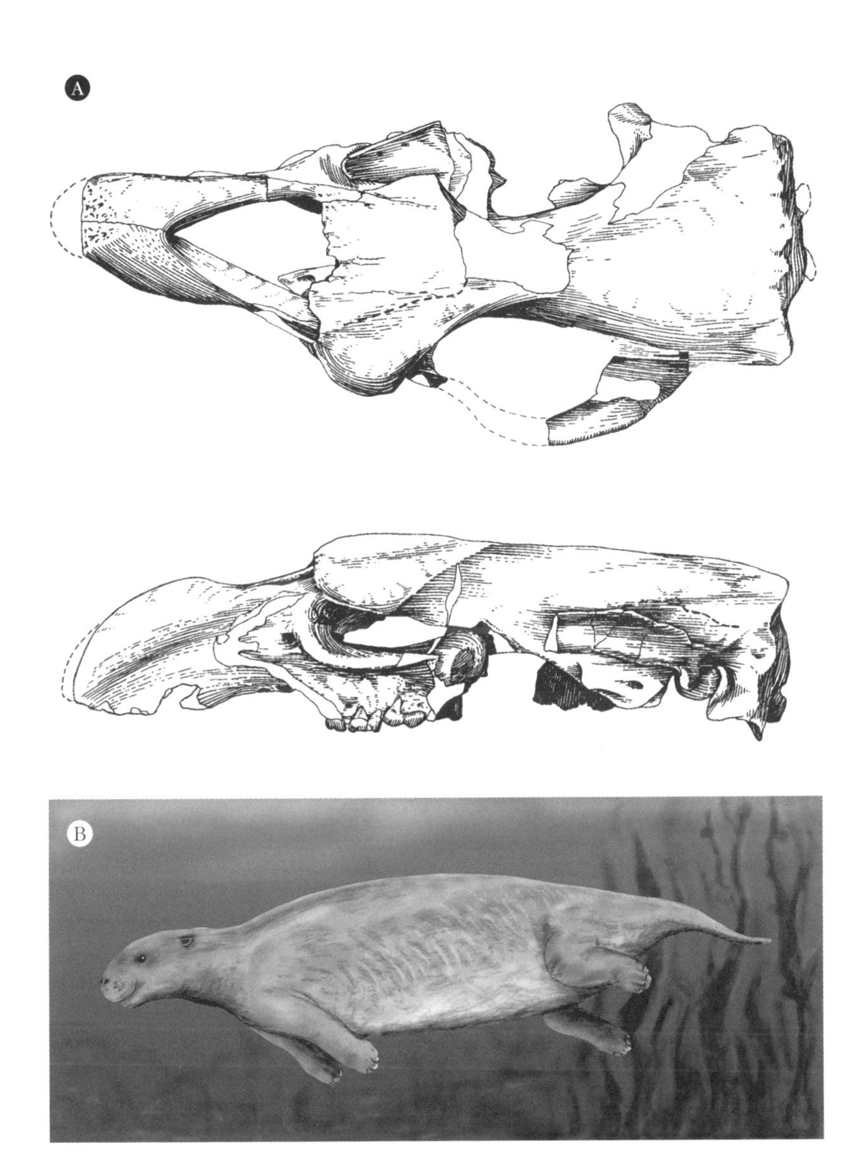

그림 21.2 프로라스트로무스. (A) 리처드 오언 경이 기재한 두개골. (B) 살아 있는 모습을 복원한 그림.

동물이 되었다는 것을 나타낸다. 오늘날의 매너티와 듀공은 허리 주위의 근육 속에 파묻혀 있는 엉덩이와 허벅지의 흔적을 지금도 조그맣게 간직하고 있다. 이런 흔적들은 이들이 네발을 가진 육상동물에서 진화했다는 것을 증명하는 것 말고는 이제 더 이상 아무 기능이 없다.

따라서 가장 오래된 화석 바다소(프로라스토무스)에는 두개골 특징의 시초와 함께 바다소의 굵고 치밀한 갈비뼈가 나타나지만, 다리의 보존은 부실했다. 두 번째로 오래된 화석(프로토시렌)은 짧아진 뒷다리가 척추와 약하게 연결되어 있어서 주로 물속 생활을 했다. 이제 필요한 것은 뚜렷한 바다소류의 두개골과 갈비뼈를 갖고 있지만 걸을 수 있는 네 다리가 있는 화석, 즉 바다소가 육상동물에서 진화했다는 최종적인 증거뿐이었다.

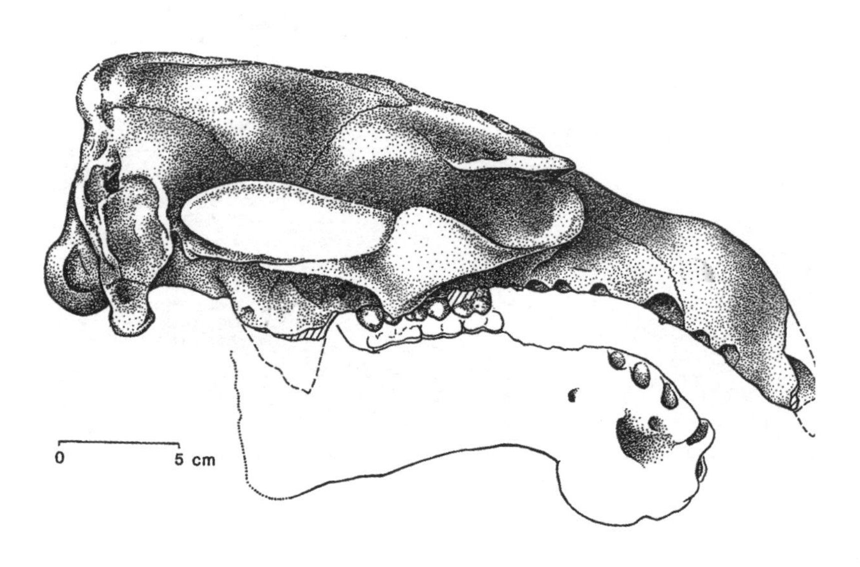

그림 21.3 프로라스토무스보다 더 발전된 바다소류인 프로토시렌의 두개골.

자메이카의 땅속에서

열대의 낙원인 자메이카는 화석 사냥꾼에 관한 다큐멘터리에서 늘 보던 황량한 황무지와는 비슷한 구석이 없지만, 그곳에서도 중요한 화석이 나왔다. 몬테고베이의 휴양지에서 남쪽으로 약 15킬로미터 떨어진 세인트제임스 지역에는 세븐 리버스Seven Rivers라는 놀라운 뼈층이 있다. 로저 포텔과 다른 고생물학자들은 수년 동안 채플턴층에서 화석을 채집했는데, 이 지층은 오언이 프로라스토무스의 두개골을 발굴한 에오세 하부의 단위층unit과 연대가 같았다. 포텔은 이 지층에서 거대한 바다고둥 캄파닐레*Campanile*와 여러 다른 멸종된 고둥과 조개를 포함한 연체동물의 화석들을 찾아냈다. 이 지층에 있는 뼈들은 모두 조각나 있었는데, 오래된 산호초나 삼각주 속으로 흘러 들어가서 해양 연체동물의 잔해들과 함께 묻혔기 때문이다. 시간이 흐르면서, 이 지층에는 이구아나, 원시 코뿔소, 여우원숭이lemur를 닮은 영장류로 추측되는 동물의 뼈가 포함되었다.

1990년대 중반이 되자 채플턴층에서 수집된 화석들은 점점 더 늘어갔고, 화석 바다소의 최고 전문가였던 하버드 대학의 대릴 돔닝이 이 화석들에 관심을 보였다. 이 지역은 150년 전에 발견된 프로라스토무스 같은 바다소류의 화석이 또 나올 가능성이 매우 높았다. 따라서 연구할 가치가 충분했다. 그는 자메이카에서 몇 번에 걸친 대규모 채집을 함으로써 수백 개의 뼈를 얻었다. 돔닝은 다른 프로라스토무스 화석을 또 얻지는 못했지만, 완전히 새로운 속屬의 신종 원시 바다소를 찾아냈다. 게다가 골격까지도 거의 완벽했다!

2001년, 돔닝은 『네이처』에 이 표본에 대한 설명을 발표했다. 그는 이 원시 바다소를 페조시렌 포르텔리*Pezosiren portelli*(포텔의 걷는 바다소)라고 명명했다(그림 21.4). 페조시렌의 크기는 큰 돼지만 했고(약 2.1미터 길이), 두개골은 프로라스토무스의 두개골과 무척 비슷했다. 어떤 부분(두개골의 윗면을 따라 나타나는 융기)은 프로라스토무스보다 더 원시적이었지만, 대부분의 특징(귀 부분과 밑으로 꺾인 아래턱의 끝)은 페조시렌이 더 발달했다. 또 모든 바

그림 21.4 페조시렌. (A) 대릴 돔닝과 그가 복원한 P. 포르텔리의 골격. (B) P. 포르텔리의 복원도.

다소의 길쭉한 항아리 같은 몸통을 이루는 굵고 치밀한 갈비뼈도 있었다. 무엇보다도 중요한 점은 이 페조시렌 화석에 거의 완벽한 엉덩이뼈와 앞다리와 뒷다리가 남아 있다는 점이었다. 이 다리들은 짧았지만, 육상에서 걸어다닐 수 있는 지극히 정상적인 앞발과 뒷발이 있었고, 헤엄을 치기에 알맞은 분화는 뚜렷하게 일어나지 않았다. 다리와 척추의 세밀한 형태를 토대로 볼 때, 페조시렌은 (수달·바다소·고래·바다표범·바다사자처럼) 꼬리를 상하로 움직이면서 헤엄을 치지 않고, (하마처럼) 얕은 물에서 발로 바닥을 구르고 발을 휘저으면서 헤엄을 쳤을 것이다.

그러므로 물속 생활을 하는 바다소와 육상의 조상 사이의 완벽한 중간 단계, 즉 '빠진 연결고리'가 발견된 것이다. 페조시렌은 바다소의 두개골과 단단한 갈비뼈를 갖고 있었지만, 완전한 네발동물의 다리와 발을 유지하고 있었다. 최근 몇 년 동안 발견된 수많은 걷는 고래와 다른 전이화석들처럼, 페조시렌은 또 다른 육상동물 무리가 어떻게 바다로 돌아갔는지를 그대로 보여준다.

아프리카를 벗어나서

이제 남은 퍼즐 조각은 하나뿐이다. 바다소의 가장 가까운 친척인 코끼리와 다른 테티테레류는 북아프리카, 파키스탄, 그 밖의 광활한 테티스해의 다른 지역에서 등장했다. 그런데 가장 오래된 바다소 화석(프로라스토무스와 페조시렌)은 자메이카에서 나왔다. 2013년, 쥘리앵 브누아Julien Benoit 외 9명으로 이루어진 연구진은 튀니지의 에오세 초기(약 5000만 년 전) 지층에서 새롭게 발견된 표본들을 발표했다. 이 표본들에는 바다소의 특징이 뚜렷하게 나타나는 귀 부분이 있는 머리뼈 여러 조각과 다른 골격 조각이 포함되어 있었다. 이 표본들은 참비라는 곳에서 발굴되었기 때문에 잠정적으로 '참비 바다소Chambi sea cow'라고 불렸는데, 정식으로 학명이 부여되기에는 표본이 너무 불완전했다. 조각에 불과했지만, 참비 바다소의 귀 부분 덕분에 퍼즐이 완성되었다. 초기 장비류, 바위너구리류, 다른 테티테레류 같은 최초의 바다소류가 테티스해 지역(주로 아프리카)에서 최초로 나타났다는 것이 밝혀진 것이다. 수생 동물이었던 바다소는 곧바로 카리브해에서 인도까지 퍼져나갔다(그림 21.5). 그러나 장비류와 바위너구리류와 나머지 테티테레류는 아프리카 지역에만 살다가 약 1600만 년 전에 아프리카를 벗어났고, 아라비아반도를

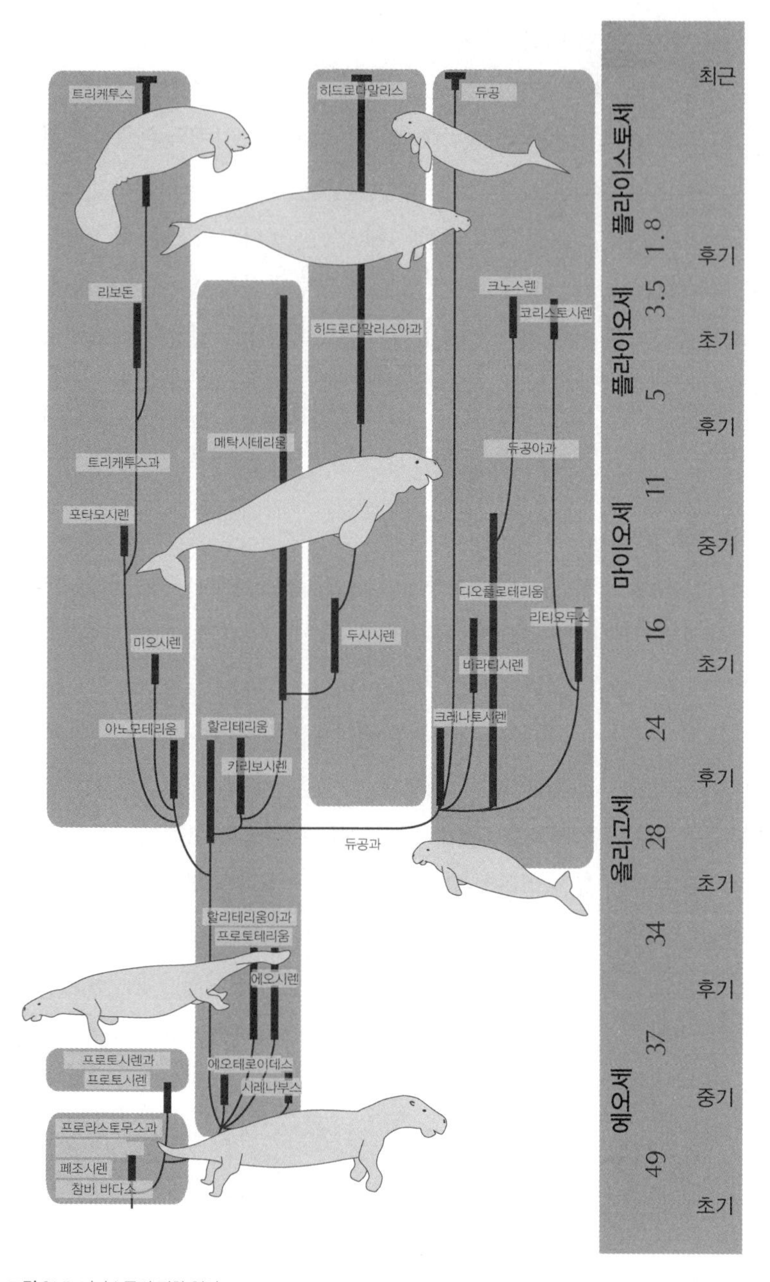

그림 21.5 바다소목의 진화 역사.

거쳐서 전 세계로 이동했다. 곧 매머드와 마스토돈이 북반구의 모든 대륙에서 발견되었고, 코끼리는 아시아에 당도했으며, 바위너구리는 유라시아 여러 지역으로 퍼져나갔다. 세상은 이전과는 완전히 달라졌다.

스텔러의 괴물

18세기 초, 러시아의 표트르 1세는 러시아 제국의 확장과 자신의 국제적 영향력 증대를 꾀하고 있었다. 그는 러시아의 정치와 사회적 관습의 근대화와 개화를 위해 노력했다. 그는 특별히 유럽의 방식을 따라가고자 했고, 프랑스, 영국, 네덜란드, 독일 같은 발전된 모든 국가처럼 과학과 다른 학문을 장려했다. 그는 시베리아의 오지와 오랫동안 방치되어 있던 태평양 연안의 캄차카 같은 외딴 곳까지 해군 원정대를 보냈다.

표트르 1세의 해군에는 1704년에 입대한 비투스 베링이라는 덴마크인 함장이 있었다. 1725년에 베링은 사실상 미지의 영역이었던 캄차카반도의 북쪽을 탐험하고 있었다. 그는 그곳에 아시아와 북아메리카를 잇는 바다가 있을 것이라고 생각했지만, 그의 원정대는 북쪽과 동쪽을 충분히 돌아보지 못하고 캄차카로 돌아와야 했다. 여러 해 동안 그는 캄차카의 북쪽과 동쪽에 무엇이 있는지를 밝히기 위해서 더 큰 규모의 탐험을 수행할 인력과 장비와 지원을 요청했다. 마침내 1741년에 베링은 많은 선원들과 여러 척의 배로 이루어진 대규모 선단을 이끌고 캄차카 북동 지역으로 향했다. 그곳에서 그는 알류샨 열도의 여러 섬을 거쳐서 코디액섬과 알래스카 본토에 닿았다. 유럽인으로서는 최초로 이 지역을 탐험한 것이다. 그러나 폭풍우가 몰아치는 혹독한 날씨로 인해서 배들이 여러 번 망가졌고, 한 척은 난파되었다. 게다가 선원들은 쇠약해졌고 괴혈병으로 죽어갔다. 먹을 것이라고는 바다에서 얻은 생선과 고기밖에 없었고 비타민 C가 함유된 과일은 전혀 먹지 못했기 때문이었다. 1742년 8월, 나머지 선원들은 (파손되었다가 다시 수리된) 배 한 척에

녹초가 된 몸을 싣고 러시아로 돌아왔다. 베링은 돌아오는 도중에 죽어서 캄차카반도 근처에 있는 한 섬에 묻혔다. 베링 해협, 베링해, 베링 빙하는 모두 그의 이름을 딴 것이다.

이 두 번째 원정에는 독일의 자연학자인 게오르크 스텔러가 동행했다. 수석 자연학자로 선발된 그는 유럽인이 처음 당도했을 당시 북태평양의 야생을 기록해놓았다. 후대를 위해서 다행스러운 일이었다. 그는 육지를 돌아다니면서 채집을 할 수 있게 해달라고 베링을 설득했고, 알래스카에 처음 발을 디딘 유럽인이 되었다. 스텔러는 여러 종의 포유류와 조류를 발견했고, 여러 종에 자신의 이름을 따서 스텔러어치Steller's jay(추운 기후에 사는 어치, 뚜렷한 검은 머리와 볏을 갖고 있으며 북아메리카 서부의 산지에서 발견된다) 같은 이름을 붙였다. 그가 명명한 동물 중에는 큰바다사자Steller's sea lion, 쇠솜털오리Steller's eider duck, 참수리Steller's sea eagle 같은 멸종 위기종도 있었고, 이 중 안경가마우지spectacled cormorant와 스텔러바다소Steller's sea cow라는 두 종은 이미 멸종했다.

사냥을 담당한 선원들은 식량으로 쓸 수달을 더 이상 찾을 수 없게 되자, 온순한 스텔러바다소로 눈길을 돌렸다. 스텔러바다소는 당시 살아 있는 해양 포유류 중에서 고래를 제외하고 가장 큰 동물이었다(그림 21.6). 이들은 8~9미터까지 자랐고, 무게는 7~9톤이었다. 스텔러바다소는 대단히 온순해서 그 지역의 원주민 사냥꾼들에 의해 개체수가 불과 수천 마리까지 감소했는데도 인간을 경계하지 않았다. 스텔러는 자신의 보고서에 다음과 같이 썼다.

> 섬의 해안 전체를 따라서, 특히 물이 바다로 흘러들어가고 온갖 해초들이 가장 풍부한 곳에서, 바다소는… 연중 언제나 아주 많이 떼를 지어 나타난다. … 가장 큰 것은 길이가 4~5패덤fathom(약 7~9미터)이고 **가장 불룩한** 배꼽 주위는 두께가 3.5패덤(약 2.25미터)이다. 배꼽 아래로는 육상동물과 달라서 배꼽부터 꼬리까

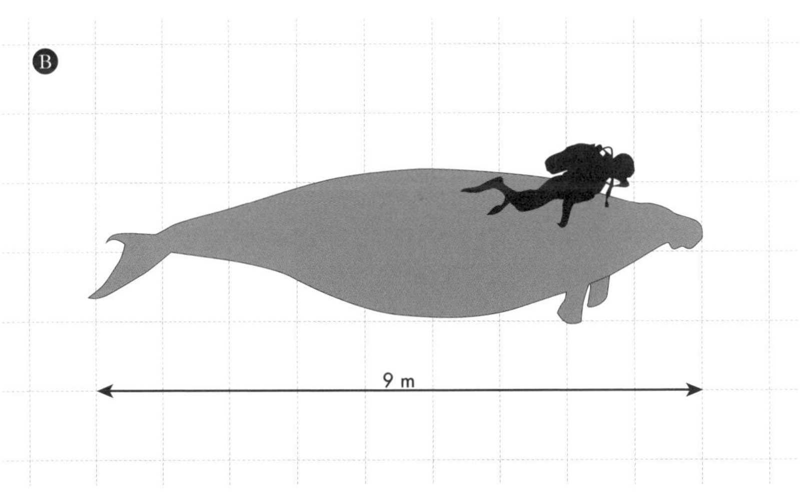

그림 21.6 스텔러바다소. (A) 하버드 대학의 비교동물학 박물관에 전시되어 있는 골격. (B) 스텔러바다소와 인간의 크기 비교.

지 물고기의 모습을 하고 있다. 머리 골격은 말의 머리와 별 차이가 없지만, 살과 피부로 덮여 있을 때에는 아프리카들소buffalo의 머리를 닮았는데 특히 입술 부분이 비슷하다. 눈꺼풀이 없는 이 동물의 눈은 양의 눈보다 더 크지 않다. … 배는 대단히 불룩하게 팽창되어 있고, 항상 가득 들어차 있어서 작은 상처에도 곧바로 바람 빠지는 소리를 내면서 내용물이 빠져나온다. 비교를 하자면, 개구리의 배와 비슷하다. … 이 동물들은 육상의 소 떼처럼 바다에서 무리를 이루어 살아간다. 대개 암컷과 수컷이 서로 어울려서 해안에 온통 자손을 퍼뜨린다. 이 동물의 관심사는 오로지 먹이다. 등과 배의 절반을 물밖에 내놓고 있는 이들의 모습은 끊임없이 느릿느릿 앞으로 나아가는 육상동물과 비슷하다. 이들은 바위에 붙어 있는 물풀을 발로 긁어내어 쉴 새 없이 씹어 먹는다. … 바닷물이 빠지면 해안을 벗어나서 바다로 들어가지만, 밀물이 들어오면 다시 해안으로 돌아온다. 종종 우리는 작대기로 건드려볼 수 있을 정도로 가까이 다가간다. … 이들은 인간을 조금도 경계하지 않는다. 물 위에서 쉬고 싶을 때면, 작은 만 근처의 조용한 곳에 드러누워서 천천히 이리저리 떠다닌다. 뛰어난 지적 능력의 징후는 관찰할 수 없었지만… 이들은 정말로 서로를 각별히 사랑했다. 하나가 부상을 당하면 다른 바다소들이 그 바다소를 구하기 위해서 빙 둘러싸고 해안으로 끌어올릴 정도였다. 어떤 바다소들은 작은 범선을 뒤집으려고도 했다. 어떤 것들은 서로 몸을 연결하거나 작살을 몸에서 빼내려고도 했는데, 실제로 성공을 한 적도 몇 번 있다. 우리는 한 수컷이 해안에서 죽은 암컷의 상태를 확인하기 위해서 내리 이틀을 찾아오는 것도 관찰한 적이 있다. 그러나 이들은 아무리 많은 바다소들이 부상을 입거나 죽어도 개의치 않고 한 지점을 고수했다. 이 동물의 지방은 기름이 흐르거나 흐늘흐늘하지 않으며, 단단하고 몽글몽글하고 눈처럼 하얗다. 볕이 드는 곳에 며칠 동안 놓아두면 최상품 네덜란드 버터처럼 기분 좋은 노란색이 된다. 끓인 바다소 지방은 당도가 탁월하고 질 좋은 소고기 지방의 맛이 나는데 색과 농도는 신선한 올리브유와 비슷하고, 향과 영양가는 특별히 뛰어나다. 우리는 이 지방을 한 잔 가득 마셨지만 조금도 메스껍지 않았다. … 이 동물의 고기는 소고기와 구별이 되지 않고, 가장 더운 여름날에 꼬박 2주를 바깥에 그냥 두어도 산패하지 않는 놀라운 특성은 땅과 바다에 사는 어떤 동물의 고기와도 다르다. 그러나 천지를 뒤덮은 검정파리blowfly의 구더기로 인해 부패한다.

스텔러와 베링의 발견 소식이 러시아에 전해지자마자, 러시아 사냥꾼과 모피 거래상들은 캄차카에서 베링해를 건너 알류샨 열도로 가서, 잡을 수 있는 거의 모든 동물을 닥치는 대로 잡아서 죽이고 먹었다. 그들이 우선적으로 사냥한 동물은 귀한 모피를 얻을 수 있는 해달sea otter이었지만, 바다표범·바다사자·바다코끼리 등 그 밖에 눈에 띄는 것은 모조리 죽였다. 개체수가 수천 마리에 불과했던 스텔러바다소 역시 고기를 얻으려는 사람들에 의해, 또는 단순한 재미로 사냥하는 사람들에 의해 도륙되었다. 스텔러가 처음 이 동물을 발견한 지 불과 27년 후인 1786년이 되자, 바다소류 중에서 가장 큰 동물인 스텔러바다소는 멸종했다.

가볼 만한 곳

페조시렌의 원본 화석은 전시되어 있지 않지만, 복제품이 자메이카 모나에 위치한 웨스트 인디스 대학의 지질학 박물관, 벨리즈의 스페니시 룩아웃 키에 위치한 스패니시 베이 보존 연구 센터, 파리의 프랑스 국립 자연사 박물관과 도쿄의 일본 국립 과학 박물관에 전시되어 있다.

스텔러바다소의 골격은 전 세계 27곳의 연구소에 보관되어 있다. 전시를 하는 곳의 수는 그보다 적으며, 매사추세츠 케임브리지의 하버드 대학 비교동물학 박물관, 워싱턴 D.C. 스미스소니언협회의 미국 국립 자연사 박물관, 런던 자연사 박물관, 에든버러의 스코틀랜드 국립 박물관, 파리의 프랑스 국립 자연사 박물관, 리옹 자연사 박물관, 독일 브라운슈바이크 주립 자연사 박물관, 빈 자연사 박물관, 스웨덴 룬드의 동물학 박물관, 헬싱키의 핀란드 자연사 박물관, 키예프 우크라이나 국립 과학 아카데미의 자연사 박물관, 상트페테르부르크 러시아 과학 아카데미의 동물학 연구소 박물관, 모스크바 국립 대학의 동물학 박물관에 전시되어 있다.

22

말의 시조
말의 기원: 에오히푸스

말의 계통에 대한 지질학적 기록은 진화의 가장 고전적인 본보기 중 하나다.

윌리엄 딜러 매튜, 『말의 진화The Evolution of the Horse』

말 달리자

1492년에 콜럼버스가 카리브해에 당도했을 당시, 말은 아메리카 대륙 어디에서도 볼 수 없었다. 그는 1493년에 있었던 그의 두 번째 항해에서 신대륙에 처음으로 길들여진 말을 들여왔다. 1521년, 에르난 코르테즈는 아즈텍을 정복했다. 이 정복에서 가장 큰 공을 세운 것은 정복자들의 총과 질병만이 아니었다. 말도 큰 몫을 차지했다. 말을 타고 있는 스페인 군인들을 처음 본 아즈텍 사람들은 말과 인간을 켄타우로스처럼 하나의 생명체라고 생각하고 공포에 질렸다.

말은 곧 신대륙 전역에 퍼졌다. 수천 년 동안 유럽과 아시아에서 그랬던 것처럼, 말은 중요한 교통수단이자 짐을 운반하는 동물이 되었다. 말은 그레이트플레인스의 원주민 문화를 바꿔놓았다. 얼마 후 그들은 말을 타고 사냥과 전투를 하는 뛰어난 기마인이 되었고, 말을 타고 들소 떼를 따라다니는 유목 생활이 가능해졌다. 말은 옛 서부 문화의 토대였다. 특히 드넓은 목장을 관리해야 하는 카우보이들에게는 필수적인 동물이 되었다. 그러나 1920년이 되자 내연기관과 자동차 때문에 말은 거의 쓸모가 없어졌다. 특히 신식 무기의 발명으로 제1차 세계대전 동안 경기병대는 극도로 취약해졌다. 오늘날 말은 기본적으로 부유층을 위한 사치품이지만, 지금도 일부 지역에서는 목장 운영과 말 문화가 여전히 중요하다.

1807년까지는 누구나 말이 유라시아에서 기원했다고 생각했는데, ('루이스와 클라크의 탐험'으로 유명한) 윌리엄 클라크가 켄터키의 빅본 릭에서 북아메리카 말의 뼈를 발견했다. 이곳에서는 이미 마스토돈과 매머드와 땅늘보 ground sloth와 그 외 다른 빙하기 멸종동물의 화석이 발견되었다. 그는 이 화석들을 자신의 후원자인 미국 제3대 대통령 토머스 제퍼슨(열성적인 고생물학자였다)에게 보냈으나, 제퍼슨은 이 발견의 중요성에 관해 아무 기록도 남기지 않았다.

1833년 10월 10일, 비글호를 타고 항해 중이던 젊은 찰스 다윈은 아르헨티나를 방문 중이었다. 그는 풍화된 한 지층에서 화석 말의 뼈와 이빨을 발견하고 "대단히 놀랐다". 같은 지층에서는 거대한 아르마딜로처럼 생긴 멸종동물인 글립토돈류glyptodont의 화석도 나왔는데, 이 동물은 껍데기의 크기와 형태가 폴크스바겐 비틀과 비슷했다. 이 화석들은 말이 아메리카 대륙 원산이라는 것뿐만 아니라, 지난 빙하기에 멸종된 동물들과 함께 살았다는 사실까지도 증명해주었다. 다윈은 자신의 화석을 저명한 영국의 고생물학자인 리처드 오언 경에게 모두 주었다. 오언은 이 화석을 에쿠스 쿠르비덴스 *Equus curvidens*라고 명명하고, 다음과 같은 견해를 밝혔다. "남아메리카와 관련해서, 예전에 이 대륙에 존재했다가 멸종했던 한 속이 다시 도입되었다는 증거는 다윈 씨의 고생물학적 발견 중에서 흥미로운 결실 중 하나가 아닐 수 없다." 그 후 1848년에 미국 척추동물 고생물학의 창시자인 조지프 라이디는 자신이 연구한 여러 다양한 빙하기 말의 표본을 발표했다. 그는 이 표본들을 연구하고, 콜럼버스가 당도하기 훨씬 이전의 북아메리카에는 다양한 말이 있었다는 사실을 규명했다.

한편 유럽의 고생물학자들도 화석 말을 찾고 있었다. 플라이스토세의 암석에는 오늘날의 말이 속하는 에쿠스속의 빙하기 말이 풍부했다. 그뿐만 아니라, 더 오래된 층에서는 마이오세 중기에서 후기의 히파리온*Hipparion*과 마이오세 초기의 안키테리움*Anchitherium* (그리고 진정한 말도 아니며 심지어 말과Equidae에 속하지도 않는 것으로 밝혀진 에오세의 팔라이오테리움*Palaeotherium*) 같은 더 원시적인 말도 발견되었다. 1872년이 되자, '다윈의 불도그'인 토머스 헨리 헉슬리는 유럽에서 말이 어떻게 진화했는지를 보여주는 진행 과정을 이 네 속이 잘 보여준다고 지적했다. 1년 후, 러시아의 고생물학자 블라디미르 코발레프스키는 이 발상을 더 발전시켰다.

그러나 점점 더 많은 화석 말이 발견되고 있었다. 라이디와 필라델피아 자연과학 아카데미의 에드워드 드링커 코프, 예일 대학의 오스니엘 찰스 마시 같은 미국 고생물학자들이 미국 서부에서 발굴된 다량의 화석을 기재하기 시작했다. 마시는 1871년과 1872년에 로키산맥에서 발견된 화석 말을 오로히푸스*Orohippus*라고 명명했고, 코프는 그의 에오세 초기 말에 에오히푸스*Eohippus*라는 이름을 붙였다. 헉슬리는 미국이 독립한 지 100주년인 1886년 미국으로 강연 여행을 떠났다. 그는 다윈의 생각을 홍보하고, 유럽에서 말이 진화한 이야기를 할 계획이었다. 그는 강연 여행 도중에 예일 대학에 있는 마시의 소장품을 보기 위해서 꼬박 이틀을 할애했다. 그의 아들인 레너드 헉슬리는 아버지의 전기에 다음과 같이 썼다. "이러저러한 점을 또렷하게 보여주는 표본이나 오래되고 덜 분화된 형태에서 후대의 더 분화된 형태로 전이되는 전형적인 사례가 될 만한 표본이 있는지 물어볼 때마다, 마시 교수는 조교를 불러서 몇 번 상자를 가져오라고 간단히 시키기만 했다. 그러자 헉슬

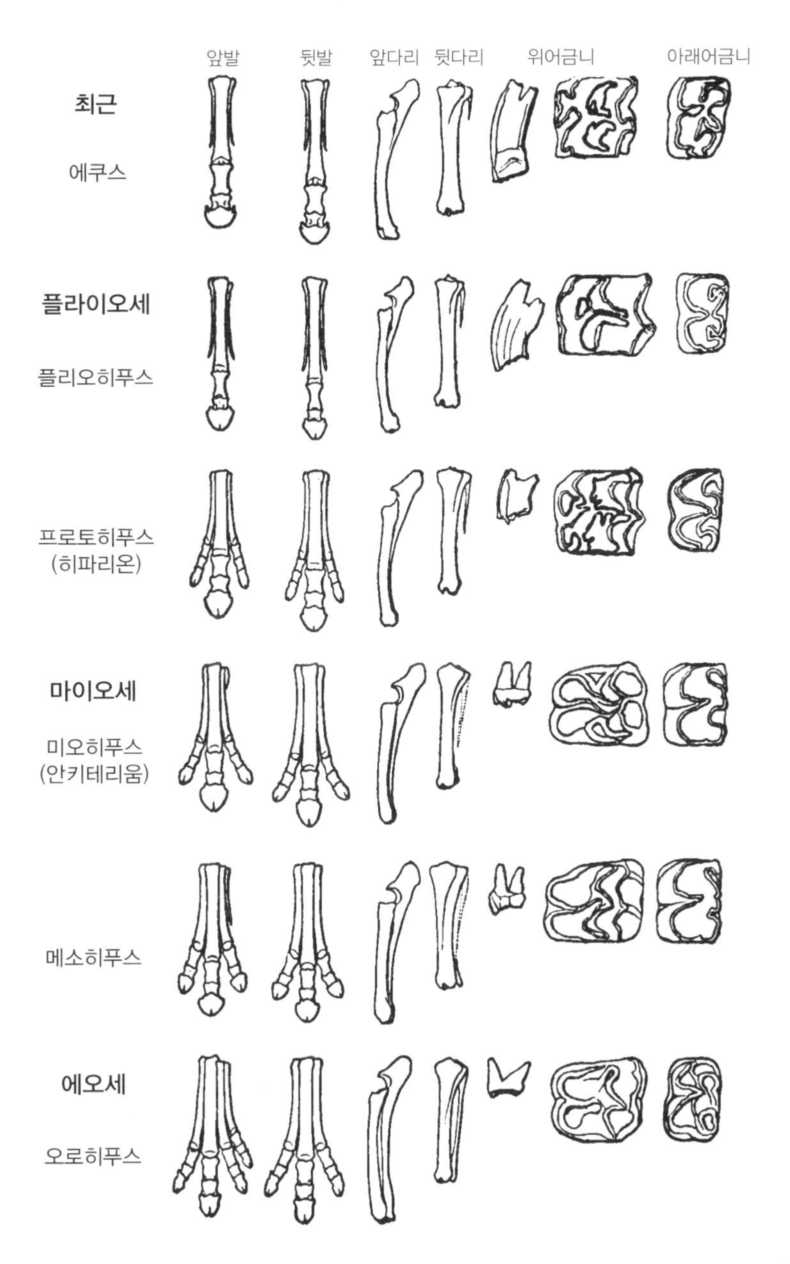

그림 22.1 '말의 가계도'. 오스니엘 찰스 마시가 수집한 북아메리카 말의 화석을 토대로 말의 다리와 이빨의 전이 과정을 묘사한 그림.

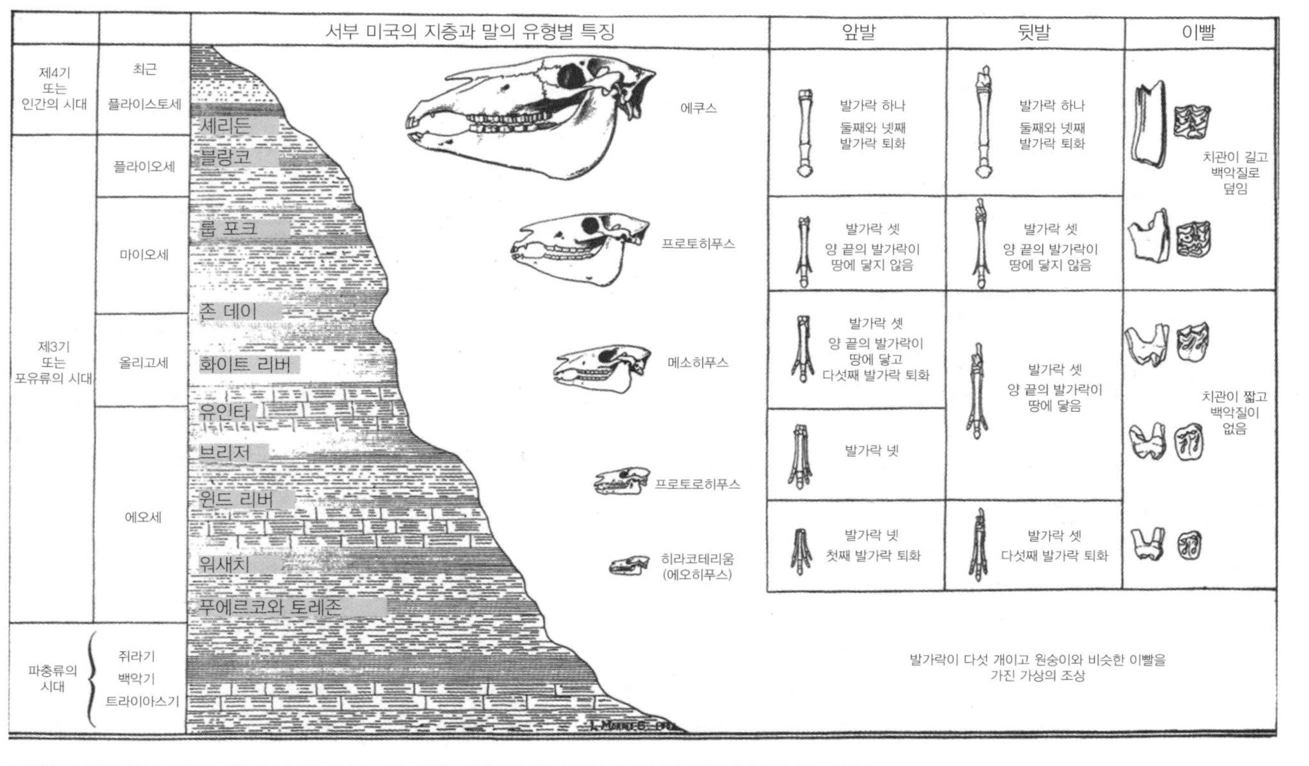

그림 22.2 말의 진화를 보여주는 윌리엄 매튜의 단순한 도표. 이빨과 골격의 변화를 시간에 따른 단순한 일직선상의 변화로 나타낸다.

리는 마시 교수에게 '내가 무엇을 원하든지 마술처럼 나타나게 하는 것을 보니, 당신은 마술사가 분명한 것 같소' 하고 말했다." 그 후 헉슬리는 원래의 노트를 폐기하고, 북아메리카에서 말의 진화를 설명하기 위해서 강의 내용을 수정했다(그림 22.1).

머지않아, 말이 북아메리카에서 먼저 진화하고 안키테리움과 히파리온 같은 유럽 말은 북아메리카에서 이주를 했다는 사실이 명확하게 드러났다. 1926년이 되자, 윌리엄 딜러 매튜 같은 고생물학자들은 시간에 따른 말의 진화에 관한 아주 간단한 도표를 그릴 수 있었다(그림 22.2). 에오세의 작은 말은 발가락이 세 개 또는 네 개였고, 과일과 나뭇잎을 먹기 알맞은 치관이 낮은 이빨을 갖고 있었다. 올리고세에는 메소히푸스와 미오히푸스*Miohippus*가 나왔다. 이들은 발가락이 세 개였고, 다리와 발가락이 훨씬 더 길었다. 그 뒤를 이어서 메리키푸스*Merychippus* 같은 마이오세의 말이 있었다. 메리키푸스는 다리와 발이 더 길어졌고, 곁 발가락이 퇴화했으며, 거칠거칠한 풀을 먹기 알맞은 치관이 더 높은 이빨을 갖고 있었다. 마지막으로 플라이오세와 플라이스토세에 이런 말의 변화는 에쿠스로 끝을 맺는다. 에쿠스는 대단히 긴 다리와 한 개의 발가락을 갖고 있으며, 곁 발가락은 아무 기능도 없이 덧대어진 뼈로 완전히 퇴화했고, 치관이 아주 높은 이빨을 갖고 있다.

매튜의 고전적인 도표가 발표된 이래로 거의 90년 동안, 말의 진화에 관해서 엄청난 양의 정보가 축적되었다. 단순한 직선으로 이어져 있던 순서는 복잡하게 갈라진 가지로 바뀌어서 같은 시대에 살았던 다양한 말의 계통을 나타냈다(그림 22.3). 이를테면, 네브래스카 북부 중앙의 마이오세 지층인 밸런타인층Valentine Formation에 위치한 레일웨이 발굴지 A Railway Quarry A에서는 12종의 화석 말이 발굴되었다. 이 말들은 모두 같은 시대, 같은 장소에 살았다. 내가 닐 슈빈과 함께 메소히푸스와 미오히푸스를 연구할 때에도, 3종의 메소히푸스와 2종의 미오히푸스가 동시에 살던 때가 있었다는 것이 드러났다. 이들은 모두 사우스다코타 빅 배드랜드에 있는 같은 층의 같은 깊이에서 발견되었고, 와이오밍과 네브래스카에 있는 동등한 암석에서 도 발견되었다.

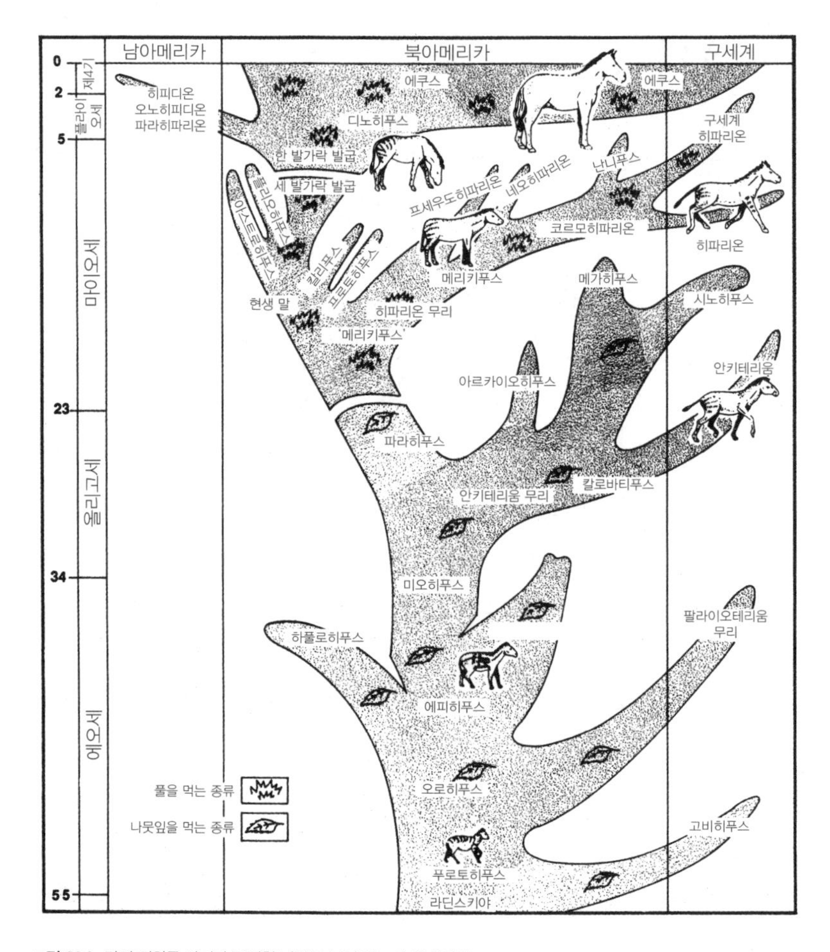

그림 22.3 말의 진화를 가지가 무성한 나무로 보여주는 더 현대적인 도표.

"말의 시조"

최초의 말은 어땠을까? 어떻게 생겼고, 어떻게 살았을까? 북아메리카 서부의 에오세 하부(5500만~4800만 년 전) 지층에는 화석 말이 아주 많다. 특히 와이오밍의 빅혼 분지Bighorn Basin에 위치한 윌우드층Willwood Formation, 와이오밍의 윈드강과 파우더강 유역에 위치한 워새치층Wasatch Formation, 뉴멕시코의 산호세층San Jose Formation 같은 지층에서는 그야말로 수천 개의 턱과 이빨과 함께 괜찮은 상태의 부분 골격이 발견된다. 대부분의 초기 말은 대략 비글이나 여우 정도의 크기였다(키 250~450밀리미터). 오랫동안 교과서들에는 초기 말의 크기를 훨씬 작은 폭스테리어에 비교하는 실수를 범했는데, 그 토대가 된 책의 저자인 헨리 페어필드 오즈번은 여우 사냥을 좋아한 부자였다.

최초의 말은 그 후손들과 비교하면 주둥이가 짧고 뇌가 작았으며, 치관이 매우 낮고 뿌리가 짧은 이빨을 갖고 있었다. 십자형 융기와 낮은 교두로 이루어진 어금니의 씹는 면은 부드럽고 어린 가지에 달린 나뭇잎과 나무 열매를 먹기에 좋았다(그림 22.1과 22.2를 보라). 이런 말들은 다리와 발가락이 비교적 짧았지만, 발끝으로 달렸고 뛰어오르기도 잘했다(그림 22.4). 이들의 발가락은 앞발에는 네 개였고(그러나 새끼발가락은 매우 작았고 엄지발가락은 완전히 사라져서, 세 발가락으로만 걸었다), 뒷발에는 세 개였다. 이들은 후대의 말에서 발달하는 뼈가 퇴화하고, 말총이 길게 늘어지는 꼬리가 아니라 고양이처럼 뼈가 들어 있는 기다란 꼬리를 갖고 있었다. 간단히 말해서, 만약 우리가 이런 말들 중 하나를 봤다면 말은 고사하고 가장 작은 조랑말이라고도 생각하지 못할 것이다. 오히려 긴코너구리coatimundi나 말이 아닌 다른 포유류를 떠올리기가 더 쉬울 것이다. 그러나 현존하는 포유류 중에는 이들과 조금이라도 비슷한 종류가 없다.

화석 증거에 나타난 바에 따르면, 이들 작은 말들은 초온실 세계였던 에오세 초기의 울창한 밀림에서 살아가는 생활에 절묘하게 적응했다. 당시는

그림 22.4 북아메리카 에오세 초기의 말. (A) 거의 완벽하게 만들어진 골격. (B) 살아 있는 모습을 복원한 그림.

대기 중의 이산화탄소 농도가 매우 높아서 극지방에 악어들이 살 수 있을 정도로 온화했다(6개월 동안 밤이 지속되었는데도 말이다). 이들 말고 말과 맥tapir도 극지방에 살았다. 이들의 화석이 발굴되는 몬태나와 와이오밍 같은 곳의 당시 날씨는 오늘날과는 완전히 딴판이었다. 오늘날에는 눈이 많이 내리고 영하의 겨울 날씨가 오랫동안 지속되는 척박한 스텝 지대지만, 에오세에는 열대 숲을 이루고 있었다.

이 숲에는 작은 말뿐만 아니라 맥, 말을 닮은 코뿔소, 그 외 다양한 원시적인 발굽 포유류도 풍부하게 살아가고 있었다. 나무 꼭대기에는 안경원숭이와 비슷한 영장류와 함께, 나무 위에서 생활하는 여러 다른 포유류 무리가 있었는데, 현재는 멸종되었다. 원시적인 포유류 포식자도 있었지만, 크기는 늑대보다 크지 않았다. 포유류 포식자가 없는 상황에서, 에오세 숲의 최상위 포식자는 키가 2.5미터인 날 수 없는 새였다. 거대한 부리와 작은 날개를 가진 이런 새로는 로키산맥의 디아트리마*Diatryma*와 유럽의 가스토르니스*Gastornis*가 알려져 있다. 유럽에서 이들의 먹이는 팔라이오테리움 같은 말과 가까운 동물을 포함하는 무리인 팔라이오테리움류palaeothere였다. 팔라이오테리움류는 북아메리카의 주요 계통과 연관이 있는 진정한 말은 아니었지만, 에오세 초기의 유럽에서 말의 자리를 차지하고 있었다.

이름이 뭐기에

이 동물들에 대한 가장 큰 딜레마는 어떻게 부를지에 관한 문제다. 북아메리카의 에오세 말에 처음 붙여진 이름은 오로히푸스 앙구스티덴스*Orohippus angustidens*였다. 이 이름은 1876년에 마시가 뉴멕시코의 에오세 중기 지층에서 나온 심하게 부러진 이빨과 턱 표본을 토대로 명명한 것이다. 이후 마시는 훌륭한 부분 골격의 대표적인 사례인 에오히푸스 발리두스*Eohippus validus*를 토대로 1876년에 자신의 에오세 초기 화석 중 일부에 에오히푸스

(그리스어로 '말의 시조'라는 뜻)라는 이름을 붙였다. 그 이래로 많은 다른 훌륭한 표본이 에오히푸스속에 추가되었다. 곧 에오세 초기의 에오히푸스가 에오세 중기의 오로히푸스와 같지 않다는 것이 뚜렷해지면서, 에오히푸스라는 이름은 에오세 초기의 말을 가리키는 이름으로 확실하게 자리잡았다. 이 명칭은 20세기 초반에 널리 쓰이게 되었고, 말의 진화와 관련된 옛 도표에는 거의 다 등장한다(특히 교과서 같은 공공 출판물에도 실렸다).

그러던 1932년, 영국 자연사 박물관의 클라이브 포스터 쿠퍼 경은 아메리카 말 화석이 1841년에 리처드 오언이 기재한 화석과 대단히 비슷하다는 것을 주목했다. 연대가 에오세 초기인 런던 점토층London Clay에서 발견된 이 표본은 히라코테리움*Hyracotherium*(바위너구리 야수)이라고 불렸다. 히라코테리움이라는 이름이 에오히푸스보다 35년 앞서 명명되었기 때문에, 국제 동물 명명 규약의 우선권에 따라 히라코테리움이 초기 말의 유효명이 되었다. 다만 이것은 에오히푸스와 히라코테리움이 정말로 같을 경우의 이야기다. 이 의견은 걸출한 고생물학자인 조지 게일로드 심슨이 1951년에 강력히 주장했고, 그 후로 널리 받아들여졌다. 그 뒤로 20세기의 대부분 동안, 북아메리카와 유럽에서 나온 에오세 초기의 말들은 모두 히라코테리움이라는 이름으로 통일되었다. 에오히푸스라는 이름도 끊임없이 변하는 과학을 반영하지 못하는 많은 책과 매체에서 여전히 발견되고 있다.

그러나 과학은 계속 전진하고 있다. 새롭고 더 나은 표본도 발견되고 있으며, 화석의 명명에 대한 철학도 바뀌고 있다. 20세기 초반의 고생물학자들은 분류학적으로 '세분파splitter'였다. 발견되는 거의 모든 화석에 새로운 속명과 종명을 부여했다. 화석들 사이의 차이가 아무리 작아도 상관없었다. 그러다가 1930년대와 1940년대가 되자, 고생물학자들과 생물학자들은 야생에 있는 자연적인 동물 개체군 안에서 일어나는 정상적인 변이의 범위가 어디까지인지를 살피기 시작했다. 그러자 신종의 정의에 활용되었던 수많은 특징이 단일 종 내에서 일어나는 정상적인 변이에 불과했다는 것을 깨닫게 되었다. 1940년대 이후로는 이런 방식의 '개체군적 사고population thinking'가 주를 이뤘고, 지금도 대부분의 고생물학자는 조금씩 다른 여러 화석을 같은 종으로 묶는 것을 선호한다. 특히 해부학적 특징이나 시간과 공간의 분포에서 강력한 증거가 나오지 않았거나, 현대 생물학적 의미에서 정당하게 서로 다른 동물로 분류할 정상적인 종 변이의 통계적 수치가 없는 경우에 그런 경향이 더 강하다.

그러나 최근 몇 년 동안, 더 많아진 표본들, 특히 이전에는 알려지지 않았던 해부학적으로 더 양호한 표본들은, 그동안 '잡동사니 분류군'으로 몰아넣었던 화석들을 다시 검토하도록 고생물학자들을 압박하고 있다. 분류에 관한 더 새로운 생각(분지학cladistics)에 따르면, 잡동사니 분류군은 진화론적인 의미도 없고 자연적인 생물 분류군도 아니다. 따라서 정식 분류학적 명칭으로 인식되어서는 안 된다. 이를테면, 어떤 사람은 네발짐승이 아닌 척추동물을 모두 '물고기fish'라고 부른다. 그러나 폐어는 경골어류보다는 네발짐승과 훨씬 더 가깝고, 경골어류는 무악어류보다는 인간과 훨씬 더 가깝다. 그래서 현대 분류학에서는 더 이상 '물고기'나 '어류Pisces' 같은 일반적인 명칭을 사용하지 않는다. 이런 명칭은 공통된 생태 환경을 반영할 뿐, 독특한 진화 역사를 가진 자연의 분류군을 나타내지 않는다.

확실히 초기 화석에 대한 재조사가 이루어지고 더 나은 화석이 많이 발견되면서, 유럽과 북아메리카의 에오세 초기 말 전체가 히라코테리움으로 분류되어야 한다는 생각에 타격을 주고 있다. 먼저, 1989년에 런던 자연사 박물관의 제레미 후커는 런던 점토층에서 나온 모든 히라코테리움 화석을 관찰하고 새롭게 분석함으로써, 이들이 말이 아니라 유럽의 팔라이오테리움류였다는 결론을 내놓았다. 따라서 이제 더는 히라코테리움이라는 이름으로 북아메리카에서 나온 모든 에오세 초기 말을 편하게 뭉뚱그려 지칭할 수 없게 되었다. (일부 과학자들은 이 결론을 받아들이지 못하고 있지만, 증거나 논리적 분석을 토대로 내린 결정이 아니다. 오랫동안 북아메리카의 말을 히라코테리움이라고 생각해왔기 때문에 습관을 버릴 수 없는 것뿐이다.) 그 후 2002년에 텍사스 대학의 데이비드 프뢸리히는 아메리카 대륙의 모든 에오세 초기 말을 자세히 분석했다. 그는 어떤 속명도 이 말들 전체에 적용될 수 없다는 것을 알아냈다. 이 말들은 원시적인 특성에 의해서 하나의 거대한 잡동사니 분류군으로 통합되었기 때문이다. 에오히푸스라는 이름을 부활시킬 수 있기는 하지만, 해당되는 종은 코프의 앙구스티덴스와 마시의 발리두스뿐이다. 그러나 오랫동안 히라코테리움이나 에오히푸스라고 불려왔던 대부분의 에오세 초기 말 표본은 두 속 중 어디에도 속할 수 없고, 새로운 속이나 부활될 수 있는 예전의 속에 넣어야 한다. 이를테면, 제이컵 워트먼이 1894년에 명명한 프로토로히푸스*Protorohippus*라는 속명은 몬타눔*montanum*과 벤티콜룸*venticolum* 같은 더 발전된 종에 적합하다. 프뢸리히는 새로운 속을 만들기도 했다. 에오세 최초기의 아주 작은 말인 산드라이*sandrae*를 위해서는 시프르히푸스*Sifrhippus*를, 인덱스*index*와 지카릴라이*jicarillai*를 위해서는 미니푸스*Minippus*를, 그랑게리*grangeri*와 아이물로르*aemulor*와 페르닉스*pernix*를 위해서는 아레나히푸스*Arenahippus*를 속명으로 부여했다. 코프의 타피리눔*tapirinum* 같은 일부 종은 말이 아니라 맥을 포함하는 다른 기제류奇蹄類와 연관이 있었고, 현재는 시스테모돈 타피리눔*Systemodon tapirinum*이라고 불린다.

따라서 쉽게 이름을 기억할 수 있고 간단한 도표로 나타낼 수 있는 에오세 초기 말의 단일 속이라는 것은 없다. 그 말들을 모두 에오히푸스라고 불러서는 안 된다. 사실과도 다르고, 극도로 과도하게 단순화된 것이기 때문이다. 자연은 우리의 단순화된 생각과 도표보다 훨씬 더 복잡하고 다양하며, 우리는 더 최근의 연구를 반영하기 위해서 관점을 바꿔야 한다. 오랫동안 오용되었던 '브론토사우루스'라는 이름을 쓸 수 없는 것이나 명왕성을 행성이라고 부를 수 없는 것과 같다. 따라서 말의 진화를 나타낸 모든 도표나 모든 교과서의 말에 관한 부분에 등장하는 에오세 초기 말의 속명을 하나로 지칭한다면 그것이 에오히푸스든 히라코테리움이든 잘못된 것이다. 적어도 프로토로히푸스, 시프르히푸스, 미니푸스, 아레나히푸스가 열거되어야만 현재의 지식을 반영한다고 할 수 있다.

말은 어디에서 왔는가?

나의 학부 시절 척추동물 고생물학 수업의 마지막 과제를 수행하기 위해서, 마이클 우드번 교수는 와이오밍 엠블럼 근처의 빅혼 분지에서 나온 에오세 최초기 포유류의 뼈들을 마구 뒤섞어서 학생들에게 자료로 나눠주었다. 우리가 할 일은 과학 문헌을 보면서 그 뼈들을 분류하고 동정해서 종의 목록을 만드는 것이었다. 당시에는 에오세 초기 포유류에 대한 최신 분류법이랄 것이 거의 없었기 때문에, 매우 어려운 작업이었다. 그러다가 1970년대 후반에 필립 깅그리치, 케네스 로즈, 데이비드 크라우스, 토머스 바운이 쓴 빅혼 분지 포유류에 관한 논문들이 쏟아져 나오면서 상황이 바뀌었다. 이 논문들이 1975년에 나왔다면 내 과제가 **훨씬** 수월했을 것이다!

이 과제에서 내가 기억하는 것은 내 상자 속에는 초기 기제류의 턱이 그득했다는 것이다. 그것들은 대체로 (오늘날 무슨 이름이 붙여졌는지 모르는) 말의 뼈와 맥의 친척인 호모갈락스*Homogalax*의 뼈였다. 나는 그 뼈들을 구별하는 것이 지독히도 어려웠다. 내 막내아들조차도 두 살 때 말과 맥을 구별할 수 있었는데 말이다! 오늘날 말과 맥은 이빨과 전체적인 해부학적 특징이 대단히 다르지만, 5500만 년 전에는 이빨이 사실상 똑같았고 골격과 두개골도 대체로 동일했다(그림 22.5). 한두 가지의 미묘한 차이(특히 어금니의 씹는 면에 있는 돌기의 능선 모양)만 구별되었고, 이 차이를 알아보려면 밝은 눈과 훈련이 필요했다.

에오세 초기의 다른 기제류를 한번 둘러보면, 이런 경향은 더 충격적으로 다가온다. 코뿔소의 가장 초기 조상인 히라키우스*Hyrachyus*는 초기 맥과 말과 거의 구별이 되지 않는다. 그러나 오늘날에는 코뿔소와 맥과 말은 서로

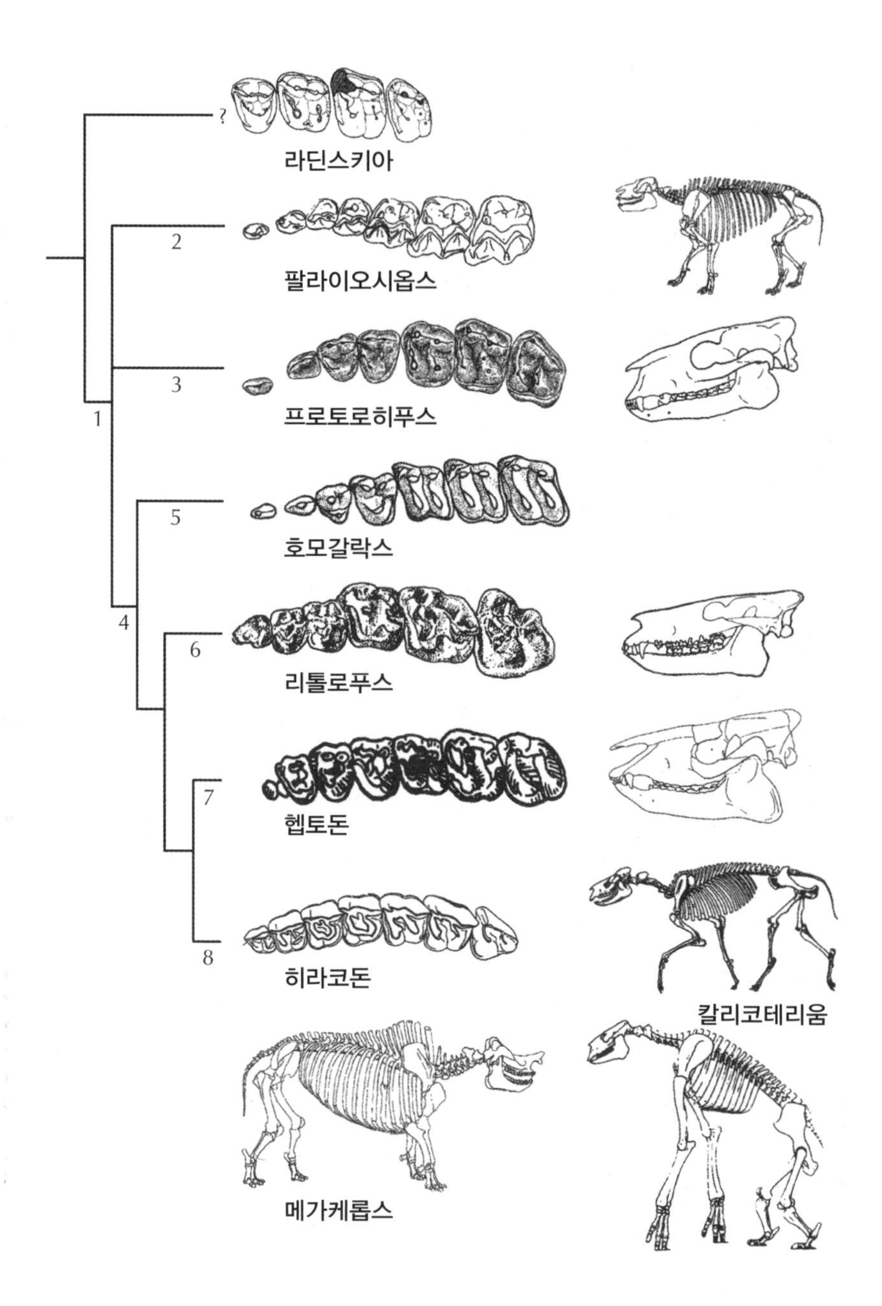

그림 22.5 원시 기제류의 방산.

전혀 닮지 않았다. 코뿔소를 닮은 포유류의 초기 일원인 멸종한 브론토테리움류brontothere 역시 초기 코뿔소와 맥과 말과 대단히 비슷했다. 다시 말해서, 대단히 다양한 오늘날의 기제류를 거슬러 올라가면, 오늘날의 후손과는 생김새가 전혀 다른 에오세 초기의 공통조상에 이른다. 그 이후, 한때는 모습이 비슷했던 이 계통의 후손들은 진화적 분기를 통해서 서로 갈라져나갔고, 시간이 흐를수록 모습이 점차 달라지면서 쉽게 구별할 수 있게 된 것이다. 실제로 에오세 중기에는 말과 맥과 코뿔소와 브론토테리움류 계통이 서로 뚜렷하게 달라졌다. 이들의 모습은 오늘날의 후손들과는 크게 달랐지만, 그래도 어린아이도 구별할 수 있을 정도였다.

그런데 말과 그들의 기제류 친척들은 어디에서 유래했을까? 가장 오랫동안 고생물학자들의 지목을 받았던 무리는 팔레오세와 에오세 초기에 흔했던 페나코두스류phenacodontid라는 고대 발굽 포유류였다. 이들의 이빨은 초기 기제류의 이빨과 대단히 비슷했고, 두개골과 골격은 기제류의 공통조상으로 확인될 만한 특징을 두루 갖추고 있었다. 그러나 1989년에 맬컴 매케나는 세 명의 중국인 공저자와 함께 약 5700만 년 된 몽골의 팔레오세 후기 지층에서 발견된 새로운 화석을 기재했다. 그들은 1986년에 사망한, 초기 기제류 연구의 거장 중 한 사람인 레너드 래딘스키의 이름을 따서 이 화석을 라딘스키아*Radinskya*라고 명명했다(그림 22.5를 보라). 라딘스키아는 아주 작은 말처럼 생겼지만, 최초의 말들보다 더 원시적이었다. 이런 원시적인 특성 때문에 난감했던 매케나와 동료 연구진은 라딘스키아를 기제류로 분류할지, 아니면 기제류와 유연관계가 가까운 다른 포유류 무리에 넣을지 갈피를 잡지 못했다. 그 이후 대부분의 과학자가 이 화석을 근거로 합의한 바에 따르면, 에오세 초기의 북아메리카와 유럽에서 일어난 급격한 기제류의 진화는 그 지역의 페나코두스류에서 진화했기 때문이 아니었다. 오히려 기제류는 약 5500만 년 전에 아시아에서 북아메리카와 유럽으로 들어왔다. 그 후 빠르게 분화하기 시작해서, 에오세 중기가 끝날 무렵에는 (가까운 친척인 페나

코두스류를 포함한) 대부분의 토착종 고대 발굽 포유류를 멸종으로 내몰았다.

말의 빼어난 화석 기록에는 아시아에서 시작된 기제류의 분기 진화divergent evolution와 특유의 유사성뿐만 아니라, 북아메리카에서 진화했다가 플라이스토세에 서반구에서 소멸되는 과정도 고스란히 남아 있다. 말은 15세기 후반에 고향으로 돌아온 것뿐이다.

가볼 만한 곳

많은 미국 박물관에서 말의 진화를 보여주는 전시를 하고 있다. 대개는 초기 에오세 말과 함께, 사우스다코타의 화이트 리버 배드랜즈에서 나온 올리고세의 메소히푸스, 몇 종류의 마이오세 말, 플라이스토세의 에쿠스가 전시되어 있다. 이런 박물관으로는 뉴욕의 미국 자연사 박물관, 시카고의 필드 자연사 박물관, 게인즈빌에 위치한 플로리다 대학의 플로리다 자연사 박물관, 워싱턴 D.C. 스미스소니언협회의 미국 국립 자연사 박물관, 로스앤젤레스의 로스앤젤레스 자연사 박물관이 있다.

23

거대 코뿔소

가장 거대한 육상 포유류: 파라케라테리움

우리는 모두 발루치스탄에 살았던 야수가 엄청난 동물이라는 것을 알고 있었다. 그럼에도 이 동물이 남긴 뼈의 크기는 실로 충격적이었다. 우리는 이빨 몇 개가 있는 두개골의 앞부분만 가져왔다. 그러나 그레인저 박사에게는 그것만으로 충분했다. 그는 이렇게 말했다. "확실합니다. 이 동물은 거대하고 뿔이 없는 코뿔소입니다. 과학계에 알려진 그 어떤 동물과도 다른 동물입니다."

로이 채프먼 앤드루스, 『이상한 옛 동물에 관한 모든 것
All About Strange Beasts Of The Past』

모래늪이다!

1922년, 미국 자연사 박물관 관장이자 과학과 사회 양 분야에서 중요한 인물이었던 유명 고생물학자 헨리 페어필드 오즈번은 초기 인류 조상의 화석을 찾기 위해 몽골에 탐사대를 파견했다. 오즈번은 인간이 아시아에서 진화했다고 (잘못) 생각했다. 그래서 그는 이 주장으로 부유한 기부자들과 박물

관 이사회를 설득해서 기금을 모았다. 대규모로 꾸려진 탐사대는 낙타 75마리(휘발유와 다른 보급품을 마리당 180킬로그램씩 운반했다), 닷지 승용차 세 대, 풀턴 트럭 한 대, 한 무리의 과학자와 조수들로 이루어졌다. 탐사대를 이끈 로이 채프먼 앤드루스는 대담한 탐험가이자 모험가로 유명했으며, 많은 사람이 영화 속 인디애나 존스의 모델로 여기는 인물이다. 오즈번은 앤드루스에게 이렇게 말했다. "거기에는 화석이 있습니다. 나는 알고 있습니다. 가서 찾아오세요."

베이징을 출발해서 만리장성을 통과한 탐사대는 곧 백악기 공룡의 놀라운 화석을 발견함으로써 유명해졌다. 앤드루스와 그의 연구진이 발견한 화석 중에는 최초로 알려진 공룡알 둥지 화석도 있었다. 그러나 그들은 화석 발견에서는 큰 성공을 거두었지만, 아시아에서 가장 오래된 인간의 증거를 발견하는 것은 실패했다. 오즈번이 틀렸기 때문에(그리고 다윈은 옳았다) 그럴 수밖에 없었다. 인간은 아프리카에서 진화했다. 최초의 진정한 고대 화석 인간(오스트랄로피테쿠스 아프리카누스[타웅 아이Taung Child, 25장])은 1924년에 남아프리카에서 발견되었는데, 공교롭게도 그해에 오즈번과 앤드루스는 아시아에서 초기 인간을 찾기 위해서 부유한 기부자들로부터 더 많은 후원금을 요청하고 있었다. 그러나 대부분의 당시 과학자와 마찬가지로, 오즈번은 그 화석이 시대를 알 수 없는 어린 유인원의 것에 불과하다고 치부했다.

박물관 고생물학자인 월터 그레인저와 그의 중국인 조수들은 화려한 공룡 화석들과 함께 매우 중요하고 인상적인 포유류 화석도 많이 발견했다. 앤드루스는『중앙아시아의 새로운 정복The New Conquest of Central Asia』이라는 (정치적으로 대단히 바람직하지 않고 제국주의적인 제목의) 책에서 1925년에 이뤄진 그의 세 번째 탐사에 관해 다음과 같이 썼다.

> 로Loh에서 가장 흥미로운 발견의 공은 중국인 채집원 중 한 사람인 류스쿠Liu Shi-ku에게 돌아간다. 그는 예리한 눈매로 가파른 비탈의 붉은 퇴적층 속에 있

는 반짝이는 하얀 뼈를 놓치지 않았다. 그는 조금 땅을 파보다가 그레인저에게 보고했고, 그레인저가 발굴을 마무리했다. 류는 **똑바로 서 있는** 발루키테리움 *Baluchitherium*의 종아리와 발을 발견하고 크게 놀랐다. 그 모양새가 마치 발걸음을 옮기다가 무심결에 발을 빠뜨린 것같이 보였다(그림 23.1). 화석이 이런 자세로 발견되는 일은 거의 없기 때문에, 그레인저는 그 자리에 주저앉아서 그 까닭을 곰곰이 생각했다. 가능성 있는 해답은 하나뿐이었다. 바로 모래늪流沙이었다! 류가 발견한 것은 오른쪽 뒷다리였다. 따라서 오른쪽 앞다리는 비탈의 훨씬 아래쪽에 있어야 했다. 그는 발견된 발에서 약 9피트(약 2.7미터 — 옮긴이) 떨어진 곳을 파보기 시작했다. 아니나 다를까, 그곳에도 화석화된 나무 같은 거대한 뼈가 똑바로 서 있었다. 다른 쪽 다리 두 개도 어렵지 않게 찾을 수 있었다. 무슨 일이 있었는지 명백하기 때문이었다. 다리 네 개가 저마다 다른 구멍에서 모두 발

그림 23.1 모래늪에 갇힌 채 파묻혔기 때문에 똑바로 선 채로 발견된 파라케라테리움의 다리뼈.

굴되자, 그 느낌이 예사롭지 않았다(그림 23.1을 보라). 나는 그레인저와 함께 비탈을 올라 언덕 꼭대기에 앉아서 아득한 옛날에 그 비극이 일어났던 때를 상상해보았다. 그 언어를 읽을 수 있는 사람들에게 이 거대한 다리들은 당시의 이야기를 있는 그대로 들려준다. 아마 이 동물은 물을 마시려고 물웅덩이로 다가갔을 것이다. 그런데 물웅덩이의 주변은 위험한 모래늪이었고, 갑자기 몸이 가라앉기 시작했다. 엉덩이보다 조금 뒤로 물러나 있는 다리뼈의 위치는 이 동물이 점점 몸이 빠져드는 모래늪으로부터 빠져나오기 위해 필사적으로 사투를 벌였다는 것을 보여준다. 분명 모래 속으로 빠르게 빨려 들어가서 결국에는 콧구멍과 목구멍을 가득 메운 퇴적물에 질식사했을 것이다. 만약 몸의 일부만 파묻힌 뒤에 굶어죽었다면, 몸이 한쪽으로 쓰러져 있었을 것이다. 모래 속에서 똑바로 서 있는 골격 전체가 발견되었다면 전 세계를 깜짝 놀라게 할 표본이었을 것이다.

나는 그레인저에게 물었다. "월터, 다리들만 찾으면 무슨 소용이에요? 몸의 나머지 부분도 찾아보면 어때요?" 그는 이렇게 대답했다. "내 탓이 아니에요. 나를 이곳에 조금 일찍 데려오지 않은 당신 잘못이지. 비탈이 침식되어 사라지기 전에 3만 5000년쯤 일찍 왔다면, 골격 전체를 얻을 수 있었을 텐데!" 우리는 그 시간 차 때문에 기회를 놓친 것이다. 이 동물을 덮고 있던 퇴적층이 침식되어 사라져간 사이에 그 뼈들도 조금씩 사라져갔고, 이제는 무수히 많은 조각이 되어서 계곡 바닥에 흩어져 있다. 몽골의 올리고세 화석층 어디에서나 발루키테리움류의 뼈나 뼛조각이 발견되는 것을 보면, 그 시절 몽골에는 발루키테리움류가 대단히 많았던 것이 분명하다.

앤드루스의 이야기는 흥미진진하지만, 아마 세부적인 면에서는 꽤 다를 것이다. 희생자가 순식간에 지면 아래로 빨려 들어가는 영화 속 모래늪과 달리, 진짜 모래늪은 그냥 보통 모래에 물이 스며들어 있는 상태다. 이런 모래는 압력이 가해지면 액체와 같은 성질을 띤다. 따라서 액체처럼 흐르는 모래 속으로 희생자의 다리가 빠지는 것이다. 그러나 주로 물이기 때문에, 사람이나 동물은 물웅덩이보다 더 깊이 가라앉을 수는 없다. 모래늪에서 빠져 나오기 위해서는 (마치 물 위에 떠 있는 것처럼) 몸을 평평하게 뉘어야 한다. 그리고 누군가가 모래늪의 바깥쪽에서 밧줄이나 막대를 던져 붙잡게 하고 끌어내주어야 한다.

모래늪에 갇힌 동물은 아마 다리와 배 정도까지만 파묻혔을 것이다. 그런 다음 모래늪이 단단해지면서 탈수로 죽었을 것이다. 몸의 나머지 부분은 모래늪에 파묻히지 않았겠지만, 움직이지 못해서 죽어가거나 죽은 동물을 공격하는 청소동물들에게 손쉬운 먹이가 되었을 것이다.

몽골의 괴물들

앤드루스와 그레인저가 말했던 발루키테리움류는 오늘날 파라케라테리움 *Paraceratherium*이라고 알려진 거대한 뿔 없는 코뿔소다. 1907년에 이빨 몇 개가 처음 발견되었지만, 최초의 양호한 표본은 1910년에 영국의 고생물학자인 클라이브 포스터 쿠퍼Clive Forster Cooper가 오늘날 파키스탄의 발루치스탄 지역에서 처음 발견했다. 이 표본은 부서진 두개골과 턱뼈 조각 몇 개, 그리고 몇 개의 뼈가 전부였지만, 이 동물의 엄청난 크기를 알아보기에는 부족함이 없었다. 1913년에 포스터 쿠퍼는 그가 수집한 더 완벽한 두개골 표본에 발루키테리움 오스보르니*Baluchitherium osborni*라는 이름을 붙였고, 이 이름은 수십 년 동안 남아 있었다. 그로부터 4년 후, 러시아의 고생물학자인 알렉세이 알렉세예비치 보리샤크는 지금까지 발견된 것 중에서 가장 완벽한 골격에 인드리코테리움*Indricotherium*이라는 이름을 붙였다. 이 이름은 아랄해 북부(카자흐스탄 북서부)에 위치한 옛 소련의 인드릭 지역에서 딴 것이다(그림 23.2).

이 세 이름은 수십 년 동안 널리 쓰였다. 과학자들은 발루키테리움이라는 대중적인 이름을 오랫동안 거부해왔지만, 오즈번은 (자신의 이름을 따서 명

그림 23.2 비교적 완벽한 파라케라테리움의 유일한 골격. 모스크바에 위치한 유리 오를로프 고생물학 박물관에 전시되어 있다.

명된 종명이 포함되어 있었기 때문에) 이 이름을 선호하고 홍보했다. 발루키테리움은 파라케라테리움의 다른 표본이 확실했고 더 나중에 붙여진 이름이기 때문에 후행 이명이 된다. 1989년에 스펜서 루카스와 제이 소버스는 이 동물들이 변이의 폭이 대단히 넓은 하나의 분류군이었다는 것을 증명했다. 따라서 가장 오래된 이름인 파라케라테리움이 더 나중에 지어진 발루키테리움과 인드리코테리움보다 우선권을 차지했다. 이들의 화석을 연구하고 있는 대부분의 고생물학자들도 파라케라테리움이 최대 서너 종으로 이루어진 하나의 속일 것이라는 데에 대체로 동의하고 있다. 이 정도 크기의 동물이 그 거대한 몸집을 유지할 수 있는 충분한 먹이를 얻기 위해서는 활동 영역이 굉장히 넓어야 하는데, 이러한 거대 동물 여러 속이 동시에 같은 지역에 산다는 것은 생태적으로 거의 불가능하기 때문이다.

그림 23.3 유리섬유로 복원된 파라케라테리움. 원래는 링컨의 네브래스카 주립 대학 박물관에 전시되어 있다가 지금은 네브래스카 스카츠블러프에 위치한 리버사이드 디스커버 센터로 옮겨졌다. 오늘날의 코끼리(오른쪽 뒤편)와 크기를 비교할 수 있으며, 발치(앞발의 오른쪽)에는 파라케라테리움의 조상인 히라코돈을 복원한 모형이 있다.

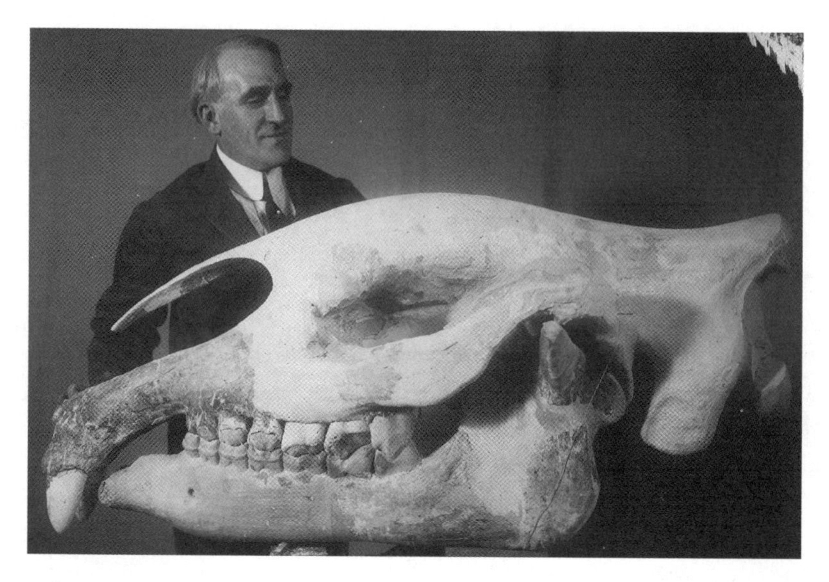

그림 23.4 파라케라테리움의 거대한 두개골. 1922년에 미국 자연사 박물관이 조직한 탐사대 대원이 몽골에서 발견한 것이다.

이 경이로운 동물들의 이름이 무엇이든, 이들은 올리고세에서 마이오세 초기인 약 3300만~1800만 년 전에 아시아 전역을 어슬렁거리며 돌아다녔다. 이들의 화석은 몽골과 파키스탄뿐 아니라 중국과 카자흐스탄에서도 발견되었고, 더 최근에는 터키와 불가리아에서도 발견되었다.

파라케라테리움은 지금까지 발견된 육상 포유류 중에서 가장 거대한 동물이다(그림 23.3). 어깨높이가 4.8미터이고 길이가 8미터였으며, 코끼리나 마스토돈보다 무거웠다. 처음에는 무게가 34톤이 넘을 것으로 추정되었지만, 더 최근 방식의 계산에서는 지금까지 살았던 가장 거대한 코끼리 종류인 데이노테리움류deinothere보다 조금 더 무거운 약 20톤으로 결정되었다.

파라케라테리움은 두개골도 거대했다. 길이 2미터가 넘는 두개골에는 (두개골에 뚫려 있는 깊은 콧구멍으로 판단할 때) 짧은 코끼리코proboscis와 나뭇가지에서 잎을 훑어내기 위한 움켜쥐는 입술prehensile lip과 거친 풀보다는

그림 23.5 그레이트데인만 한 크기의 코뿔소인 히라코돈의 복원도. 이들로부터 진화한 파라케라테리움은 히라코돈의 후손이다.

나뭇잎만 먹기에 적합한 비교적 원시적인 치관이 낮은 이빨이 있었다(그림 23.4). 두개골의 정수리 부분에는 뿔이 있었던 흔적이 없기 때문에, (대부분의 멸종된 코뿔소와 마찬가지로) 뿔이 없었을 것으로 추정된다. 파라케라테리움을 복원한 모형은 대부분 코뿔소를 확대해놓은 것처럼 보이게 만들어지며, 코뿔소처럼 작고 단순한 귀를 갖고 있다. 그러나 나는 이들이 거대한 몸집 때문에 체열의 발산이 어려웠을 것이라고 생각한다. 체온을 낮추려면 대형 열 발산 장치(이를테면 코끼리 귀 같은 것)가 필요했을 것이다.

파라케라테리움은 어떤 코끼리보다도 컸지만, 비교적 발목뼈가 길쭉하다. 그 까닭은 이들이 달리기에 적합한 긴 다리와 발가락을 가진 코뿔소 무리(히라코돈류)에서 진화했기 때문이다(그림 23.5, 그림 23.3을 보라). 용각류 공룡과 코끼리는 엄청난 무게에 짓눌려서 발가락뼈가 매우 짧고 대부분 납작하게 찌부러져 있는데, 파라케라테리움은 엄청난 크기와 무게에도 불구하고 용각류 공룡과 코끼리의 전형적인 다리 비율이 전혀 나타나지 않는다. 간단히 말해서, 파라케라테리움은 나무의 최상층에서 잎을 먹는 기린의 자리를 차지하려던 코뿔소였다. 그러나 그 자리를 차지하기 위해서 기린처럼 다리와 목만 길게 늘인 것이 아니라 모든 것을 확대한 것이다.

코뿔소의 기원

파라케라테리움은 신생대에 코뿔소에서 일어난 엄청난 진화의 일부에 불과하다. 가장 오래된 코뿔소는 에오세(약 5200만 년 전) 지층에서 발굴되는데, 이들의 모습은 초기의 맥이나 말과 대단히 비슷했다(그림 22.5를 보라). 그러나 에오세 중기 후반(약 4000만 년 전)이 되자, 코뿔소는 세 과로 나뉘었다. 그중 하나인 멸종된 아미노돈과Amynodontidae는 하마처럼 대체로 반수생 생활에 적응했다. 이들은 하마와 같은 커다란 두개골과 턱, 짧은 다리와 뚱뚱한 몸을 갖추고 있었다.

두 번째 멸종된 과인 히라코돈과Hyracodontidae는 '달리는 코뿔소'라고도 불린다. 히라코돈과의 동물들은 에오세 후기의 북아메리카와 아시아에서 흔히 볼 수 있었다. 가장 잘 알려진 종은 화이트 리버 배드랜즈에서 발견된 히라코돈 네브라스켄시스*Hyracodon nebraskensis*다(그림 23.5를 보라). 크기는 대형견인 그레이트데인만 했지만, 다리와 발가락뼈가 더 길고 가늘었다. 이런 뼈들은 이들이 다른 어떤 코뿔소보다도 빠르게 달렸다는 것을 나타낸다. 히라코돈류는 아시아에서 더 커지고 더 진화하면서 계속 번성했다. 조금 더 커진 히라코돈류로는 중국의 죽시아*Juxia*가 있었다. 죽시아는 큰 말과 비슷한 크기였고, 다리와 목도 길었다. 이 코뿔소들은 코끼리만 한 크기의 우르티노테리움*Urtinotherium*을 거쳐서 마침내 파라케라테리움에 이르러 종말을 맞았다.

세 번째 과는 오늘날 아프리카와 아시아에 현존하는 코뿔소를 아우르는 코뿔소과Rhinocerotidae다. 과거에는 수십 속과 종이 포함되었고, 유라시아와 북아메리카에서 빠르게 진화하고 있었다(그러다 결국에는 아프리카에 이르렸다). 북아메리카의 코뿔소는 마이오세 말기인 약 500만 년 전에 사라졌지만, 유라시아에서는 계속 명맥을 이어가다가 마지막 빙하기가 끝날 무렵인 약 2만 년 전에 멸종했다. 오늘날 코뿔소는 4속 5종만 남아 있다. 아프리카코뿔소 2종과 인도코뿔소, 그리고 멸종에 임박한 자바코뿔소와 수마트라코뿔소가 있다. 5종 모두 심각한 멸종 위기를 맞고 있다. 코뿔소 뿔이 중국에서 전통 약재로 쓰여서 밀렵이 성행하기 때문이다. (코뿔소 뿔은 털이 단단히 굳어서 만들어진 것이기 때문에 의학적 효능이 없다. 화학적으로 볼 때, 인간의 머리카락이나 손톱과 성분이 거의 같다.) 코뿔소를 보호하기 위해 최선을 다하고 있지만, 앞으로 몇 년 내에 코뿔소가 멸종될지도 모를 정도로 밀렵 문제가 심각하다. 가루를 낸 코뿔소 뿔의 값이 같은 무게의 금이나 코카인보다 더 비싸기 때문이다.

거대 코뿔소의 생물학적 특성

파라케라테리움은 코끼리보다 조금 더 컸기 때문에, 우리는 코끼리를 통해서 파라케라테리움의 생활 방식과 생물학적 특성에 관해 많은 것을 추론해볼 수 있다. 소집단을 이루고 살았던 그들은 거대한 몸집을 유지할 충분한 먹이를 찾기 위해서 넓은 지역을 돌아다녔을 것이며, 나무 꼭대기가 훤히 드러날 정도로 잎을 모두 훑어 먹었을 것이다. 코끼리와 생화학적 제약에 대한 연구를 토대로 볼 때, 파라케라테리움은 느릿느릿 걸었을 것이다. 시속 30킬로미터보다 빠르게 움직이는 일은 결코 없었을 것이며, 주로 시속 10~19킬로미터의 속도로 움직였을 것이다. 그러나 이렇게 느릿느릿 걸어도 긴 다리 덕분에 꽤 넓은 지역을 돌아다닐 수 있었다. 키와 몸집이 컸다는 것은 심장 박동이 느렸다는 것을 나타낸다(코끼리의 심박수는 1분에 30회에 불과하다). 큰 몸집에서 수명이 길었다는 것도 추측할 수 있다. 파라케라테리움의 수명은 오늘날 코끼리의 수명(대체로 50~70년)과 비슷했을 것이다.

파라케라테리움은 꽤 작은 집단을 유지했을 것이며, 암컷은 2년에 한 번 정도 새끼를 낳았을 것이다. 새끼가 다 자랄 때까지는 10년 남짓의 시간이 걸렸을 것이다. 뜨거운 한낮에는 체온을 유지하기 위해서 주로 그늘에서 쉬거나 물웅덩이에서 목욕을 하면서 시간을 보내고, 선선한 이른 아침과 저녁과 밤에는 거의 쉬지 않고 먹었을 것이다. 또 오늘날의 말과 코뿔소와 코끼리처럼, 상대적으로 비효율적인 후장 발효hindgut fermentation를 했을 것이다. 이들은 소, 양, 염소, 영양, 기린, 사슴 같은 종류의 동물들에 있는 것과 같은 효율적인 네 개의 방으로 이루어진 반추위反芻胃, ruminating stomach가 없었다. 결국 파라케라테리움은 말과 코끼리처럼 날마다 엄청난 양의 먹이를 먹었지만, 반추위를 갖고 있는 포유류에 비해서 소화되는 양은 매우 적었을 것이다.

엄청난 크기의 몸집은 (특히 열 관리와 관련해서) 몇 가지 문제를 야기하기도 했지만, 장점도 있었을 것이다. 오늘날의 코끼리와 마찬가지로, 다 자란 파라케라테리움은 포식자를 두려워하지 않았을 것이다. 아시아의 올리고세 지층에서 알려져 있는 대부분의 포식자는 늑대보다 작았기 때문에, 성체 파라케라테리움과 맞붙을 만한 포식자는 없었다. 그러나 새끼는 취약했다. 아마 코끼리처럼 파라케라테리움의 새끼도 주로 암컷들로 이루어진 작은 무리 속에서 살았을 것이다. 암컷 우두머리와 그 자매들과 딸들과 조카들로 이루어진 이 무리에서는 새끼들이 포식자의 표적이 되지 않을 정도로 충분히 클 때까지 모두 함께 새끼들을 돌봤다.

거대 동물의 땅

올리고세 동안 몽골과 중국의 서식지는 여러 면에서 대단히 특이한 생태계였다. 파라케라테리움의 화석이 발굴된 지역에는 대체로 설치류와 토끼류의 화석이 가장 흔하다. 이는 이 지역이 풀을 뜯는 중형 초식동물을 위한 자원은 부족하지만 굴을 파고 살아가는 소형 초식동물을 위한 자원은 풍부한 환경이었다는 것을 암시한다. 대부분 건조한 반사막의 관목 지대였고, 드넓은 초원은 드물었을 것이므로 초원에 사는 포유류는 매우 적었을 것이다. 그 대신 거대한 파라케라테리움은 나무 꼭대기의 잎을 먹었고, 드물게나마 존재했던 영양을 닮은 중간 크기 동물은 덤불을 먹었다(좀 더 작은 초식동물이 풍부한 오늘날의 사바나-초원 서식지와는 대조를 이룬다). 포식자는 성체 파라케라테리움보다 덩치가 작아 대적할 수 없었기 때문에, 분명히 파라케라테리움이나 다른 동물의 사체를 보이는 대로 먹었을 것이다.

파라케라테리움의 멸종 원인에 관해서는 폭넓은 논의가 진행 중이지만, 가장 가능성이 큰 사건은 두 가지다. 올리고세의 대부분과 마이오세 초기 동안, 파라케라테리움은 서식지의 변화가 없었다. 대형 포식자도 없었고 대형 초식동물과의 경쟁도 없었다. 그러다가 2000만~1900만 년 전, 최초의 마스토돈이 자신의 고향인 아프리카를 떠나서 유라시아로 건너왔다. 그리고 마스토돈은 거의 곧바로 북아메리카까지 이르렀다. 오늘날의 코끼리(그리고 그들의 선사시대 친척들)는 환경에 지대한 영향을 미친다. 오늘날 아프리카 사바나에서 코끼리는 나무를 쓰러뜨려서 빽빽한 숲을 없애고 훨씬 더 다양한 식생을 조성한다. 코끼리가 없었다면, 나무들은 거칠 것 없이 자랐을 것이다. 유라시아에 당도한 마스토돈 역시 숲의 식생을 광범위하게 붕괴시켜서, 파라케라테리움에게 필요한 울창한 숲의 대부분을 파괴했을 가능성이 크다. 게다가 마스토돈의 포식자들까지 유라시아로 따라왔다. 이런 포식자로는 곰만 한 크기의 암피키온류amphicyonid('곰개bear dog'라고 불리는 무리, 곰이나 개와는 연관이 없다)와 거대한 히아이나일로우로스*Hyaenailouros*가 있다. 거대한 마스토돈을 쓰러뜨릴 수 있었던 이런 대형 포식자들을 상대하는 일은 오랫동안 대형 포식자의 위협이 없이 살아왔던 파라케라테리움에게 버거웠을 것이다. 이유야 어찌되었든, 파라케라테리움은 마스토돈과 그들의 대형 포식자들이 유라시아에 당도한 이후에 곧바로 사라졌다.

대중매체 속 파라케라테리움

파라케라테리움은 지금까지 발견된 가장 큰 육상 포유류로 많은 매체에서 대중의 주목을 받아왔다. 올리고세의 아시아 동부에 초점을 맞춘 〈BBC 고대 야생동물 대탐험Walking with Prehistoric Beasts〉에서는 시리즈 전체의 주인공이었다. 이 시리즈에서 애니메이터들은 파라케라테리움의 행동에 관해 뛰어난 추론을 선보였다. 그러나 우리가 갖고 있는 것은 뼈 몇 개와 코끼리를 통해서 알 수 있는 파라케라테리움에 가해지는 생물학적 제약에 관한 약간의 지식뿐이다. 사실 우리에게는 그들이 무슨 색인지, 어떤 소리를 내면서 우는지, 또는 어떻게 행동하는지에 관한 상세한 증거가 아무것도 없다.

확실히, 느릿느릿 움직이는 이 거대한 동물의 몸짓은 다른 곳에도 영향을 미쳤다. '스타워즈'시리즈의 두 번째 영화인 〈제국의 역습〉에서 세트와 소품 설계를 거의 전담한 애니메이터 필 티펫은 얼음 행성인 호스에서 저항군을 공격하기 위해서 느릿느릿 나아가는 거대한 AT-AT 워커의 모습을 만들었을 때에 분명히 파라케라테리움에서 영감을 얻었을 것이다.

가볼 만한 곳

파라케라테리움의 거의 완벽한 골격은 모스크바에 있는 유리 오를로프 고생물학 박물관과 중국의 몇몇 대형 박물관에 전시되어 있다. 보존 상태가 가장 좋은 파라케라테리움 두개골은 뉴욕의 미국 자연사 박물관에 있으며, 다른 것들은 런던 자연사 박물관과 케임브리지 대학의 세지윅 지구과학 박물관에 전시되어 있다.

여러 해 동안, 유리섬유로 된 파라케라테리움 모형이 링컨시에 위치한 네브래스카 주립 대학 박물관에 전시되어 있었다(그림 23.3을 보라). 현재 이 모형은 네브래스카 스카츠블러프에 있는 리버사이드 디스커버리 센터에 있다.

24

원숭이를 닮은 사람?

가장 오래된 인류 화석: 사헬란트로푸스

다음에 동물원을 방문하면 유인원 우리 쪽으로 꼭 가보자. 유인원들의 몸에 털이 거의 없다고 상상해보자. 그리고 그 옆 우리에는 말을 못하는 것만 빼면 보통 사람과 다를 바 없는 불쌍한 사람이 알몸으로 갇혀 있다고 상상해보자. 이제 그 유인원들과 우리의 유전자가 얼마나 비슷할지 알아맞혀 보자. 이를테면, 침팬지의 유전 프로그램에서 인간과 공통된 부분은 10퍼센트일까, 50퍼센트일까, 아니면 99퍼센트일까?

재레드 다이아몬드Jared Mason Diamond, 『제3의 침팬지The Third Chimpanzee』

유인원의 닮은꼴?

인간도 동물계의 다른 동물들과 함께 진화한다는 문제는 항상 논쟁을 불러일으키고 감정을 자극한다. 오늘날에도 상당수의 미국인은 인간이 동물계의 다른 동물과 연관이 있다거나 인간도 한갓 동물종의 하나라는 생각을 종교적 이유로 받아들이지 않는다. 오늘날 미국을 제외한 거의 모든 선진국에서는 이 사실이 전혀 논란이 되지 않는다. 그러나 일부 여론조사에 나타난 바에 따르면, 미국인 중에는 식물과 다른 동물의 진화는 받아들여도 인간의 진화만은 받아들이지 못하는 사람의 비율이 높다.

인간에 대해 관심과 연구가 지나치게 집중되다 보니, 역설적이게도 인간의 진화가 진화를 뒷받침하는 가장 뛰어난 사례 중 하나가 되었다. 인류학(자연인류학physical anthropology과 인간고생물학human paleontology)은 우리의 가장 가까운 친척의 화석 기록을 집중적으로 연구한다. 전 세계의 과학자 수천 명이 다양한 주제를 연구하고 있는 이 분야는 공룡이나 다른 선사시대 동물보다 훨씬 활발히 연구되고 있다. 세계 곳곳의 박물관에는 말 그대로 수십만 개의 화석 호미닌hominin(사람아과Homininae에 속하는 일원) 표본이 보관되어 있다. 호미닌 표본은 그 수가 압도적으로 많고 인간 진화에 관한 세부적인 풍성함도 대단히 인상적이다. 따라서 진화에 관해서만큼은 지구상 다른 어떤 종도 상대가 되지 않을 정도로 강력한 사례이며, 다른 어떤 동물과보다도 기록이 잘 남아 있다. 그러나 너무나 많은 사람이 이 생각에 비과학적인 이의를 제기하다보니, 인간 진화에 관한 화석 연구는 부당한 감시를 받고, 왜곡되고, 철저하게 부정당하고 있다. 만약 다른 문제와 관련해서 이 정도로 압도적인 분량의 증거가 나왔다면, 전혀 논란이 없었을 것이다.

그러나 인류의 화석 기록이 이렇게 방대하지 않았다고 하더라도, 증거는 **여전히** 차고 넘친다. 우리는 그냥 거울만 보면 된다. 일찍이 1735년에 근대 생물 분류법의 창시자인 칼 폰 린네는 인간의 학명을 호모 사피엔스*Homo sapiens*(생각하는 인간)라고 명명하고, "너 자신을 알라"라는 그리스 격언으로 우리 종을 평가했다. 뷔퐁 백작Comte de Buffon이라고 불리던 조르주-루이 르클레르는 1766년에 그의 저서 『자연사Histoire naturelle』 제14권에, 유인원은 "동물에 불과하지만, 인간이 자신을 돌아보지 않고는 볼 수 없는 대단히 특이한 동물"이라고 썼다. 조르주 퀴비에와 에티엔 조프루아 생틸레르 같은 프랑스의 다른 자연학자들은 인간이 유인원의 한 종류라고 말은 하지 않았지만, 인간과 유인원의 극단적인 해부학적 유사성에 관해서 언급했다. 선구적인 프랑스 생물학자인 장 바티스트 라마르크는 1809년에 발표한 『동물철학Philosophie zoologique』에서 다음과 같이 주장했다.

> 확실히, 일부 유인원 종족, 그중에서도 가장 완벽한 종류가 환경적 필요성이나 어떤 다른 요인에 의해서 나무에 오르고 발로 나뭇가지를 움켜잡는 습관을 잃었다면… 그리고 그 유인원 종족의 개체들이 세대를 거듭하면서 걷는 데에만 발을 이용하고, 손을 발처럼 활용하는 것을 중단했다면, 의심할 여지없이… 이 유인원은 두 손을 가진 존재로 변모했을 것이다. 그리고… 그들의 발은 걷는 것 이외의 다른 용도로는 더 이상 쓰이지 않았을 것이다.

확실히 이 문제는 찰스 다윈이 1859년에 『종의 기원』을 출판했을 당시에 중요한 문제였다. 그의 책은 이미 논쟁을 불러일으켰으므로, 그는 인간 진화 문제를 슬며시 넘어가기 위해서 최선을 다했다. 책 전체에서 이에 관한 문장은 딱 한 줄뿐이었다. "인간의 기원과 역사도 밝혀질 것이다." 비록 다윈은 당시 더 이상 말하기를 주저했지만, 그의 지지자였던 토머스 헨리 헉슬리는 이 논쟁에 뛰어들어서 1863년에 『자연계에서 인간의 위치에 관한 증거Evidence as to Man's Place in Nature』를 발표했다. 이 책에서 헉슬리는 모든 뼈와 근육과 기관의 자세한 해부학적 특징에 나타나는 대형 영장류와 인간의 유사성을 그림으로 묘사하고 설명했다(그림 24.1). 드디어 1871년에 다윈도 자신의 생각을 담은 『인간의 유래The Descent of Man』를 발표했다. 그러나 이 책은 주로 성선택 같은 주제에 초점을 맞추었고, 화석에 관한 언급은 아예 없었다. 당시에는 인간의 진화를 보여주는 화석 증거가 아직 없었기 때문이다(잘못 해석된 네안데르탈인 화석밖에 없었다).

그때로부터 90년 후로 가보자. 다윈이나 1960년대 이전의 생물학자들이 모르는 사이에, 우리와 유인원의 관계, 우리와 동물계의 다른 동물들 사이의 관계를 명확히 드러내주는 새로운 자료 공급원이 등장했다. 바로 DNA다.

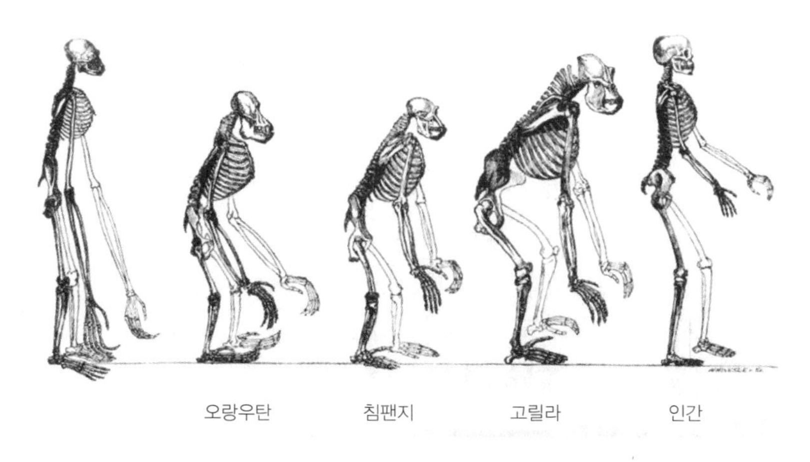

그림 24.1 인간과 유인원의 골격에서 각각의 뼈가 일대일로 정확히 대응되는 유사성을 묘사한 벤저민 워터하우스 호킨스Benjamin Waterhouse Hawkins의 그림.

인간의 DNA와 침팬지와 고릴라의 DNA가 대단히 비슷하다는 사실은 최초의 분자생물학 기술들을 통해서 증명되었다. 인간의 항체가 들어 있는 혈청과 유인원의 항체가 들어 있는 혈청을 같은 용액에 넣었을 때의 면역 반응은 인간과 다른 동물의 혈청을 섞었을 때보다 훨씬 강력하다. 이것은 인간과 유인원의 면역 유전자가 가장 유사하다는 것을 암시한다.

그러다가 1960년대 후반에 DNA-DNA 혼성화hybridization라는 기술이 개발되었다. 먼저 유인원과 인간의 DNA 용액을 가열하여 각각의 DNA 가닥을 분리시킨다. 그다음 이 혼합물을 냉각시키면 각각의 가닥은 가장 가까운 가닥과 결합한다. 그러면 한 가닥은 인간의 것이고 다른 가닥은 유인원의 것인 DNA가 만들어진다. (유인원의 DNA 가닥 중에서 어떤 것은 유인원의 것과 결합하고 어떤 것은 인간의 것과 결합하지만, 가장 흥미로운 것은 혼성 DNA의 이중나선이다.) 용액 속의 혼성 DNA는 (그것들이 얼마나 비슷한지에 따라) 더 강하게 결합되고, 결합이 강할수록 더 높은 온도로 가열해야 한다. 침팬지, 고릴라, 다른 유인원, 원숭이, 여우원숭이, 영장류가 아닌 다른 동물들의 DNA로

이 실험을 해보면, 각각의 동물이 인간과 얼마나 유사한지를 대략적으로 측정할 수 있다. 그러면 침팬지의 DNA가 인간의 DNA와 사실상 동일하다는 결과가 또다시 나온다.

그러다가 지난 20년 동안 기술은 크게 약진했고, 중합효소 연쇄반응polymerase chain reaction(PCR) 같은 방법으로 인간뿐 아니라 다른 여러 동식물의 DNA 서열을 직접 해독하는 것이 가능해졌다. 인간 유전체genome는 2001년에 전체 서열이 해독되었고, 침팬지의 유전체 서열은 2005년에 해독되었다. 이렇게 해독된 인간과 침팬지의 서열을 비교하자, DNA-DNA 혼성화로 얻은 것과 완전히 같은 결과가 나왔다. 인간과 침팬지의 DNA 서열은 98~99퍼센트가 동일했다. 우리 DNA는 침팬지의 DNA와 불과 1~2퍼센트 정도만 다를 뿐이며, 고릴라와도 마찬가지다. 그 이유는 우리 DNA의 60~80퍼센트가 읽히거나 사용되지 않으면서 세대에서 세대로 그냥 전달되기만 하는 '쓰레기junk'이기 때문이다. 이런 쓰레기 DNA의 일부는 오래전에 우리의 먼 조상을 감염시켰던 바이러스 DNA의 잔재인 내인성 레트로바이러스endogenous retrovirus(ERVs)다. 우리 유전자에 삽입된 바이러스의 DNA 조각인 내인성 레트로바이러스는 지금까지 전달되고 있기는 하지만, 더 이상은 아무것도 암호화되어 있지 않다. 우리 몸의 구조와 모든 단백질 정보가 암호화되어 있는 구조 유전자structural genes는 더 이상 쓰이지 않는 유전자까지 포함해도 차지하는 비중이 더 낮다. 우리와 침팬지를 구별하는 1~2퍼센트의 유전자는 조절 유전자다. 일종의 '온-오프 스위치'라고 할 수 있는 조절 유전자는 유전체에서 나머지 다른 유전자들이 언제 발현되고 언제 발현되지 않아야 하는지를 알려준다. 인간이 다른 유인원들과 유전자가 거의 같아도 모습이 크게 다른 까닭은 바로 조절 유전자 때문이다.

이를테면, 유인원과 인간은 모두 긴 꼬리를 만드는 구조 유전자들을 갖고 있지만, 이 유전자들은 조절 유전자에 오류가 생기는 드문 경우를 제외하고는 발현되지 않는다. 이런 오류가 발생하면 인간의 몸에는 뼈가 들어 있는 기다란 꼬리가 자란다. 조류 역시 공룡 꼬리처럼 뼈가 들어 있는 긴 꼬리를 만드는 유전자를 그들의 랍토르 조상으로부터 물려받았다. 이 꼬리는 오늘날 새들에서 발견되는 꼬리뼈가 융합되어 형성된 뭉툭한 '꽁무니'와는 다르다. 가끔씩 조절 유전자에 오류가 생겨서 공룡 꼬리를 갖고 있는 새가 부화하기도 한다. 마찬가지로, 현생 조류는 이빨이 있었던 공룡 조상(제18장)과는 달리 이빨이 없는 부리를 갖고 있지만, 이빨을 만드는 유전자는 여전히 남아 있다. 생쥐의 구강 상피 조직을 병아리의 배胚에 실험적으로 이식하면 이빨이 있는 새를 만들 수 있다. 그런데 이 이빨은 쥐 이빨처럼 자라는 것이 아니라, 공룡 이빨처럼 자란다! 따라서 모든 동물은 DNA 속에 더 이상 발현하지 않는 조상의 유전자를 지니고 있는 것이다. 그리고 그 원시적인 형질을 부활시키고 싶다면 유전자 조절에 약간의 변형을 가하기만 하면 된다.

두 종의 침팬지 — 일반적인 침팬지(판 트로글로디테스*Pan troglodytes*)와 보노보bonobo라고도 불리는 피그미침팬지pygmy chimp(*P.* 파니스쿠스*P. paniscus*) — 와 인간 유전자의 극단적 유사성은 그 자체만으로 가까운 유연관계를 증명하는 압도적이고도 확실한 증거다. 일각에서는 본능적이거나 종교적 이유에서 거부감을 느끼지만, 인간은 정말로 유인원과 거울을 비춘 듯이 닮았다. 생물학자인 재레드 다이아몬드는 이것을 다음과 같은 방식으로 설명했다. 외계 생물학자가 지구에 왔는데, 그들이 얻을 수 있는 생물 표본이 DNA뿐이었다고 상상해보자. 그들은 인간과 두 종류의 침팬지를 포함한 여러 다양한 동물의 DNA 서열을 분석했다. 이 자료 하나만 토대로 볼 때, 그들은 인간을 제3의 침팬지 종이라고 결론내릴 것이다. 우리와 이 두 종의 침팬지 DNA는 서로 다른 개구리 두 종의 DNA보다도 더 비슷하고, 사자와 호랑이의 DNA보다도 더 비슷하다. 사실, 모든 인'종'의 DNA 사이에 나타나는 차이는 아프리카의 다양한 지역에 사는 서로 다른 침팬지 개체군 DNA 사이에 나타나는 차이보다도 작다(그림 24.2)! 이것이 시사하는 것은 두 가지다. 첫째, 인'종' 사이의 유전적 차이는 미미하고 사소한 것으로, 많은 사람이 생각

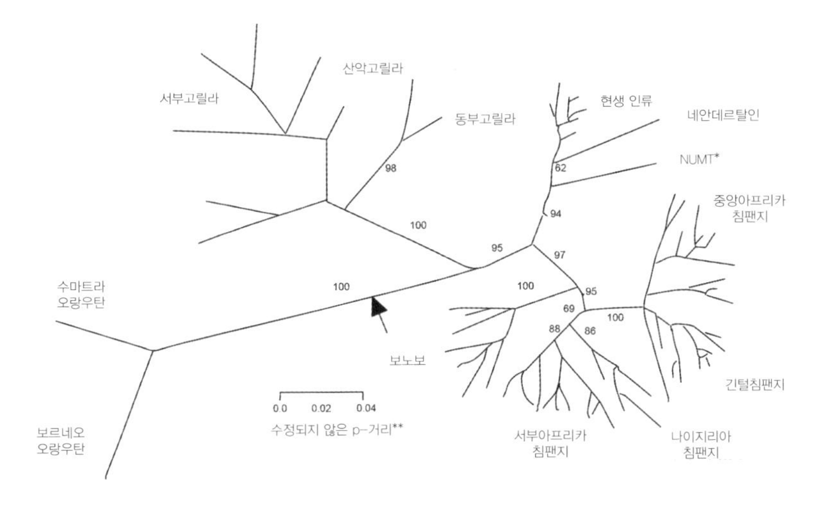

그림 24.2 미토콘드리아 DNA를 토대로 서로의 유전적 차이를 나타내는 인간과 유인원의 분자계통도molecular phylogeny. 모든 인'종' 사이의 차이는 고릴라나 침팬지의 서로 다른 두 개체군 사이의 차이보다도 더 작다. (*NUMT: 미토콘드리아에서 기원한 핵 DNA 조각[nuclear mitochondrial DNA segment의 약자]. 계통학에서는 핵 돌연변이와 미토콘드리아 돌연변이의 상대 속도를 밝히기 위한 유전자 지표로 이용된다. ― 옮긴이. **p-거리: p-distance. 비교되는 두 서열 사이에서 서로 다른 뉴클레오티드 부위의 비율[proportion]. 다른 뉴클레오티드의 수를 전체 뉴클레오티드의 수로 나눈 값이다. ― 옮긴이)

하는 것보다 훨씬 더 무의미하다. 둘째, 인간과 침팬지 사이의 큰 외형적 차이는 조절 유전자의 작은 변화가 가져온 엄청난 결과다.

사건은 종결되었다. 인간은 살짝 변형된 유인원일 뿐이다. 해부학적 특징에서 나온 증거뿐만 아니라 유전자에서 나온 증거도 너무 강력하다. 우리 몸속 모든 세포에 들어 있는 DNA는 우리와 침팬지 사이의 밀접한 관계를 보여주는 증거인 동시에 목격자다. 일부 사람들에게 이 사실이 불편하거나 화를 불러일으킨다고 할지라도 어쩔 수 없다. 유인원으로부터의 전이를 보여주는 화석 인류가 하나도 없어도 우리는 이 사실을 안다. 그렇다면 인간과 유인원은 얼마나 오래전에 갈라졌을까?

암석 속의 시계

과학자들은 유인원과 인간의 계통이 언제 갈라졌는지에 관한 문제를 두 가지 방식으로 접근했다. 하나는 인간이 아니라 유인원과 점점 더 비슷해지는 쪽으로 발달하는 화석을 찾는 것이다. 이 전략은 답사를 진행하는 동안 늘 시도되고 있지만 성공 여부는 운에 맡겨야 한다. 알맞은 시대의 알맞은 암석을 찾아내고, 그 속에 원시 호미닌 화석이 보존되어 있을지도 모른다는 희망을 거는 것이다. 인간의 뼈는 화석화가 잘 되지 않는 편이다. 따라서 인류 화석이 있는 층이라고 해도, 호미닌 화석은 이빨이나 턱뼈 조각 몇 개만 남아 있기 십상이다. 이에 비하면 돼지나 영양이나 마스토돈 같은 다른 포유류의 화석은 수백 개에 이른다. 그럼에도 우리가 제25장에서 확인하게 될 것처럼, 고생물학자들은 이렇게 희귀한 호미닌 화석을 찾기 위해 수십 년 동안 현장을 지킨다. 한 번의 중대한 발견으로 학계에서 성공을 거두고 명성을 쌓을 수 있기 때문이다.

일단 호미닌 화석이 발견되면, 다음 할 일은 신뢰할 만한 연대를 결정하는 것이다. 많은 호미닌 화석이 동굴 같은 장소에서 발견되는데, 이런 장소에는 연대를 결정하기에 유용한 자료가 없다. 표본이 약 6만 년(마지막 빙하기에서 홀로세까지)보다 젊다면, 탄소-14 연대측정법carbon-14 dating(방사성 탄소 연대측정법radiocarbon dating)을 이용해서 화석에 있는 유기물의 연대를 직접 측정할 수 있다. 이 기술은 고고학자들이 인공물(대체로 연대가 6만 년 이하다)의 연대를 측정하거나 고생물학자들이 빙하기 후기 화석의 연대를 측정할 때에 널리 쓰인다. 이를테면, 로스앤젤레스의 라브레아 타르 피트La Brea Tar Pit에서 발견되는 화석은 연대가 3만 7000년 안쪽이기 때문에, 계속 방사성 탄소 연대측정법 기술을 이용해서 연대를 측정해왔다.

그러나 더 오래된 화석의 연대를 결정하는 방식은 훨씬 더 복잡하다. 방사성 탄소 연대측정법은 6만 년 이상 된 시료에는 효과가 없다(그러나 오늘날 최고의 실험실에서는 때로 그 기간을 8만 년까지 늘일 수도 있다). 더 오래된 화석에 활용되는 가장 좋은 방법은 칼륨-아르곤(K-Ar) 연대측정법(또는 더 새로운 방식인 아르곤-아르곤[$^{40}Ar/^{39}Ar$] 연대측정법)이다. 이 기술은 표본이나 표본이 발견된 퇴적층에서 나온 시료를 분석하여 화석의 연대를 곧바로 결정하는 것이 아니라, 화산에서 나온 용암류나 화산재가 냉각될 때 형성되는 결정의 연대를 측정하는 것이다. 일단 화산의 결정이 냉각되면, 불안정한 모母 동위원소인 칼륨-40이 결정 격자 속에 갇힌다. 시간이 흐르면서 결정 속의 불안정한 칼륨 원자는 저절로 붕괴되어 딸 동위원소인 아르곤-40을 형성한다. 이 붕괴 속도는 아주 잘 알려져 있으므로, 지질학자들은 모 동위원소와 딸 동위원소의 비율을 측정해서 결정의 연대를 계산할 수 있다.

모든 과학 기술이 그렇듯이, 여기에도 피해야 할 함정과 한계가 있다. 이 방법은 결정이 냉각되고 모 동위원소가 갇힌 이후의 시간을 측정하는 것이다. 따라서 칼륨-아르곤 연대측정법은 녹은 상태에서 냉각된 암석, 즉 화성암(화강암이나 화산암 따위)에만 작용한다. 지질학자들은 사암이나 다른 퇴적암 속에 있는 결정은 곧바로 연대를 결정할 수 없다고 말할 것이다. 그런 암석의 결정은 더 오래된 암석이 재활용된 것이기 때문에 퇴적층의 연대와는 아무 관련이 없다. 그러나 지질학자들은 오래전에 이 문제를 해결할 길을 마련했다. 연대를 추정할 수 있는 용암류나 화산재 퇴적층이 화석을 함유하고 있는 퇴적층 사이에 끼어 있는 곳이나 퇴적암 사이에 마그마가 관입해서 연대의 최저 한계를 알 수 있는 지층 수백 곳을 지구 전역에서 찾아낸 것이다. 이런 것들이 준비되면서 수치화된 지질 시대의 연대를 얻을 수 있었고, 수백만 년 전의 사건들을 거의 10만 년 단위로 알 수 있을 정도로 이 연대는 대단히 정밀하게 결정되었다.

만약 결정 구조에서 모 동위원소나 딸 동위원소의 일부가 어떤 식으로든 누출되거나, 원자가 결정 속으로 들어가서 결정을 오염시킬 수 있다면, 모 동위원소/딸 동위원소 비율이 교란되어서 연대 결정이 무의미할 것이다. 그러나 지질학자들은 연대의 신뢰성을 결정하기 위해서 수십 개의 표본을 조사하고, 다른 연대 결정 요인과의 교차 점검을 통해서 이 문제를 항상 감시하고 있다. 최신 기술과 장비는 대단히 정확해서 노련한 지질학자는 거의 모든 연대에서 오류를 찾아낼 수 있으며, 대단히 높은 기준에 부합하지 않는 연대는 곧바로 폐기된다.

이런 방식을 통해서, 아프리카에서 발견된 대부분의 화석은 대단히 정확하게 연대가 측정되었고, 지난 500만 년에 걸친 호미닌의 연대가 확립되었다(제25장). 인류학자들은 적절한 광물(대개 칼륨장석potassium feldspar이지만, 백운모muscovite와 흑운모biotite 같은 운모류micas도 포함된다)이 별로 풍화되지 않은 결정 상태로 존재하는 신선한 화산재 층을 찾기 위해서 지질연대학자들과 자주 협업을 했다. 이 과정에서 몇 가지 실수도 있었지만, 일반적으로 호미닌 화석의 연대 체계는 대체로 잘 확립되어 있다. 만약 주어진 지역에 화산재 층이 존재하지 않으면, 고생물학자들은 시간에 따른 화석 조합의 차이를 이용해서 그 지역의 대략적인 연대를 얻을 수 있다. 화산재의 연대가 같은 다른 장소에서도 동일한 화석 조합이 나타나기 때문이다.

그러나 화석 기록은 어떨까? 이 이야기는 파키스탄의 시왈릭 힐에서 발견된 중요한 화석에서 시작된다. 지질 시대의 역사에서 올리고세, 마이오세, 플라이오세에 걸쳐 있는 이 경이로운 암석층에는 믿을 수 없을 정도로 화석이 풍부하다. 이 퇴적층은 범람한 강의 퇴적물로 이루어져 있다. 이 퇴적물은 히말라야산맥이 서서히 융기하는 동안 남아시아 전역으로 퍼졌다가 침식되어 시왈릭을 형성했다. 고생물학자들과 지질학자들은 1902년부터 이곳을 연구하기 시작했는데, 당시 영국의 지질학자인 가이 필그림은 영국 식민지였던 남아시아 전역을 누구보다 먼저 연구했다.

지난 세기에 걸쳐 시왈릭에서 발굴된 엄청난 양의 화석 포유류는 마이오세의 남아시아에서 일어난 진화를 대단히 자세하게 상상할 수 있게 해주었다. 인도와 파키스탄 사이의 긴장 관계와 두 나라에 대한 미국의 정책 때문에, 파키스탄은 미국에 수백만 달러의 빚을 지고 있었다. 모두 군사 장비를 구입하기 위한 비용이었다. 그 결과, 1970년대부터 1990년대까지 파키스탄에서 중요한 연구를 수행하려는 미국 학자들을 위해서 막대한 연구비가 조성되었다(특히 풀브라이트 재단이 많이 출연했다). 많은 고생물학자가 이 기회를 잡았고, 시왈릭 힐과 주변 지역의 화석과 지질에 대한 연구가 쏟아져 나왔다. 풍부한 화산재와 고자기 층서법paleomagnetic stratigraphy이라는 기술 덕분에, 시왈릭 화석들은 연대가 아주 정확하게 결정되었다. 물론 오늘날에는 정치적 상황이 대단히 위험하기 때문에 그곳을 여행할 수 있는 미국인은 극히 드물다. 심지어 미국과 아무 연관이 없는 나라의 연구자들도 여러 지역에 있는 친알카에다와 친탈레반 성향의 부족들로부터 위협을 받는다.

그러나 1932년에는 상황이 달랐다. 스미스소니언협회의 고생물학자인 G. 에드워드 루이스는 네팔 쪽 시왈릭에 위치한 티나우강 유역에서 연구를 했고, 원시적인 호미닌의 것과 대단히 비슷하게 보이는 턱 하나를 발견했다. 송곳니가 비교적 작았고, 위에서 본 형태는 (전형적인 인간의 턱인) 넓은 반원형에 더 가까웠다. 이와 달리 U자 형태를 이루는 유인원의 턱은 납작한 아래턱에 큼직한 송곳니가 나 있고, 턱의 뒷부분이 길고 나란한 형태를 이룬다. 1960년대에는 하버드 대학의 인류학자인 데이비드 필빔, 예일 대학과 듀크 대학의 영장류학자인 엘윈 사이먼스, 그 외 다른 이들은 (루이스가 라마피테쿠스*Ramapithecus*라고 명명한) 이 턱이 지금까지 알려진 가장 오래된 호미닌 화석이라는 주장을 펼치기 시작했다. (라마는 힌두교의 신이며, 피테쿠스는 그리스어로 '원숭이'라는 뜻이다. 영장류 중에는 힌두교의 다른 신인 시바와 브라마에서 이름을 딴 것도 있다.) 연대가 잘 결정되어 있는 시왈릭 지층에서 나온 표본들 중에는 연대가 1400만 년 전까지 거슬러 올라가는 것도 있기 때문에, 원숭이와 호미닌이 적어도 1400만 년 전에 갈라져 나왔다고 판단한 것이다. 1960년대와 1970년대에 인류학이나 유인원 진화학이나 인류 화석학을 배운 학생들은 모두 라마피테쿠스를 '최초의 호미닌'이라고 배웠다.

분자 속의 시계

방사성 탄소와 칼륨-아르곤 연대측정법 외에도 두 동물군이 분기된 시간을 측정하는 다른 접근법이 있다. 바로 분자시계molecular clock다. 동물들 사이의 진화 관계를 나타내는 계통수를 그리기 위해 분자 방식이 처음으로 이용된 것은 1962년이었는데, 그런 시도를 처음으로 했던 인물들 중에는 유명한 분자생물학자인 라이너스 폴링(노벨상을 두 번 받았다)과 에밀 주커캔들도 있었다. 우리 자신의 세포와 DNA에서 나온 최초의 진화 증거였다. 폴링과 주커캔들은 그들이 연구하는 동물들의 분기 순서가 헤모글로빈 분자 속에 들어 있는 서로 다른 아미노산의 수와 연관이 있을 뿐만 아니라, 바뀐 아미노산의 개수와 그 동물이 분기된 후 흐른 시간이 비례한다는 것도 알아냈다. 그로부터 1년 후, 역시 선구적인 분자생물학인 이매뉴얼 마골래시는 다음과 같이 지적했다.

> 어떤 두 종의 시토크롬 c cytochrome c에서 잔기residue 수의 차이는 이 두 종의 분기를 이끌어낸 일련의 진화가 일어난 이래로 흐른 시간에 의해서 주로 결정되는 것으로 보인다. 만약 이것이 옳다면, 모든 포유류의 시토크롬 c는 모든 조류鳥類의 시토크롬 c와 똑같이 달라야 한다. 척추동물 진화라는 큰 줄기에서 어류가 분기된 시기는 조류나 포유류의 분기보다 빠르기 때문에, 포유류와 조류의 시토크롬 c는 어류의 시토크롬 c와 똑같이 달라야 한다. 마찬가지로, 모든 척추동물의 시토크롬 c는 효모 단백질의 시토크롬 c와 똑같이 달라야 한다.

이 모든 자료는 두 가지를 사실을 암시한다. 분자의 변화는 서로 다른 동물군이 서로 갈라져나가는 동안 내내 축적된다. 그리고 분자의 변화율은 그 계통이 갈라져 나온 시간에 비례한다.

한편, 동물 DNA의 대부분이 '쓰레기'이거나 아무 기능도 없는 서열이라는 증거들이 등장하기 시작했다. 따라서 유전자가 발현될 때 유전체의 대부분은 그냥 읽히지 않으므로, 자연선택의 눈에 띄지 않는다. 즉, 적응적으로 중립인 것이다. 특히 일본의 생화학자인 기무라 모토木村資生의 선구적인 연구를 통해서 확인된 바에 따르면, DNA에 있는 대부분의 분자는 유기체에서 일어나는 일에 아무런 영향을 받지 않는다. 이렇게 적응적으로 투명한 분자들도 자연적으로 돌연변이가 일어날 수 있지만, 이 돌연변이를 솎아내거나 다른 변이보다 선호하는 선택은 일어나지 않는다. 시간이 흐를수록 이 돌연변이들은 마치 시계처럼 일정한 속도로 축적된다. 자연선택이 이런 변화들을 '볼 수 없는 한', 이런 '분자시계'의 움직임은 어떤 두 계통이 과거 지질시대의 어느 시점에 분기되었는지를 추정하는 좋은 방법이다. 그다음에는 중요한 진화적 갈래의 확실한 분기 시점을 활용해서 보정만 하면 된다. 이런 분기 시점은 화석 기록에서 확정된다.

곧 많은 분자생물학자가 여러 동물군의 분기 시점과 분기 역사를 확립하기 위한 분자시계 연구에 몰입했다. 작고한 빈센트 새리치와 앨런 윌슨이 UC 버클리에서 증명한 바에 따르면, 분자시계는 인간과 침팬지 사이의 분기를 700만~500만 년 전으로 추정했다. 빨라도 800만 년 전 이전은 아니었고, 라마피테쿠스 발견 때 제안된 1400만 년 전은 더더욱 아니었다. 그러나 고생물학자들은 의견을 굽히지 않았다. 고생물학자들은 분자시계 방식을 신뢰하지 않았다. 실제로 가끔씩 대단히 어이없고 우스꽝스러운 결과를 내놓기 때문에 아직 이 방식이 검증되었다고 할 수도 없고 미덥지도 않다는 것이었다. (이런 일은 지금도 일어나고 있으며, 왜 그런지는 항상 모른다.)

논란이 점점 더 격렬해지던 1970년대와 1980년대에는 회의장에서 주요 참가자들 사이에 고성이 오갔고, 잡지에서는 논쟁이 이어졌다. 새리치와 윌슨은 자신들의 자료가 신뢰할 만하다고 확신했고, 라마피테쿠스나 그 연대에 뭔가 오류가 있을 것이라고 추측했다. 멋스럽게 턱수염을 기르고 목소리가 우렁찼던 새리치는 건장하고 인상적인 인물이었다. 그는 필요하다면 다른 사람의 심기를 건드리거나 괴롭히는 일도 꺼리지 않았다. 그는 1971년에 다음과 같이 말했다. "이제 800만 년 전보다 더 오래된 화석은 생김새에 관계없이 호미닌류로 고려해서는 안 된다." 당연히 이 말은 사이먼스와 필빔 같은 연구자들의 화를 돋웠고, 이들은 라마피테쿠스가 분자생물학자들이 틀렸음을 증명한다는 주장을 굽히지 않았다.

시왈릭에서 또 다른 발견이 이뤄지면서, 마침내 이 난국이 해결되었다. 1982년에 필빔은 새롭게 발견된 표본들을 발표했다. 이 표본에는 더 완전한 형태의 라마피테쿠스 아래턱뿐 아니라 두개골의 일부도 포함되었다. 두개골이 추가되자, 이제 표본은 가이 필그림이 1910년에 시왈릭을 처음 탐사했을 때에 명명했던 시바피테쿠스*Sivapithecus*라는 화석 오랑우탄과 더 비슷하게 보였다. 라마피테쿠스의 아래턱은 이 오랑우탄과 가까운 화석 친척의 턱이 우연히 호미닌의 턱과 비슷하게 보였던 것뿐이었다. 곧 인류학자들은 입장을 철회하고 실수를 인정하라는 압력을 받았다. 새리치와 윌슨, 그리고 분자생물학의 승리였다. 이제 고생물학자들은 1400만 년이나 된 호미닌 화석은 없다는 것을 알고 있다. 그렇다면 다른 의문이 생긴다. 가장 오래된 호미닌 화석은 무엇일까? 그리고 그 화석은 정말 새리치와 윌슨이 예측한 대로 연대가 800만 년 이하일까?

"투마이"

지난 25년에 걸쳐, 고인류학자들은 더 과거의 호미닌 화석 기록을 찾기 위해서 세계 전역의 오래된 지층들을 열심히 연구하고 있었다. 다음 장에서 다루겠지만, 호미닌은 아프리카에서 진화했으므로 가장 오래된 화석은 그곳에서 발견된다. 초기 연구는 남아프리카에 초점이 맞춰졌고, 그 뒤로는 케냐와 탄자니아로 옮겨갔다가, 1970년대부터는 에티오피아 같은 지역의 더 오래된 지층에 연구가 집중되었다.

1974년에 '루시Lucy'(오스트랄로피테쿠스 아파렌시스*Australopithecus afaren-*

sis)가 발견된 이래로(제25장), 중요하고 심지어 더 오래된 표본이 몇 년에 한 번꼴로 발견되었다. 1984년에 케냐에서 발견된 화석은 잘 알려지지 않은 오스트랄로피테쿠스 아나멘시스*Australopithecus anamensis*라는 종이었다. 이 화석은 '루시'보다 훨씬 더 원시적이며, 연대가 525만 년 전까지 거슬러 올라간다. 1994년에는 그보다 더 원시적인 종이 에티오피아에서 발견되었다. 이 종은 몇 개의 빈약한 화석 조각을 토대로 아르디피테쿠스 라미두스*Ardipithecus ramidus*라고 명명되었고, 2009년에 팀 화이트와 그의 동료들이 불완전한 골격과 여러 개의 화석을 더 발견했다. 이제 아르디피테쿠스는 몇 개의 팔다리뼈 요소들과 부분적인 두개골을 갖추게 되었다. 최근에는 더 오래된 종인 아르디피테쿠스 카다바*Ardipithecus kaddaba*가 발견되면서, 아르디피테쿠스 속의 연대가 560만 년 전까지 거슬러 올라갔다.

한편, 마틴 픽포드가 이끄는 프랑스·영국·케냐의 합동 연구팀은 케냐의 투겐 힐스Tugen Hills에서 연구를 하고 있었다. 이곳은 올두바이 계곡과 투르카나 호수에 있는 유명한 퇴적층보다 훨씬 오래된 퇴적층이었다. 이들은 2000년에 더 오래된 호미닌인 오로린 투게넨시스*Orrorin tugenensis*를 발견했다고 발표했다. 훨씬 상태가 좋은 화석은 2007년에 보고되었다. 오로린의 표본은 겨우 20여 개만 알려져 있다(턱의 뒷부분, 턱의 앞부분, 이빨 몇 개, 위팔뼈와 넓적다리뼈의 조각들, 손가락뼈). 이빨(이라고 알려진 것)은 유인원의 것과 대단히 비슷하지만, 넓적다리뼈의 엉덩이 부분은 오로린이 두 발로 걸었다는 것을 명확하게 보여준다. 케냐의 다른 퇴적층과 마찬가지로 투겐 힐스에도 연대를 알 수 있는 화산재가 남아 있는데, 이것을 토대로 오로린 화석의 연대는 610만~570만 년 전으로 결정되었다.

따라서 호미닌 화석 기록은 이제 최소 600만 년 전까지 확장되었다. 분자시계가 예측한 호미닌과 유인원의 분기 시점인 700만~500만 년 전의 테두리 안에 포함되는 시기다. 그런데 화석 호미닌이 보존되어 있을 가능성이 있는 조금 더 오래된 지층이 어디에선가 발견된다면 어떻게 될까? 1995년,

프랑스의 고생물학자인 미셸 브뤼네는 마이오세 포유류를 연구하면서 여러 해 동안 세계 곳곳을 돌아다니고 있었다. 그의 특기는 가장 위험하고 가장 오지에 있는 화석 발굴지를 연구하는 일이었다. 브뤼네는 아프가니스탄 전투기의 공격을 당한 적도 있고 이라크에서는 체포된 적도 있었다. 카메룬에서는 말라리아로 동료를 잃었고 차드에서는 총으로 위협을 당하기도 했다. 1990년대 중반에는 (한때 프랑스 식민지였던) 차드의 마이오세 지층을 수년째 발굴하고 있었다.

차드에 위치한 주랍 사막의 혹독한 환경은 그 누구도 쉽게 견뎌내지 못한다. 브뤼네의 나이는 60세에 가까웠고, 사막에서 연구를 한다는 것은 훨씬 젊은 사람에게도 버거운 일이었을 것이다. 기온이 섭씨 43~49도에 이를 때조차도, 브뤼네는 천과 스키 마스크와 고글로 머리를 단단히 감싸서 눈과 코와 귀와 입으로 들어오는 모래를 막았다. 기온은 그늘에서도 물병이 저절로 폭발할 정도로 높았다. 뼛조각과 이빨을 찾기 위해서 사막 바닥을 훑는 동안, 브뤼네와 그의 동료들이 조심해야 할 것은 살인적인 더위와 모래 폭풍만이 아니었다. 그곳에는 부족들 사이에 수많은 내전이 일어나는 동안 전투원들이 묻어놓고 간 지뢰도 남아 있었다. 1995년 1월 23일, 브뤼네는 350만 년 된 원시적인 호미닌의 턱뼈를 발견했다. 남아프리카와 동아프리카 이외의 지역에서는 최초의 발견이었다. 훗날 이 뼈는 오스트랄로피테쿠스 바렐그하자리*Australopithecus bahrelghazali*로 명명되었다.

그해 6월, 브뤼네는 아디스아바바에서 에티오피아 국립 박물관의 팀 화이트를 만났다. 자신이 차드에서 발견한 호미닌 화석을 화이트가 에티오피아에서 발굴한 화석과 비교해보기 위해서였다. 브뤼네는 자신이 가져온 턱뼈가 나온 지층 아래에 더 오래된 지층이 있다고 화이트에게 말했다. 그 오래된 지층에는 700만~600만 년 전에 살다가 멸종된 모래밭쥐gerbil와 다른 포유류의 화석이 포함되어 있었다. 화이트는 그의 말이 미심쩍었다. 모래밭쥐가 있었다는 사실은 날씨가 건조했다는 것을 나타내므로, 그런 곳에서는 호미닌이 발견되지 않을 것이라고 생각했기 때문이다. 박물관에 있는 동안, 브뤼네는 자신이 더 오래된 지층을 연구하고 있으므로 더 오래된 호미닌 화석을 발견할 것이라고 화이트에게 장담했다. 브뤼네는 "내가 이길 것"이라고 말했다.

시간이 흘러 2001년이 되었다. 브뤼네는 이 더 오래된 지층을 6년 넘게 연구하고 있었다. 연대가 마이오세 후기인 이 지층에는 700만~600만 년 전의 화석들이 포함되어 있었다. 브뤼네와 그의 동료 연구진은 프랑스의 푸아티에 대학과 차드의 은자메나 대학의 합동 연구단인 프랑스-차드 고인류학 연구단Mission Paleoanthropologique Franco-Tchadienne(MPFT)을 조직했다. 브뤼네와 세 명의 차드인 연구원은 타는 듯한 무더위 속에서 토로스-메날라라는 지역을 연구하고 있었다. 갑자기 아훈타 짐두말바예가 몸을 숙이고 땅에 비죽 솟아 있는 뭔가를 자세히 살폈다. 그는 브뤼네와 다른 연구원들을 불렀고, 이내 모두 모여서 짐두말바예가 발견한 대단히 중요한 표본을 보았다. 그것은 마치 유인원의 두개골 같았지만, 호미닌의 특징도 있었다(그림 24.3). 이들은 서둘러 이 표본을 발굴한 다음 경화제에 푹 담가서 캠프로 가져왔다.

브뤼네가 푸아티에 대학으로 가져온 표본의 분석이 미처 끝나지도 않았는데, 소문은 무성해지고 있었다. 그 두개골에 대해 듣거나 사진을 본 사람들로부터 찔끔찔끔 흘러나온 이야기를 토대로, 발견된 것이 무엇인지에 대해 추측이 난무했다. 브뤼네는 잘못된 정보가 퍼지기 전에 예비 분석 결과를 발표할 수밖에 없었다. 2002년 7월 11일, 그의 논문은 『네이처』에 주요 논문으로 소개되었다. 브뤼네는 이 표본을 사헬란트로푸스 차덴시스*Sahelanthropus tchadensis*라고 명명했는데, 표본이 발견된 차드의 사헬 지역과 차드의 프랑스어 표기인 'Tchad'에서 딴 이름이다. 그러나 그의 동료들은 '투마이Toumai'라는 별칭으로 불렀는데, 차드의 다장가Dazanga족 언어로 '삶의 희망'이라는 뜻이다.

사헬란트로푸스는 두개골로만 이루어져 있고, 턱이나 골격의 다른 부

그림 24.3 사헬란트로푸스 차덴시스의 두개골. '투마이'.

분은 없다. 또 심하게 부서지고 사선으로 쪼개져 있어서 대단히 이상하고 비대칭적으로 보인다. 컴퓨터 전문가들과 기술자들은 모핑morphing 소프트웨어를 활용해서 두개골을 역변형시켜서, 으스러지고 파묻히기 전의 진짜 두개골 형태를 밝혀냈다. 화석의 크기가 침팬지 두개골과 비슷했으므로, 생전에 사헬란트로푸스는 침팬지만 한 크기였을 것이다. 두개골은 용적이 320~380세제곱센티미터인 뇌를 감싸고 있었다(이에 비해서 오늘날 인간의 뇌 용적은 1350세제곱센티미터가 넘는다). 이들의 눈두덩은 유인원이나 여러 원시적인 호미닌과 마찬가지로 크게 융기해 있다. 이외에도 비교적 원시적인 어금니를 포함해서 유인원과 비슷한 특징이 많다.

그러나 브뤼네와 그의 동료 연구진이 지적했던 것처럼, 사헬란트로푸스는 침팬지나 다른 유인원보다는 확실히 호미닌에 더 가까운 몇 가지 특징을 지니고 있다. 평평한 얼굴은 유인원의 얼굴과 달리 입 부분이 거의 튀어나오지 않았다. 송곳니는 크고 날카로운 유인원의 송곳니와 달리 작다(심지어 남자의 두개골로 추정되며, 대부분의 유인원 수컷은 커다란 송곳니를 갖고 있다). 따라서 길쭉하게 U자 형태로 배열되어 있는 대부분의 유인원 이빨과 달리, 사헬란트로푸스의 이빨은 입천장의 가장자리를 따라서 C자 형태로 배열되어 있다. 게다가 두개골의 뒤편에 뇌와 척추가 연결되는 구멍(대후두공foramen magnum)이 있는데, 이 구멍의 위치가 머리뼈의 뒤쪽에 치우쳐 있지 않고 정확히 두개골의 바닥면에 있다. 이것은 이들의 두개골이 침팬지나 다른 유인원의 머리처럼 등뼈의 앞쪽에 매달려 있었던 것이 아니라 척추 위에 똑바로 서 있었다는 것을 나타낸다.

마지막으로 가장 결정적인 특징이 남아 있다. 제25장에서 확인하게 될 것처럼, 20세기 대부분의 기간 동안 인류학자들은 인간의 진화에 가장 중요한 영향을 미친 요소는 뇌의 용적이고 직립보행 같은 특징은 그 이후에 등장했다고 생각했다. 그러나 '루시'에서 아르디피테쿠스, 오로린에 이르기까지, 지난 30년 동안 발견된 대부분의 호미닌 화석은 확실히 이족보행을 했지만 뇌가 작았다. 이제 사헬란트로푸스가 발견되었다. 사헬란트로푸스는 현재까지 발견된 것 중에 가장 오래된 호미닌 화석임에도, 역시 두개골이 등뼈 위에 똑바로 놓여 있었다는 증거가 나타난다. 이족보행은 인간 진화에서 뇌가 커지기 훨씬 전에 나타난 최초의 적응 중 하나였다.

평평한 얼굴, 작은 송곳니, 호미닌과 같은 위턱의 모양 등 사헬란트로푸스는 다른 어떤 유인원보다 인간에 가까웠다. 언제라도 새로운 발견의 가능성은 열려 있지만, 현재 호미닌 무리에서 가장 오래된 일원의 기록은 '투마이'

가 보유하고 있다. 그리고 그 연대는 지난 40년 동안 분자생물학자들이 인간과 침팬지가 갈라진 시기로 예측하고 있는 700만~600만 년 전과 일치한다.

가볼 만한 곳

사헬란트로푸스, 오로린, 아르디피테쿠스, 오스트랄로피테쿠스, 그 외 다른 초기 호미닌의 원본 화석은 발견된 나라(주로 에티오피아, 케냐, 탄자니아, 차드)의 박물관에서도 특별히 보안이 철저한 수장고에 보관되어 있다. 허가를 얻은 연구자들만 이 소장품들을 보거나 만질 수 있다.

많은 박물관에 인간의 진화를 주제로 하는 전시관이 있으며, 가장 중요한 화석들의 정교한 복제품들이 전시되어 있다. 미국에 있는 곳으로는 뉴욕의 미국 자연사 박물관, 시카고의 필드 자연사 박물관, 워싱턴 D.C.의 스미스소니언협회 미국 국립 자연사 박물관, 로스앤젤레스 자연사 박물관, 샌디에이고 인류 박물관, 코네티컷 뉴 헤이븐에 위치한 예일대학의 예일 피바디 자연사 박물관이 있다. 유럽에는 런던 자연사 박물관, 스페인 부르고스의 인류 진화 박물관이 있다. 멀리 시드니에는 오스트레일리아 박물관이 있다.

25

다이아몬드를 지닌 하늘의 루시

가장 오래된 인간 골격: 오스트랄로피테쿠스 아파렌시스

그럼에도 우리는 온갖 고귀한 특성을 지니고 있는 것처럼 보이는 인간의 몸에, 미천한 기원을 나타내는 지울 수 없는 흔적이 남아 있다는 것을 인정해야만 한다.

찰스 다윈, 『인간의 유래』

인간의 유래

1859년에 발표한 『종의 기원』에서 찰스 다윈은 인간 진화의 화석 기록을 전혀 다루지 않았다. 1871년에 발표된 『인간의 유래』에도 인간 화석은 전혀 언급되지 않는다. 이런 침묵에는 그럴 만한 이유가 있다. 19세기 중반에는 선사시대의 인간을 암시할 만한 인공물이 매우 드물었다. 제대로 기재된 네안데르탈인은 1856년에 독일 뒤셀도르프 근처에 있는 네안더 계곡의 한 석회암 채석장에서 처음 발견되었다. 『종의 기원』이 발표되기 불과 3년 전의 일이었다. 머리덮개뼈skullcap와 팔다리뼈 몇 개로만 이루어져 있는 이 화석은 처음에는 동굴곰cave bear의 것으로 오인되었다. 나중에는 병에 걸린 코사크 기병대원의 유해로 오해를 받았고, 다른 이상한 해석도 많았다. 비정상적인 현대인의 뼈일 것이라는 추측 이외의 가능성을 고려한 사람은 아무도 없었다. 프랑스의 라샤펠오생에서 발견된 네안데르탈인의 가장 오래된 완벽한 골격은 하필이면 구루병을 앓던 노인의 것이었다. 그래서 초기의 네안데

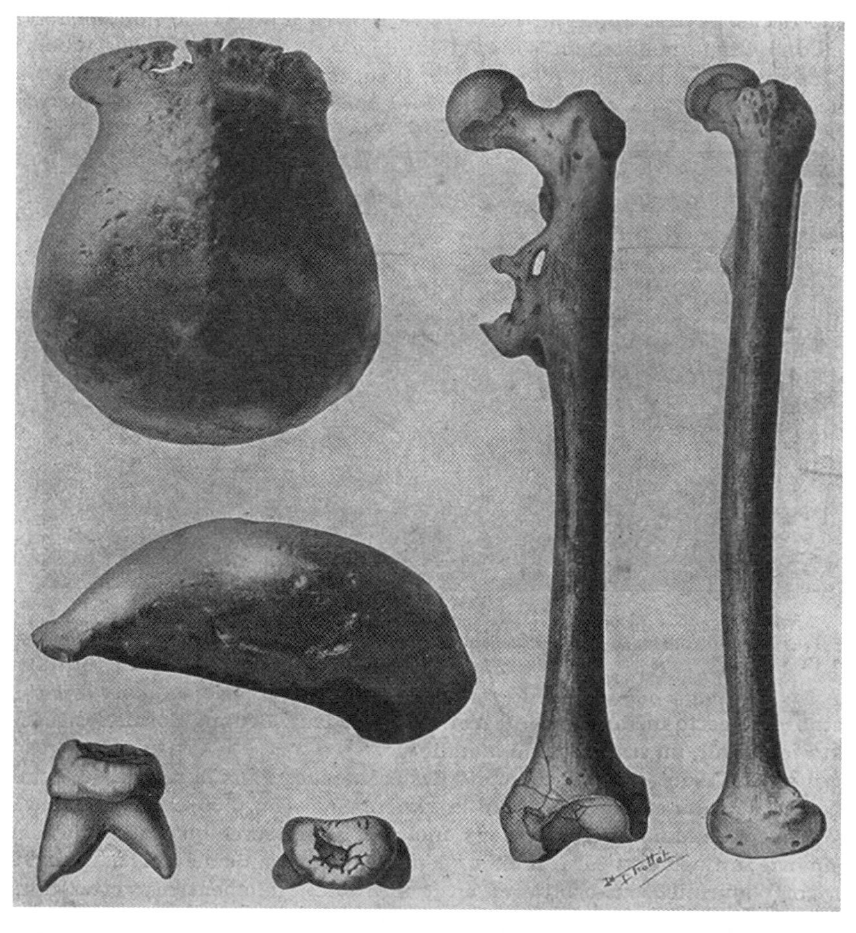

그림 25.1 외젠 뒤부아가 그린 '자바 원인' 화석 세 점. 두개골과 어금니와 넓적다리뼈를 각각 두 방향에서 본 것이다.

르탈인은 짐승처럼 구부정한 모습으로 잘못 복원되었는데, 그 뒤로 발견된 더 나은 여러 골격들을 통한 연구가 이뤄지면서 꼿꼿이 서 있는 건장한 모습으로 바뀌었다.

19세기가 거의 끝나갈 무렵에 네안데르탈인보다 더 원시적인 호미닌 화석이 발견되었다. 네덜란드의 의사이자 해부학자인 외젠 뒤부아는 다윈의 생각에 매료되었고, 인간이 아시아 동부에서 진화했다고 확신했다. 그래서 그는 네덜란드령 동인도(현재의 인도네시아)에 배치되기 위해서 1887년에 네덜란드 군대의 군의관에 지원했다. 그는 운이 대단히 좋았다. 몇 번의 발굴만에 대성공을 거뒀다. 그곳에는 정말 화석 호미닌이 있었고, 그와 자바인 조수들은 1891년에서 1895년 사이에 머리덮개뼈와 넓적다리뼈와 몇 개의 이빨을 포함한 표본들을 연달아 발견했다(그림 25.1). 그는 이 화석을 피테칸트로푸스 에렉투스*Pithecanthropus erectus*(그리스어로 '직립 원인'이라는 뜻)라고 명명했다. 그러나 이 화석은 발견된 섬의 이름을 딴 '자바인Java man'이라는 별칭으로 더 유명하다. 이 표본은 불완전했지만, 넓적다리뼈를 봤을 때 이들이 직립보행을 했다는 것은 분명했다. 눈썹뼈가 돌출되어 있는 매우 원시적인 형태의 머리덮개뼈였지만, 두개의 용량은 현대인의 절반 정도였다.

네덜란드로 돌아온 뒤부아는 1899년에 교수직에 임명되었다. 불행하게도 그는 과학계에서는 일상인 혹독한 비평을 잘 감당하지 못했다. 많은 인류학자는 그렇게 불완전한 표본을 토대로 한 뒤부아의 주장을 신뢰하지 않았고, 기형 유인원의 화석이라고 생각했다. 그 결과 뒤부아는 분하고 씁쓸한 기분으로 논쟁을 포기했다. 그는 자신의 표본을 꼭꼭 숨겨두고 과학적 논의와 연관된 사람들에게는 보여주지 않았다. 1920년대가 되자 여론은 그에게 호의적으로 돌아섰지만, 그는 홀로 분을 삭이다가 1940년에 82세의 나이로 숨을 거뒀다.

유라시아를 벗어나서?

1871년에 다윈은 인간이 아프리카에서 진화했을 것이라고 주장했다. 그의 추론은 단순했다. 우리와 가장 가까운 친척들(침팬지와 고릴라)은 모두 아프리카에 살고 있으므로 인간과 유인원의 공통조상도 아프리카에서 기원해야 이치에 맞는다는 것이다. 그러나 대부분의 후대 인류학자는 다윈의 추론을 받아들이지 않고 인간이 유라시아에서 등장했다고 주장했다. 그 이유에는 뒤부아의 발견을 포함해서 여러 가지가 있었지만, 아프리카인들을 하위 인종으로 여기거나 아예 인종의 일원으로 받아들이지 않으려는 뿌리 깊은 인종주의가 저변에 깔려 있었다. 모든 인간이 아프리카 흑인으로부터 유래했다는 생각은 20세기 초반의 많은 백인 학자에게 불쾌감을 불러일으켰다.

20세기 초반의 거의 모든 인류학자와 고생물학자가 생각한 인류의 고향은 유라시아였다. 저명한 고생물학자이자 미국 자연사 박물관의 관장이었던 헨리 페어필드 오즈번은 1920년대에 전설적인 중앙아시아 탐사대를 조직하고 자금을 지원했다. 로이 채프먼 앤드루스가 이끄는 탐사대는 가장 오래된 인류의 조상을 발견할 것이라고 확신했다(제23장). 이들은 가장 오래된 인류의 조상을 찾지는 못했지만, (최초의 공룡알과 둥지를 포함한) 대단히 중요한 공룡 화석과 대단히 흥미롭고 특이한 화석 포유류를 발견했다. 외젠 뒤부아가 자바에서 발견한 화석 호미닌은 인류의 '아시아 기원설'을 확인해주었다.

1921년에 미국 자연사 박물관 탐사대가 몽골을 탐사하기 시작할 무렵, 스웨덴의 고생물학자인 요한 군나르 안데르손은 베이징 근처에서 저우커우뎬周口店, Choukoutien이라는 이름의 동굴을 발견했다. 오스트리아의 고생물학자인 오토 츠단스키가 안데르손의 뒤를 이어서 이 동굴을 발굴했고, 동굴하이에나giant hyena와 호미닌 이빨 두 점을 포함해서 훌륭한 빙하기 포유류 동물상을 얻었다. 츠단스키는 이 표본들을 캐나다의 해부학자인 데이비드슨 블랙(당시 베이징 협화의학원에서 연구하고 있었다)에게 보냈고, 블랙이 1927년에 시난트로푸스 페키넨시스*Sinanthropus pekinensis*(베이징에서 유래

그림 25.2 중국 저우커우뎬에서 발견된 더 완전한 '베이징인' 두개골 중 하나.

한 중국의 인간)라고 명명해 발표한 이 표본은 '베이징인Peking man'이라는 이름으로 널리 알려졌다.

지원금을 얻은 이후에 발굴은 계속되었지만, 수년 동안의 작업으로 나온 것은 이빨 몇 개뿐이었다. 마침내 1928년에 아래턱과 두개골 조각과 이빨이 조금 더 발견되면서 이 종의 원시적인 특성이 확인되었다. 이 발견은 새로운 연구 자금의 지원을 가져왔고, 주로 중국인 작업자들과 연구자들로 이루어진 훨씬 대규모의 발굴단이 꾸려졌다. 이들은 곧 200점이 넘는 인간 화석을 발굴했는데, 거의 완벽한 두개골도 여섯 개나 나왔다(그림 25.2). 블랙은 1934년에 심장 기능 상실로 사망했고, 그로부터 1년 후에 독일의 해부학자 프란츠 바이덴라이히가 그의 뒤를 이어서 이 화석들의 기재와 연구를 맡았다. 화석이 발견되었을 때에 블랙이 그 화석을 간단히 기재하여 발표한 일은 많았지만, 이 화석들을 완벽하게 기록한 것은 바이덴라이히의 상세한 논문이었다. 이 자료를 통해서 '베이징인'과 '자바인'이 대단히 비슷했다는 것이 곧 분명해졌고, 대부분의 인류학자는 이 두 원인을 호모 에렉투스*Homo erectus*라는 동일종으로 생각하게 되었다.

저우커우뎬에서 발굴이 계속되는 동안, 전운이 감돌고 있었다. 일본은 제국을 확장하고 있었고, 중국을 침략하여 조금씩 점령해나가기 시작했다. 1931년, 일본은 중국 동북부에 위치한 만주를 침략했다. 일본은 이곳에 자신들의 식민지인 만주국을 세웠고, 중국의 마지막 황제인 푸이는 이 괴뢰 정부의 황제가 되었다. 1937년, 일본은 중국을 다시 침략했다. 일본은 장제스가 이끄는 국민당, 마오쩌둥이 이끄는 공산당과 싸우면서 중국 영토의 많은 부분을 합병했다.

진주만 공격이 일어나기 직전인 1941년, 전쟁이 임박했다는 것을 직감한 베이징의 서구 과학자들은 긴장했다. 저우커우뎬 발굴팀은 화석들이 일본의 손에 들어가서 과학 연구를 위해 보존되는 표본이 아니라 전리품이 될까 두려웠다. 그래서 베이징 협화의학원에 있는 표본들을 모두 대형 나무상자 두 개에 담아서 미 해병대 트럭에 실어 친황다오秦皇島항을 통해 비밀리에 반출하고자 했다. 나무상자들은 일본 침략군을 피해서 은밀하게 움직이던 중 어딘가에서 사라졌고 두 번 다시 발견되지 않았다. 상자들이 실린 배가 일본에 의해 침몰되었다는 이야기도 있고, 아무도 모르는 장소에 몰래 묻혔다는 이야기도 있다. 혹자는 화석('용의 뼈')을 파괴하고 갈아서 전통 '약'을 만드는 것이 일상인 중국 상인들에게 발견되었을 것이라고도 추측한다. 다행히 거의 모든 원본 화석의 주형이 만들어져 있고, 많은 박물관에 정밀한 복제품이 있기 때문에 우리는 그 화석들의 생김새를 자세히 알고 있다. 게다가 그 이후로 훨씬 더 좋은 표본들이 많이 발굴되었기 때문에 회복할 수 없을 정도의 심각한 손실을 입은 것은 아니었다.

영국을 벗어나서?

아시아가 인류의 진짜 고향이라는 생각은 독일의 유명한 발생학자이자 생물학자인 에른스트 헤켈까지 거슬러 올라간다. 헤켈은 (검증할 수 있는 화석이 나오기 오래전에) 이 점을 강력하게 주장했다. 헤켈은 독일에서 가장 위대한 다윈 추종자였지만, 인간이 아프리카에서 출현하여 진화했다는 다윈의 주장에는 동의하지 않았다. 헤켈은 뒤부아에게 직접적인 영향을 주었고, 뒤부아가 자바에서 발견한 화석 호미닌은 이 관점을 뒷받침하는 증거처럼 보였다. 다른 선구적인 인류학자와 고생물학자들도 헤켈의 생각에 동의했다. 여기에는 저우커우뎬에서 연구를 하던 안데르손, 츠단스키, 블랙, 바이덴라이히뿐 아니라 미국 자연사 박물관의 오즈번과 그의 동료들인 월터 그레인저(중앙아시아 탐사대의 대장), 윌리엄 딜러 매튜(대부분의 포유류 무리가 유라시아에서 나온 다음에, 그곳을 중심으로 퍼져나갔다고 주장했던 학자), 윌리엄 킹 그레고리도 포함되었다.

처음에는 네안데르탈인, 그다음에는 '자바인'과 '베이징인'이 발견되면서, 당시까지만 해도 화석 기록은 인간의 유라시아 기원설을 뒷받침해주는 것처럼 보였다. 그리고 놀랍게도 유라시아가 기본적으로 인류 진화의 중심지였음을 확인시켜주는 그럴싸한 증거가 잉글랜드에서 발견되었다. 1912년, 런던 지질학회 모임에서 찰스 도슨Charles Dawson이라는 한 아마추어 화석 수집가는 4년 전에 필트다운 근처의 자갈 채취장에서 일하던 노동자가 자신에게 두개골 조각 하나를 주었다고 주장했다. 그 노동자는 두개골 조각을 화석 코코넛이라고 생각해서 부셔보려고 했다. 그러나 도슨은 필트다운을 계속 돌아다니며 더 많은 조각을 발견했다. 그다음 그는 이 두개골 조각들을 영국 자연사 박물관의 아서 스미스 우드워드에게 보여주었고, 우드워드는 도슨과 함께 필트다운으로 갔다. 그곳에서 도슨은 머리덮개뼈 조각 몇 개와 턱뼈 일부를 더 찾아냈다고 했지만, 우드워드는 아무것도 발견하지 못했다.

우드워드는 입수한 조각들을 토대로 이 두개골과 턱을 곧바로 복원했다

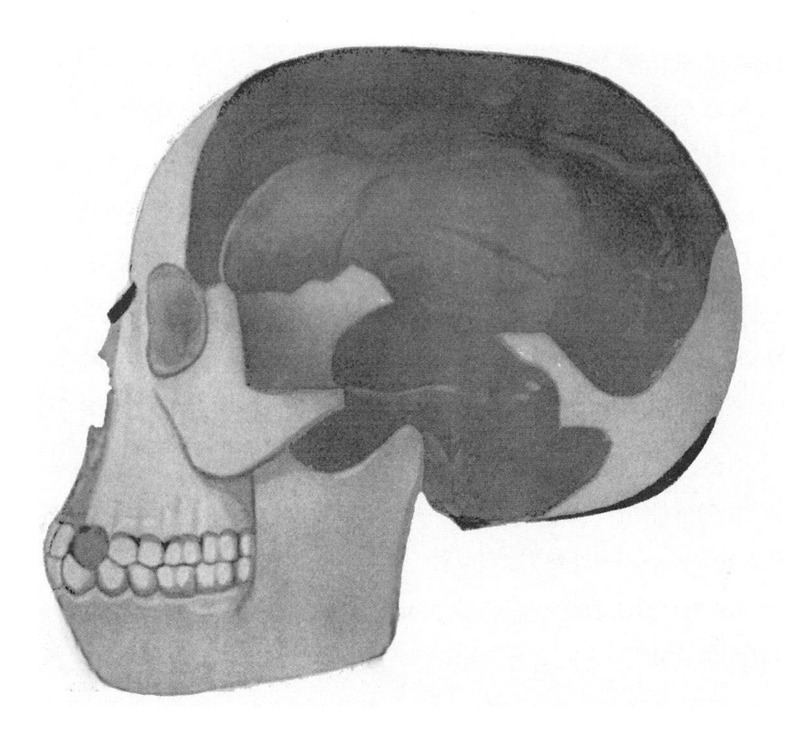

그림 25.3 아서 스미스 우드워드가 복원한 '필트다운인'의 두개골.

(그림 25.3). 표본의 모습은 대단히 묘했다. 두개골은 현대인의 것과 매우 비슷했다. 머리뼈는 불룩했고, 뇌머리뼈는 큼직했으며, 눈썹뼈는 작았다. 그러나 턱은 유인원의 것과 대단히 비슷했다. 결정적으로 턱관절 부분이 부서져서 사라졌고 머리뼈와 얼굴뼈의 여러 부분도 없었기 때문에, 턱이 두개골과 제대로 맞았는지를 확인할 방법이 전혀 없었다. 1913년 8월, 우드워드와 도슨은 프랑스의 사제이자 고생물학자인 피에르 테야르 드 샤르댕과 함께 필트다운의 폐석 더미를 다시 찾아왔다. 이곳에서 테야르는 턱의 부서진 부분 사이의 틈새에 딱 맞는 송곳니 하나를 발견했다. 이 송곳니는 전형적인 유인원 송곳니처럼 크고 날카로운 것이 아니라, 인간의 송곳니처럼 작았다.

그러나 도슨의 발견과 우드워드의 복원이 문제없이 받아들여진 것은 아니었다(그림 25.4). 해부학자 아서 키스 경은 이 복원에 이의를 제기하면서 훨씬 더 인간에 가까운 모습의 복원을 내놓았다. 런던 킹스 칼리지의 해부학자인 데이비드 워터스톤은 두 표본이 한 개체에 속할 수 없고, '필트다운인'은 인간의 두개골에 유인원의 턱뼈를 붙인 것에 불과하다는 결론을 내렸다. 프랑스의 고생물학자 마르슬랭 불(라샤펠오생의 네안데르탈인을 기재한 인물)과 미국의 동물학자 게리트 스미스 밀러도 같은 의견을 내놓았다. 1923년에 프란츠 바이덴라이히('베이징인'을 기재한 인물)는 '필트다운인'은 현대인의 두개골에 이빨을 제거한 유인원의 턱을 붙인 것이므로 '필트다운인'의 유인원 같은 외모는 가짜라고 강력하게 주장했다.

그림 25.4 존 쿡John Cooke, 「필트다운 두개골에 관한 토론A Discussion of the Piltdown Skull」(1915). 이 유명한 그림에서는 '필트다운인' 표본을 연구하는 영국 인류학회의 회원들을 확인할 수 있다. (앞줄 가운데) 주요 지지자인 아서 키스 경(흰색 덧옷을 입고 있다), (뒷줄 왼쪽에서 오른쪽으로) 프랭크 오즈월드 발로우, 그래프턴 엘리엇 스미스, 찰스 도슨(이 위조를 기획했다), 아서 스미스 우드워드(이 두개골을 공식적으로 기재한 자연사 박물관의 지질학 큐레이터), (앞줄 왼쪽) A. S. 언더우드, (앞줄 오른쪽) 윌리엄 플레인 피크래프트William Plane Pycraft와 유명한 해부학자인 레이 랭케스터가 보인다.

1920년대와 1930년대에는 '필트다운인'에 대한 의심과 비난이 끊이지 않았지만, 영국 고생물학계의 거목들(특히 우드워드, 키스, 그래프턴 엘리엇 스미스)로부터는 확고한 지지를 받았다(그림 25.4를 보라). 문제가 있기는 했지만 이 '화석'은 그들의 편견에 모두 맞아떨어졌다. 첫째, '필트다운인'은 인간의 진화가 뇌의 확장에 의해 유발되었다는 것을 암시하는 것처럼 보였다. 우리 조상이 원숭이 같은 이빨과 턱을 잃기 오래전에, 두 다리로 걷기 오래전에 뇌가 먼저 커지기 시작했다는 것이다. 인간의 뇌가 먼저 커지고 지능이 발달한 후에, 그 지능이 인간의 진화를 이끌었다는 것은 당시 고인류학계에서 널리 받아들여지고 있던 정설이었다. 두 번째 요인은 맹목적인 애국주의였다. 영국인들은 '빠진 연결고리'가 그들의 땅에서 발견되었다는 것에 자부심을 느꼈다. 게다가 '최초의 영국인'은 '자바인'과 '베이징인'보다 훨씬 원시적이기까지 했다. 따라서 인류 진화의 중심지가 유럽(특히 영국제도)이었던 것처럼 보였다. 당시 인류학자들의 편견 또는 그릇된 통념과 완벽하게 맞아떨어지면서, 이 '화석'에 대한 의문은 곧 사그라졌고 '필트다운인'은 41년 동안 상징적인 표본으로 남아 있었다.

1940년대 후반부터 1950년대 초반까지, 이 표본에 다시 의문을 제기하는 사람들이 나타나기 시작했다. 이제는 더 이상 화석 기록과도 맞지 않았고, 특히 아프리카에서 점점 더 훌륭한 화석들이 알려지고 있었기 때문이다. 수십 년 동안 필트다운 표본은 안전한 곳에 보관되어 있었고, 단 한 벌의 복제품이 연구를 위해 만들어졌다. 따라서 원본을 가까이에서 본 사람은 극소수뿐이었다. 그러던 1953년에 화학자 케네스 오클리, 인류학자 윌프레드 E. 르 그로스 클라크, 조지프 와이너가 원본 '화석'을 조사했다. 이들이 확인한 바에 따르면, '필트다운인'은 가짜였다. 두개골은 중세 무덤에서 파낸 현대인의 것이었고 턱뼈는 사라왁 오랑우탄의 것이었으며 이빨은 침팬지의 것이었다. 오래된 것처럼 보이도록 모든 표본을 철 용액과 크롬산으로 처리했고, 이빨은 유인원의 것과 조금 다르게 보이도록 일부러 갈아냈다. 바이덴라이히의 추정이 맞았던 것이다.

이 조작에 관여한 사람들의 정체는 지금도 분명하지 않다. 물론 이 '화석'들을 모두 '발견'한 사람은 찰스 도슨이었다. 그리고 그의 과거를 들춰보면 그가 인간의 화석과 인공물을 위조한 경력이 많다는 것이 드러난다. 따라서 그의 단독 범행이었을 수도 있다. 그가 해부학자나 인류학자 같은 전문가의 지시를 받았을 것이라는 주장도 있었다. 그렇기 때문에 머리뼈와 턱뼈가 서로 맞지 않는다는 것을 증명해줄 부분을 모두 전략적으로 망가뜨려서 성공적인 사기극을 연출할 수 있었다는 것이다. 시시때때로 피에르 테야르 드 샤르댕, 아서 키스, 동물학자 마틴 A. C. 힌턴, 악동 시인 호러스 드 비어 콜 등이 배후로 거론되었고, 심지어 셜록 홈스로 유명한 아서 코난 도일 경도 후보군 중 하나였다. 이제 1세기 이상 시간이 흘렀고, 지금까지의 증거로는 단정을 내리기 어렵다. 우리가 알고 있는 것은 도슨이 주범(어쩌면 단독범)이고, 그에게는 사기 전과가 아주 많았다는 것이 전부다. 누군가 그를 도왔다고 하더라도 그가 누구인지는 결코 밝혀지지 않을 것이다.

타웅 아이와 '플레스 부인'

인류의 유럽 기원설에 대한 연구가 유럽의 대학과 박물관에서 활발히 진행되는 동안, 아프리카는 뒷전이었다. 아프리카의 도시들은 대부분 중요한 대학이나 박물관이 없는 조용한 변방 식민지였다. 유럽(특히 영국, 독일, 프랑스, 포르투갈, 네덜란드) 과학자들은 자국의 박물관으로 가져갈 중요한 표본을 수집하기 위해서 아프리카 식민지를 찾았다. 그러나 그들의 눈에 야만적이고 무식하게만 보이는 식민지의 원주민을 위해서는 아무것도 남겨두지 않았다.

남아프리카는 과학자들의 초기 전초기지가 아니었던 몇 안 되는 나라 중 한 곳이었다. 모든 항로가 아프리카 남단 주위를 통과한다는 중요한 지리적 이점과 금·다이아몬드·귀금속에서 나오는 엄청난 부 덕분에, 남아프리카에는 아프리카의 다른 지역보다 훨씬 앞서서 유럽식 국가가 들어섰다. 그 결과, 근대 유럽풍 국가를 발달시키기 위해 엄청난 노력을 기울인 영국인들과 네덜란드 정착민들은 아프리카의 백인인 아프리카너Afrikaner가 되었다. 케이프타운, 요하네스버그, 더반, 프레토리아 같은 도시는 크고 고급스러웠다. 이들 도시에는 아프리카에서는 매우 드물게 저마다 위용을 과시하는 대학과 박물관이 들어섰다. 게다가 1910년 남아프리카는 아프리카에서는 두 번째로 유럽으로부터 독립을 이뤘다. 이와 달리 대부분의 아프리카 식민지들은 훨씬 나중인 1950년대 후반과 1960년대에 독립하기 시작했다.

오스트레일리아 청년인 레이먼드 다트는 유럽에서 공부한 남아프리카 학자들 중 한 사람이었다. 런던 대학에서 의학을 공부하고 남아프리카로 이주한 그는 요하네스버그의 비트바테르스란트 대학에 새로 생긴 해부학과에서 자리를 얻었다. 대학에 도착한 그는 인간과 유인원의 두개골과 골격의 비교를 위한 자료가 없다는 사실에 경악했다. 해부학을 가르치기 위해서는 이런 표본이 반드시 필요했다. 그는 학생들에게 누가 가장 흥미로운 뼈를 가져올 수 있는지 알아보기 위한 시합을 벌일 것이라고 공지했다. 그 수업의 유일한 여학생이었던 한 학생은 친구 집의 벽난로 선반 위에 화석 개코원숭이baboon의 두개골이 있다고 말했다. 다트는 그것이 정말 개코원숭이의 것인지 의심스러웠지만(사하라 이남의 아프리카에서는 화석 영장류가 거의 나오지 않기 때문이었다), 다트는 두개골을 보고나서 그 학생이 옳았다는 것을 알았다. 그 두개골은 노던 라임 컴퍼니라는 회사 임원의 집에서 나왔는데, 그 회사는 타웅Taung이라는 채석장에서 채굴한 석회암으로 시멘트를 생산하는 업체였다. 그래서 다트는 회사 임원에게 석회동굴에서 발파할 때에 일꾼들이 발견한 다른 화석도 보내달라고 부탁했다.

1924년의 어느 여름날 아침, 다트는 자신의 집에서 열리는 친구 결혼식의 들러리를 설 준비를 하느라 턱시도의 뻣뻣한 윙칼라와 씨름을 하고 있었다. 그는 현관 앞에 나무상자 두 개가 내려지는 소리를 듣고 무슨 일인지 알아보려고 밖으로 나왔다. 첫 번째 상자에는 특별히 흥미로운 것이 없었지만, 두 번째 상자를 열자 곧바로 머리뼈 하나가 나왔다. 자연적인 두개 내부 주형endocranial cast이 남아 있는 아름다운 머리뼈였다! 그는 흥분을 감추지 못하고 상자를 마구 뒤져서 그것과 맞아떨어지는 얼굴 부분을 찾아냈다. 두개골의 크기가 침팬지의 것과 비슷했지만, 뇌는 훨씬 컸다는 것을 대번에 알 수 있었다. 그의 친구, 즉 신랑은 턱시도를 마저 입으라고 재촉했다. 결혼식이 진행되는 동안 다트는 자신의 '보물'을 다시 보고 싶어서 안달이 났다. 다트는 이후 몇 달에 걸쳐서 표본을 세척하고, 망치와 바늘을 이용해서 얼굴 부분에 있는 이물질을 조심스럽게 떼어냈다.

드러난 얼굴은 젖니가 모두 제자리에 있는 네 살쯤 된 어린아이의 것이었다(그림 25.5). 두개골의 크기는 오늘날 침팬지의 것과 거의 비슷했지만, 호미닌의 특징을 다수 지니고 있었다. 뇌는 유난히 컸고, 얼굴은 입 부분과 눈썹뼈가 돌출되지 않고 평평했으며, 송곳니는 작았고, 이빨은 반원형의 구개를 따라 인간의 것처럼 배열되어 있었다. 더 중요한 것은 두개골의 기부에 있는 척추 구멍(대후두공)이 뇌의 바로 아래에 있다는 점이었다. 이로써 이 두개골의 주인이 머리를 들고 똑바로 서서 걸었다는 것이 증명되었다.

다트는 이 두개골을 기재하고 분석해서 1925년에 『네이처』에 발표했다. 그는 이 표본을 오스트랄로피테쿠스 아프리카누스(그리스어로 '아프리카 남부의 유인원'이라는 뜻)라고 명명했고, 이 화석은 초기 호미닌이 아프리카에서 살았다는 것을 명확하게 증명한다. 특히 이 화석은 지금까지 발견된 어떤 화석보다도 유인원과 비슷했고, 훨씬 더 원시적이었다. 다트는 의대에서 두개 내부 주형에 대해서 공부했기 때문에, 이 표본의 천연 내부 주형에 특별히 관심을 두었다. 오스트랄로피테쿠스는 다른 어떤 유인원보다 두개골에 비해서 뇌가 훨씬 컸다. 또 뚜렷하게 더 발달한 이들의 앞뇌forebrain는 유인원보다는 인간과 더 비슷했다.

자신의 증거가 확실하다고 생각한 다트는 과학계에서 칭찬이 쏟아질 것

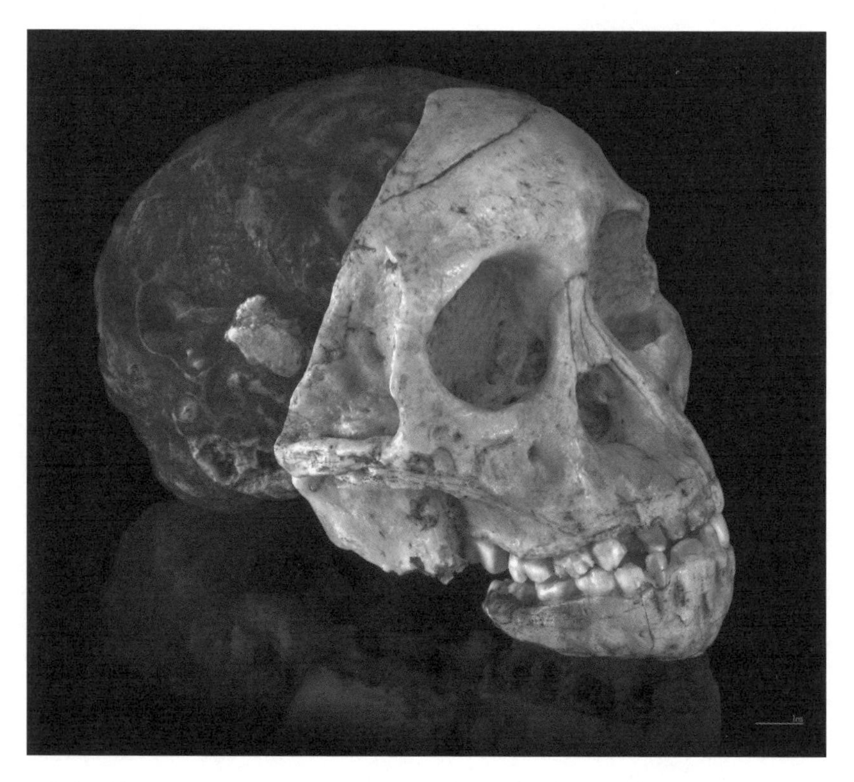

그림 25.5 타웅 아이라고 알려진 오스트랄로피테쿠스 아프리카누스의 두개골을 옆에서 본 모습.

으로 기대했다. 그러나 유럽의 저명한 인류학자들이 하나같이 그의 표본을 '어린 유인원'의 것으로 치부하자, 다트는 크게 낙담했다. 문제는 어린 유인원은 다 자란 유인원에 비해서 정말로 현대인과 아주 많이 비슷하게 보인다는 점이었다. 그래도 직립 자세, 호미닌의 것과 비슷하게 생긴 어금니, 작은 송곳니, 구개를 따라 반원형으로 배열된 이빨, 커진 앞뇌 같은 특징들은 이 표본이 어리기 때문에 나타난 결과가 아니었다.

그러나 타웅 아이는 잘못된 관념과 편견의 벽에 가로막혀 있었다. 앞서 보았듯이, 유럽의 다른 인류학자들은 큰 뇌가 먼저 진화하고, 그 뒤에 이빨이 작아지고 직립 자세가 발달했다고 확신했다. 게다가 그들에게는 이것을 입증할 '필트다운인'의 두개골이 있었다. '필트다운인'은 인간의 뇌와 유인원의 이빨을 가지고 있었지만, 타웅 아이는 정반대의 모습을 하고 있었다. 뇌는 비교적 작았지만 직립을 했고 송곳니가 작아진 호미닌의 이빨을 갖고 있었다. 그래서 받아들여질 수가 없었다. 필트다운인의 가장 막강한 지지자였던 아서 키스 경은 다음과 같이 썼다. "(다트의) 주장은 얼토당토않다. 그 두개골은 어린 유인원의 것이다.… 그리고 아프리카에 현존하는 두 종류의 유인원인 고릴라와 침팬지와 아주 많은 면에서 관련성을 나타낸다. 따라서 이 화석은 조금의 망설임도 없이 이런 현생 무리로 분류할 수 있다."

이와 함께, 말 못할 다른 요인들도 있었다. 바로 제국주의와 인종주의였다. 유럽의 석학들은 남아프리카의 외딴 곳에 있는 무명 해부학자인 다트의 결론을 신뢰하지 않았고 (런던에서 교육을 받았는데도) 그를 전문가가 아닌 '시골 무지렁이'로 인식했다. 『네이처』에 실린 다트의 논문은 매우 짧았다(모름지기 논문은 그래야 한다). 그래서 중견 고생물학자들은 간단한 설명과 손으로 그린 몇 개의 작은 그림만 가지고 그 표본을 판단해야 했다. (훗날 다트는 훨씬 더 자세한 설명을 내놓았는데, 특히 뇌를 자세히 묘사했다.) 그러나 표본을 조사하기 위해서 멀리 남아프리카까지 항해할 시간과 돈과 의지가 있는 사람은 아무도 없었다.

그래서 다트가 그들에게 표본을 가져갔다. 1931년, 다트는 타웅 아이의 표본을 들고 영국에 왔지만 아무 소용이 없었다. 영국 인류학자들의 인종적 편견은 너무나 확고했다. 게다가 데이비드슨 블랙의 그림과 설명이 발표되면서 '베이징인'의 두개골에 대한 흥분이 유럽까지 당도한 상태였다. '베이징인'이 '자바인'과 '필트다운인'을 통해 제기된 인류의 유라시아 기원설의 초기 증거로 조명되면서, 아프리카에서 나온 유일한 표본인 불쌍한 타웅 아이와 다트는 그 그늘에 가려 빛을 보지 못했다.

그로부터 20년이 흘러서야 유럽 인류학계는 더 이상 다트를 무시하지 않고 그의 발견을 중요하게 인식하기 시작했다. 1947년에 키스는 "다트가 맞고 내가 틀렸다"라고 인정했다. 다트는 최후의 승리자가 되었다. 다트는 타웅 아이의 발견으로 현대 고인류학을 개척했다는 명성과 영예를 누리다가 1988년에 95세를 일기로 세상을 떠났다. 그를 힐난한 상대들은 대부분 오래전에 죽었고 이제는 잊혀가고 있다.

그러나 1920년대와 1930년대 남아프리카의 다른 과학자들은 다트가 옳고 그가 부당한 비판을 받고 있다는 것을 일찌감치 확신했다. 스코틀랜드 출신 의사인 로버트 브룸(제19장)도 그렇게 생각한 사람들 중 하나였다. 그는 그레이트 카루에서 페름기의 파충류와 가장 오래된 포유류 근연종 화석을 발견함으로써 이미 권위 있는 고생물학자라는 명성을 얻고 있었다. 그가 알고 지내던 수집가들은 남아프리카의 여러 석회암 동굴에서 찾은 화석들을 그에게 보내주었다. 1938년에 크롬드라이라는 동굴에서 연구를 하고 있던 브룸은 대단히 건장한 성인의 두개골을 발견하고 파란트로푸스 로부스투스 *Paranthropus robustus*(그리스어로 '건장한 유사 인간'이라는 뜻)라는 이름을 붙였다. 훗날 그는 스와르트크란스에 있는 유명한 동굴에서 130개체가 넘는 P. 로부스투스를 발견했다. 이들의 이빨에 대한 최근의 한 분석에서 밝혀진 바에 따르면, 고릴라처럼 건장해 보이는 이들은 아무도 17년 이상 살지 못했고 견과와 씨앗과 풀 같은 거칠한 먹을거리로 연명했다.

1938년에도 브룸은 화석 두개골의 두개 내부 주형 하나를 손에 넣었다. 이 주형의 용적은 485세제곱센티미터로, 유인원의 두뇌 용적보다 훨씬 컸다. 그는 이 표본을 플레시안트로푸스 트란스발렌시스*Plesianthropus transvaalensis*(그리스어로 '트란스발의 유사 유인원'이라는 뜻)라고 불렀다. 그러다가 그는 스테르크폰테인이라는 동굴에서 화석이 나온다는 이야기를 들었다. 1947년 4월 18일, 브룸과 존 T. 로빈슨은 완벽한 두개골 하나를 발견했다. 당시 성인 여성의 것으로 추정된(현재는 남성으로 여겨진다) 이 두개골에는 호미닌의 특성이 나타났지만, 타웅 아이의 두개골처럼 원시적이었다(그

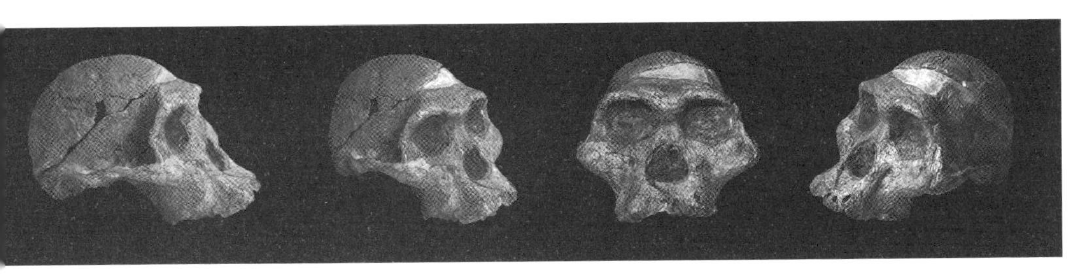

그림 25.6 '플레스 부인'이라는 별명으로 알려진 가장 완벽한 오스트랄로피테쿠스 아프리카누스의 두개골을 다양한 각도에서 본 모습.

림 25.6). 연구자들은 이 표본에 '플레스 부인Mrs. Ples'이라는 별명을 붙였다. 이들의 발견으로 남아프리카에서 발견되고 있는 호미닌 화석들이 유라시아에서 발견된 그 어떤 화석보다도 더 원시적이라는 사실이 밝혀졌다. 얼마 후 스테르크폰테인에서 다른 화석이 등장하면서 플레시안트로푸스 트란스발렌시스의 개체군이 더 다양해졌다. 훗날 인류학자들이 스테르크폰테인에서 나온 성인 화석과 타웅 아이가 같은 종이라고 결론을 내렸고, 현재 플레시안트로푸스 트란스발렌시스는 다트의 원래 분류군인 오스트랄로피테쿠스 아프리카누스 안에 포함된다.

아프리카에서의 이런 발견은, 유라시아에는 그렇게 원시적이거나 오래된 화석이 전혀 없었다는 점과 맞물리면서, 논의의 중심을 '아시아 기원설'에서 차츰 다른 쪽으로 옮기기 시작했다. 1947년이 되자 다양한 오스트랄로피테쿠스류가 기재되었고, 다윈이 옳았다는 것이 점점 더 분명해지는 것 같았다. 인류는 아프리카에서 기원했다. 그뿐만 아니라, 뇌와 지적 능력이 먼저 인간의 진화를 이끌었고 작은 이빨과 직립 자세가 나중에 나타났다는 생각도 사라지고 있었다(그 사이 구세대 인종주의 인류학자들도 한 사람씩 사라져갔다). 지금까지 발견된 모든 화석을 통해 증명된 바에 따르면, 직립 자세와 더 발달된 이빨이 먼저 진화하고 뇌의 확장은 훨씬 나중에 시작되었다. 그래서

1953년에 '필트다운인'에 대한 자세한 조사가 결정된 것이다. 지금까지 드러난 인류 진화의 모습과 더 이상 들어맞지 않았기 때문이었는데, 그 덕분에 마침내 사기극이 드러났다. 당혹스러우면서도 다행스러운 일이다.

리키의 행운

'아프리카 기원설'의 또 다른 주창자는 전설적인 인물인 루이스 S. B. 리키(그림 25.7A)였다. 리키는 어느 면으로 보나 카리스마와 열정이 넘치며 거침없는 사람이었으며, 자신의 발견과 관련해서 무궁무진한 이야기를 풀어놓을 수도 있었다. 한편에서는 그의 연구가 과학적으로 허술하고 부정확하다는 비판도 있으며, 때때로 논란의 여지가 있는 발상을 수용한다고도 알려져 있다. 그럼에도 그는 인류 진화 연구에 길이 남을 유산을 남겼다. 유명한 화석을 여럿 발견했을 뿐만 아니라 (그중 대부분의 발견자인) 아내 메리와 (아버지의 명성을 뛰어넘은) 아들 리처드를 지도했고, 다른 여러 주요 인류학자에게도 훌륭한 스승이었다. 또한 그는 수년간 야생에서 각각 침팬지, 고릴라, 오랑우탄을 연구한 제인 구달, 다이앤 포시, 비루테 갈디카스 같은 영장류학자들에게도 영감을 주었다.

오늘날 케냐에 해당하는 지역에서 영국 선교사 가정의 아들로 태어난 리키는 동아프리카의 자연 속에서 자랐으며, 그 지역에서 가장 규모가 큰 부족 중 하나인 키쿠유족의 언어와 문화에 정통했다. 그는 케냐에서 가정교사에게 약간의 교육을 받았지만, 제1차 세계대전이 끝난 후에 입학한 케임브리

그림 25.7 ▶
(A) 발굴된 유물을 들고 있는 루이스 S. B. 리키. (B) 리키 부부에게 세계적인 명성을 가져다주고 아프리카에 대한 고인류학 연구를 다시 일으킨 '진잔트로푸스(현재는 파란트로푸스 보이세이*Paranthropus boisei*)'의 두개골을 앞에서 본 모습.

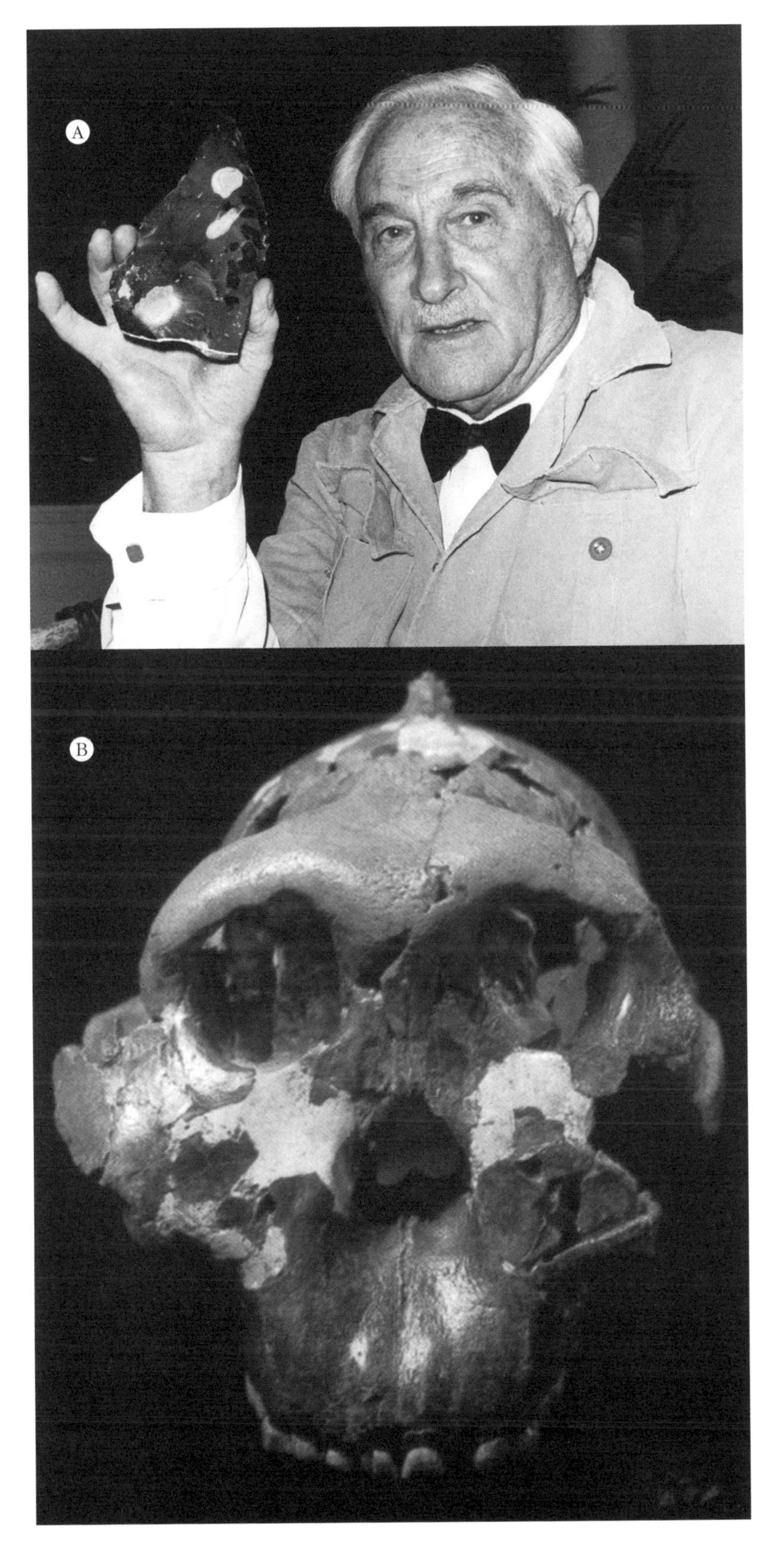
A
B

지 대학에서는 대단히 우수하고 열정적이지만 때로는 괴짜인 학생의 면모를 드러냈다. 인류학자가 되기로 결심한 그는 이미 20대에 케냐의 고고학에 관해 수많은 논문을 발표했다. 1930년대 초반에 리키는 자신의 경력에 큰 오점을 남겼는데, 첫 번째 부인인 프리다를 버리고 자신의 화가인 젊은 메리 니콜과 사랑에 빠진 것이다. 그와 메리는 학계의 비난을 피해서 케냐로 돌아갔고, 그곳에서 그들은 카남섬, 칸제라섬, 루싱가섬에 있는 원시적인 유인원의 흔적을 다수 찾아냈다.

제2차 세계대전이 일어나기 직전과 전쟁 중에 케냐에 있는 동안, 그는 유창한 키쿠유어와 원주민 문화에 대한 깊은 이해 덕분에 그 지역에서 정치적으로 중요한 인사가 되었다. 전시에 스파이 역할을 하기도 했고, 영국과 키쿠유족이 긴장 관계에 있을 때 중재와 통역을 담당하기도 했다. 그는 케냐 마우마우 봉기 때 핵심 인물이었고, 결국에는 분쟁의 해결을 도왔다. 그러나 그는 유럽으로 돌아가기를 거부하고, 나이로비의 코린돈 박물관(현재 케냐 국립 박물관)에서 박봉을 받으며 케냐에 정착했다.

리키의 명성과 아프리카에서의 그의 발견은 큰 의미가 있었지만, 그는 여전히 더 극적인 뭔가를 발견하려고 애썼다. 인류가 정말로 아프리카에서 출현해 진화했다는 것을 확실하게 밝힐 뿐만 아니라, 자신의 경력을 새롭게 시작할 수 있게 해주고 연구비를 보장해줄 그런 발견을 이루고자 했다. 남아프리카의 동굴에서 발견된 표본들은 중요했지만, 정확한 연대를 측정할 수 없었다. 호미닌 화석이 묻혀 있는 퇴적층 속에 연대가 알려진 포유류 화석이나 정확한 연대를 제공할 수 있는 화산재가 함께 들어 있는 곳이 필요했다.

1913년, 독일의 고고학자인 한스 레크는 오늘날 탄자니아에 있는 올두바이 계곡의 제2층에서 현대인의 것과 꽤 비슷한 골격 하나를 발굴했다. 그의 발견은 논란을 불러왔다. 비슷한 정도로 진화한 유럽 화석보다 연대가 훨씬 오래전인 플라이스토세 중기에 나온 것처럼 보였기 때문이다. 리키는 1931년에 이 논쟁에 뛰어들었고, 레크의 표본이 고대의 지층에 묻힌 현대인

이 아니라고 동료들을 설득했다. 제2차 세계대전과 전후 정치가 일단 막을 내린 1951년이 되자, 그는 인류학 연구에 정진할 시간이 많아졌다. 루이스와 메리 리키는 올두바이 계곡의 가장 낮은 지층에서 하루 온종일 작업에 매달리기 시작했다. 그곳에서 그들은 유럽보다 훨씬 원시적인 문화가 있었다는 것을 암시하는 수많은 석기를 발견했지만, 결정적인 화석은 나오지 않았다.

그러던 1959년, 8년간의 고된 연구 끝에 (그리고 그가 올두바이에서 처음 연구를 시작한 지 30년 만에) 메리는 대단히 특별한 화석 두개골을 발견했다(그림 25.7B를 보라). 그 두개골은 남아프리카나 다른 어느 지역에서 발굴된 것보다 훨씬 더 원시적이고 건장하게 보였으며, 올두바이 계곡에서 더 깊은 곳인 제1층에서 나왔다. 리키 부부가 "귀여운 소년Dear Boy"이라는 애칭을 붙였던 이 멋진 두개골의 정식 학명은 진잔트로푸스 보이세이*Zinjanthropus boisei*였고, 간단히 '진즈Zinj'라고 불렸다. (진즈는 중세 아프리카 지역의 이름이고, 종명은 그들에게 연구비를 지원해준 찰스 보이시Charles Boise의 이름을 딴 것이다.) 그러던 1960년, 잭 에번던과 가니스 커티스는 칼륨-아르곤 연대측정법이라는 새로운 기술을 올두바이 제1층 위에 있는 화산재 층에 적용했고, 이 지층의 연대가 최소 175만 년이라는 결과를 얻었다. 그 누구도 예상치 못한 결과였다. 당시 대부분의 과학자는 플라이스토세 전체 역사가 수십만 년에 불과할 것이라고 생각했지만, 1960년대에 칼륨-아르곤 연대측정법이 더 많이 도입되면서 전체적인 연대표가 재조정되었다. 이내 리키 부부는 세계적인 유명인사가 되었고, 내셔널지오그래픽협회로부터 연구비를 받게 되었다. 무엇보다도 중요한 것은, 인류학자들이 더 많은 표본을 찾기 위해서 아프리카로 몰려들었다는 점이었다. 인류 진화의 대부분이 정말로 아프리카에서 일어났다는 사실이 분명해졌기 때문이다. 인류가 유라시아와 그 너머로 이주한 것은 그로부터 한참 뒤의 일이었다.

루시의 유산

호미닌을 찾아 '검은 대륙'으로 몰려든 연구자들은 동아프리카 전역으로 금세 퍼져나갔다. 특히 단층 분지를 따라서 길게 퇴적 기록이 남아 있는 대지구대Great Rift Valley 지역에 관심이 집중되었다. 루이스 리키의 아들인 리처드는 처음에는 인류학에 흥미가 없었지만, 결국 아버지의 대를 잇게 되었다. 리처드는 아버지의 그늘을 벗어나기 위해서 1970년대에 케냐 북부에 있는 루돌프호(오늘날의 투르카나호)에서 발굴을 시작했다. 그곳에서 그는 많은 두개골을 발견했는데, 그중에는 보존 상태가 대단히 좋은 호모 하빌리스*Homo habilis* 표본도 있다. 호모 하빌리스는 우리가 속한 호모속 가운데 가장 오래된 종이다. 리처드는 케냐 정부에서 (특히 코뿔소와 코끼리의 불법 포획을 놓고 싸우면서) 중요한 위치를 차지하게 되었다. 그의 아내인 미브는 현지인들과 함께 연구를 하면서 리키의 유산을 계승했다. 그의 어머니인 메리는 계속해서 중요한 발견을 했는데, 특히 탄자니아의 라에톨리에서는 대단히 멋진 호미닌 발자국 화석을 발견했다.

케냐와 탄자니아는 리키 가족의 특별한 발견으로 거의 해마다 뉴스에 오르내렸다. 1960년대 후반, 루이스 리키는 케냐의 조모 케냐타 대통령과 에티오피아의 하일레 셀라시에 황제와 함께 점심 식사를 했다. 황제는 리키에게 에티오피아에서는 왜 아무것도 발견되지 않느냐고 물었다. 리키는 과학자들에게 탐사를 하라고 명령하면 화석이 발견될 것이라고 말했고, 황제는 바로 납득했다. 곧 버클리 대학의 인류학자인 F. 클라크 하월이 에티오피아에서 발원한 오모강이 흘러들어가는 투르카나호의 북쪽 기슭에서 연구를 시작했다. 하월과 그의 동료인 글린 아이작이 화석을 수집하며 여러 해를 보낸 오모강 지층은 연대가 알려져 있는 화산재가 풍부했다. 그러나 안타깝게도 이 퇴적층은 갑작스럽게 불어난 물이 빠르게 흐르면서 형성되었고, 이런 급류에 섞인 자갈과 모래는 화석을 파괴하고 마모시키는 경향이 있다. 그래서 보존 상태가 좋은 호미닌 화석은 하나도 발견되지 않았다.

한편, 다른 젊고 유망한 인류학자들은 리키 가족과 그 동료들이 독점하다시피 한 지역 안에서 독자적인 발견을 기대하면서 탐사에 열중하고 있었다. 이들 중 도널드 조핸슨과 팀 화이트라는 두 인류학자는 리키 가족의 통제를 받지 않는 곳을 탐사하면서 그들만의 보물을 찾고 있었다. 이들은 프랑스의 지질학자 모리스 타이엡과 이브 코펭, 인류학자 존 칼브로부터 아파르 삼각주의 지층에 관해 알게 되었다. 아파르 삼각주는 아덴만이 홍해와 만나는 곳에서 지각판이 확장되고 있는 지구대였다. 이미 수많은 포유류 화석이 발굴된 이 지층은 연대가 최소 300만 년 이상일 것이라는 의견이 제기되고 있었고, 지금까지 케냐나 탄자니아에서 발견된 어떤 호미닌 화석보다 더 오래된 것이 나올 가능성이 있었다. 조핸슨과 화이트와 타이엡과 코펭은 이 지층에 대한 연구를 허가받고 1973년에 하다르에서 발굴을 시작했다.

탐사와 발굴을 시작한 지 몇 달 후인 1974년 11월 24일에 몇 개의 호미닌 화석 조각이 발견되었다. 조핸슨은 제자인 톰 그레이가 어떤 노두를 살피는 것을 거들며 현장 일기를 쓴 뒤 잠시 휴식을 취하고 있었다. 그때 반짝이는 뼛조각이 언뜻 눈에 들어온 그는 그것을 파기 시작했고, 곧바로 그것이 호미닌의 뼈라는 것을 알았다. 발굴을 계속하는 동안 점점 더 많은 뼈가 나왔고, 결국에는 전체 골격의 40퍼센트에 가까운 호미닌 한 개체의 뼈가 발견되었다(그림 25.8A). 낱개의 뼈가 아니라, 플라이스토세 후기의 네안데르탈인보다 더 오래된 최초의 호미닌 골격이었다. 그날 밤 그들은 모닥불에 둘러앉아 자축을 했고, 그들이 틀어놓은 비틀스의 테이프에서는 〈다이아몬드를 지닌 하늘의 루시Lucy in the Sky with Diamonds〉가 흘러나오고 있었다. 신나서 노래를 따라 부르던 패멀라 앨더만이라는 탐사대원은 이 화석을 '루시'라고 부르자고 제안했다. 훗날 루시에는 발견 장소인 아파르 삼각주의 이름을 따서 오스트랄로피테쿠스 아파렌시스라는 정식 학명이 붙었다.

'루시'가 발견된 지 1년 후, 하다르로 돌아온 탐사대는 그곳에서 A. 아파렌시스의 대규모 뼈 무더기를 발견했다. '최초의 가족'이라는 별명으로 불린

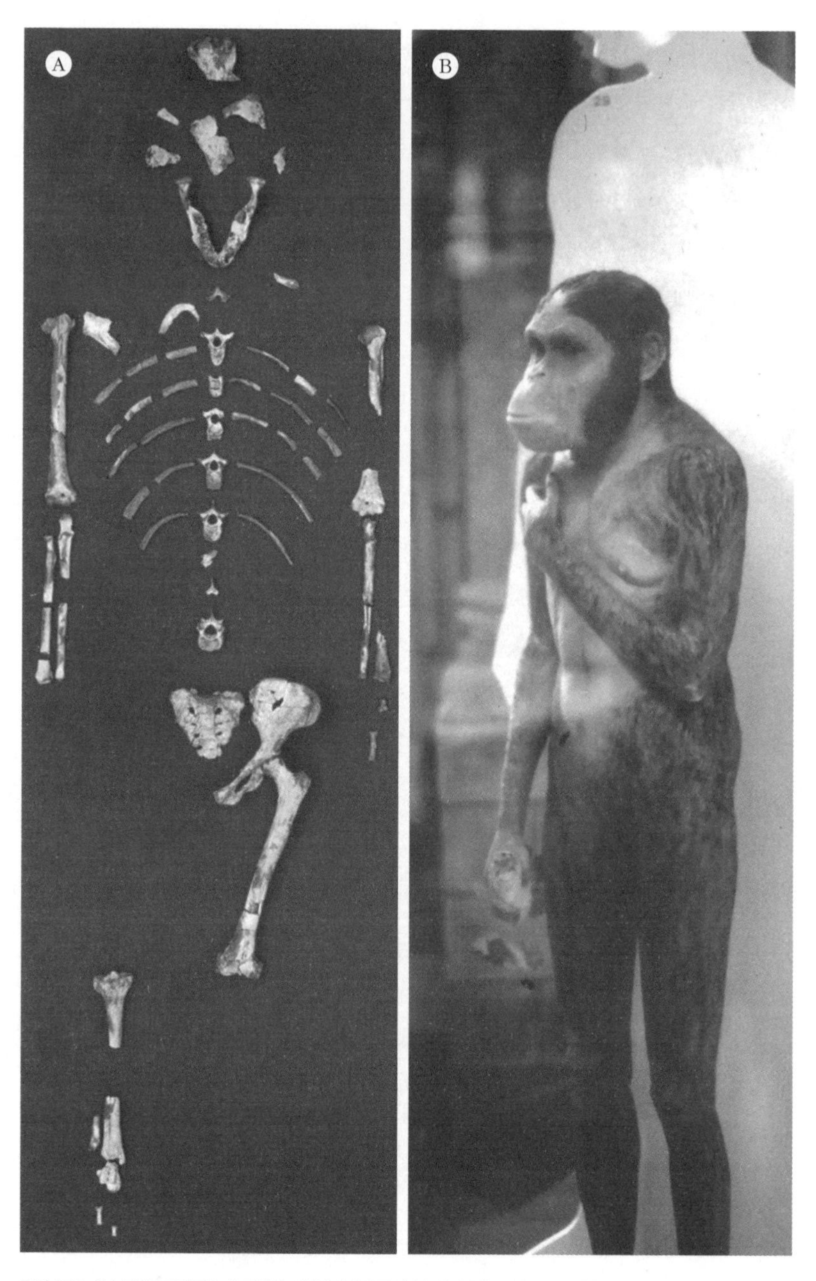

그림 25.8 오스트랄로피테쿠스 아파렌시스인 루시. (A) 골격. (B) 살아 있는 모습으로 복원된 루시.

이 뼈 무더기는 300만 년 전의 지층에서 어린아이와 다 자란 호미닌 화석이 모두 나온 최초의 대규모 표본이었고, 인류학자들에게는 한 개체군 내에서 일반적으로 얼마나 변이가 일어나는지를 살펴볼 수 있는 기회를 제공했다. 인류학자는 새로운 표본이 발견되면 기존의 표본과는 다른 새로운 종이나 속인지, 아니면 다양한 변이를 포함하는 개체군의 일원인지를 결정해야 한다. 그런 결정을 한결 수월하게 만들어준다는 점에서 이 뼈 무더기의 발견은 중요할 수 있다.

'루시'를 분석했을 때, 조핸슨과 화이트는 이 골격이 약 1.1미터의 키로 똑바로 서는 성인 여자의 것이라고 결론지었다(그림 25.8B를 보라). 가장 중요한 증거는 무릎 관절과 엉덩이뼈였다. 이 두 부분은 A. 아파렌시스가 현대 인류처럼 다리가 완전히 몸통 아래에 놓인 채로 직립보행을 했다는 것을 증명하는 결정적 특징이다. 비교적 뇌가 작았고(380~430세제곱센티미터), 진화된 호미닌들이 그렇듯이 송곳니도 작았지만, 아직까지는 입 부분이 돌출되어 있어서 얼굴이 평평하지는 않았다. 그래도 1970년대 중반에도 여전히 인기를 끌던 인간의 '큰 뇌 우선big brains first' 진화설은 다시 타격을 입었다. 그러나 A. 아파렌시스의 어깨뼈와 팔과 손이 유인원의 것과 무척 비슷한 것을 볼 때, 이들은 완전한 이족보행을 했어도 여전히 나무에 올랐을 것이다. 하지만 발에는 나뭇가지를 잡기 위한 엄지발가락이 있었다는 징후가 전혀 없었다. 따라서 다리와 발은 땅 위를 걷는 데에 완전히 적응했고 발가락으로 나뭇가지를 잡을 수는 없었다.

1970년대 중반에 '루시'가 발견된 이래로, 고인류학자들은 더 놀라운 발견들을 여러 차례 이뤄냈다. '루시'는 두개골 일부나 팔다리 뼈 몇 개가 아니라 골격이 알려진 최초의 (300만 년 이상 된) 고대 호미닌이다. 1984년에 앨런 워커와 리키의 연구팀은 투르카나호의 서쪽 기슭에서 '나리오코토메 소년Nariokotome boy'을 발견했다. 연대가 약 150만 년이고 전체 골격의 90퍼센트가 온전히 남아 있는 이 골격은 지금까지 발견된 고대 호미닌 골격 중에서 가장 완벽하다. 이 골격은 호모 에렉투스나 H. 에르가스테르*ergaster*에 속할 것으로 추정된다(이 골격의 정체에 관해서는 여전히 논쟁 중이다). 1994년에 화이트와 그의 연구팀은 에티오피아에서 440만 년 된 아르디피테쿠스 라미두스의 거의 완전한 골격을 발견했다.

따라서 호미닌의 화석 기록은 점점 더 많은 표본이 발견되면서 해를 거듭할수록 더 나아지고 있다. 고대 호미닌이라고는 네안데르탈인, '자바인', '베이징인'밖에 알려지지 않았던 시대와 '필트다운인'이 진지하게 받아들여지던 시대를 거쳐서, 지난 1세기 동안 우리는 참으로 먼 길을 왔다. 오늘날 호미닌에는 호모속 이외에도 6속(아르디피테쿠스·오스트랄로피테쿠스·케냔트로푸스*Kenyanthropus*·오로린·파란트로푸스·사헬란트로푸스)이 있으며, 12종 이상의 유효종이 존재한다. 화석 기록은 인류가 하나의 계통을 따라 진화해왔다는 지극히 단순한 생각을 벗어나게 했고, 같은 시간과 공간에 여러 계통이 공존하는 복잡하고 가지가 무성한 진화 유형을 드러냈다.

하나의 호미닌 종이 지구를 지배한 것은 지난 3만 년 동안만의 일이다. 현재 호모 사피엔스는 스스로를 포함해서 거의 모든 종의 생존을 위협하고 있으며, 이 책에 설명된 화석들처럼 절멸시키려 하고 있다.

가볼 만한 곳

아르디피테쿠스, 오스트랄로피테쿠스, 호모 하빌리스, H. 에렉투스, 그 외의 다른 초기 호미닌의 원본 화석은 발굴된 국가(주로 에티오피아, 케냐, 탄자니아, 차드)의 박물관에 있는 특수 수장고에 보관되어 있다. 허가받은 연구자들만이 극히 희귀한 보물인 이런 소장품들을 보거나 만질 수 있다.

여러 박물관에 인간 진화를 주제로 한 전시실이 있으며, 주요 화석들의 정교한 복제품들이 전시되어 있다. 미국에 있는 곳으로는 뉴욕의 미국 자연사 박물관, 시카고의 필드 자연사 박물관, 워싱턴 D.C.에 위치한 스미스소니언협회의 미국 국립 자연사 박물관, 로스앤젤레스의 로스앤젤레스 자연사 박물관, 샌디에이고 인류 박물관, 코네티컷 뉴헤이븐에 위치한 예일 대학의 예일 피바디 자연사 박물관이 있다. 유럽에는 런던 자연사 박물관과 스페인 브루고스에 위치한 인류 진화 박물관이 있다. 훨씬 멀리 떨어진 곳으로는 시드니에 위치한 오스트레일리아 박물관이 있다.

부록: 최고의 자연사 박물관

다음에 열거하는 박물관에는 이 책에서 소개한 화석 중 일부가 소장되어 있다.

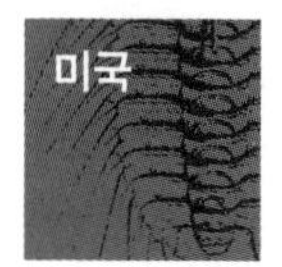

다음은 미국의 10대 자연사 박물관이다.

● 미국 자연사 박물관

American Museum of Natural History (뉴욕주, 뉴욕)

세계에서 가장 규모가 큰 자연사 박물관으로 널리 알려져 있는 미국 자연사 박물관은 1869년에 설립되었고, 1895년 이래로 미국 내 고생물학 연구를 선도해왔다. 네 층의 거대한 전시관으로 이루어진 이곳은 수백만 점의 표본을 소장하고 있으며, 전시되지 않는 수천 점의 화석을 보유하고 있다. 특히 프릭 윙Frick Wing이라는 7층 건물에 보관된 화석 포유류는 연구자들이 연구를 위해서만 볼 수 있다. 박물관 4층에는 1세기가 넘는 전설적인 화석들이 자리하고 있다. 1996년에 재단장을 한 전시실은 방문객들이 계통수의 가지를 따라 이동하면서 화석어류에서부터 양서류, 파충류, 세계 최고의 공룡들을 거쳐 원시 포유류와 진화된 포유류를 관람할 수 있도록 배치되어 있다. 1층에는 최첨단 시설을 자랑하는 인류 진화관Hall of Human Origins이 있으며, 2층의 시어도어 루스벨트 홀Theodore Roosevelt Rotunda에서는 거대한 바로사우루스 골격이 앞다리를 들고 서서 관람객을 맞이한다.

● 미국 국립 자연사 박물관

National Museum of Natural History, 스미스소니언협회 (워싱턴 D.C.)

1910년에 스미스소니언협회의 박물관으로 문을 연 미국 국립 자연사 박물관은 전 세계에서 가장 많은 사람이 찾는 자연사 박물관이다. 포유류관 Mammal Hall(유명한 신생대 포유류의 골격이 대부분 다 있다)과 미국 화석관National Fossil Hall(재단장을 위해서 2019년까지 폐쇄된 상태이며, 미국 공룡들은 특별전을 통해서 전시되고 있다)에는 가장 멋지고 가장 중요한 표본들이 전시되어 있다. 게다가 이 박물관은 대규모의 버제스 셰일 동물상 소장품을 포함한 대단히 훌륭한 무척추동물 표본들도 소장하고 있다.

● 필드 자연사 박물관

Field Museum of Natural History (일리노이주, 시카고)

필드 자연사 박물관에서 관람객을 처음으로 맞이하는 것은 스탠리 필드 홀Stanley Field Hall에 있는 '수Sue'라는 이름의 유명한 티라노사우루스 렉스다. 이 박물관의 크고 현대적인 전시관에는 여러 종류의 공룡, 멋진 화석 포유류, 선구적인 고생물화가 찰스 R. 나이트의 유명한 그림들이 있다. 관람객들은 '진화하는 지구에 관한 그리핀 홀Griffin Halls of Evolving Planet'에서 인류의 진화를 포함한 40억 년의 지구 생명 역사를 따라서 여행을 하고, 화석 표본 준비실에서 작업을 하는 박물관 직원들의 모습도 볼 수 있다. 1층에 전시되어 있는 100년 된 박제 동물들 중에는 지구상 다른 어느 곳에도 전시되어 있지 않은 동물들을 많이 볼 수 있다. (박물관 웹사이트에서만 보지 말고 꼭 실물로 보자.)

● 카네기 자연사 박물관

Carnegie Museum of Natural History (펜실베이니아주, 피츠버그)

미국에서 가장 역사가 깊은 자연사 박물관 중 한 곳인 카네기 자연사 박물관의 과학자들과 수집가들은 1890년대에 로키산맥 지역에서 활동을 시작했다. 그래서 이 박물관에는 현재 미국 국립 공룡 기념공원Dinosaur National Monument으로 지정된 지층에서 발굴된 화석이 있으며(카네기 자연사 박물관의 디플로도쿠스 골격 모조품은 여러 다른 박물관에 전시되어 있다), 아게이트 뼈층Agate Bone Bed과 근처 빙하기 동굴에서 발굴된 화석과 그 밖의 (티라노사우루스 렉스의 기준 표본을 포함한) 다른 유명 발굴지에서 나온 화석들이 보관되어 있다. 이 박물관에는 애팔래치아 지역의 멋진 고생대 무척추동물들도 전시되어 있다. (이것도 박물관 웹사이트에서만 보지 말자.)

● 덴버 자연과학 박물관

Denver Museum of Nature and Science (콜로라도주, 덴버)

덴버 자연과학 박물관에 있는 로키산맥의 화려한 화석들은 시간의 흐름을 따라 선사시대 여행을 하는 것처럼 배치되어 있다. 시간의 흐름을 따라 걷는 동안, 방문객은 각 시대의 생물들을 보여주는 3차원 디오라마와 표본을 토대로 복원된 모형들과 화석 발굴지의 오늘날 모습을 보여주는 전시관을 관람한다. 고생물학자들이 오랜 과거를 어떻게 되살려내는지를 배우고, 과학자들이 화석을 보존 처리하는 모습을 지켜본다. 이 박물관은 웅장한 용각류 공룡과 지금까지 발견된 가장 완벽한 스테고사우루스(골판과 꼬리의 가시가 실제로 어떻게 배열되어 있는지를 보여준다)를 소장하고 있다. 이 여행의 신생대 구간에는 그린 리버 셰일에서 발굴된 에오세의 놀라운 화석들이 전시되어 있다. 이와 함께, 빅 배드랜즈를 포함한 현지의 빙하기 퇴적층과 그레이트플레인스, 로키산맥 등 여러 다른 지역에서 발굴된 포유류도 있다.

● 로스앤젤레스 자연사 박물관

Natural History Museum of Los Angeles County (캘리포니아주, 로스앤젤레스)

최근에 새 단장을 한 로스앤젤레스 자연사 박물관의 공룡관Dinosaur Hall에는 연대가 다른 세 점의 티라노사우루스 렉스, 트리케라톱스, 마멘키사우루스, 카르노타우루스, 스테고사우루스, 알로사우루스, 새끼를 밴 플레시오사우루스의 표본이 있다. 이 공룡관은 공룡의 생물학적 특징과 고생물학자들이 공룡의 생활을 연구하는 방법을 주제로 전시되어 있다. 로툰다홀Rotunda에는 싸움을 하고 있는 티라노사우루스 렉스와 트리케라톱스가 전시되어 있다. 회랑으로 이어지는 '포유류의 시대관Age of Mammals'은 두 층에 걸쳐서 수많은 멋진 화석이 전시되어 있고, 천장에는 해양 포유류의 골격이 매달려 있다.

● 예일 피바디 자연사 박물관

Yale Peabody Museum of Natural History, 예일 대학 (코네티컷주, 뉴헤이븐)

최초로 공룡을 전시한 박물관 중 한 곳인 예일 피바디 자연사 박물관의 설립에 바탕이 된 엄청난 양의 화석은 선구적인 고생물학자인 오스니엘 찰스 마시와 그를 따르던 예일 대학의 고생물학자들이 1870년대 초반부터 수집하기 시작한 것이다. 이곳에는 진짜 '브론토사우루스'가 있을 뿐만 아니라, 〈쥬라기 공원〉에 등장하는 벨로키랍토르에 영감을 준 데이노니쿠스, 바다거북인 아르켈론의 가장 완벽한 표본, 최초로 발견된 스테고사우루스와 트리케라톱스, 그 밖의 멋진 공룡과 조류와 포유류 화석도 있다.

● 로키산맥 박물관

Museum of the Rockies, 몬태나 주립 대학 (몬태나주, 보즈먼)

비교적 신생 박물관인 로키산맥 박물관은 고생물학자인 잭 호너Jack Horner가 온전히 혼자서 건립했으며, 이 박물관의 공룡 종합 전시실Siebel Dinosaur Complex에는 그가 발견한 많은 화석이 전시되어 있다. 여기에는 공룡알, 공룡 둥지, 공룡의 새끼를 포함해서, 근처 헬 크릭 지층에서 나온 티라노사우루스 렉스와 트리케라톱스의 여러 표본들도 있다.

● 드렉셀 대학 자연과학 아카데미

Academy of Natural Sciences of Drexel University (펜실베이니아주, 필라델피아)

미국 최초의 척추동물 고생물학자 조지프 라이디가 1840년대와 1850년대에 수집한 최초의 공룡과 다른 척추동물 화석을 보관하고 있는 드렉셀 대학 자연과학 아카데미는 북아메리카에서 확인된 최초의 공룡(뉴저지에서 발굴된 하드로사우루스*Hadrosaurus*)을 소장하고 있다는 점이 특징이다.

이와 함께 아르헨티나에서 발굴된 거대 수각류인 기가노토사우루스 복제품을 포함해서 수백 점의 다른 표본이 있다.

● 와이오밍 공룡 센터

Wyoming Dinosaur Center (와이오밍주, 서모폴리스)

외딴 곳에 들어서 있는 와이오밍 공룡 센터는 이 분야에서는 비교적 신생 박물관이다. 이곳에는 32미터 높이의 수페르사우루스, 스테고사우루스, 트리케라톱스, 벨로키랍토르를 포함한 28점의 공룡 골격이 전시되어 있고, 데본기의 어류와 가장 최근에 발견되고 기재된 아르카이옵테릭스 표본도 있다. 박물관 근처에는 자체적으로 관리하는 발굴지가 있다.

다음은 미국 내의 다른 주요 자연사 박물관이다.

● 비교동물학 박물관

Museum of Comparative Zoology, 하버드 대학 (매사추세츠주, 케임브리지)

소장품의 역사가 1850년대까지 거슬러 올라가는 비교동물학 박물관의 대표적인 전시품은 벽을 따라 펼쳐진 거대한 크로노사우루스다. 이와 함께 페름기 육상동물 화석과 신생대 포유류 화석도 유명하다.

● 뉴멕시코 자연사 과학 박물관

New Mexico Museum of Natural History and Science (뉴멕시코주, 앨버커키)

뉴멕시코 자연사 과학 박물관의 핵심 전시관은 타임트랙관Timetracks이다. 방문객들은 타임트랙을 따라서 우주의 기원과 생명의 시작에서부터 트라이아스기 공룡의 '새벽'과 쥐라기와 백악기의 공룡, 백악기 서부 내륙 해로의 해양 파충류, 팔레오세 초원의 조류와 포유류를 거쳐서 빙하기와 현재에 이른다. 화석연구관FossilWorks에서는 전시를 위해 화석을 보존 처리하는 과정을 볼 수 있다.

● 네브래스카 주립 대학 박물관

University of Nebraska State Museum (네브래스카주, 링컨)

역시 최고의 박물관인 네브래스카 주립 대학 박물관에는 공룡은 별로 없다. 그러나 신생대 포유류, 특히 말과 코뿔소와 낙타에 관해서는 미국 최고의 박물관 중 한 곳이다. 코끼리관Elephant Hall은 전시된 마스토돈과 매머드의 골격들만으로도 특별한 곳이다.

● 샘 노블 오클라호마 자연사 박물관

Sam Noble Oklahoma Museum of Natural History, 오클라호마 대학 (오클라호마주, 노먼)

샘 노블 오클라호마 자연사 박물관의 고대생명관Hall of Ancient Life의 대표적인 전시품은 포식자인 사우로파가낙스*Saurophaganax*를 상대로 싸우고 있는 아파토사우루스다. 이와 함께 데니노니쿠스로부터 새끼를 보호하고 있는 어미 테논토사우루스*Tenontosaurus*, 펜타케라톱스*Pentaceratops*의 거대한 두개골과 완전한 골격, 오클라호마의 붉은 지층에서 나온 여러 페름기 척추동물(디메트로돈·에다포사우루스·코틸로린쿠스*Cotylorhynchus*, 그 밖의 다른 고대 양서류와 파충류와 단궁류), 화려한 빙하기 포유류도 있다. 또 버제스 셰일의 동물상도 전시되어 있으며, 고생대 전시관Paleozoic Gallery에서는 실감나는 해양 생태계 디오라마를 볼 수 있다.

● 지질학 박물관

Museum of Geology, 사우스다코타 광업 기술 대학 (사우스다코타주, 래피드시티)

최근에 신축 건물로 이전한 지질학 박물관에는 쥐라기와 백악기의 블랙힐스에서 나온 공룡 화석, 백악기의 서부 내륙 해로에 살았던 해양 파충류(엘라스모사우루스, 모사사우루스) 화석, 에오세와 올리고세의 빅 배드랜즈에서 나온 포유류 화석이 전시되어 있다.

● 플로리다 자연사 박물관

Florida Museum of Natural History, 플로리다 대학 (플로리다주, 게인즈빌)

플로리다 자연사 박물관의 '플로리다의 화석: 땅과 생명의 진화Florida Fossils: Evolution of Life and Land' 전시실은 플로리다를 배경으로 한 지난 6500만 년 동안의 지구 역사 전체를 다룬다. 이곳의 특징은 다양한 크기의 카르카로클레스 메갈로돈 이빨과 턱, 화려한 장관을 이루는 플로리다 신생대 포유류 전시물들이다.

● 왕립 티렐 박물관

Royal Tyrrell Museum (앨버타주, 드럼헬러)

화려한 왕립 티렐 박물관은 공룡이 풍부한 앨버타의 백악기 황무지 중심부에 건립되었다. 이곳은 티라노사우루스 렉스, 트리케라톱스, 다수의 오리주둥이공룡, 안킬로사우루스ankylosaurs를 포함한 엄청난 수의 백악기 공룡으로 유명하다. 이곳은 1980년대 후반에 전시관을 '시간 여행' 순서로 배치한 최초의 박물관이었다. 그래서 방문객들은 가장 오래된 것부터 가장 최근 것까지 시간의 흐름을 따라서 시대별로 화려하게 전시된 선사 시대 생명체들을 볼 수 있었다. 한 전시실은 온전히 버제스 셰일 동물상에만 할애되어 있다.

● 캐나다 자연 박물관

Canadian Museum of Nature (온타리오주, 오타와)

캐나다 자연 박물관은 앨버타주의 백악기 황무지에서 발굴된 여러 멋진 공룡을 수용하기 위한 최초의 박물관이었다. 화석관Fossil Gallery에 전시된 30점의 화석은 공룡의 발생과 멸종, 포유류의 등장을 보여준다. 전시실에는 알베르토사우루스*Albertosaurus*, 다스플레토사우루스*Daspletosaurus*, 티라노사우루스 렉스를 포함한 여러 포식공룡과 트리케라톱스, 모노클로니우스*Monoclonius*, 스티라코사우루스*Styracosaurus*를 포함한 다양한 각룡류 ceratopsian가 전시되어 있다. 이와 함께 오리주둥이공룡과 안킬로사우루스와 드로마이오사우루스도 있다. 또 회랑을 따라서 백악기 서부 내륙 해로의 해양 파충류(아르켈론 · 모사사우루스), 캐나다의 에오세와 올리고세의 포유류, 고래의 진화에 관한 전시물(파키케투스 · 암불로케투스 · 바실로사우루스)을 볼 수 있다.

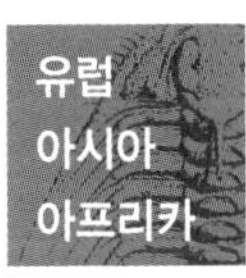

● 자연사 박물관

Natural History Museum (영국 런던)

전 세계에서 가장 유서 깊은 자연사 박물관 중 한 곳이자, 19세기 중반의 리처드 오언과 토머스 헨리 헉슬리와 찰스 다윈에게 고향과도 같은 곳이다. 대성당처럼 웅장한 자연사 박물관에는 메리 애닝이 라임 레지스에서 발견한 해양 파충류 표본이 거의 다 보관되어 있으며, 전 세계에서 발굴된 공룡 화석이 전시되고 있다. 그리고 현생 포유류와 화석 포유류가 전시된 화려한 전시실을 볼 수 있다. '진화에서 우리의 자리Our Place in Evolution' 전시실은 인류 진화 이야기를 따라 관람객을 안내한다.

● 베이징 자연사 박물관

Beijing Museum of Natural History (중국, 베이징)

세계에서 가장 중요하고 가장 인상적인 화석들이 보관된 베이징 자연사 박물관은 중국의 공룡과 화석 포유류가 가득한 11개의 전시실로 구성되어 있다. 또 랴오닝성과 다른 곳에서 발견된 보존 상태가 아주 좋은 깃털 공룡과 조류 화석도 전시되어 있다.

● 자연과학 박물관

Museum für Naturkunde (독일, 베를린)

자연과학 박물관은 지난 200년 동안의 독일 고생물학계의 보물들이 전시되어 있는 곳이다. 이런 보물에는 지금까지 세워진 가장 거대한 공룡 골격(기라파티탄, 공식 명칭은 브라키오사우루스)과 아프리카 텐다구루 지층에서 나온 다른 화석들, 최고의 아르카이옵테릭스 표본, 홀츠마덴에서 발굴된 여러 해양 파충류 화석(특히 몸의 외곽선이 남아 있는 익티오사우루스)이 포함된다.

● 벨기에 자연과학 박물관

Muséum des sciences naturelles de Belgique / 벨기에 왕립자연과학협회 Koninklijk Belgisch Instituut voor Natuurwetenschappen (벨기에, 브뤼셀)

벨기에 왕립자연과학협회의 공룡 전시관은 공룡만 전시되어 있는 전시관 중에서 세계에서 가장 규모가 크고 세계 각지의 화석이 있는 것이 특징이다. 그러나 이곳의 경이로운 소장품 중에서 가장 유명한 것은 1870년대에 베르니사르의 탄광에서 발견되어 루이 돌로Louis Dollo에 의해 기재된 30점의 완벽한 이구아노돈 골격이다.

● 프랑스 국립 자연사 박물관

Muséum national d'histoire naturelle (프랑스, 파리)

그 기원이 프랑스 혁명 전까지 거슬러 올라가는 프랑스 국립 자연사 박물관은 프랑스 전역에 있는 열네 곳의 분원으로 구성되며, 척추동물 고생물학과 비교 해학의 창시자인 조르주 퀴비에 남작에 의해 건립되었다. 고생물학 전시관에서는 퀴비에가 기재한 최초의 멸종동물 중 일부(최초의 모사사우루스, 에오세의 포유류인 팔라이오테리움, 최초로 발견된 마스토돈, 남아메리카에서 발굴된 메가테리움)를 볼 수 있다. 오늘날에도 '수집가의 진열장'의 모범을 보여주는 박물관 중앙 홀은 건물의 길이 전체를 따라서 멸종동물과 현존 동물의 골격 수백점이 늘어서 있는 비교해부학 전시장이다.

● 남아프리카 박물관

South African Museum (남아프리카, 케이프타운)

남아프리카 박물관의 페름기 파충류와 단궁류 소장품은 세계 최고 수준을 자랑하며, 이와 함께 원시적인 에우파르케리아*Euparkeria*에서부터 거대한 포식자인 카르카로돈토사우루스와 용각류인 요바리아*Jobaria*에 이르기까지, 트라이아스기와 쥐라기와 백악기의 아프리카 공룡들도 전시되어 있다.

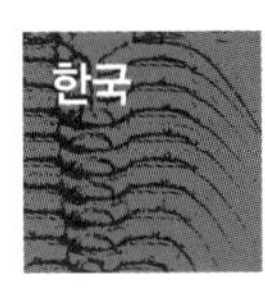

다음은 화석을 볼 수 있는 한국의 박물관이다.
(서대문자연사박물관 방문연구원 박진영 특별기고)

● 서대문자연사박물관 | 서울특별시

서울에 있는 유일한 공립 자연사박물관으로 2003년에 문을 열었다. 중앙 홀에는 미국에서 발견된 육식공룡 아크로칸토사우루스*Acrocanthosaurus*의 전신 골격 복제품이 전시되어 있다. 이 공룡은 몸길이가 작은 고래와 비슷하며, 몸무게는 코뿔소 세 마리와 맞먹는다. 이 책에서 소개하는 기가노토사우루스와 가까운 친척관계로 우리나라에서는 서대문자연사박물관에서만 전시하고 있다. 박물관 2층 생명진화관의 천장에는 수장룡인 엘라스모사우루스의 전신골격 복제품도 전시되어 있는데, 목뼈의 개수가 약 70개나 되는 괴상한 해양파충류로 이 책에서 언급되는 또 다른 화석 생물이다. 한스 테비슨의 걷는 고래인 암불로케투스의 전신 골격도 2층에 전시되어 있으며, 책에서 설명하듯이 이 원시 고래의 골반과 뒷다리 구조를 자세히 관찰해볼 수 있다. 이외에도 육식공룡 티라노사우루스와 오리주둥이공룡인 에드몬토사우루스*Edmontosaurus*의 두개골 복제품, 원시 말인 메소히푸스와 뿔공룡 트리케라톱스의 전신골격 복제품, 그리고 매머드의 진품 골격도 확인해볼 수 있다. 월요일은 휴무. 어른 입장료는 6000원, 어린이는 2000원이다.

● 목포자연사박물관 | 전라남도 목포시

2004년에 문을 열었다. 중앙 홀에는 미국에서 발견된 목긴공룡 디플로도쿠스와 육식공룡 알로사우루스의 골격 복제품이 전시되어 있다. 이 책에서도 언급되는 디플로도쿠스는 몸길이가 향고래의 두 배 정도이며 몸무게는 아프리카코끼리 세 마리와 비슷하다. 박물관에 있는 디플로도쿠스는 미국의 기업인이자 자선사업가인 '강철왕' 앤드루 카네기Andrew Carnegie의 투자를 받아 발견된 화석들을 이용해 제작된 것으로, 이 공룡의 종명인 '카르네기이*Carnegii*'는 카네기의 이름에서 따왔다. 박물관의 입구에는 2009년 목포와 신안군 압해도를 연결하는 압해대교를 공사하는 과정에서 발견된 육식공룡의 둥지화석도 전시되어 있다. 이 화석은 현재 천연기념물 제535호로 지정되어 있으며, 둥지의 지름이 약 2미터, 알의 길이가 40센티미터 내외로 우리나라에서 발견된 공룡 둥지 중 가장 크다. 1층의 지질관에는 희귀한 원시 뿔공룡인 프레노케라톱스*Prenoceratops*의 진품 골격과 각종 포유류 화석들을 구경할 수 있으며, 2층 수중생명관에는 이 책에서도 소개된 거대 상어 카르카로클레스 메갈로돈의 턱뼈 복원 모형이 전시되어 있다. 월요일은 휴무. 어른 입장료는 3000원, 청소년(중·고등학생)은

2000원, 초등학생은 1000원이다.

● 지질박물관 | 대전광역시

한국지질자원연구원 소속의 박물관. 2001년에 문을 열었다. 지질을 주제로 건립된 우리나라 유일의 박물관이다. 중앙 홀에는 육식공룡 티라노사우루스의 전신 골격 복제품이 전시되어 있다. 원래 이 복제품의 원본은 1987년 아마추어 고생물학자 스탠 사크리슨Stan Sacrison에 의해 미국 사우스다코타주에서 발견된 것이다. 사크리슨은 5년 동안 땅을 파헤쳐도 화석 발굴이 끝나지 않자 다른 고생물학자 친구들까지 불러서 3000시간 정도를 작업해 공룡을 꺼내 올렸다고 한다. 그의 친구들은 사크리슨의 이름을 따서 이 공룡에게 '스탠Stan'이란 별명을 붙여줬다. 현재 이 공룡은 지금까지 알려진 티라노사우루스 화석 중에서 머리뼈가 가장 온전하다. '스탠'말고도 이 박물관에는 이 책에서 소개된 육식공룡 기가노토사우루스와 카르카로돈토사우루스의 머리뼈 복제품이 전시되어 있으며, 각종 삼엽충과 연체동물, 시조새, 그리고 원시 인류인 오스트랄로피테쿠스의 화석 복제품까지 다양한 표본이 소장되어 있다. 티라노사우루스만큼의 큰 인기는 없지만 중앙 홀을 지키고 있는 또 다른 공룡인 어린 마이아사우라*Maiasaura*의 골격은 진품 화석으로 이루어져 있다. 월요일은 휴무. 입장료는 무료.

● 국립과천과학관 | 경기도 과천시

2008년에 문을 열었다. 화석을 구경할 수 있는 전시관인 자연사관은 2층에 위치한다. 전시관에 들어서자마자 볼 수 있는 길이 4미터나 되는 종려나뭇잎*Sablites sp.* 화석은 놀라움 그 자체다. 이 식물 화석은 미국 와이오밍주의 신생대 에오세 때 형성된 그린리버층Green River Formation에서 발견된 것으로 현재까지 알려진 종려나뭇잎 화석 중에서 가장 크다. 전시관 내에는 에디아카라기의 화석들과 카르카로클레스 메갈로돈의 이빨 화석, 다양한 해양파충류, 공룡, 그리고 포유류 화석 복제품들을 확인할 수 있다. 특히 인류의 진화섹션에서는 오스트랄로피테쿠스, 호모 하빌리스, 호모 에렉투스, 그리고 현생 인류의 골격 구조를 보여주며, 시간의 흐름에 따라 인간의 모습이 어떻게 변해왔는지 상세히 보여준다. 국립과천과학관은 우리나라에서 다친 흔적이 보존된 공룡 골격을 가장 많이 보유한 곳이기도 하다. 중생대 공룡의 언덕 섹션에 전시되어 있는 초식 공룡 에드몬토사우루스의 경우 꼬리가 시작되는 부위에 육식 공룡의 이빨자국이 보존되어 있으며, 에드몬토사우루스 뒤에 서 있는 육식 공룡 고르고사우루스*Gorgosaurus*는 골절된 정강이뼈가 잘못 붙어서 앞으로 튀어나와 있다. 이들 앞에 전시된 티라노사우루스의 머리뼈에서는 뒤통수에 다른 티라노사우루스에게 물려서 뚫린 상처와 아래턱에는 기생충에 의해 뚫린 자국들이 보존되어 있다. 월요일 휴무. 어른 입장료는 4000원, 어린이는 2000원이다.

● 국립중앙과학관 | 대전광역시

1990년에 문을 열었다. 하지만 화석과 암석, 그리고 각종 생물 표본들을 모아놓은 자연사관은 2017년에 문을 열었다. 중앙 홀에는 뿔공룡 트리케라톱스의 진품 골격화석이 전시되어 있으며, 양 옆으로는 육식 공룡 타르보사우루스*Tarbosaurus*와 알로사우루스의 골격 복제품이 서 있다. 해외의 대표적인 화석들과 이들의 생존 모습을 복원한 모형들도 전시하고 있지만, 우리나라의 화석들을 한 곳에서 가장 많이 볼 수 있는 곳이기도 하다. 태백시 일대 오르도비스기 직운산층에서 발견된 다양한 삼엽충 화석, 전라남도와 경상남도 일대에서 발견된 백악기의 곤충 화석, 그리고 포항시 일대에서 발견된 신생대 마이오세의 식물과 상어 이빨 화석 등 다양하다. 우리나라에서 보고된 공룡인 원시 뿔공룡 코레아케라톱스*Koreaceratops*와 소형 초식 공룡 코레아노사우루스*Koreanosaurus*의 화석 복제품도 볼 수 있다. 월요일 휴무. 화석을 볼 수 있는 자연사관은 입장료가 무료.

● 태백고생대자연사박물관 | 강원도 태백시

우리나라에서 유일하게 고생대를 주제로 건립된 자연사박물관. 2010년에 문을 열었다. 다양한 종류의 절지동물과 두족류, 그리고 완족류의 화석들이 전시되어 있다. 특히 이 책에서도 소개하는 삼엽충의 화석들이 많이 소장되어 있다. 고생대의 각 시대별 환경을 섬세하게 재현한 디오라마도 인상적이다. 게다가 이 박물관이 지어진 곳은 전기 고생대에 해당하는 조선누층군(캄브리아기부터 오르도비스기 사이에 형성된 지층) 위다. 그래서 박물관 주변에서는 지금으로부터 약 5억 년 전 우리나라에서 살던 각종 삼엽충과 연체동물의 화석들이 발견되고 있다. 이처럼 산으로 둘러싸인 지역에서 삼엽충과 같은 해양생물의 화석들이 발견되는 이유는 바로 이곳이 오래전에 따뜻하고 얕은 바다였기 때문. 오랜 기간 동안 지각변동에 의해 바다가 산골 지역으로 된 것이다. 어른 입장료는 2000원, 청소년(중·고등학생)은 1500원, 어린이는 1000원이다.

● 우석헌자연사박물관 | 경기도 남양주시

2003년에 문을 열었다. 수집가 김정우 씨가 세계 곳곳을 돌아다니며 모은 각종 광물과 화석을 기반으로 세워진 개인박물관이다. 각종 삼엽충과 두족류, 어류의 화석이 전시되어 있으며, 어른만 한 몸집의 거대한 자라화석도 구경할 수 있다. 구형의 초식공룡 알과 타원형의 작은 육식공룡 알까지, 우리나라에서는 가장 다양한 공룡알 화석들이 소장되어 있는 곳이기도 하다. 칸네메이에리아*Kannemeyeria*라고 불리는 수궁류 동물 아홉 마리가 뒤엉킨 모습으로 보존된 화석 복제품도 전시되어 있다. 이 동물들은 모두 청소년기의 개체들로 한꺼번에 퇴적물에 매몰되어 죽은 것으로 추정된다. 칸네메이에리아는 이 책에서 소개하는 수궁류 트리낙소돈과 가까운 친척관계인 동물이다. 이외에도 육식공룡 모노로포사우루스*Monolophosaurus*의 전신골격 복제품과 이 책에서 자주 언급되는 두족류인 다양한 암모나이트의 화석도 볼 수 있다. '우석헌愚石軒'은 '어리석지만 아름다운 돌의 집'이란 뜻으로 박물관을 세운 김정우 씨의 호인 '우석愚石'에서 따온 것이다. 일요일, 월요일 휴무. 어른 입장료는 9000원, 학생은 6000원이다.

● 계룡산자연사박물관 | 충청남도 공주시

2004년에 문을 열었다. 우석헌자연사박물관과 마찬가지로 개인박물관이다. 중앙 홀에는 이 책에서 나오는 거대한 목긴공룡 브라키오사우루스의 골격 복제품과 진품 뼈화석들이 전시되어 있다. 이 책에서 잠시 언급되는 또 다른 동물인 해양 파충류 노토사우루스의 골격 화석도 중앙 홀에서 구경할 수 있다. 2층 '생명의 땅, 지구'에는 마지막 빙하기 때 살았던 매머드, 동굴사자*Panthera spelaea*, 그리고 동굴곰*Ursus spelaeus*의 골격 화석이 나란히 전시되어 있다. 같은 층에서 볼 수 있는 전라남도 신안군에서 발견된 거대한 수염고래의 뼈들은 인상적이다. 이 박물관을 세운 고故 이기석 박사는 대전보건대학교를 설립한 분이기도 하다. 월요일 휴무. 어른 입장료는 9000원, 학생은 6000원이다.

● 해남공룡박물관 | 전라남도 해남군

2007년에 문을 열었다. 공룡발자국 화석산지에 지어진 곳으로 우리나라에서 가장 많은 공룡 골격을 전시하고 있다. 전시장 입구에 들어서면 각 공룡의 발뼈를 비교해볼 수 있는 섹션이 있으며, 날개 너비가 무려 12미터나 되는 거대 익룡 케찰코아틀루스*Quetzalcoatlus*의 골격 복제품도 함께 전시되어 있다. 지하 1층의 공룡실 섹션에는 30종류의 공룡 골격 복제품과 진품 뼈 화석들을 구경할 수 있다. 특히 유리전시관에 별도로 전시된 육식 공룡 알로사우루스의 골격은 진품 화석인데, 아시아에서 처음으로 전시된 알로사우루스 진품 화석이다. '새의 출현실' 섹션에는 시조새 표본 복제품들이 나열되어 있는데, 우리나라에서 가장 많은 시조새를 전시한 곳이다. 영국의 자연사 박물관에서 소장하고 있는 '런던 표본', 독일의 베를린 자연사 박물관에서 소장하고 있는 '베를린 표본' 등 유명한 시조새 표본 복제품 6가지가 전시되어 있다. 해양파충류실 섹션에는 이 책에서 나오는 해양 파충류인 크로노사우루스와 가까운 친척관계인 플리오사우루스의 골격 복제품도 전시되어 있는데, 우리나라에서는 해남공룡박물관에서만 전시하고 있다. 월요일 휴무. 어른 입장료는 4000원, 중·고등학생은 3000원, 어린이는 2000원이다.

● 고성공룡박물관 | 경상남도 고성군

2004년에 문을 열었다. 해남공룡박물관과 마찬가지로 공룡발자국 화석산지에 지어진 곳이다. 중앙 홀에는 중국의 상부 쥐라기 지층에서 발견된 거대한 목긴공룡 클라멜리사우루스*Klamelisaurus*의 골격 복제품이 전시되어 있다. 이 공룡은 1993년에 처음 보고된 이후 자세히 연구되지 않아서 알려진 것이 거의 없는 상황이다. 이 책에서 소개된 목긴공룡 아르겐티노사우루스의 머나먼 친척뻘 되는 종류다. 중앙 홀의 클라멜리사우루스는 뒷다리로 일어선 모습을 취하고 있으며, 그 앞으로는 육식공룡 모노로포사우루스의 골격 복제품이 공격을 하는 자세로 전시되어 있다. 이 외에도 중앙 홀에서는 원시 뿔공룡 프로토케라톱스*Protoceratops*와 닭을 닮은 공룡인 오비랍토르과Oviraptoridae 공룡의 진품 골격 화석을 구경할 수 있으며, 이 책에서도 잠시 언급된 목긴공룡 마멘키사우루스의 다리뼈 복제품 앞에서 사진을 찍을 수 있는 섹션도 있다. 전시실 내에서는 육식 공룡 티라노사우루스의 머리뼈, 꼬리에 뼈뭉치가 있는 특이한 목긴공룡인 수노사우루스*Shunosaurus*의 전신 골격과 뿔공룡 트리케라톱스의 머리뼈 복제품도 볼 수 있다. 공룡모양 피자를 만들어볼 수 있는 재미난 체험 프로그램도 운영중이다. 월요일 휴무. 어른 입장료는 3000원, 청소년은 2000원, 어린이는 1500원이다.

감사의 말

이 프로젝트를 아낌없이 지원해준 컬럼비아 대학 출판부의 패트릭 피츠제럴드, 캐스린 셸, 아이린 패빗에게 고마움을 전하고자 한다. 패트릭은 이 프로젝트를 기획하고 여러 값진 제안을 해준 것만으로도 특별한 인사를 받아 마땅하다. 이 책의 초안 전체를 검토해준 브루스 리버만과 데이비드 아치볼드, 각 장을 검토해준 마이크 에버하트와 톰 홀츠에게도 감사를 전한다. 특히 대런 내시는 네발동물에 대한 백과사전적 지식을 활용해서 제11장부터 마지막 장까지를 세심하게 확인해주었다. 다양한 분야에서 인정을 받고 있는 많은 사람이 이 책을 위해서 그림과 사진을 기꺼이 제공해주었다. 훌륭한 삽화로 이 책에 품격을 더해준 타무라 노부미치, 칼 뷰얼, 메리 퍼시스 윌리엄스에게도 감사 인사를 하고 싶다.

덧붙여, 내가 이 책을 쓰는 동안 사랑과 응원을 보내준 내 아들 에릭과 재커리와 개브리얼에게도 고마움을 전한다. 특히 나의 멋진 아내, 테레사 르벨 박사는 내게 용기를 북돋아주고 지원을 아끼지 않았다. 이 책을 마감 전까지 끝낼 수 있도록 혼자만의 시간을 갖게 해준 것에 대해 그녀에게 특별한 고마움을 전하고자 한다.

옮긴이 후기

한동안 인터넷을 떠들썩하게 했던 이른바 외계인 미라가 있었다. 2003년 칠레의 어느 버려진 탄광마을에서 발견된 이 미라는 전체적으로는 인간의 형상을 하고 있지만 키가 15센티미터에 불과했다. 게다가 머리가 길쭉하고 눈구멍이 위로 치켜 올라간 것이, 흡사 영화 속 외계인의 모습을 연상시켰다. 그 기괴한 이미지를 누군가는 재고의 여지가 없는 가짜로 치부했고, 누군가는 외계인 존재의 증거로 확신했다. 또는 나처럼 '이게 뭐지?' 하는 어리둥절함에 생각이 멈춰버린 사람도 있을 것이다. 우리가 고정관념을 공고히 하거나 당혹해하는 사이, 과학자들은 일단 그들의 일을 했다. 그 미라를 연구한 것이다. 최근 들어 그 미라는 인간 태아의 것으로 밝혀졌고, 외계인 소동은 일단락이 되었다. 우리는 현대 과학을 대체로 신뢰하기에, 과학자들이 내린 결론에 별다른 이견이 없는 편이다.

그러나 2세기 전만 해도 지금과는 사정이 달랐을 것이다. DNA 분석 같은 검증 방법은커녕 진화론조차 확실히 정립되지 않았던 시절, 사람들에게 화석은 내가 인터넷으로 보았던 외계인 미라와 비슷했을 것이라고 미루어 짐작해본다. 그리고 그들이 느꼈을 어리둥절함은 나보다 훨씬 더 크고 오래 지속되었을 것이다.

『진화의 산증인, 화석 25』에서는 그런 시대의 분위기를 조금 엿볼 수 있다. 화석의 발견과 연구에 얽힌 사람들의 이야기는 나처럼 엉뚱한 뒷이야기

따위에 흥미를 갖는 호사가의 구미도 섭섭지 않게 만족시켜준다. 특히 과학사의 판도를 바꿔놓을 화석을 발견하고 누구 못지않게 성실한 연구를 했지만 죽을 때까지 과학계의 일원으로 인정받지 못한 메리 애닝의 이야기, 선캄브리아대 다세포 생물 화석을 가장 먼저 발견했음에도 최초 발견자의 영예를 얻지 못한 15세 소녀의 이야기, 당대 유수의 과학자들이 편협한 인종주의에 매몰되어 희대의 사기극에 40년 넘게 놀아난 '필트다운인' 사건은 온갖 편견과 차별이 과학계에도 예외 없이 나타난다는 것을 보여주는 씁쓸한 일화였다. 저자의 전작인 『공룡 이후』가 반듯하다 못해서 조금 지루하기까지 한 교과서 같은 책이어서 그런지, 화석의 발견 배경과 그 연구자들에 관한 이런 소소한 이야기들은 예기치 못한 즐거움을 준다.

그러나 이 책의 주인공은 제목에서 드러나듯이 화석이다. 35억 년 전에 살았던 최초의 생명체 화석부터 최초의 인류 화석에 이르기까지, 엄선된 스물다섯 가지 화석을 중심으로 지질 시대와 생명 진화에 관한 이야기가 짜임새 있게 펼쳐진다. 현장감 넘치는 최신 고생물학 연구를 담고 있는 그의 이야기에는 현직 과학자의 내공과 고생물학에 대한 애정이 느껴진다. 그리고 그런 이야기들을 따라가다 보면, 어느새 전이화석들이 촘촘히 연결된 "거대한 존재의 사슬"이 이어진다. 특히 문을 뛰어넘는 대진화를 보여주는 전이화석들은 낡은 창조론의 틀을 깨뜨리는 명징한 증거로 빛을 발한다. 조금 침체된 학문일 거라고 생각했던 고생물학은 활발한 연구가 진행 중인 젊은 학문이었다.

스물다섯 가지 화석을 중심으로 풀어내는 스물다섯 가지 이야기를 옮기면서, 내 머릿속에도 스물다섯 가지가 넘는 단상들이 떠올랐다 가라앉았다. 구슬이 서 말이라도 꿰어야 보배인데, 나는 그 단상들을 이어줄 '연결고리'를 좀처럼 찾지 못했다. '잃어버린' 것인지, '빠져 있는' 것인지 모를 그 연결고리를 찾는 일을 이제 포기하고, 내 단상들을 그대로 묻어버리려 한다. 저자가 『공룡 이후』에서 밝힌 바에 따르면, 어떤 동물이나 식물이 화석화될 확률은 아무리 후하게 잡아도 1퍼센트를 넘지 않는다. 따라서 지구상에 살았던 생물의 99퍼센트는 한 번도 화석이 되지 않았다고 볼 수 있다. 그럼에도 고생물학자들은 끈질긴 연구를 통해 지구 생명 역사를 이렇게 훌륭하게 재구성해냈다. 그러니 이 책을 다 읽고 역자 후기까지 읽고 있는 독자라면 내가 묻어둔 얕은 생각쯤은 쉽게 간파할 것이라는 말도 안 되는 억지를 부리면서, 역자 후기의 부족함을 갈음할까 한다.

옮긴이 김정은

더 읽을거리

제1장 더께가 앉은 행성—최초의 화석: 크립토존

Grotzinger, John P., and Andrew H. Knoll. "Stromatolites in Precambrian Carbonates: Evolutionary Mileposts or Environmental Dipsticks?" *Annual Review of Earth and Planetary Sciences* 27 (1999): 313-358.

Knoll, Andrew H. Life on a Young Planet: *The First Three Billion Years of Evolution on Earth*. Princeton, N.J.: Princeton University Press, 2003.

Schopf, J. William. *Cradle of Life*: The Discovery of Earth's Earliest Fossils. Princeton, N.J.: Princeton University Press, 1999.

제2장 에디아카라의 정원—최초의 다세포 생명체: 카르니아

Attenborough, David, with Matt Kaplan. *David Attenborough's First Life: A Journey Back in Time*. New York: HarperCollins, 2010.

Glaessner, Martin F. *The Dawn of Animal Life: A Biohistorical Study*. Cambridge: Cambridge University Press, 1984.

Knoll, Andrew H. *Life on a Young Planet: The First Three Billion Years of Evolution on Earth*. Princeton, N.J.: Princeton University Press, 2003.

McMenamin, Mark A. S. *The Garden of Ediacara*. New York: Columbia University Press, 1998.

Narbonne, Guy M. "The Ediacara Biota: A Terminal Neoproterozoic Experiment in the Evolution of Life." *GSA Today* 8 (1998): 16.

Schopf, J. William. *Cradle of Life: The Discovery of Earth's Earliest Fossils*. Princeton, N.J.: Princeton University Press, 1999.

Seilacher, Adolf. "Vendobionta and Psammocorallia: Lost Constructions of Precambrian Evolution." *Journal of the Geological Society*, London 149 (1992): 607-613.

——. "Vendozoa: Organismic Construction in the Proterozoic Biosphere." *Lethaia*

22(1989): 229-239.
Valentine, James W. *On the Origin of Phyla*. Chicago: University of Chicago Press, 2004.

제3장 "작은 껍데기" — 최초의 껍데기: 클로우디나

Attenborough, David, with Matt Kaplan. *David Attenborough's First Life: A Journey Back in Time*. New York: HarperCollins, 2010.
Conway Morris, Simon. "The Cambrian 'Explosion': Slow-fuse or Megatonnage?" *Proceedings of the National Academy of Sciences* 97 (2000): 4426-4429.
——. *The Crucible of Creation: The Burgess Shale and the Rise of Animals*. Oxford: Oxford University Press, 1998.
Erwin, Douglas H., and James W. Valentine. *The Cambrian Explosion: The Construction of Animal Biodiversity*. Greenwood Village, Colo.: Roberts, 2013.
Foster, John H. *Cambrian Ocean World: Ancient Sea Life of North America*. Bloomington: Indiana University Press, 2014.
Grotzinger, John P., Samuel A. Bowring, Beverly Z. Saylor, and Alan J. Kaufman. "Biostratigraphic and Geochronologic Constraints on Early Animal Evolution." *Science*, October 27, 1995, 598-604.
Knoll, Andrew H. *Life on a Young Planet: The First Three Billion Years of Evolution on Earth*. Princeton, N.J.: Princeton University Press, 2003.
Knoll, Andrew H., and Sean B. Carroll. "Early Animal Evolution: Emerging Views from Comparative Biology and Geology." *Science*, June 25, 1999, 2129-2137.
Runnegar, Bruce. "Evolution of the Earliest Animals." In *Major Events in the History of Life*, edited by J. William Schopf, 65-93. Boston: Jones and Bartlett, 1992.
Schopf, J. William. *Cradle of Life: The Discovery of Earth's Earliest Fossils*. Princeton, N.J.: Princeton University Press, 1999.
Schopf, J. William, and Cornelis Klein, eds. *The Proterozoic Biosphere; A Multidisciplinary Study*. Cambridge: Cambridge University Press, 1992.
Valentine, James W. *On the Origin of Phyla*. Chicago: University of Chicago Press, 2004.

제4장 오, 삼엽충이 노닐 때 내게 집을 주오 —큰 껍데기를 가진 최초의 동물: 올레넬루스

Erwin, Douglas H., and James W. Valentine. *The Cambrian Explosion: The Construction of Animal Biodiversity*. Greenwood Village, Colo.: Roberts, 2013.
Fortey, Richard. *Trilobite: Eyewitness to Evolution*. New York: Vintage, 2001.
Foster, John H. *Cambrian Ocean World: Ancient Sea Life of North America*. Blooming-

ton: Indiana University Press, 2014.

Lawrance, Pete, and Sinclair Stammers. *Trilobites of the World: An Atlas of 1000 Photographs*. New York: Siri Scientifc Press, 2014.

Levi-Setti, Ricardo. *The Trilobite Book: A Visual Journey*. Chicago: University of Chicago Press, 2014.

제5장 꿈틀이 벌레인가, 절지동물인가?—절지동물의 기원: 할루키게니아

Conway Morris, Simon. *The Crucible of Creation: The Burgess Shale and the Rise of Animals*. Oxford: Oxford University Press, 1998.

Erwin, Douglas H., and James W. Valentine. *The Cambrian Explosion: The Construction of Animal Biodiversity*. Greenwood Village, Colo.: Roberts, 2013.

Foster, John H. *Cambrian Ocean World: Ancient Sea Life of North America*. Bloomington: Indiana University Press, 2014.

Gould, Stephen Jay. 1989. *Wonderful Life: The Burgess Shale and the Nature of History*. New York: Norton: 1989.

제6장 꿈틀이 벌레인가, 연체동물인가?—연체동물의 기원: 필리나

Ghiselin, Michael T. "The Origin of Molluscs in the Light of Molecular Evidence." *Oxford Surveys in Evolutionary Biology* 5 (1988): 66-95.

Giribet, Gonzalo, Akiko Okusu, Annie R. Lindgren, Stephanie W. Huff, Michael Schrödl, and Michele K. Nishiguchi. "Evidence for a Clade Composed of Molluscs with Serially Repeated Structures: Monoplacophorans Are Related to Chitons." *Proceedings of the National Academy of Sciences* 103 (2006): 7723-7728.

Morton, John Edward. *Molluscs*. London: Hutchinson, 1965.

Passamaneck, Yale J., Christoffer Schander, and Kenneth M. Halanych. "Investigation of Molluscan Phylogeny Using Large-subunit and Small-subunit Nuclear rRNA Sequences." *Molecular Phylogenetics and Evolution* 32 (2004): 25-38.

Pojeta, John, Jr. "Molluscan Phylogeny." *Tulane Studies in Geology and Paleontology* 16 (1980): 5580.

Runnegar, Bruce. "Early Evolution of the Mollusca: The Fossil Record." In *Origin and Evolutionary Radiation of the Mollusca*, edited by John D. Taylor, 77-87. Oxford: Oxford University Press, 1996.

Runnegar, Bruce, and Peter A. Jell. "Australian Middle Cambrian Molluscs and Their Bearing on Early Molluscan Evolution." *Alcheringa* 1 (1976): 109-138.

Runnegar, Bruce, and John Pojeta Jr. "Molluscan Phylogeny: The Paleontological Viewpoint." *Science*, October 25, 1974, 311-317.

Salvini-Plawen, Luitfried V. "Origin, Phylogeny, and Classifcation of the Phylum Mollusca." *Iberus* 9 (1991): 1-33.

Sigwart, Julia D., and Mark D. Sutton. "Deep Molluscan Phylogeny: Synthesis of Palaeontological and Neontological Data." *Proceedings of the Royal Society* B 247 (2007): 2413-2419.

Yonge, C. M., and T. E. Thompson. *Living Marine Molluscs*. London: Collins, 1976.

제7장 바다에서 자라서 — 육상식물의 기원: 쿡소니아

Gensel, Patricia G., and Henry N. Andrews. "The Evolution of Early Land Plants." *American Scientist* 75 (1987): 468-477.

Gray, Jane, and Arthur J. Boucot. "Early Vascular Land Plants: Proof and Conjecture." *Lethaia* 10 (1977): 145-174.

Niklas, Karl J. *The Evolutionary Biology of Plants*. Chicago: University of Chicago Press, 1997.

Stewart, Wilson N., and Gar W. Rothwell. *Paleobotany and the Evolution of Plants*. 2nd ed. Cambridge: Cambridge University Press, 1993.

Taylor, Thomas N., and Edith L. Taylor. *The Biology and Evolution of Fossil Plants*. Englewood Cliffs, N.J.: Prentice-Hall, 1993.

제8장 수상한 꼬리 — 척추동물의 기원: 하이코우익티스

Forey, Peter, and Philippe Janvier. "Evolution of the Early Vertebrates." *American Scientist* 82 (1984): 554-565.

Gee, Henry *Before the Backbone: Views on the Origin of Vertebrates*. New York: Chapman & Hall, 1997.

Long, John A. *The Rise of Fishes: 500 Million Years of Evolution*. Baltimore: Johns Hopkins University Press, 2010.

Maisey, John G. *Discovering Fossil Fishes*. New York: Holt, 1996.

Moy-Thomas, J. A., and R. S. Miles. *Palaeozoic Fishes*. Philadelphia: Saunders, 1971.

Shu, D.-G., H.-L. Luo, S. Conway Morris, X.-L. Zhang, S.-X. Hu, L. Chen, J. Han, M. Zhu, Y. Li, and L.-Z. Chen. "Lower Cambrian Vertebrates from South China." *Nature*, November 4, 1999, 42-46.

제9장 거대한 턱—가장 거대한 물고기: 카르카로클레스

Compagno, Leonard, Mark Dando, and Sarah Fowler. *Sharks of the World*. Princeton, N.J.: Princeton University Press, 2005.

Ellis, Richard. *Big Fish*. New York: Abrams, 2009.

——. *The Book of Sharks*. New York: Knopf, 1989.

——. *Monsters of the Sea: The History, Natural History, and Mythology of the Oceans' Most Fantastic Creatures*. New York: Knopf, 1994.

Ellis, Richard, and John E. McCosker. *Great White Shark*. Stanford, Calif.: Stanford University Press, 1995.

Klimley, A. Peter, and David G. Ainley, eds. *Great White Sharks: The Biology of Carcharodon carcharias*. San Diego: Academic Press, 1998.

Long, John A. *The Rise of Fishes: 500 Million Years of Evolution*. Baltimore: Johns Hopkins University Press, 2010.

Maisey, John G. *Discovering Fossil Fishes*. New York: Holt, 1996.

Renz, Mark *Megalodon: Hunting the Hunter*. New York: Paleo Press, 2002.

제10장 물 밖으로 나온 물고기—양서류의 기원: 틱타알릭

Clack, Jennifer A. *Gaining Ground: The Origin and Early Evolution of Tetrapods*. Bloomington: Indiana University Press, 2002.

Daeschler, Edward B., Neil H. Shubin, and Farish A. Jenkins Jr. "A Devonian Tetrapod-like Fish and the Evolution of the Tetrapod Body Plan." *Nature*, April 6, 2006, 757-773.

Long, John A. *The Rise of Fishes: 500 Million Years of Evolution*. Baltimore: Johns Hopkins University Press, 2010.

Maisey, John G. *Discovering Fossil Fishes*. New York: Holt, 1996.

Moy-Thomas, J. A., and R. S. Miles. *Palaeozoic Fishes*. Philadelphia: Saunders, 1971.

Shubin, Neil. *Your Inner Fish: A Journey into the 3.5-Billion-Year History of the Human Body*. New York: Vintage, 2008.

Shubin, Neil H., Edward B. Daeschler, and Farish A. Jenkins Jr. "The Pectoral Fin of *Tiktaalik roseae* and the Origin of the Tetrapod Limb." *Nature*, April 6, 2006, 764-771.

Zimmer, Carl. *At the Water's Edge: Macroevolution and the Transformation of Life*. New York: Free Press, 1998.

제11장 "개구롱뇽"—개구리의 기원: 게로바트라쿠스

Anderson, Jason S., Robert R. Reisz, Diane Scott, Nadia B. Fröbisch, and Stuart S. Sumida. "A Stem Batrachian from the Early Permian of Texas and the Origin of Frogs and Salamanders." *Nature*, May 22, 2008, 515-518.

Bolt, John R. "Dissorophid Relationships and Ontogeny, and the Origin of the Lissamphibia." *Journal of Paleontology* 51 (1977): 235-249.

Carroll, Robert. *The Rise of Amphibians: 365 Million Years of Evolution*. Baltimore: Johns Hopkins University Press, 2009.

Clack, Jennifer A. *Gaining Ground: The Origin and Early Evolution of Tetrapods*. Bloomington: Indiana University Press, 2002.

제12장 반쪽 등딱지 거북 — 거북의 기원: 오돈토켈리스

Bonin, Franck, Bernard Devaux, and Alain Dupré. *Turtles of the World*. Translated by Peter C. H. Pritchard. Baltimore: Johns Hopkins University Press, 2006.

Brinkman, Donald B., Patricia A. Holroyd, and James D. Gardner, eds. *Morphology and Evolution of Turtles*. Berlin: Springer, 2012.

Ernst, Carl H., and Roger W. Barbour. *Turtles of the World*. Washington, D.C.: Smithsonian Institution Press, 1992.

Franklin, Carl J. *Turtles: An Extraordinary Natural History 245 Million Years in the Making*. New York: Voyageur Press, 2007.

Gaffney, Eugene S. "A Phylogeny and Classifcation of the Higher Categories of Turtles." *Bulletin of the American Museum of Natural History* 155 (1975): 387-436.

Laurin, Michel, and Robert R. Reisz. "A Reevaluation of Early Amniote Phylogeny." *Zoological Journal of the Linnean Society* 113 (1995): 165-223.

Li, Chun, Xiao-Chun Wu, Olivier Rieppel, Li-Ting Wang, and Li-Jun Zhao. "An Ancestral Turtle from the Late Triassic of Southwestern China." *Nature*, November 27, 2008, 497-450.

Orenstein, Ronald. *Turtles, Tortoises, and Terrapins: A Natural History*. New York: Firefly Books, 2012.

Wyneken, Jeanette, Matthew H. Godfrey, and Vincent Bels. *Biology of Turtles: From Structures to Strategies of Life*. Boca Raton, Fla.: CRC Press, 2007.

제13장 걷는 뱀 — 뱀의 기원: 하시오피스

Caldwell, Michael W., and Michael S. Y. Lee. "A Snake with Legs from the Marine Cretaceous of the Middle East." *Nature*, April 17, 1997, 705-709.

Head, Jason J., Jonathan I. Bloch, Alexander K. Hastings, Jason R. Bourque, Edwin A. Cadena, Fabiany A. Herrera, P. David Polly, and Carlos A. Jaramillo. "Giant Boid

Snake from the Paleocene Neotropics Reveals Hotter Past Equatorial Temperatures." *Nature*, February 5, 2009, 715-718.

Rieppel, Olivier. "A Review of the Origin of Snakes." *Evolutionary Biology* 25 (1988): 37-130.

Rieppel, Olivier, Hussan Zaher, Eitan Tchernove, and Michael J. Polcyn. "The Anatomy and Relationships of *Haasiophis terrasanctus*, a Fossil Snake with Well-Developed Hind Limbs from the Mid-Cretaceous of the Middle East." *Journal of Paleontology* 77 (2003): 536-558

제14장 물고기-도마뱀의 왕 — 가장 거대한 해양 파충류: 쇼니사우루스

Callaway, Jack, and Elizabeth L. Nicholls, eds. *Ancient Marine Reptiles*. San Diego: Academic Press, 1997.

Camp, Charles L. *Child of the Rocks: The Story of Berlin-Ichthyosaur State Park*. Nevada Bureau of Mines and Geology Special Publication 5. Reno: Nevada Bureau of Mines and Geology, with Nevada Natural History Association, 1981.

Ellis, Richard. *Sea Dragons: Predators of Prehistoric Oceans*. Lawrence: University Press of Kansas, 2003.

Emling, Shelley. *The Fossil Hunter: Dinosaurs, Evolution, and the Woman Whose Discoveries Changed the World*. New York: Palgrave Macmillan, 2009.

Hilton, Richard P. *Dinosaurs and Other Mesozoic Animals of California*. Berkeley: University of California Press, 2003.

Howe, S. R., T. Sharpe, and H. S. Torrens. *Ichthyosaurs: A History of Fossil Sea-Dragons*. Swansea: National Museum and Galleries of Wales, 1981.

Wallace, David Rains. *Neptune's Ark: From Ichthyosaurs to Orcas*. Berkeley: University of California Press, 2008.

제15장 바다의 공포 — 가장 거대한 바다괴물: 크로노사우루스

Callaway, Jack, and Elizabeth L. Nicholls, eds. *Ancient Marine Reptiles*. San Diego: Academic Press, 1997.

Ellis, Richard. *Sea Dragons: Predators of Prehistoric Oceans*. Lawrence: University Press of Kansas, 2003.

Everhart, Michael J. *Oceans of Kansas: A Natural History of the Western Interior Sea*. Bloomington: Indiana University Press, 2005.

Hilton, Richard P. *Dinosaurs and Other Mesozoic Animals of California*. Berkeley: University of California Press, 2003.

Loxton, Daniel, and Donald R. Prothero. *Abominable Science: The Origin of Yeti, Nessie, and Other Cryptids*. New York: Columbia University Press, 2013.

제16장 육식 괴물—가장 거대한 포식자: 기가노토사우루스

Brett-Surman, M. K., Thomas R. Holtz Jr., and James O. Farlow, eds. *The Complete Dinosaur*. 2nd ed. Bloomington: Indiana University Press, 2012.

Carpenter, Kenneth. *The Carnivorous Dinosaurs*. Bloomington: Indiana University Press, 2005.

Fastovsky, David E., and David B. Weishampel. *Dinosaurs: A Concise Natural History*. 2nd ed. Cambridge: Cambridge University Press, 2012.

Holtz, Thomas R., Jr. *Dinosaurs: The Most Complete Up-to-Date Encyclopedia for Dinosaur Lovers of All Ages*. New York: Random House, 2007.

Nordruft, William, with Josh Smith. *The Lost Dinosaurs of Egypt*. New York: Random House, 2007.

Parrish, J. Michael, Ralph E. Molnar, Philip J. Currie, and Eva B. Koppelhus, eds. *Tyrannosaurid Paleobiology*. Bloomington: Indiana University Press, 2013.

Paul, Gregory S. *The Princeton Field Guide to Dinosaurs*. Princeton, N.J.: Princeton University Press, 2010.

제17장 거대 동물의 땅—가장 큰 육상동물: 아르겐티노사우루스

Brett-Surman, M. K., Thomas R. Holtz Jr., and James O. Farlow, eds. *The Complete Dinosaur*. 2nd ed. Bloomington: Indiana University Press, 2012.

Curry Rogers, Kristina, and Jeffrey A. Wilson, eds. *The Sauropods: Evolution and Paleobiology*. Berkeley: University of California Press, 2005.

Fastovsky, David E., and David B. Weishampel. *Dinosaurs: A Concise Natural History*. 2nd ed. Cambridge: Cambridge University Press, 2012.

Holtz, Thomas R., Jr. *Dinosaurs: The Most Complete Up-to-Date Encyclopedia for Dinosaur Lovers of All Ages*. New York: Random House, 2007.

Klein, Nicole, Kristian Remes, Carole T. Gee, and P. Martin Sander, eds. *Biology of the Sauropod Dinosaurs: Understanding the Life of Giants*. Bloomington: Indiana University Press, 2011.

Loxton, Daniel, and Donald R. Prothero. Abominable Science: *The Origin of Yeti, Nessie, and Other Cryptids*. New York: Columbia University Press, 2013.

Paul, Gregory S. *The Princeton Field Guide to Dinosaurs*. Princeton, N.J.: Princeton University Press, 2010.

Sander, P. Martin. "An Evolutionary Cascade Model for Sauropod Dinosaur Gigantism—Overview, Update and Tests." *PLoS ONE* 8 (2013): e78573.

Sander, P. Martin, Andreas Christian, Marcus Clauss, Regina Fechner, Carole T. Gee, Eva-Marie Griebeler, Hanns-Christian Gunga, Jürgen Hummel, Heinrich Mallison, Steven F. Perry, Holger Preuschoft, Oliver W. M. Rauhut, Kristian Remes, Thomas Tütken, Oliver Wings, and Ulrich Witzel. "Biology of the Sauropod Dinosaurs: The Evolution of Gigantism." *Biological Reviews of the Cambridge Philosophical Society* 86 (2011): 117-155.

Tidwell, Virginia, and Kenneth Carpenter, eds. *Thunder-Lizards: The Sauropodomorph Dinosaurs*. Bloomington: Indiana University Press, 2005.

제18장 돌 속의 깃털—최초의 새: 아르카이옵테릭스

Chiappe, Luis M. "The First 85 Million Years of Avian Evolution." *Nature*, November 23, 1995, 349-355.

Chiappe, Luis M., and Gareth J. Dyke. "The Mesozoic Radiation of Birds." *Annual Review of Ecology and Systematics* 33 (2002): 91-124.

Chiappe, Luis M., and Lawrence M. Witmer, eds. *Mesozoic Birds: Above the Heads of Dinosaurs*. Berkeley: University of California Press, 2002.

Currie, Philip J., Eva B. Koppelhus, Martin A. Shugar, and Joanna L. Wright, eds. *Feathered Dragons: Studies on the Transition from Dinosaurs to Birds*. Bloomington: Indiana University Press, 2004.

Gauthier, Jacques, and Lawrence F. Gall, eds. *New Perspectives on the Origin and Early Evolution of Birds*. New Haven, Conn.: Yale University Press, 2001.

Norell, Mark. *Unearthing the Dragon: The Great Feathered Dinosaur Discovery*. New York: Pi Press, 2005.

Ostrom, John H. "*Archaeopteryx* and the Origin of Birds." *Biological Journal of the Linnean Society* 8 (1976): 91-182.

——. "*Archaeopteryx* and the Origin of Flight." *Quarterly Review of Biology* 49 (1974):27-47.

Padian, Kevin, and Luis M. Chiappe. "The Origin of Birds and Their Flight." *Scientifc American*, February 1998, 28-37.

Prum, Richard O., and Alan H. Brush. "Which Came First, the Feather or the Bird?" *Scientifc American*, March 2003, 84-93.

Shipman, Pat. *Taking Wing: Archaeopteryx and the Evolution of Bird Flight*. New York: Simon & Schuster, 1988.

제19장 딱히 포유류는 아닌 — 포유류의 기원: 트리낙소돈

Chinsamy-Turan, Anusuya, ed. *Forerunners of Mammals: Radiation, Histology, Biology*. Bloomington: Indiana University Press, 2011.

Hopson, James A. "Synapsid Evolution and the Radiation of Non-Eutherian Mammals." In *Major Features of Vertebrate Evolution*, edited by Donald R. Prothero and Robert M. Schoch, 190-219. Knoxville, Tenn.: Paleontological Society, 1994.

Hotton, Nicholas, III, Paul D. MacLean, Jan J. Roth, and E. Carol Roth, eds. *The Ecology and Biology of Mammal-like Reptiles*. Washington, D.C.: Smithsonian Institution Press, 1986.

Kemp, Thomas S. "Interrelationships of the Synapsida." In *The Phylogeny and Classif-cation of the Tetrapods*. Vol. 2. Mammals, edited by Michael J. Benton, 1-22. Oxford: Clarendon Press, 1988.

——. *Mammal-Like Reptiles and the Origin of Mammals*. London: Academic Press, 1982.

——. *The Origin and Evolution of Mammals*. Oxford: Oxford University Press, 2005.

Kielan-Jaworowska, Zofa, Richard L. Cifelli, and Xhe-Xi Luo. *Mammals from the Age of Dinosaurs: Origins, Evolution, and Structure*. New York: Columbia University Press, 2004.

King, Gillian. *The Dicynodonts: A Study in Palaeobiology*. London: Chapman & Hall, 1990.

McLoughlin, John C. *Synapsida: A New Look into the Origin of Mammals*. New York: Viking, 1980.

Peters, David. *From the Beginning: The Story of Human Evolution*. New York: Morrow, 1991.

제20장 물속으로 걸어 들어간 동물 — 고래의 기원: 암불로케투스

Berta, Annalisa, and James L. Sumich. *Return to the Sea: The Life and Evolutionary Times of Marine Mammals*. Berkeley: University of California Press, 2012.

Berta, Annalisa, James L. Sumich, and Kit M. Kovacs. *Marine Mammals: Evolutionary Biology*. 2nd ed. San Diego: Academic Press, 2005.

Janis, Christine M., Gregg F. Gunnell, and Mark D. Uhen, eds. *Evolution of Tertiary Mammals of North America*. Vol. 2, *Small Mammals, Xenarthrans, and Marine Mammals*. Cambridge: Cambridge University Press, 2008.

Prothero, Donald R., and Robert M. Schoch. *Horns, Tusks, and Flippers: The Evolution of Hoofed Mammals and Their Relatives*. Baltimore: Johns Hopkins University Press, 2002.

Rose, Kenneth D. *The Beginning of the Age of Mammals*. Baltimore: Johns Hopkins

University Press, 2006.
Rose, Kenneth D., and J. David Archibald, eds. *The Rise of Placental Mammals: The Origin and Relationships of the Major Extant Clades*. Baltimore: Johns Hopkins University Press, 2005.
Thewissen, J. G. M., ed. *The Emergence of Whales: Evolutionary Patterns in the Origin of the Cetacea*. Berlin: Springer, 2005.
——. *The Walking Whales: From Land to Water in Eight Million Years*. Berkeley: University of California Press, 2014.
Zimmer, Carl. *At the Water's Edge: Fish with Fingers, Whales with Legs, and How Life Came Ashore but Then Went Back to Sea*. New York: Atria Books, 1999.

제21장 걷는 매너티—바다소의 기원: 페조시렌

Berta, Annalisa, and James L. Sumich. *Return to the Sea: The Life and Evolutionary Times of Marine Mammals*. Berkeley: University of California Press, 2012.
Berta, Annalisa, James L. Sumich, and Kit M. Kovacs. *Marine Mammals: Evolutionary Biology*. 2nd ed. San Diego: Academic Press, 2005.
Janis, Christine M., Gregg F. Gunnell, and Mark D. Uhen, eds. *Evolution of Tertiary Mammals of North America*. Vol. 2, *Small Mammals, Xenarthrans, and Marine Mammals*. Cambridge: Cambridge University Press, 2008.
Prothero, Donald R., and Robert M. Schoch. *Horns, Tusks, and Flippers: The Evolution of Hoofed Mammals and Their Relatives*. Baltimore: Johns Hopkins University Press, 2002.
Rose, Kenneth D., and J. David Archibald, eds. *The Rise of Placental Mammals: The Origin and Relationships of the Major Extant Clades*. Baltimore: Johns Hopkins University Press, 2005.

제22장 말의 시조—말의 기원: 에오히푸스

Franzen, Jens Lorenz. *The Rise of Horses: 55 Million Years of Evolution*. Translated by Kirsten M. Brown. Baltimore: Johns Hopkins University Press, 2010.
MacFadden, Bruce J. Fossil Horses: *Systematics, Paleobiology, and Evolution of the Family Equidae*. Cambridge: Cambridge University Press, 1994
Prothero, Donald R., and Robert M. Schoch, eds. *The Evolution of Perissodactyls*. New York: Oxford University Press, 1989.
——. *Horns, Tusks, and Flippers: The Evolution of Hoofed Mammals and Their Relatives*. Baltimore: Johns Hopkins University Press, 2002.

제23장 거대 코뿔소—가장 거대한 육상 포유류: 파라케라테리움

Prothero, Donald R. *Rhinoceros Giants: The Paleobiology of Indricotheres*. Bloomington: Indiana University Press, 2013.

제24장 원숭이를 닮은 사람?—가장 오래된 인류 화석: 사헬란트로푸스

Diamond, Jared M. *The Third Chimpanzee: The Evolution and Future of the Human Animal*. New York: HarperCollins, 1992.

Gibbons, Ann. *The First Human: The Race to Discover Our Earliest Ancestors*. New York: Anchor, 2007.

Huxley, Thomas H. *Evidence as to Man's Place in Nature*. London: Williams & Norgate, 1863.

Klein, Richard G. *The Human Career: Human Cultural and Biological Origins*. 3rd ed. Chicago: University of Chicago Press, 2009.

Marks, Jonathan. *What It Means to Be 98% Chimpanzee: Apes, People, and Their Genes*. Berkeley: University of California Press, 2003.

Sponheimer, Matt, Julia A. Lee-Thorp, Kaye E. Reed, and Peter S. Ungar, eds. *Early Hominin Paleoecology*. Boulder: University of Colorado Press, 2013.

Tattersall, Ian. *The Fossil Trail: How We Know What We Think We Know About Human Evolution*. New York: Oxford University Press, 2008.

——. *Masters of the Planet: The Search for Our Human Origins*. New York: Palgrave Macmillan, 2013.

Wade, Nicholas. *Before the Dawn: Recovering the Lost History of Our Ancestors*. New York: Penguin, 2007.

제25장 다이아몬드를 지닌 하늘의 루시
—가장 오래된 인간 골격: 오스트랄로피테쿠스 아파렌시스

Boaz, Noel T., and Russell T. Ciochon. *Dragon Bone Hill: An Ice-Age Saga of Homo erectus*. Oxford: Oxford University Press, 2008.

Dart, Raymond A., and Dennis Craig. *Adventures with the Missing Link*. New York: Harper, 1959.

Johanson, Donald, and Maitland Edey. *Lucy: The Beginnings of Humankind*. New York: Simon & Schuster, 1981.

Johanson, Donald, and Blake Edgar. *From Lucy to Language*. New York: Simon & Schuster, 2006.

Kalb, Jon. *Adventures in the Bone Trade: The Race to Discover Human Ancestors in*

Ethiopia's Afar Depression. New York Copernicus, 2000.
Klein, Richard G. *The Human Career: Human Cultural and Biological Origins*. 3rd ed. Chicago: University of Chicago Press, 2009.
Leakey, Richard E., and Roger Lewin. *Origins: What New Discoveries Reveal About the Emergence of Our Species and Its Possible Future*. New York: Dutton, 1977.
Lewin, Roger. *Bones of Contention: Controversies in the Search for Human Origins*. Chicago: University of Chicago Press, 1997.
——. *Human Evolution: An Illustrated Introduction*. 5th ed. New York: Wiley-Blackwell, 2004.
Morell, Virginia. *Ancestral Passions: The Leakey Family and the Quest for Humankind's Beginning*. New York: Touchstone, 1996.
Reader, John. *Missing Links: In Search of Human Origins*. Oxford: Oxford University Press, 2011.
Sponheimer, Matt, Julia A. Lee-Thorp, Kaye E. Reed, and Peter S. Ungar, eds. *Early Hominin Paleoecology*. Boulder: University of Colorado Press, 2013.
Swisher, Carl C., III, Garniss H. Curtis, and Roger Lewin. *Java Man: How Two Geologists Changed Our Understanding of Human Evolution*. Chicago: University of Chicago Press, 2001.
Tattersall, Ian. *The Fossil Trail: How We Know What We Think We Know About Human Evolution*. New York: Oxford University Press, 2008.
——. *Masters of the Planet: The Search for Our Human Origins*. New York: Palgrave Macmillan, 2013.
Wade, Nicholas. *Before the Dawn: Recovering the Lost History of Our Ancestors*. New York: Penguin, 2007.
Walker, Alan, and Pat Shipman. *The Wisdom of the Bones: In Search of Human Origins*. New York: Vintage, 1997.

그림 및 사진 출처

제1장 더께가 앉은 행성 — 최초의 화석: 크립토존

그림 1.1 Carl Buell 그림; Donald R. Prothero, *Evolution: What the Fossils Say and Why It Matters* [New York: Columbia University Press, 2007], fig 7.1

그림 1.2 E. Prothero 다시 그림

그림 1.3 [A] John W. Dawson, *The Dawn of Life* [London: Hodder and Stoughton, 1875]; J. W. Schopf의 호의로 실음

그림 1.4 사진은 Smithsonian Institution의 호의로 실음

그림 1.5 저자 사진

그림 1.6 사진은 R. N. Ginsburg의 호의로 실음

제2장 에디아카라의 정원 — 최초의 다세포 생명체: 카르니아

그림 2.1 Nobumiohi Tamura의 호의로 실음

그림 2.2 사진은 Smithsonian Institution의 호의로 실음

그림 2.3 Smithsonian Institution의 호의로 실음

제3장 "작은 껍데기" — 최초의 껍데기: 클로우디나

그림 3.1 저자 사진

그림 3.2 사진은 S. Bengston의 호의로 실음

그림 3.3 몇 가지 자료를 토대로 Mary P. Williams 그림

그림 3.4 Donald R. Prothero와 Robert H. Dott Jr. 다시 그림, *Evolution of the Earth*, 7th ed. [Dubuque, Iowa: McGraw-Hill, 2004], fig., 9.14

제4장 오, 삼엽충이 노닐 때 내게 집을 주오
—큰 껍데기를 가진 최초의 동물: 올레넬루스

그림 4.1 Nobumichi Tamura의 호의로 실음

그림 4.2 몇 가지 출처에서 변형함

그림 4.3 사진은 Wikimedia Commons의 호의로 실음

그림 4.4 여러 출처를 종합

제5장 꿈틀이 벌레인가, 절지동물인가?—절지동물의 기원: 할루키게니아

그림 5.1 사진은 Smithsonian Institution의 호의로 실음

그림 5.2 [A-B] S. Conway Morris, Cambridge University의 호의로 실음 [C] Nobumichi Tamura의 호의로 실음

그림 5.3 S. Conway Morris, Cambridge University의 호의로 실음

그림 5.4 몇 가지 자료를 바탕으로 Pat Linse 그림

그림 5.5 IMSI Master Photo Collection

제6장 꿈틀이 벌레인가, 연체동물인가?—연체동물의 기원: 필리나

그림 6.1 Euan N. K. Clarkson, *Invertebrate Palaeontology and Evolution*, 4th ed. [Oxford: Blackwell, 1993]; Donald R. Prothero, *Bringing Fossils to Life: An Introduction to Paleobiology*, 3rd ed. [New York: Columbia University Press, 2013], fig. 16.3을 변형함

그림 6.2 Wikimedia Commons의 호의로 실음

그림 6.3 J. B. Burch, University of Michigan의 호의로 실음

제7장 바다에서 자라서—육상식물의 기원: 쿡소니아

그림 7.1 출처는 Donald R. Prothero and Robert H. Dott Jr., *Evolution of the Earth*, 6th ed. [New York: McGraw-Hill, 2001]

그림 7.2 사진은 Jane Gray의 호의로 실음

그림 7.3 [A-B] Hans Steuer의 호의로 실음. [C] Nobumici Tamura의 호의로 실음

그림 7.4 Bruce Tiffney의 호의로 실음

그림 7.5 Bruce Tiffney의 호의로 실음

제8장 수상한 꼬리—척추동물의 기원: 하이코우익티스

그림 8.1 Wikimedia Commons의 호의로 실음

그림 8.2 도판 출처, Hugh Miller, *The Old Red Sandstone, or, New Walks in an Old Field*

[Edinburgh: Johnstone, 1841]

그림 8.3 그림 출처는 Hugh Miller, *The Old Red Sandstone, or, New Walks in an Old Field* [Edinburgh: Johnstone, 1841]

그림 8.4 Carl Buell 그림; 출처는 Donald R. Prothero, *Evolution: What the Fossils Say and Why It Matters* [New York: Columbia University Press, 2007], fig. 9.8

그림 8.5 [A] Wikimedia Commons의 호의로 실음. [B] Nobumichi Tamura의 호의로 실음

그림 8.6 U.S. Geological Survey의 호의로 실음

그림 8.7 Carl Buell 그림; 출처는 Donald R. Prothero, *Evolution: What the Fossils Say and Why It Matters* [New York: Columbia University Press, 2007], fig. 9.4

그림 8.8 [A] D. Briggs의 호의로 실음. [B] Nobumichi Tamura의 호의로 실음

그림 8.9 Carl Buell 그림, 토대가 된 출처는 D.-G. Shu et al., "Lower Cambrian Vertebrates from South China," *Nature*, November 4, 1999; Nature Publishing Group의 허가를 얻어 실음

제9장 거대한 턱—가장 거대한 물고기: 카르카로클레스

그림 9.1 사진은 R. Irmis/University of California Museum of Paleontology의 호의로 실음

그림 9.2 사진은 Dr. Stephen Godfrey, Calvert Marine Museum, Solomons, Maryland의 호의로 실음

그림 9.3 Image no. 336000, American Museum of Natural History Library의 호의로 실음

그림 9.4 Mary P. Williams 그림

그림 9.5 저자 사진

제10장 물 밖으로 나온 물고기—양서류의 기원: 틱타알릭

그림 10.1 Carl Buell 그림; 출처는 Donald R. Prothero, *Evolution: What the Fossils Say and Why It Matters* [New York: Columbia University Press, 2007], fig. 10.5

그림 10.2 M. Coates의 호의로 실음, M. Coates와 J. Clack의 연구를 토대로 그림

그림 10.3 N. Shubin의 호의로 실음

그림 10.4 Alpsdake 사진; 출처는 Wikimedia Commons

그림 10.5 Carl Buell 그림; 출처는 Donald R. Prothero, *Evolution: What the Fossils Say and Why It Matters* [New York: Columbia University Press, 2007], fig. 10.6

제11장 "개구롱뇽"—개구리의 기원: 게로바트라쿠스

그림 11.1 출처는 Donald R. Prothero, *Bringing Fossils to Life: An Introduction to Paleobiology*, 3rd ed. [New York: Columbia University Press, 2013], fig. 1.4

그림 11.2 사진은 Luke Linhoff의 호의로 실음

그림 11.3 Mary P. Williams 그림

그림 11.4 [A와 C] Wikimedia Commons의 호의로 실음. [B] Nobumichi Tamura의 호의로 실음

그림 11.5 [A] Diane Scott와 Jason Anderson의 호의로 실음. [B] Nobumichi Tamura의 호의로 실음

그림 11.6 Nobumichi Tamura의 호의로 실음

제12장 반쪽 등딱지 거북—거북의 기원: 오돈토켈리스

그림 12.1 Mary P. Williams 그림

그림 12.2 Wikimedia Commons의 호의로 실음

그림 12.3 사진은 Peabody Museum of Natural History, Yale University, New Haven, Connecticut의 호의로 실음

그림 12.4 Wikimedia Commons의 호의로 실음

그림 12.5 [A] Wikimedia Commons의 호의로 실음. [B] Nobumichi Tamura의 호의로 실음

그림 12.6 [A] Li Chun의 호의로 실음. [B] Nobumichi Tamura의 호의로 실음

그림 12.7 [A] B. Rubidge, Evolutionary Studies Institute, University of the Witswatersrand, Johannesburg, South Africa의 호의로 실음. [B] E. Prothero, originally from Tyler R. Lyson et al., "Transitional Fossils and the Origin of Turtles," *Biology Letters* 6 [2010]의 허가를 얻어 다시 그림

제13장 걷는 뱀—뱀의 기원: 하시오피스

그림 13.1 Wikimedia Commons의 호의로 실음

그림 13.2 [A] Jeff Gage/Florida Museum of Natural History 사진. [B] Smithsonian Institution의 호의로 실음

그림 13.3 M. W. Caldwell의 호의로 실음

그림 13.4 M. Polcyn, Southern Methodist University의 호의로 실음

그림 13.5 M. W. Caldwell의 호의로 실음

제14장 물고기-도마뱀의 왕—가장 거대한 해양 파충류: 쇼니사우루스

그림 14.1 출처는 William Conybeare, "Additional Notices on the Fossil Genera Ichthyosaurus and Plesiosaurus," *Transactions of the Geological Society of London*, 2nd ser., 1 [1822]

그림 14.2 Wikimedia Commons의 호의로 실음

그림 14.3 출처는 Henry De la Beche, *Duria Antiquior—A More Ancient Dorset* [London, 1830]

그림 14.4 출처는 Henry De la Beche, *Duria Antiquior—A More Ancient Dorset* [London, 1830]

그림 14.5 © Ryosuke Motani

그림 14.6 사진은 Lars Schmitz의 호의로 실음

그림 14.7 [A] 저자 사진. [B] Nobumichi Tamura의 호의로 실음

그림 14.8 Mary P. Williams 그림

그림 14.9 사진은 Royal Tyrrell Museum, Drumheller, Alberta의 호의로 실음

제15장 바다의 공포—가장 거대한 바다괴물: 크로노사우루스

그림 15.1 사진은 Ernst Mayr Library, Museum of Comparative Zoology, Harvard University의 호의로 실음

그림 15.2 사진은 Kronosaurus Korner의 호의로 실음

그림 15.3 Nobumichi Tamura의 호의로 실음

그림 15.4 Mary P. Williams 그림

그림 15.5 Wikimedia Commons의 호의로 실음

그림 15.6 출처는 Robert L. Carroll, *Vertebrate Paleontology and Evolution* [New York: Freeman, 1988], figs. 12-2, 12-4, 12-10, 12-12; R. L. Carroll의 호의로 실음

제16장 육식 괴물—가장 거대한 포식자: 기가노토사우루스

그림 16.1 Image no. 327524, American Museum of Natural History Library의 호의로 실음

그림 16.2 사진은 Wikimedia Commons의 호의로 실음

그림 16.3 [A] Paul Sereno와 Michael Hettwer의 호의로 실음. [B] Nobumichi Tamura의 호의로 실음

그림 16.4 Mary P. Williams 그림

그림 16.5 사진은 Paul Sereno과 Michael Wettner의 호의로 실음

그림 16.6 사진은 R. Coria의 호의로 실음

제17장 거대 동물의 땅—가장 큰 육상동물: 아르겐티노사우루스

그림 17.1 Wikimedia Commons의 호의로 실음

그림 17.2 사진은 M. Wedel의 호의로 실음

그림 17.3 Image no. 327524, American Museum of Natural History Library의 호의로 실음

그림 17.4 저자 사진

그림 17.5 M. Wedel 사진

그림 17.6 Mary P. Williams 그림

그림 17.7 사진은 R. Coria의 호의로 실음

그림 17.8 [A] 저자 사진. [B] M. Wedel 사진

그림 17.9 사진은 Francisco Novas의 호의로 실음

제18장 돌 속의 깃털 — 최초의 새: 아르카이옵테릭스

그림 18.1 Wikimedia Commons의 호의로 실음

그림 18.2 Wikimedia Commons의 호의로 실음

그림 18.3 Carl Buell 그림; 출처는 Donald R. Prothero, *Evolution: What the Fossils Say and Why It Matters* [New York: Columbia University Press, 2007], fig. 12.6

그림 18.4 M. Ellison and M. Norell, American Museum of Natural History의 호의로 실음

그림 18.5 다음 출처의 내용을 변형하여 Carl Buell 그림, Richard O. Prum and Alan H. Brush, "Which Came First, the Feather or the Bird?" *Scientific American*, March 2003; from Donald R. Prothero, *Evolution: What the Fossils Say and Why It Matters* [New York: Columbia University Press, 2007], fig. 12.9

그림 18.6 L. Chiappe, Natural History Museum of Los Angeles County의 호의로 실음

그림 18.7 [A] 출처는 Catherine A. Forster et al., "The Theropod Ancestry of Birds: New Evidence from the Late Cretaceous of Madagascar," *Science*, March 20, 1998; © 1998 American Association for the Advancement of Science. [B] 출처는 Paul C. Sereno and Rao Chenggang, "Early Evolution of Avian Flight and Perching: New Evidence from the Lower Cretaceous of China," *Science*, February 14, 1992, fig. 2; © 1992 American Association for the Advancement of Science

제19장 딱히 포유류는 아닌 — 포유류의 기원: 트리낙소돈

그림 19.1 Carl Buell 그림; 출처는 Donald R. Prothero, *Evolution: What the Fossils Say and Why It Matters* [New York: Columbia University Press, 2007], fig. 13.4

그림 19.2 사진은 R. Rothman의 호의로 실음

그림 19.3 출처는 Kenneth V. Kardong, *Vertebrates: Comparative Anatomy, Function, Evolution* [Dubuque, Iowa: Brown, 1995]; McGraw-Hill Companies의 허가를 얻어서 실음

그림 19.4 Carl Buell 그림; 출처는 Donald R. Prothero, *Evolution: What the Fossils Say and Why It Matters* [New York: Columbia University Press, 2007], fig. 13.5

그림 19.5 [A-B] Roger L. Smith, Iziko South African Museum, Cape Town의 호의로 실음. [C] Nobumichi Tamura의 호의로 실음

제20장 물속으로 걸어 들어간 동물 — 고래의 기원: 암불로케투스

그림 20.1 출처는 Wikimedia Commons

그림 20.2 사진은 Smithsonian Institution, National Museum of Natural History의 호의로 실음

그림 20.3 Carl Buell 그림; 출처는 Donald R. Prothero, *Evolution: What the Fossils Say and Why It Matters* [New York: Columbia University Press, 2007], fig. 14.16

그림 20.4 [A] H. Thewissen, NEOMED의 호의로 실음. [B] 저자 사진. [C] Nobumichi Tamura의 호의로 실음

그림 20.5 [A] H. Thewissen, NEOMED의 호의로 실음. [B] Nobumichi Tamura의 호의로 실음

제21장 걷는 매너티 — 바다소의 기원: 페조시렌

그림 21.1 Wikimedia Commons의 호의로 실음

그림 21.2 [A] Daryl Domning의 호의로 실음. [B] Nobumichi Tamura의 호의로 실음

그림 21.3 Daryl Domning의 호의로 실음

그림 21.4 Daryl Domning의 호의로 실음. [B] Nobumichi Tamura의 호의로 실음

그림 21.5 Mary P. Williams 그림, Daryl Domning을 수정

그림 21.6 [A] 저자 사진. [B] Mary P. Williams 그림

제22장 말의 시조 — 말의 기원: 에오히푸스

그림 22.1 출처는 O. C. Marsh, "Polydactyl Horses, Recent and Extinct," *American Journal of Science and Arts* 17 [1879]

그림 22.2 출처는 William Diller Matthew, "The Evolution of the Horse: A Record and Its Interpretation," *Quarterly Review of Biology* 1 [1926]

그림 22.3 C. R. Prothero 그림, Donald R. Prothero, "Mammalian Evolution," in *Major Features of Vertebrate Evolution*, ed. Donald R. Prothero and Robert M. Schoch [Knoxville, Tenn.: Paleontological Society, 1994]를 따름

그림 22.4 [A] 사진은 Smithsonian Institution의 호의로 실음. [B] Nobumichi Tamura의 호의로 실음

그림 22.5 Donald R. Prothero, *Evolution: What the Fossils Say and Why It Matters* [New York: Columbia University Press, 2007], fig. 14.5 수정

제23장 거대 코뿔소 — 가장 거대한 육상 포유류: 파라케라테리움

그림 23.1 Negative no. 285735, American Museum of Natural History Library의 호의로 실음

그림 23.2 M. Fortelius의 호의로 실음

그림 23.3 University of Nebraska State Museum의 호의로 실음

그림 23.4 Negative no. 310387, American Museum of Natural History Library의 호의로 실음

그림 23.5 R. Bruce Horsfall 그림

제24장 원숭이를 닮은 사람?—가장 오래된 인류 화석: 사헬란트로푸스

그림 24.1 출처는 Thomas Henry Huxley, *Evidence as to Man's Place in Nature* [London: Williams & Norgate, 1863]

그림 24.2 Pascal Gagneux et al., "Mitochondrial Sequences Show Diverse Evolutionary Histories of African Hominoids," *Proceedings of the National Academy of Sciences USA* 93 [1999], fig. 1B ; © 1999, National Academy of Sciences USA에서 변형

그림 24.3 출처는 Michel Brunet et al, "A New Hominid from the Upper Miocene of Chad, Central Africa," *Nature*, July 11, 2002; courtesy Nature Publishing Group

제25장 다이아몬드를 지닌 하늘의 루시
—가장 오래된 인간 골격: 오스트랄로피테쿠스 아파렌시스

그림 25.1 Wikimedia Commons의 호의로 실음

그림 25.2 Wikimedia Commons의 호의로 실음

그림 25.3 Wikimedia Commons의 호의로 실음

그림 25.4 Wikimedia Commons의 호의로 실음

그림 25.5 Wikimedia Commons의 호의로 실음

그림 25.6 Wikimedia Commons의 호의로 실음

그림 25.7 [A] Wikimedia Commons의 호의로 실음. [B] National Museums of Kenya의 호의로 실음

그림 25.8 [A] D. Johanson의 호의로 실음. [B] 저자 사진

찾아보기

【 ㄱ 】

【 ㄴ 】

【 ㄷ 】

【 ㄹ 】

【 ㅁ 】

【 ㅂ 】

【 ㅅ 】

【 ㅇ 】

【 ㅈ 】

【 ㅊ 】

【 ㅋ 】

【 ㅌ 】

【 ㅍ 】

【 ㅎ 】

【 기타 】

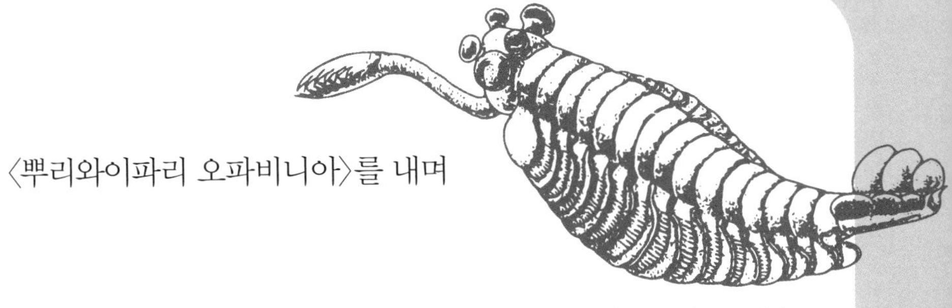

〈뿌리와이파리 오파비니아〉를 내며

지금부터 5억 년 전, 생물의 온갖 가능성이 활짝 열린 시대가 있었다. 우리는 그것을 캄브리아기 대폭발이라 부른다. 우리가 아는 대부분의 생물은 그때 열린 문들을 통해 진화의 길을 걸어 오늘에 이르렀다.

그러나 그보다 많은 문들이 곧 닫혀버렸고, 많은 생물들이 그렇게 진화의 뒤안길로 사라졌다. 흙을 잔뜩 묻힌 화석으로 발견된 그 생물들은 우리의 세상을 기고 걷고 날고 헤엄치는 생물들과 겹치지 않는 전혀 다른 무리였다. 학자들은 자신의 '구둣주걱'으로 그 생물들을 기존의 '신발'에 밀어넣으려고 안간힘을 썼지만, 그 구둣주걱은 부러지고 말았다.

오파비니아. 눈 다섯에 머리 앞쪽으로 소화기처럼 기다란 노즐이 달린, 마치 공상과학영화의 외계생명체처럼 보이는 이 생물이 구둣주걱을 부러뜨린 주역이었다.

뿌리와이파리는 '우주와 지구와 인간의 진화사'에서 굵직굵직한 계기들을 짚어보면서 그것이 현재를 살아가는 우리에게 어떤 뜻을 지니고 어떻게 영향을 미치고 있는지를 살피는 시리즈를 연다. 하지만 우리는 익숙한 세계와 안이한 사고의 틀에 갇혀 그런 계기들에 섣불리 구둣주걱을 들이밀려고 하지는 않을 것이다. 기나긴 진화사의 한 장을 차지했던, 그러나 지금은 멸종한 생물인 오파비니아를 불러내는 까닭이 여기에 있다.

진화의 역사에서 중요한 매듭이 지어진 그 '활짝 열린 가능성의 시대'란 곧 익숙한 세계와 낯선 세계가 갈라지기 전에 존재했던, 상상력과 역동성이 폭발하는 순간이 아니었을까? 〈뿌리와이파리 오파비니아〉는 두 개의 눈과 단정한 입술이 아니라 오파비니아의 다섯 개의 눈과 기상천외한 입을 빌려, 우리의 오늘에 대한 균형 잡힌 이해에 더해 열린 사고와 상상력까지를 담아내고자 한다.

진화의 산증인, 화석 25

잃어버린 고리? 경계, 전이, 다양성을 보여주는 화석의 매혹

2018년 6월 29일 초판 1쇄 펴냄
2022년 11월 28일 초판 2쇄 펴냄

지은이 도널드 R. 프로세로
옮긴이 김정은

펴낸이 정종주
편집주간 박윤선
편집 박소진 김신일
마케팅 김창덕
디자인 조용진

펴낸곳 도서출판 뿌리와이파리
등록번호 제10-2201호 (2001년 8월 21일)
주소 서울시 마포구 월드컵로 128-4 (월드빌딩 2층)
전화 02)324-2142~3
전송 02)324-2150
전자우편 puripari@hanmail.net

종이 화인페이퍼
인쇄 및 제본 영신사
라미네이팅 금성산업

값 28,000원
ISBN 978-89-6462-098-4 (03450)

「이 도서의 국립중앙도서관 출판예정도서목록(CIP)은 서지정보유통지원시스템 홈페이지(http://seoji.nl.go.kr)와 국가자료공동목록시스템(http://www.nl.go.kr/kolisnet)에서 이용하실 수 있습니다.(CIP제어번호: CIP2018015472)」